都市計画の思想と場所
Thoughts and Places on Urbanism:

日本近現代都市計画史ノート
Notes on Japanese Planning History

中島直人
Naoto NAKAJIMA

東京大学出版会

Thoughts and Places on Urbanism:
Notes on Japanese Planning History
Naoto NAKAJIMA
University of Tokyo Press, 2018
ISBN 978-4-13-061136-7

目次

都市計画の思想と場所
日本近現代都市計画史ノート

序　日本近現代都市計画史ノート　都市計画の思想と場所を求めて

都市計画家・石川栄耀は、日本都市計画学会の学会誌創刊号（一九五二年九月）に寄せた論考を「都市計画法が出て30数年になる。」「その30年間に「都市計画」がどの位計画され実施されたか解らない。」「然し省みて、端的にその計画され実施されたものが果たして「都市計画」の名に値するものであったかどうか」[1]という問いかけから始めている。石川の顰にならい、本書も次のような問いかけから始めることにしたい。

都市計画法ができてもうすぐ一〇〇年になる。この一〇〇年間に「都市計画」がどのように都市の中に、社会の中に存在してきたのか。省みて、私たちの都市計画は「都市計画」の名に値するものであったかどうか。

拡大していく都市総体の制御を目的とした社会技術としての近代都市計画は、わが国では一九一九年に制定された都市計画法（旧法）によって導入された。一九六八年には都市計画法が全面的に改正され、現行の都市計画法（新法）となった。以降、何度かの大きな改正、幾度もの改訂を経て、現在も都市計画法が都市計画の根幹を担っている。二〇一九年は旧法制定から一〇〇年、二〇一八年は新法制定から五〇年にあたる。これらの「区切りのよい」年を、都市計画のこれまでの歩みを省察し、歴史的な視点を持って都市計画の今後を展望する貴重な機会とすべきであろう。では、果たして都市計画史研究はそうした省察と展望の役割を担うことができるだろうか。

1　日本における都市計画史研究の展開

都市計画史の誕生

都市計画史は、文字通り「都市計画の歴史」である。都市計画の誕生がすなわち都市計画史の始まりということになる。欧米で先行して生まれていたTown Planning（英）やCity Planning（米）、Städtebau（独）、Urbanisme（仏）等の訳語として「都市計画」という用語が登場してくるのは一九一〇年代である。わが国での都市計画の導入にあたっては、先に産業革命や、都市への人口集中と都市の拡張を経験していた欧米に学ぶことになった。その際、当然、欧米の都市計画経験、つまり都市計画史も学習の視野に入っていた。しかし、一九一九年の都市計画法を端緒とし、それに至る道程も含めた日本の近代都市計画の歴史が考察の対象となるには、しばらくの時間の経過が必要であった。冒頭で引用したように、一九五二年の時点で石川は都市計画の三十数年の歩みを振り返るという姿勢を示しているが、近代都市計画への省察的態度が都市計画関連のメディアに見られるようになるのがこの頃である。都市計画協会の機関誌『新都市』の一九四九年四月号は「都市計画法公布三十周年記念号」であり、法制定当時の内務省の担当者らが回顧と展望の稿を寄せている。続く六月号には「都市計画年代史」という題名で、一九一九年以降の都市計画関連のできごと、とりわけ法制度の運用状況や内務省内の都市計画関連人事の変遷がまとめられている。また、一九五二年には石川自身が「私の都市計画史」という題名で、自ら関わった都市計画に関する回顧談を五回にわたって『新都市』誌上に連載した。つまり、日本の近代都市計画史は、都市計画の当事者たちの回顧というかたちで語られ始めていたのである。

一方で、一九一九年の都市計画法制定以降、大学でも都市計画に関する講義が徐々に開講されていった。都市計画に関する講義の中では、近代都市計画の歴史的展開について講じられることがあった。例えば、一九五一年、東京大学工学部の建築学科と土木工学科が協働して都市計画コースを設置し、講義「都市計画第一―第三」、演習「都市計画演習第一―第二」を揃えたが、このうち、丹下健三助教授が担当した都市計画第二、町田保非常勤講師が担当した都市計画第三の講義要目には、それぞれ「都市計画史」が項目として含まれているのを確認できる。[2] また、この時期に在京の都市計画研究者を中心に組織された都市計画研究連絡会が、都市計画研究の情報交換、協力を目的として、ほぼ毎年度刊行していた『都市計画研究課題目録』では、一九四七年度の初版から一九五三年度版まで、一貫して「都市計画史」という分類項目が設けられていた。しかし、実際の研究課題は毎年数編程度で、例えば住宅分野、国土計画・地方計画、計画原論などに比べると非常に少なく、研究領域としては未確立であったといってよい。例えば、一九四七年一一月版では「都市計画史」はわずか二編であった。一編は東京大学第二工学部建築学科の高山英華らがロバート・オーエンからル・コルビュジエまでをカバーする「近代都市計画史」、もう一編は東京大学第一工学部建築学科の浅田孝の「日本都市計画史」であり、ともに研究は「計画中」と記載されている。その後、「近代都市計画史」研究の方は一九四九年一月版で「進行中」となったが、浅田の「日本都市計画史」は「計画中」のままで、一九五一年一〇月版で「中止」と報告されている。[3]

一九六〇年に至る頃までには、すでに顕在化していた未曾有の都市化現象を背景に、学界や財界を中心に都市計画専門の教育課程設置の機運が高まり、結果として一九六二年に都市工学科が東京大学工学部に新設されることになった。その設立申請書には都市計画第一講座が担当すべき内容、講義名として「都市計画史」が記載されていた。[4] 実際に東京大学工学部都市工学科で「都市計画史」という講義名の授業を担当したのは川上秀光で、一九六七年度進学者向けの講義要目によれば、「1都市計画史の考え方」「2日本封建都市崩壊の過程と近代都市形成の萌芽」「3明治維新が都市に支［ママ］えた影響・都市近代化の出発」「4市区改正と都市計画法の改定」「5関東大震災復興」「6戦前の都市計画」「7戦災復興都市計画」「8最近の展開」というかたちで日本の都市計画史が講じられていた。[5]

都市計画史研究の確立と定着

では、当事者の回顧や都市計画の講義というかたちではなく、都市計画史が独立した一つの研究領域としての内実を伴うようになるのはいつ頃のことだろうか。それは、日本のみならず、世界共通の現象として都市計画の歴史研究への関心が高まった一九七〇年代である。個々の研究者の問題意識は多様であったが、全体としては「近代」を規定する諸概念に対する疑義や反省、その相対化という大きなパラダイムの変革の中で、近代都市計画そのものを問い直すという当時の思潮が都市計画史研究の成立と大きく関係していた。既存の住環境や歴史的な都市構造を改変し、時に公害問題を引き起こす都市開発に反発する声が、近代都市計画の存立基盤を揺るがしていた。一九七〇年代初頭にはオイルショックもあり、近代社会全体が明らかに変曲点に差しかかっていた。世界最初の都市計画史の学会である都市計画史グループ（History of Planning Group）がイギリスで設立されたのは一九七四年であり、これが後に会員を欧州全体、世界全体に広げて、国際都市計画史学会（International Planning History Society）へと発展していった。

日本では、一九七八年一一月に日本都市計画学会の学術講演会において企画された学会ワークショップ「日本近代都市計画史研究の出発に向けて」が、そのタイトルの通り、都市計画史研究の組織的推進の嚆矢となった。企画者である都市計画史研究会はこのワークショップ開催の背景を「「都市計画はいま転換期にある」といわれる。このことは、今までの単純延長上に都市計画を考えていくことは困難であるという認識を含んでいる。新たな都市計画の方向性を見出すためにも、明治以降の近代日本の都市計画とは一体何であったのか、という歴史的解明の必要が高まってきているといえよう[6]」と説明している。ワークショップでは、都市計画史研究は都市計画が抱える問題に対する鋭い視点を持たないと、歴史に埋没し、単なる事実収集となるおそれがあること、都市計画を含む都市政策や社会経済的背景にも目を配り、様々な分野との交流を行うべきであること、一方で都市計画固有の領域としてのフィジカル面の研究に責任を持つことなどが議論された。そしてワークショップ報告は、「都市計画史研究じたいの持つ研究基盤の脆弱さ——都市計画史研究の意義に対する疑問につながることであるが——この分野の持つそう言った弱みは強く認識しておかねばならないのではないかと思われる。それは未だ形を成していない分野が持たざるを得ない弱みであるが、その中で着実な成果を生み出していく他に、それを克服する道はないだろう[7]」とまとめている。

その後、このワークショップを企画した都市計画史研究会を中心とした都市計画史研究コミュニティの形成が進んだ。その背景には、都市工学科をはじめとする都市計画関連学科、講座の設立、都市計画を専攻する学生、特に大学院生の

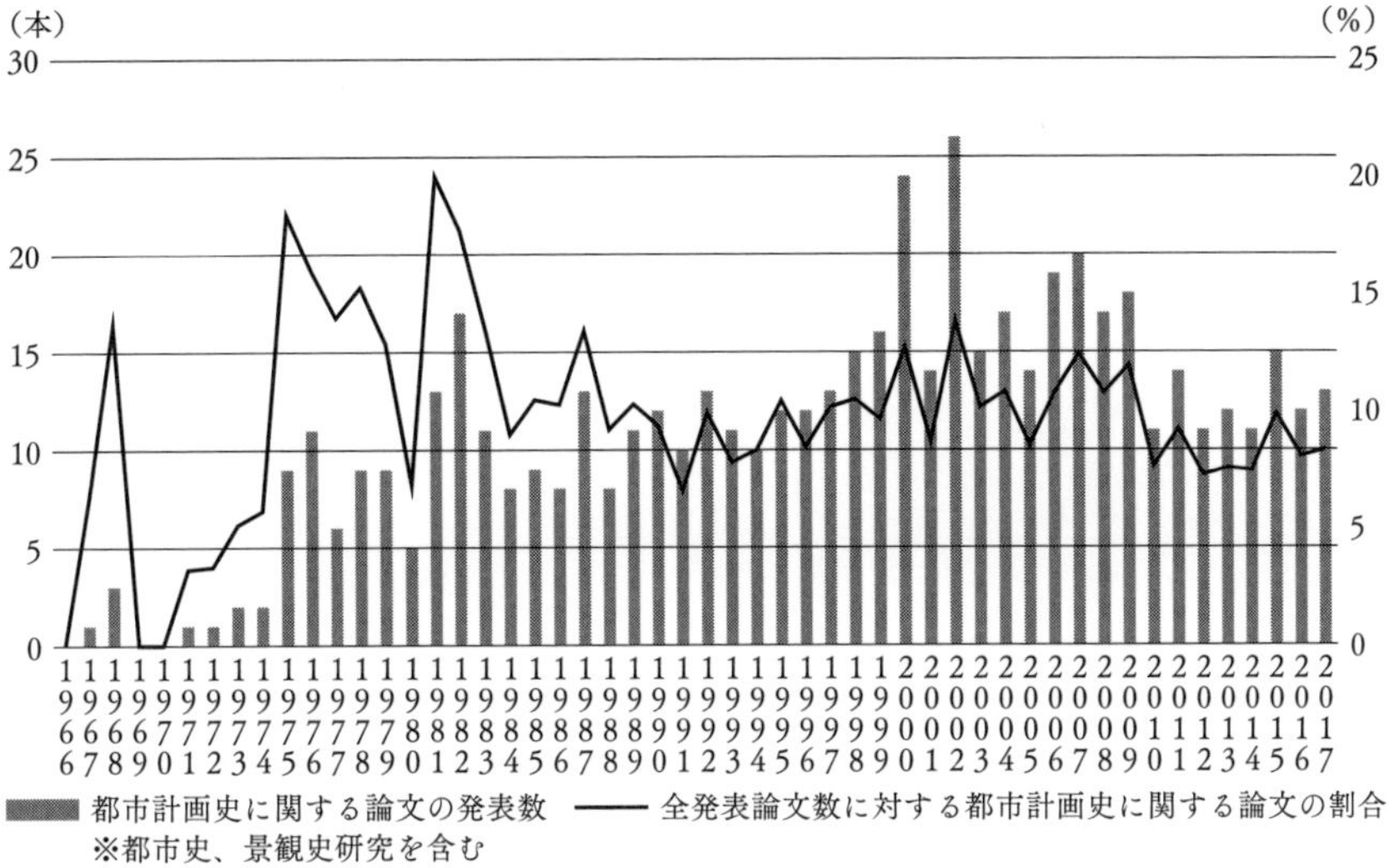

図1　日本都市計画学会学術講演会における都市計画史分野の研究論文の発表数とシェア

増加があった。都市計画に関する卒業論文、修士論文、博士論文の数が増えていく中で、都市計画史の個別研究も開始された。一九七〇年に東京都立大学で「都市計画史」という講義を立ち上げたことが契機となり、都市計画史研究を開始した石田頼房のように、講義から研究へという流れもあった。また、都市計画史研究会のリーダーであった渡辺俊一が、アメリカの都市計画史研究から日本の都市計画史研究へと関心を移行させたタイミングともちょうど重なった。

一九八二年の日本都市計画学会誌に都市計画史研究会が寄せた研究レビューでは、「都市計画史に対する関心と、その研究成果は、70年代に入って飛躍的に増大した[8]」とある。確かに日本都市計画学会における都市計画史関連の論文の発表数を見ると(図1)、一九七〇年代半ばから一九九〇年までの一五年間に一つの大きな山がある。日本の都市計画の学界では、一九九〇年代初頭までに都市計画史研究という分野が定着し、「この数年間、都市計画史に関する著書、学位論文が増加し、学会賞を受賞したものも少なくない[9]」とレビューされるまでになった。その都市計画史研究勃興期をパイオニアとして牽引した研究者としては、石田頼房、渡辺俊一、越澤明、藤森照信、西山康雄、石丸紀興らがあげられる。彼らの著作として、例えば藤森照信『明治の東京計画』(一九八二年)、石田頼房『日本近代都市計画の百年』(一九八七年)、越沢明

『東京都市計画物語』（一九九一年）、渡辺俊一『「都市計画」の誕生』（一九九三年）など、現在も多くの人が手に取る日本近代都市計画史研究の必読書が生まれている。また都市計画史をテーマとした博士論文も多数生み出された[10]。特にこの時期の博士論文では、イギリスやドイツ、フランスなど各国の都市計画の起源、さらにそうした欧米の都市計画史を踏まえた日本の都市計画の位相などがテーマとなった。近代都市計画の前身である東京市区改正から一〇〇年にあたる一九八八年、国際都市計画史学会の大会が東京で開催されたことで、日本の都市計画史研究は一つのピークを迎えた。

しかしピークの先には下り坂が待っている。一九九〇年代半ば以降の研究レビューは、「正直に言ってこの時期の研究成果は、数の上でも減少し、内容的にもかつてのような飛躍的展開を見せるものは少なくなった感がある[11]」と厳しく指摘している。日本では、アメリカやオーストラリアのように都市計画史で独立した学会の設立には至らず、都市計画史研究会も一九八〇年代後半には活動を停止してしまった。日本都市計画学会学術講演会や日本建築学会計画系論文集等では、優れた都市計画史研究論文は引き続き発表されていたが、時代を画し、新しい展望を指し示すような都市計画史の著作は発表されなかった。

都市計画史研究の再起

日本都市計画学会学術講演会において、再び都市計画史の論文数が増加し始めるのは二〇〇〇年代前半である。学会誌の年間レビューでは、「過去の歴史的事象を解明するだけでなく、そこで形成され今日に継承されているものを現代にどのように生かしていくのか。遺産とされるものを現代の都市計画とどのように調和させていくのか[12]」「どのような履歴をたどって現在の都市が形成されてきたかを考察することは、各地固有の特徴を認識する最も基礎的な部分である。昨今の国内にあっては、人口の停滞・減少が予想されるようになる他、既存の市街地をどのように魅力化していくか、現在ある都市空間にどのような個性を強化し、あるいは改善の余地があるのか、という点に一般的な関心も寄せられるようになってきた[13]」と記されている。ともに、二〇〇〇年代以降の都市計画史研究では、都市空間の遺産としての活用ないし各地固有の特徴の認識という行為を通じて、都市計画史研究を現代の都市計画やまちづくりに接続する視点が前面に出てきていることを指摘している。都市計画の履歴が現代都市の歴史的な基層として定着したのである。

二〇〇〇年代半ば以降、若手研究者たちの都市計画史研究が博士論文にまとめられ、続けて書籍として次々と公刊されるようになった。[14] 日本建築学会では一九九九年に設置された都市形成・計画史小委員会が、公開研究会開催等の積極的な活動を展開した。二〇一〇年には日本都市計画学会の共同研究交流組織として、「『我が国の近代都市計画が現在までに生み出してきたもの、そしてその中で将来に遺していくべきものは何か』を問い、それらを新たに提起、定義すべき「都市計画遺産」(planning heritage) という概念のもとで整理し、今後の都市づくりにおける扱い方について検討していく」ことを目的に掲げた都市計画遺産研究会が発足し、公開セミナー開催などの活動を行っている。二〇一八年の都市計画新法五〇年、二〇一九年の都市計画旧法一〇〇年を、都市計画史研究はこうした状況で迎えている。

2　都市計画史研究のパイオニアと三つのアプローチ

では、研究領域として四〇年近くの歴史を有するわが国の都市計画史研究は、都市計画の歴史とどのように向き合ってきたのだろうか。各研究者がそれぞれ固有の問題関心に基づいて進めてきた研究の集積が日本の都市計画史研究の総体という山であるが、その山を築くにあたって他者に大きな影響を与えたと考えられる三人の都市計画史研究者がいる。日本の都市計画史研究の草創と定着を牽引したのは、石田頼房、渡辺俊一、越澤明であった。三人とも次々と重要な著作を発表し、同時代、そして後の世代の研究者に大きな影響を与えた。この三人の都市計画史に向かうアプローチや問題意識には、共通している部分も見られるものの、相違点も明確である。パイオニアたちのアプローチを整理することで、日本の都市計画史研究の基本的な視点を明らかにしておきたい。

石田頼房と通史展望アプローチ

日本の代表的都市計画史家として、二〇〇四年に「わが国における近代都市計画史の研究とその発展に尽くした功績」で建築研究者としては最高の栄誉である日本建築学会大賞を受賞している石田頼房があげられる。石田は一九五〇年代に日本の都市計画学の始祖である高山英華の研究室で都市計画を学び、大都市周辺部の土地利用変化とその制御に関する制度・技術の探求という極めて実践的なテーマを中心に据えて、研究者の道に進んだ。都市計画史研究を開始したのは東京都立大学で、都市計画史の授業を教えるようになって以降である。石田の都市計画史研究者としての最大の業績は、日本の近代都市計画の通史を執筆したことである。『日本近代都市計画の百年』（一九八七年）、さらにその増補改訂版にあたる『日本近現代都市計画史の展開』（二〇〇四年）は一人で書き上げた日本の都市計画通史としては未だ唯一の存在である。石田の都市計画史研究は、もともとの実践的な研究関心を基盤としており、通史においても都市計画の制度・技術の発展を明らかにし、そこから将来の都市計画の制度・技術の展望を得ようという姿勢が一貫している。石田が示した都市計画史研究の目的や方法は、通史展望アプローチと呼ぶことができよう。

石田の通史展望アプローチを支えたのは、「日本近代都市計画史の構成概念図」と名づけられた見取り図と、それを構成する一枚一枚の「年代図表」である。石田は「日本近代都市計画史の全体像に迫る一つの手段として、その歴史を貫いている課題、即ち年代図表のテーマを探すことが一つのアプローチである」[15]と述べている。晩年に提示した「2019年への都市計画史」は、都市計画が抱える現在的課題を都市計画旧法一〇〇年にあたる二〇一九年に至るまでにどのような道筋で解決していけばいいのかを未来の都市計画史年表として示した提案、構想であるが、まさに展望としての都市計画史という石田の思想を明確に表している。

渡辺俊一と本質探求アプローチ

わが国で最初の都市計画史研究者として、日本における都市計画史研究の成立を主導したのが渡辺俊一である。石田と同じく高山英華門下であるが、高山研究室のメンバーが都市計画の実践プロジェクトや調査研究を通じてそれぞれ眼前の都市の課題に没頭している傍らで、渡辺は大きく異なる態度で都市計画に接し、都市計画学のあり方を模索した。渡辺の最初の著作は一九七四年に出版された『アメリカ都市計画とコミュニティ理念』であり、アメリカの都市計画史、特にその根底にある「コミュニティ」という理念の発生と展開について明らかにした労作であった。渡辺はその著作のあとがきで、「海外都市計画をそれ自体として、正確かつ体系的に理解しようとする知的態度は、性急な実用主義的態度に席を奪われていた。都市計画の詳細部分に関するアイデアや技法はいざしらず、その基本枠組についていえば、根本的理解をともなわない表面的・断片的な摂取は、かえって真の実用性に欠けることになろう(16)」と指摘している。渡辺の都市計画史研究は、この根本的理解願望と強く結びついていた。

渡辺は、英米の土地利用規制の比較研究を経て、研究対象を日本の都市計画史に移行させていった。日本の都市計画を分析する枠組みを英米の都市計画との比較から構築した上で、各国の都市計画のかたちはその誕生時の社会経済的要請との関係で決まるという発生論的観点から都市計画旧法制定期に研究対象を絞った。そして、一九九三年に研究成果を『「都市計画」の誕生』にまとめた。渡辺の都市計画史研究は、都市計画に対する本質探求アプローチといえる。つまり、都市計画そのものを考察の対象とし、それが生まれたそれぞれの国の社会経済的な状況を捉えた上で、都市計画の技術的な個性を明らかにするというものであった。石田が発達史を描いたのに対して、渡辺は原点に遡って、概念から深く掘り起こした。そして、「比較都市計画」という手法を駆使して、特に日本の都市計画の個性を国際比較と歴史研究によって明確にした。「まちづくり」や「マスタープラン」などの個別の関連概念についても同じようなアプローチで研究成果を上げていった。

越澤明と計画遺産アプローチ

越澤明は、年齢的には石田、渡辺よりもかなり若い世代に属するが、若くして多くの都市計画史の著作を発表し、高い評価を得た。越澤の研究は、満州の都市計画史から始まり、その後、東京、そして全国の都市計画史へと広がっていった。満州を対象とした際の越澤の独自性は、技術者の系譜に着目し、実際に満州で働いていたプランナーたちに丹念にインタビューを行い、彼らの手元で埋もれていた史料を発掘した点にあった。同様の手法で、東京の都市計画史にも続いて取り組んだのである。越澤のアプローチは、具体的な都市空間を出発点として、その背後にある計画の経緯や意図を明らかにしていくというものであった。石田や渡辺が技術としての都市計画そのものを歴史の対象としたのに対して、越澤は、都市計画とそれが生み出した都市空間を研究の対象とした。越澤は正、負両面の「遺産」という視点を都市計画史研究に導入した。

越澤は都市計画に対する歴史的なものの見方の重要性として、「1　都市の建築・土木施設について、それを歴史遺産として認識し、そのストックを生かした都市景観をつくり出す、あるいは保全しようとするものである」「2　現実の都市計画・都市問題に直面した際、それを解く鍵、あるいはヒントを都市計画史をひもとくことによって発見しようとする、また今後の都市計画の流れを見通す、見すえていく視座を確立しようとする姿勢である[17]」の二点を指摘している。これは空間・環境のみならず、アイデア・思想もストック、「遺産」として捉える見方である。

以上のように、都市計画史研究を切り拓いてきた三人のパイオニアは、それぞれ独自の都市計画史研究のアプローチを提示してきた。「都市計画は一体どこから来て、どこへ向かって発展していくのか?」を主に問うた石田の通史展望アプローチ、「都市計画とは本質的には一体何なのか?」を主に問うた渡辺の本質探求アプローチ、「都市計画は一体どのような遺産を生み出してきたのか?」を主に問うた越澤の計画遺産アプローチである。これらの三つのアプローチは、都市計画史研究の基本的な視点を私たちに用意してくれた。都市計画史研究の草創から現在までの四〇年の間の都市計画史研究の多くが、これらのアプローチのいずれか、あるいは複数を組み合わせたかたちで問いを立て、答えを探求してきたのである。

3　誰のための、何のための都市計画史研究か

都市計画史研究と社会への還元

さて、ここまで日本における都市計画史研究の歴史的展開と基本的な視点について述べてきた。では、現在、都市計

画史研究はどこへ向かっているのだろうか。先に触れたように、二〇〇〇年代以降の都市計画史研究者たちの関心の向く先の一つが、具体的な都市空間の歴史性や個性へのまなざしを媒介として都市計画史を現代の都市計画やまちづくりに接続することにあると指摘されている。三人のパイオニアの功績から見出した三つのアプローチが、今、どのように拡張、転換されようとしているのかを理解するためには、都市計画史研究とその社会への還元という構図で視点を整理し直す必要がある。都市計画史研究の社会への還元を直接的なものとして構想しているのか、間接的なものとして構想しているのか、そして都市計画史研究と社会を媒介するものは制度・システムなのか、個別具体の計画・プランなのかという二つの軸を使って三つのアプローチを再定置してみると図2のようになる。

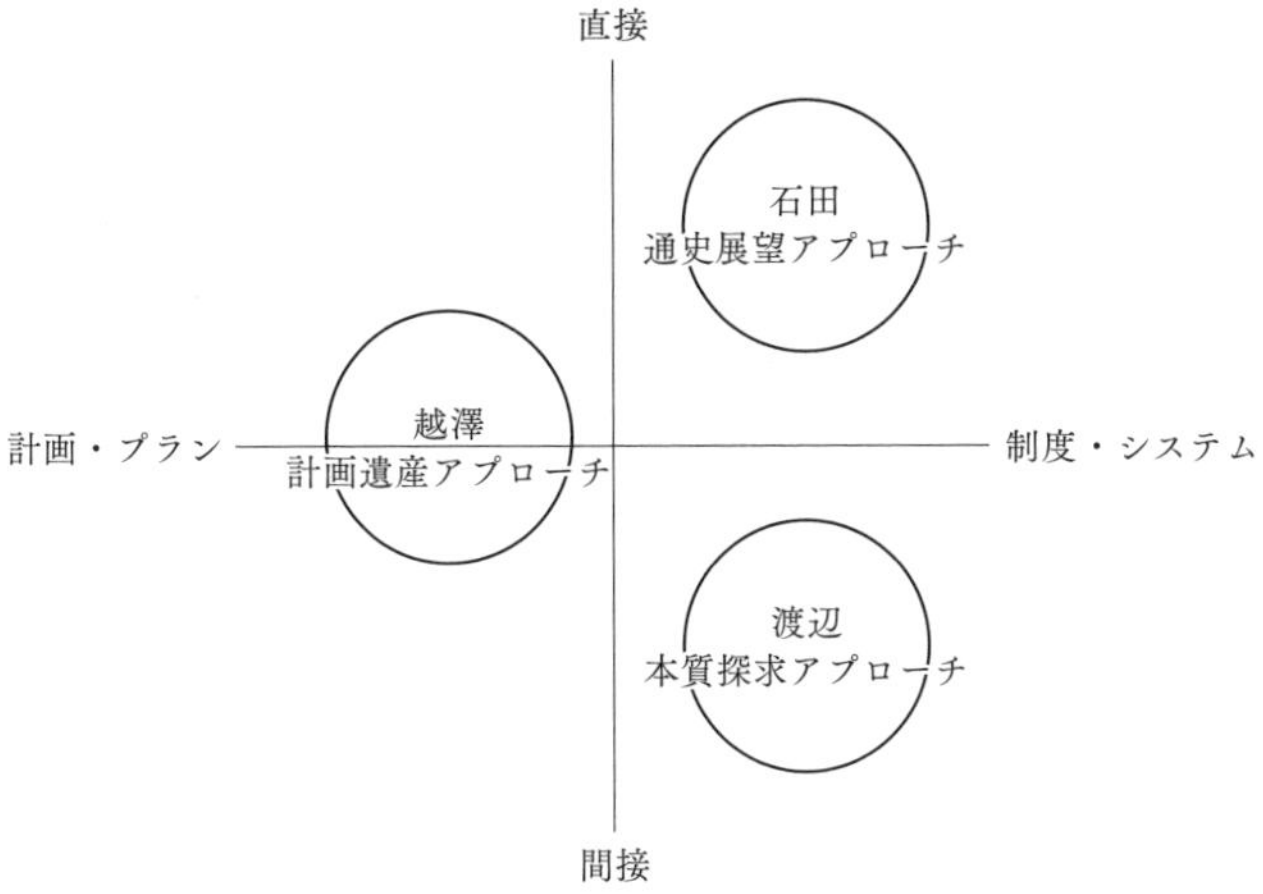

図2　都市計画史研究と社会への還元の構図

石田の通史展望アプローチは、制度・システムを対象とした直接的な介入＝制度改良を目指していた。渡辺の本質探求アプローチは社会技術＝制度・システムを対象とした間接的な介入＝根本的理解を促した。この両者に対して、越澤の計画遺産アプローチは計画・プランに対しての直接的な介入（空間遺産）と間接的介入（思想遺産）を視野に入れている。現在の都市計画史研究が社会とのこの関係の構図をどのように捉え直そうとしているのかが重要であるが、それは二つの方向性として整理できそうである。

一つは、制度・システム―計画・プランという媒介軸の両端点自体が変容、広がりを見せているということである。システム・制度といっても、都市計画法制度に限定しない、多様な見方が登場している。都市計画をとりまく制度・システムとして、議会やよりミクロな地域の政治、公共資本を投下する企業の戦略、専門家や市民、産業界も巻き込んだ運動などが都市計画史研究の中で主題とされている。[18] 石田頼房も「都市計画制度・技術・理論の様相と、それを規定している諸条件を含めた総体」としての「Planning Culture（計画的風土）」の重要性を指摘していた。[19] 同様にプランへの関心も、プランの実現／非実現、未完といった視点にとどまらない、実空間・社会の実態・動態に視野を向けて、計画と非計画との接合を見る視点が育っている。それは、計画的開発地の中に見る非計画的文脈を含む「地域文脈」に関する議論[20]や、都市空間の物的組成の変化を扱う「都市組織（urban tissues）」論の震災復興過程や闇市、再開発に顕著な土地の権利と空間形態との詳細な対応関係分析への適用など[21]である。つまり、都市計画史研究の対象が広がりつつあり、それは近年、文献史学と建築史学を中心とした学問領域が統合されるかたちで確立されようとしている都市史に都市計画史が接近しているということでもある。

一方で、社会への還元というもう一つの軸自体の持つ意味も変わりつつある。都市計画史研究の三つのアプローチで構想された社会への還元は、直接的にせよ、間接的にせよ、還元されるべき研究成果の受け手は専門家であった。都市計画史研究によって概念の再認識や再構築を迫られるのは都市計画の研究者や実践者（プランナー）であり、都市計画史研究を踏まえて制度を改良、創設することができるのは専門官僚であった。つまり、いずれにせよ、都市計画史研究は「専門家を対象とした都市計画史」であるという前提があった。しかし、近年、この前提を外して、都市計画史研究と社会との関係を再考していこうとする議論が見られるようになっている。[22] 住民参加、市民主導・地域主体の「まちづくり」の経験が蓄積されていく中で、都市計画史研究のあり方自体も変化していっている。

開かれた都市計画史研究の四つの理念型

都市計画史研究が都市計画の制度や技術を超えて、それを取り巻く社会的な総体に関心を広げ、都市の実態に接近していること、そして旧来からの専門家を対象とした都市計画史という前提を外して、より柔軟に社会と接点を模索していること、そうした傾向を「開かれた都市計画史」志向と表現しよう。この志向性は、一九七〇年代後半以降、一五年ほどをかけて成立し定着した都市計画史研究の基本的な視点と枠組みを継承しつつも、都市計画史をより柔かな領域へと展開させていこうという意志の表れである。

その行き着く先にあるはずの「開かれた都市計画史」の姿を仮説的にでも示すことは、この研究領域の発展において意義のあることであろう。ここでは、二〇〇〇年代半ばにアメリカ社会学会にて提起され、様々な議論を呼んだ「パブリック社会学」を巡る枠組みを借りることで、「開かれた都市計画史」の姿をスケッチしてみたい[23]。「パブリック社会学」の提唱者であるマイケル・ブラウォイは、社会学が実際の社会の改良から離れて、社会学のための社会学になっている状態に問題意識を持ち、「誰のための社会学か」「何のための社会学か」という問いを設定し、今後の望むべき社会学の姿を描いた。近年の都市計画史研究が社会への還元を志向しているのは、趨勢としては都市計画史研究が（当時の）社会学と同じような状態に陥ってしまったという危機感の裏返しではないだろうか。

ブラウォイの整理を援用すれば、図2の社会への還元の直接―還元という軸は、「何のための都市計画史研究か」という問いに対応する手段的知識（Instrumental Knowledge）―反省的知識（Reflexive Knowledge）軸に転換できる。ここでの手段的知識とは、都市計画の技術とその運用に関する知識であり、反省的知識とは都市計画の技術を支える都市計画の目的や価値に関する知識である。都市計画を手段として捉え、その手段の改良や運用方法の模索を行うことと、そもそも都市計画を成立させる枠組みや基盤から問い直すこと、その両者の振れの中に都市計画史研究が存在している。そして、もう一つの「誰のための都市計画史研究か」という問いに対応する軸として、ブラウォイは学者集団―学者集団以外という軸を設定したが、都市計画史研究を巡る状況を勘案すれば、これは研究的専門家―実践的専門家―非専門家という段階を有する軸に敷衍するのが適当である。こうして図3のように、都市計画史研究も四つの理念型に分けることができる。そして、こうした四つの理念型は、それぞれ、プロフェッショナル都市計画史、ポリシー都市計画史、クリティカル都市計画史、パブリック都市計画史と名づけられる。

プロフェッショナル都市計画史は、都市計画史や都市計画の研究者を中心とした都市計画の専門家を対象に、厳密な方法論や分析枠組みを駆使して、歴史的な事実を明らかにしていく、職人的な研究技法を駆使した都市計画史研究である。大学や学会内での学術的な議論が主な現場となろう。一方で、ポリシー都市計画史は、国や自治体の制度設計や政

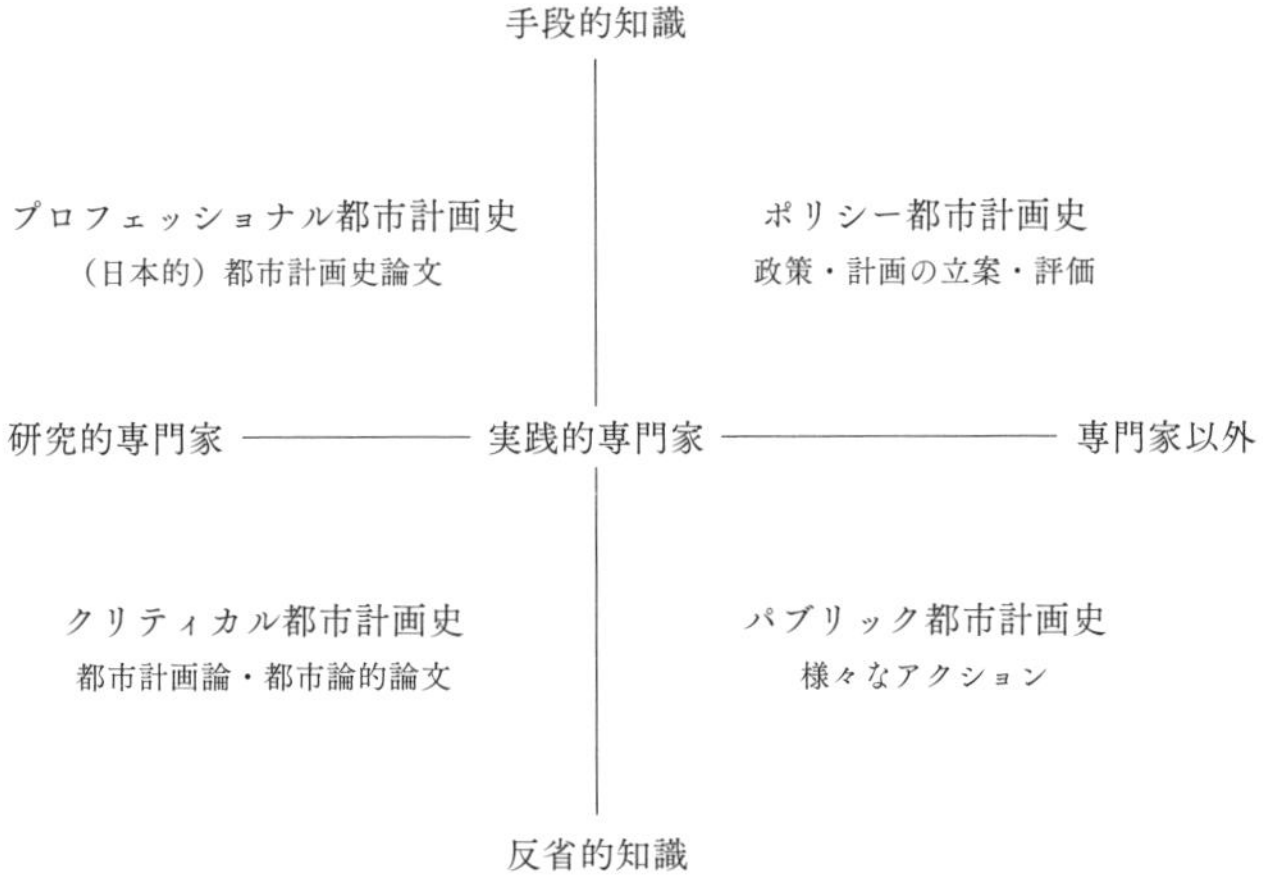

図 3　都市計画史研究の 4 つの理念型

策評価、計画立案などへの関与を前提に、あるいは場合によってはディベロッパー等の民間企業の要請に応えて実施される応用的な都市計画史研究である。先に見た都市計画史研究と社会との還元の関係から重要な領域である。都市計画史研究者は政策を担当する専門官僚やプランナーたちに対して、成果を発信することになる。

クリティカル都市計画史は、プロフェッショナル都市計画史と同様に研究者あるいは省察的実践者(24)といった専門家を対象として想定しているが、その内容は都市計画の歴史的事象を通じて、都市計画の目的や価値を吟味し、その再認識、再構築を迫るものであり、都市計画論、都市論としての性格を帯びた批判的な都市計画史である。わが国の都市計画史研究の特徴は、都市計画が工学技術として主に受容され、都市計画学も工学分野を中心として発展してきたことと関係して、手段的内容、つまり都市計画の技術に関する精緻な議論に足場を置いていることである。その一方で、社会、経済、文化などの総体的な観点を意識して省察を行うクリティカル都市計画史と呼びうるような問いを設定した研究は少ない。しかし、今、「開かれた都市計画史」に求められているのは、工学的、技術的な視点への収斂を避け、様々な角度から根本的に都市計画のあり方を問い直す態度である。

以上の三つの都市計画史の先に、さらにパブリック都市計画史という理念型が想定しうる。しかし、専門家ではない人々の公共資産としての反省的知識とは一体何だろうか。まだ明瞭な輪郭は描けないが、それは地域が共有する都市計画の物語であり、地域自身が発見していく都市計画史になるだろう。都市計画史研究者は、地域の中で地域とともに研究を進める。その対象は都市計画の技術というよりは、都市計画の社会的なふるまい、その結果やプロセスに関心を置き、専門家と一般の人々の間を繋ぐコミュニケーションの手法を包含する。都市計画遺産の指定やアーカイブの構築、展覧会やプレゼンテーションのあり方の研究や都市計画史とまちづくりとの接合プロセスに関する研究である。(25) ニューヨークでは、ロバート・モーゼスとジェーン・ジェイコブズとの闘いの物語が漫画やオペラ、映画というかたちで作品化されている。(26) こうした作品化の行為は、まさにパブリック都市計画史といえよう。ダイナミックな都市の変動、パラダイムの変革を背景にして、従来の都市計画の専門家という存在そのものが変革を迫られている中、「開かれた都市計画史」の一翼としてのパブリック都市計画史の発展に向けられる期待は大きい。

4　本書の主題と構成

本書には、著者の博士学位論文である『都市美運動に関する研究』(二〇〇六年)および前著『都市美運動——シヴィックアートの都市計画史』(二〇〇九年)以降のこのおよそ一〇年間に書き溜めてきた日本近現代都市計画史に関する論考を主に収めている。主題は多様であるが、全体を通じての一貫した視点は、クリティカル都市計画史の実践にある。そのために、都市計画の「技術」ではなく、それを支え、規定する「思想」に着目し、都市計画の普遍的な産物としての「空間」ではなく、人々の存在と経験が生み出す固有の「場所」を扱っている。すでに多くの蓄積がある「技術」と「空間」の都市計画史を補完、相対化、ないしその限界を乗り越えて、都市計画の「思想」と「場所」の議論を提起することが本書のねらいであり、これからの都市計画史研究に求められる社会的な役割の一つである。

本書は4部で構成されている。第1部、第2部が主に「思想」を、第3部、第4部が主に「場所」を扱っている。

第1部「都市と都市計画家」では、主に二人の高名な都市計画家、石川栄耀と高山英華に着目し、彼らの都市計画と都市との関係を巡る思考に焦点を合わせる。そして、都市計画が都市にどのように関わるべきか、を論じている。石川栄耀は日本の近現代都市計画史上、最も広く名が知られた都市計画家であるが、彼の本質は卓越した都市計画の省察的実践者であり、日本の都市計画の批判者であったことにある。目の前にある「現実の都市」、追求すべき本当の「都市」、そして「都市計画」との三角関係の中で、都市計画のあり方を根底的、本質的に探究したのが石川である。本書に収めた論考は、石川の鋭い省察と、現代の都市計画のコンテクストとを結びつけることを主題としている。一方、高山英華もわが国の近現代都市計画史における最重要人物である。東京大学において都市計画学を一から築き上げ、最終的には都市工学科というわが国唯一の都市計画専門教育課程を創設した。高山が果たした社会的役割は大きく、一九六四年の東京オリンピックを契機とした都市計画をはじめ、日本各地の都市計画プロジェクトを指導した。しかし、本書が着目するのは、都市計画プロジェクトの指導者としての高山ではなく、都市計画学のあり方を決定づけた研究者としての若き高山の仕事である。高山の研究者としてのキャリアや代表的論文「「都市計画」の方法について」の文脈的理解を通じて、私たちが当たり前のように受容している工学的、技術的な都市計画学や都市計画のあり方に対する批判的な検討を行う。さらに、本部の末尾では、石川の後を継いで高度経済成長期の東京の都市計画の責任者を務めた山田正男の歴史観を敷衍して、都市計画家と時代との巡り合わせについて論じ、これからの都市計画、都市デザインの姿を素描する。

第2部「まちづくりと都市デザインの思潮・運動」では、都市計画のオルタナティブとしての「まちづくり」と「都市デザイン」の思潮・運動に着目し、その生成のプロセスや議論を跡づけ、都市計画の建設的批判の系譜を浮かび上がらせる。それは、従来の技術史、制度史における発展という観点からは見落とされてしまう都市計画と社会との接点を結ぶ、しかし必ずしも主流とはならなかった思想も含む史的経験である。郊外風景を巡る主体の確立、民間主導の保勝運動、そして終戦直後の都市計画の民主化の議論に関する論考では、都市計画や地域環境の保全・創造の主体は誰かを問うている。そして、都市計画批判としての都市デザイン、アーバンデザインの生成と初動の展開に関する論考、建築家・大高正人の思想や三春（福島県）のまちづくりに関する論考では、都市デザインの担うべき役割を再構築する際の基本的な立脚点や課題を歴史の中に探している。都市計画史が現代の都市の課題や都市計画の実践とどのようなかたちで結ばれるのか、政策や技術とは異なる地点からの解答を試みている。

第3部「東京の場所性と都市計画」では、「アーバニズムのアリーナ」である東京における、地域、場所の履歴についての議論を扱う。浅草浅間神社前の四つ辻、小石川の湯立坂、池袋駅東口地下街、新宿駅西口広場など、議論の対象はいずれも公共空間であり、地域に共有されてきた場所である。こうした場所の生成と都市計画とがいかなる関係を持っているのか、その接点を描き出している。東京の場所の履歴の一つとして都市計画史を定位することで、計画と生成とを連絡させることができるはずである。そして、二度目の東京オリンピックの会場となる予定の東京湾岸についても、そうした場所の履歴を見ていく必要性があることを指摘している。

第4部「記憶の継承と都市計画遺産」では、都市計画遺産という概念の可能性を実際の事例で議論している。しかし、この部の多くを占める三陸地方の都市に関する論考は、学術的な関心や動機からではなく、東日本大震災発生後の衝動に基づいて執筆されたものである。三陸地方の都市計画史については、すでにこれらの論考の精度をはるかに超えた研究論文や著作が発表されているが、本書の論考が提起した論点については、今でも議論に供する意味があると考えている。復興への貢献の道を探った都市計画史研究者の思考の記録として、ここに収めることにした。続いて、首都圏近郊・藤沢市の再開発街区の持つ歴史的文脈の考察を報告している。東日本大震災後に構築したデジタル・アーカイブに関する省察的論考と併せて、クリティカル都市計画史をはみ出し、パブリック都市計画史の領野への展開を意図したものである。そのパブリック都市計画史についてのイメージを膨らませ、都市計画史研究を地域における共有知、公共資産としていくための方法論を探求する第一歩として、最後にもう一度、都市計画史の語り手は誰かを問う。

以上の都市計画の思想と場所を巡る議論を積み重ねていくことで初めて見えてくるものがある。石川栄耀は、冒頭で紹介した論考で、当時、まだ「歴史的判定を経ていない」コルビュジエが若者たちの間で神格化されつつあり、そのモダニズムの都市像が社会に押しつけられようとしていることを批判している。シュルレアリスムの画家たちの作品がいかに新しく見えようとも、それらは長い年月をかけた幾千枚もの正確な古典的な習作を経た上での必然の帰結であると諭した。そして、都市計画もまた、常に歴史の上に立つ事物であることを示唆している。石川は「都市計画の路はもっと太く広く遠いのである」と述べている。[27] 都市計画史研究は、私たちの身体の延長としての都市を自分たち自身で律しようとする都市計画という路の太さ、広さ、遠さを描き出すことができて初めて、その本当の役割を果たす。都市計画史研究のこれからの存在意義は、その一点にかかっている。本書は、そのような都市計画史を目指している。

注

(1) 石川栄耀「都市計画、未だ成らず」『都市計画』第一号、一九五二年、四ページ

(2) 東京大学工学部『東京大学工学部便覧』一九五二年

(3) 都市計画研究連絡会は『都市計画研究課題目録 No.1』(一九四七年七月現在)、『都市計画研究課題目録 No.2』(一九四九年一月現在)、『都市計画研究課題目録 No.3』(一九五〇年一月現在)、『都市計画研究課題目録 1951』(一九五一年一月現在)、『都市計画研究課題目録 1951―1953』(一九五三年三月現在)を刊行している。都市計画史に分類された研究課題の数と全課題数に占める割合は、一九四七年版二編(二パーセント)、一九四九年版二編(一パーセント)、一九五〇年版六編(三パーセント)、一九五一年版六編(二パーセント)、一九五三年版七編(一パーセント)である。

(4) 高山英華・川上秀光「都市工学科設立に際して」『建築雑誌』第九一八号、一九六二年、六一四ページ

(5)『都市工学案内』(昭和四二年四月)、東京大学工学部都市工学科、二三―二四ページ

(6)(社)日本都市計画学会学術委員会『日本都市計画学会学術研究発表会報告　都市計画』第一〇五号、一九七九年、九四ページ

(7) 同右、九六ページ

(8) 都市計画史研究会「2．都市計画史」『都市計画』第一二〇号、一九八二年、二三ページ

(9) 越沢明「都市計画史」『都市計画』第一七九号、一九九三年、六七ページ

(10) 主に博士論文を対象とする日本都市計画学会論文奨励賞をこの時期に受賞した論文として、越沢明『満州の都市計画に関する歴史的研究』(一九八二年)、鈴木隆『十九世紀前半のパリの中層・高密度市街地におけるその形態と開発主体に関する研究』(一九八三年)、大村謙二郎『ドイツにおける19世紀後半の都市拡張への対処と近代都市計画の成立に関する研究』(一九八四年)、大方潤一郎『近代都市計画の原像と近代日本都市計画の位相』(一九八七年)、中川理『重税都市――もうひとつの郊外住宅史』(一九九〇年)、鈴木栄基『日本近代都市計画史における超過収用制度に関する研究』(一九九一年)などがある。

(11) 中川理「都市計画史」『都市計画』第二〇三号、一九九六年、五三ページ
(12) 為国孝敏「都市計画史」『都市計画』第二二七号、二〇〇〇年、七〇ページ
(13) 神吉紀世子「都市計画史」『都市計画』第二五一号、二〇〇四年、八六ページ
(14) 例えば、田中傑『帝都復興と生活空間――関東大震災後の市街地形成の論理』東京大学出版会、二〇〇六年、真田純子『都市の緑はどうあるべきか――東京緑地計画の考察から』技報堂出版、二〇〇七年、松原康介『モロッコの歴史都市フェスの保全と近代化』学芸出版社、二〇〇八年、中野茂夫『企業城下町の都市計画――野田・倉敷・日立の企業戦略』筑波大学出版会、二〇〇九年、中島直人『都市美運動――シヴィックアートの都市計画史』東京大学出版会、二〇〇九年、初田香成『都市の戦後――雑踏のなかの都市計画と建築』東京大学出版会、二〇一一年など。
(15) 石田頼房『日本近代都市計画史研究』柏書房、一九八七年、一〇ページ
(16) 渡辺俊一『アメリカ都市計画とコミュニティ理念』技報堂出版、一九七七年、一六四ページ
(17) 越沢明『満州国の首都計画』日本経済評論社、一九八八年（ちくま学芸文庫版、二〇〇二年、一九ページ）。
(18) 例えば、中野茂夫『企業城下町の都市計画――野田・倉敷・日立の企業戦略』筑波大学出版会、二〇〇九年では、企業城下町における都市計画の特徴を法定都市計画以外の計画や事業による都市施設整備、企業と行政との密接な関係、企業の指定寄附金の重要性を指摘し、法定都市計画史とは異なる視角から地方都市の形成過程を明らかにしている。中島直人『都市美運動――シヴィックアートの都市計画史』東京大学出版会、二〇〇九年では、都市計画における審美的観念の導入と公共的精神を有した市民の育成という二つの視点から都市美運動を法定都市計画の限界を見据えた上での都市計画の改革を目指した運動であったことを明らかにしている。
(19) 石田頼房『日本近現代都市計画の展開』自治体研究社、二〇〇四年、一〇ページ
(20) 例えば、木多道宏・篠沢健太「ニュータウン開発における場所性・地域継承空間システムのとらえ方――千里ニュータウンの空間構成と内在する自然環境構造継承の課題」『総合論文誌』第一〇号（場所性・地域継承空間システムと都市建築のフロンティア）、二〇一二年、四七―五〇ページでは、千里ニュータウンを対象として、開発以前の農業土地利用や農村集落的空間構成と住区計画との関係や開発後の空間組織の改善や付加など、計画的都市空間に対する多角的な分析の視点を提示している。
(21) 例えば、関東大震災からの市街地の復興過程を詳細に解き明かした田中傑『帝都復興と生活空間――関東大震災後の市街地形成の論理』東京大学出版会、二〇〇六年や、戦後東京のターミナル駅の駅前都市空間の形成過程を詳細に復元した石榑督和『戦

後東京と闇市──新宿・池袋・渋谷の形成過程と都市組織』鹿島出版会、二〇一六年などがある。

(22) 例えば、田中暁子・中島伸「都市計画史研究がまちづくりに貢献する可能性」『都市計画』第二九八号、二〇一二年、七二―七五ページでは、都市計画史研究がまちづくりにおいて持ちうる役割を、復元的役割、価値づけ行為としての役割、啓蒙的役割の三つに整理して、具体的な事例に即した議論を展開している。

(23) Michael Burawoy, For Public Sociology, *American Sociological Review*, 70, pp.4-28, 2005

(24) マサチューセッツ工科大学教授（都市研究・教育）を務めた哲学者ドナルド・A・ショーンは、既存の知の「適用」に対置して、実践の中で遭遇する新しい状況と対象に即したフレームを構築するための探求・研究のプロセスを「省察」と定義し、そうしたプロセスの主体、新たな専門職像として「省察的実践者」を想定した。（ドナルド・A・ショーン『省察的実践とは何か──プロフェッショナルの行為と思考』鳳書房、柳沢昌一・三輪健二訳、二〇〇七年）。

(25) 例えば、中島直人・津々見崇・佐野浩祥・初田香成・西成典久・中野茂夫「米国および豪州における「都市計画遺産」選定に関する近年の取り組み」『日本建築学会技術報告集』第二一巻第四八号、二〇一五年、七九五―八〇〇ページでは、「アメリカの卓越した場所」プログラム、豪州における「都市計画遺産リスト」作成プロジェクトの仕組みを明らかにし、都市計画の遺産評価方法として、空間履歴的アプローチと全体史的アプローチという二つのモデルを抽出している。

(26) 本書の最後に収めた論考「都市計画史の語り手は誰か?」を参照のこと。

(27) 石川栄耀「都市計画、未だ成らず」『都市計画』第一号、一九五二年、四ページ

第1部　都市と都市計画家

01 日本近代都市計画における都市像の探求

1 日本近代都市計画における都市像とは何か?

都市像の未熟さ、都市の目的の不明確さ

真紅の表紙が印象的な日本都市計画学会の学会誌創刊号（一九五二年九月発行）に目を通してもらいたい。初代学会長・内田祥三の「創刊の辞」をはじめとして、いずれも力の入った論説が並んでいるが、とりわけ都市計画学草創の熱さを伝えているのは、初代副学会長・石川栄耀の「都市計画未だ成らず」と、初代学会誌編集委員長・高山英華の「都市計画の方法について」の両論説であろう。わが国の都市計画界の新旧イデオローグ（石川は当時五九歳、高山は四二歳であった）が都市計画の過去を反省し、未来を展望している。

東京都建設局長を辞し、一線を退いていた石川栄耀は、一九一九年の旧法制定以降、三〇年以上にわたって実施されてきたわが国の法定都市計画を振り返り、「都市が都市である為に必要な責任あるものであるとは云い得ない」[1]と断じた。「外国」にはギリシャ・ローマ時代以来の三〇〇〇年におよぶ精神像としての都市が定着している。しかし、わが国はどうだろうか。石川はわが国の都市は荒涼たる「村」に過ぎないという評価を引きつつ、次のように述べる。

> そう云う村に育ち、何等ほこるに足る「都市像」を有たぬ人々が「都市計画」を求め都市計画を与えようと云うのである。

従って好しそれが「世界公定」の都市計画技術の運営であろうとその組み合わせの中から正統な都市計画の成果を得様とするのは正に此れこそ正銘の樹によって魚を求めるタグイとなる。(2)

石川は、欧米の近代都市計画は都市像と深く結びついていて、道路や地域、緑地といった一見別々に見える近代都市計画の対象物も、市民の観念の中に根づいている精神像「都市」によって統合されている、と認識していた。翻って、わが国では、最新の都市計画技術はあっても、肝心の都市像が未熟なのだという。

一九四九年に東京大学教授に昇任し、都市計画の学術界をリードしていく立場にあった高山英華も、石川と同じように、わが国の大都市は巨大な村落であるという指摘に言及しつつ、そうした状況に対するわが国の都市計画の責任を問うた。そして、都市計画が理論としても技術としても何となくまとまりにくいのは、「都市の進むべき目標とか目的といったものが、なかなか決定しにくい(3)」からであり、「都市計画を浮かせないために、むしろ都市政策といったかたちで都市の目的がもっともっと議論され、それが具体的に確立されることを望む(4)」とした。

石川も高山も、都市像や都市の目的の未熟さや不明確さをわが国の都市計画の欠点として指摘していた。しかし、この指摘を逆に捉え直せば、わが国では都市像や都市の目的が未熟、曖昧にもかかわらず、都市計画は確実に進化、定着してきたということでもあった。目的があり手段があるという近代的合理主義の常識的な枠組みから外れた日本近代都市計画の特徴を二人は指摘していたのである。

日本近代都市計画に潜在する都市像

日露戦争、そして第一次世界大戦後の急激な工業化、都市化を背景として二〇世紀初頭に登場したわが国の近代都市計画は、眼前に姿を現しつつあった大都市の病理への対症療法的な施策であった。一九世紀終盤に、欧米、特にパリやワシントンといった列強国の首都の華麗な都心に憧れを抱き、市区改正と称した大規模公共事業によって、街路や上下水道等を必死に造成し始めた直後に、都市への急激な人口集中、市街地の拡大に直面したため、じっくりと都市像を思い描き、表明する猶予は与えられなかった。しかし、それでもその対症療法の根底に潜在する断片的な都市像を探り、まとめてみれば、第一に「国家経済に資する工業都市」、第二に「広大な郊外を有する拡張都市」、第三に「骨格となる道路中心の近代都市」が浮かび上がってくる。

第一の「国家経済に資する工業都市」は、都市計画の対象を個別の市域にとどめず、母都市と複合体をなしている周辺市町村をも含めた実質的に市街化を想定する領域とした都市計画区域制度と、その区域での計画立案を一手に担う国家機関としての都市計画地方委員会制度という非地方自治的枠組みをまず基本とする。では、国家が都市に要請したものは何か。都市計画区域の決定の際には、多くの都市が「産業都市」「工業都市」としての構想を打ち出して、港湾や水運との関係を重視した。また、当初の用途地域は、住居、商業、工業の三地域のみで、用途制限は極めて弱く、唯一、工場が立地制限を受ける程度であった。こうした地域制は、工場と住宅との混在を防ぎ、住環境の改善・向上を目指すという意図とともに、都市における工場立地を保証、促進し、工業都市化を進めるというもう一つのねらいがあった。この都市像は戦時期の全体主義的体制下での国土計画熱、戦後の国土の均衡ある発展を目指した全国総合開発計画とも親和性が高かった。成長した工業都市群が当初の意図通り、高度経済成長期に至るまで、日本の国家経済を支えていくことになる。

第二の「広大な郊外を有する拡張都市」は、工業化がもたらした人口集中、過密による市街地環境の悪化、郊外におけるスプロール現象に対応すべく提示された都市像であった。欧米の近代都市計画から引き継いだ反大都市主義を基調としながらも、本来母都市からの独立性を旨としたエベネザー・ハワードの田園都市論を大都市の一部をなす自然豊かな郊外住宅地の設計論として受容したこと、建築線指定によって本格的な都市基盤整備なしの宅地化を事実上容認したことなどの諸事実に現れているように、都市の拡張に対して都市計画は受動的、傍観的、追随的であった。地元の熱意によって、たまたま土地区画整理事業が実施された地域のみ、それなりの都市基盤を備えることができたが、それ以外は結局スプロール市街地がそのときどきの市街地拡張のフロンティアに形成された。この都市の膨張や、フロンティアの都市開発への対応に手一杯の状況を裏返せば、広大な一般既成市街地の改善、改良のビジョンの欠如を意味していた。

一九二四年の国際都市計画・田園都市協会のアムステルダム会議で整理された、市街地膨張の制御、グリーンベルト、衛星都市、地方計画といった「20世紀の最新型の都市計画思想・技術」はわが国にも影響を与え、都市拡張を是認するわが国の都市像に変更を迫った。グリーンベルトに関しては、例えば東京では、一九三九年の大東京緑地計画、一九四六年の東京戦災復興計画、そして一九五八年の首都圏基本計画などで繰り返し構想もしくは実装されては頓挫し、衛星都市に関しては結局ベッドタウンとしてのニュータウン開発に転化されて、結果として巨大な大都市郊外の形成を促した。市街地膨張の制御に関しても、満州国での都邑計画法での実験を経て、一九六八年の都市計画法の全面改正時の線引き制度の導入によって技術的には担保されたが、実際の運用面では当初の趣旨は貫徹されず、効力は不十分であった。都市計画家たちが望んだ都市像は、社会的合意を十分に取りつけるには至らなかったといえよう。

第三の「骨格となる道路中心の近代都市」は事業中心の都市計画と裏腹の関係をなす都市像である。工業都市における物流の円滑化、拡張都市における都市の一体性確保を命題としたとき、骨格としての道路網を計画することこそがわが国の都市計画に期待された仕事となった。肉にあたる市街地の土地利用や建築形態についてのイメージは極めて弱かった一方で、確固たる道路が近代化の旗手として近代都市の空間像を導いた。面的な都市計画事業であった土地区画整理事業においても、街路網計画によって一定規格の街路と街区が計画設計されても、その街区に建設されるべき建築物の用途や形態についての検討は大雑把で、何らかの具体的な市街地像が提示されることは稀であった。ごく例外的に美観地区や風致地区が指定された地区を除けば、都市計画が最終的に保証する空間像は道路に限定されていた。関東大震災や函館大火といった災害からの復興、全国一一二都市で策定された戦災復興都市計画においても、焼け野原に対して提示されたのは街路と街区のみで、地べたより上でのイメージは明確にされず、交通面以外では従前とあまり変わりのない市街地が再生産された。

都市像のパラダイム・シフトとオルタナティブ

こうした潜在する都市像たちが、中央集権的な都市計画の仕組みに乗って、全国で画一的に前提とされてきたのがわが国の二〇世紀の近代都市計画の特徴であった。もちろん、誕生時に抱いていた都市像には、時代の変化とともに修正が加えられていった。高度経済成長にかげりが見えた一九七〇年代以降の「近代」の問い直しと同期して、既成市街地の改善・保全型の都市像が提起された。一九八〇年代後半のバブル景気の時代以降、経済原理が明確に都市像に適用され、都心部を中心に、局所的な超高層・高密の都市像が議論され、採用されてきた。そして近年では、中心市街地の衰退に端を発した都市構造の変容、人口減少、超少子高齢化という社会状況の変化を踏まえて、コンパクトシティの検討が進む。これらの都市像への制度的対応も適時、実施されてきた。

とはいえ、わが国の都市計画において都市像を巡る内発的・意図的なパラダイム・シフトがなかったわけではない。それは市民社会の形成や漸進的改善の理念を根底に持つ「まちづくり」、空間の質や多主体の協働を理念の根底に持つ「都市デザイン」といった、一九六〇年代に近代都市計画批判として姿を現し、一九七〇年代以降現在まで脈々と続く実践であった。そのシフトの方向は、「国家経済に資する工業都市」に対して「地域自治を基本とする生活都市」、「広大な郊外を有する拡張都市」に対して「確かな核を有する成熟都市」、「骨格となる道路中心の近代都市」に対して「多様な界隈の集合としての現代都市」であろうか。そして、それは地域自治を前提としているがゆえに、各都市の選択によって多元的な都市像が生み出されているはずである。

以上のように、日本近代都市計画における都市像が希薄であることを前提としつつ、結果として生み出された都市や都市計画制度の姿から、潜在する都市像とその変容を整理してみた。しかし、こうした視点からの整理で見落とされてしまうのは、都市像の希薄さへの批判の先で都市像のオルタナティブを探求した人々による運動や潮流の系譜であろう。

わが国の都市計画史を丹念に振り返れば、二つの異なる時期、異なる主体による都市像のオルタナティブ探求の運動が目に入ってくる。一つは、わが国の近代都市計画の生成とほぼ同時期の大正末期に登場し、主に昭和戦前期に展開された都市美運動である。そして、もう一つは、昭和戦前期に根を持ち、終戦直後に開花し、一九六〇年代に散ったモダニズムの建築家たちによる理想都市運動である。いずれも現実の都市空間や制度に与えた影響は大きくなかった。しかし、都市像を探求するという行為そのものが持つ史的な意味や意義がある。

2　経験としての都市像のオルタナティブの探求

シヴィックアートを追求した都市美運動

わが国の都市美運動は、震災後の東京で組織された都市美研究会を前身として一九二六年に設立された都市美協会や、大阪や名古屋、盛岡等の類似団体に集った都市計画家、造園技師、土木技師、建築家、行政官、芸術家、評論家等が推進した一大運動であった。都市美協会等の主催で一九三七年から一九四〇年にかけて計三回開催された全国都市美協議会には、全国の都市計画地方委員会関係者が多数参加した。運動の中心となった都市美協会は、運動の使命について、次のように述べている。

都市美運動の真の使命は、単に都市の細部の美醜如何を云為するに止まらず実にその都市の進路を効率的な活動場となすと同時に美しく愉快な健康地となすように仕向けてゆくところにある。斯る都市に於てこそ始めてその市民はシヴィックスピリットを持ちうるようになりパトリオチズムが助長される。近代の都市美運動は実にかのタウンプランニングと相俟って市民に対しその揺籃地を約束する切実重要なるシヴィックアートでなければならぬ。(5)

ここでの都市美運動は、タウンプランニング＝都市計画と相俟って存在するシヴィックアートとして定義されている。シヴィックアートとは、一九世紀末から二〇世紀初頭にかけて、アメリカのシティ・ビューティフル運動の主唱者であるマルフォード・ロビンソンやイギリスの都市計画の父レイモンド・アンウィンらによって培われた、市民の精神的統一やコミュニティの醸成を念頭に置いた美的感覚を重視した都市づくりの理念であり、手法であった。一九一〇年代に入ると、アメリカでは「美」を偏重し機能を蔑ろにしたとしてシティ・ビューティフル運動への批判が高まり、シティ・エフィシェントやシティ・プラクティカルといった新たなかけ声のもとで「科学」を標榜するシティ・プランニン

表1　都市美運動の都市像

	石原憲治	橡内吉胤	石川栄耀
都市美の価値軸	生理的な感覚（アメニティ）	都市の個性（インディビジュアリティ）	市民の親和（コミュニティ）
着目した対象	生活環境（公共空間）	歴史的環境（町並み）	商業環境（盛り場商店街）
都市像を表す標語	住み心地よき健康な都市	一大ホームとしての都市	隣保団体としての都市

グが形成されていくが、日本近代都市計画はまさにこの時期にシティ・プランニングを一つのモデルとして誕生したため、シティ・ビューティフルという標語やシヴィックアートという理念、手法を過去のものとして切り捨ててしまった。具体的にいえば、「美」の問題を都市計画から遠ざけたのである。しかし実際には、アメリカやイギリスでも「美」が都市計画から駆逐されてしまったわけではなく、「美」の都市計画の上に、新たに「科学」としての都市計画が重ねられて、両者が「相俟って」存在していたのである。そうした事実に気づいた人々が展開したのがわが国の都市美運動であった。そして、彼らは「美」を拠り所として、都市計画のあり方や望むべき都市像を広く思考したのである。代表的な都市美運動家三名の都市像を概観してみよう（表1）。

都市美協会の創設者の一人で、四〇年以上にわたって協会活動を支えた石原憲治は、美を視覚的な良し悪しにとどめず、総合的な空間の性能の問題として、生理的感覚から判断することを主張し、快適性と健康性を基盤とする都市空間づくりを提唱した人物である。様々な媒体で、主に具体の公共空間を事例に問題を提起し続けた。市民の生活環境全般の質の向上、イギリス近代都市計画の顰にならえば、アメニティ追求の先駆者であった。

石原と同じく都市美協会の創設者の一人である都市研究家・橡内吉胤は、大都市の都市風景が歴史性の希薄なインターナショナルスタイルといったモダニズムの造形で画一化されていくのを批判し、未だ歴史的環境の残る地方都市の個性を守り育てていくことの重要性を説いた人物である。ここでの都市の美とは、各都市の個性、すなわちインディビジュアリティと深く結びついたものであり、各都市固有の歴史性に根差した既存の町家や町並み、河川、濠等にこそ見出されるものであった。そして、全国の都市の市街地を全て一様に改善すべきものとして捉え、その質を全国一律的に上げようとする国家集権的都市計画に対し、各都市の固有性を尊重する視点の提起は、地方分権や地方の自治の主張と連動するものであった。

また、冒頭で言説を引用した石川栄耀も独自の都市美運動で名を馳せた人物であった。内務省技師として法定都市計画の担い手でもあった石川は、レイモンド・アンウィンからの影響を受け、産業の場が生活の場に優先する都市計画とその都市計画に無関心な市民をともに叱咤するように、中心に商店街を据えて生活の場としての都市を構想し、市民自身によるその実現を目指した。賑わいが生み出す市民同士の隣保的親和に都市の本質を見出した石川は、そうした賑わいを演出する盛り場の美的環境を追求した。晩年には盛り場を超えて市民感情を培養する美しい都市＝名都の分析に熱中した。石川の都市美運動は盛り場を中心とした独特の都市像を掲げたが、その実は市民主体の生活空間の創造技術としての都市計画のあり方を真摯に追求したものであった。

都市美運動家たちの都市像に共通するのは、「美」を基盤とした生活の場としての都市であった。そして、特徴的なのは目的にシヴィックスピリットの醸成を、理念にシヴィックアートを掲げたように、市民の育成を理念の根底に据えていた点であった。ただし、ここでの市民は私的権利の堅守から生じ、戦後の民主主義の根源となった「市民意識（シヴィルマインド）」とは異なり、公的関心や共同体への愛着から発して「都市」への責任意識として現れる「市民精神（シヴィックスピリット）」の持ち主であることに注意したい[6]。しかしこうした都市像が、戦後、民主主義の浸透の一方で急激に私化、個人化した日本社会と自由な市場を基盤とする経済的な原理に強く影響されるようになった都市計画に受け入れられることはなかった。

都市美運動家たちはわが国の近代都市計画が生み出す都市空間を具体的に批判したが、彼ら自身は明確な都市空間像を描いてはいない。一方で、ビジュアルな都市空間像をもっぱら描き続けたのは、モダニズムの建築家たちであった。

描くことの意味を自問し続けた理想都市運動経験

戦前期の大阪の名市長で、都市計画の研究者でもあった関一は、一九二九年一月に『大阪毎日新聞』に寄せた「住み心地の良い都市」という論説で、「骨格となる道路中心の都市像」を「いかに自動車が自由に走駆し得る大道路が出来てもその両側に奥行二間や三間の小っぽけな家が建ち並んでいるのを見れば、都市計画は浪費なりと叫ぶものが出てもやむを得ない[7]」と批判し、「建築物と道路が相俟って都市が形造られる[8]」「土木偏重の都市計画よりも、人間的要素を基調とした都市計画に進まねばならぬ[9]」と論じた。関はようやく完成に近づいた御堂筋の沿道に並ぶべき建築物を思っていたのだろう。「現時我国の都市計画には余りに建築方面のことが閑却されている[10]」として、建築家の都市計画への関与を期待した。

一方、欧米に目を向ければ、ル・コルビュジエの「人口三〇〇万人のための現代都市」(一九二二年)、「輝く都市」(一九三五年)、フランク・ロイド・ライトの「ブロードエーカー・シティ」(一九三三年)など、モダニズム建築の旗手たちが次々と理想都市像を描き、発表していた。

わが国でも一九三〇年代に入ると、現行の都市計画への批判、そして建築界の世界的潮流を背景として、地方計画的検討から一住区および建築までを統一された論理で導く都市像が発表されるようになる。例えば、内田祥三、高山英華、祥三の長男である内田祥文らのチームで当時の普北自治政府に招聘されて立案した大同都市計画では、旧市街地に手をつけず、近隣住区論を適用した住区群をその周囲に三日月状に配し、四次に分けて新市街地を建設していくという、明解な都市像が示された。

内田祥文は続いて、一九四一年にグループで東京改造案を『新建築』に発表している。内田祥三に加えて、前川國男、坂倉準三というコルビュジエの真弟子であるわが国のモダニズムの先導者が揃ってエールを送った。内田祥文らは、職住間の距離をいかに縮めるかを主要な検討課題とし、東京の将来の理想的な土地利用計画案を提案し(図1)、さらに住生活の具体的な空間像として都心部高層連続住宅、中間部低層小連続住宅、外周部・独立菜園付住宅の三種を描いた(図2)。しかし、現状の人口七〇〇万人に対して、この案ではわずかに三〇〇万人しか収容できず、どう見ても実現性の低い理想都市像であった。

終戦直後には、法定都市計画の限界を感じていた石川栄耀の発案で、東京の主要大学が担当した文教地区計画や、銀座、新宿、深川等を対象とした都復興計画図案懸賞募集など、建築家が腕を振るう機会が用意された。高山英華や丹下

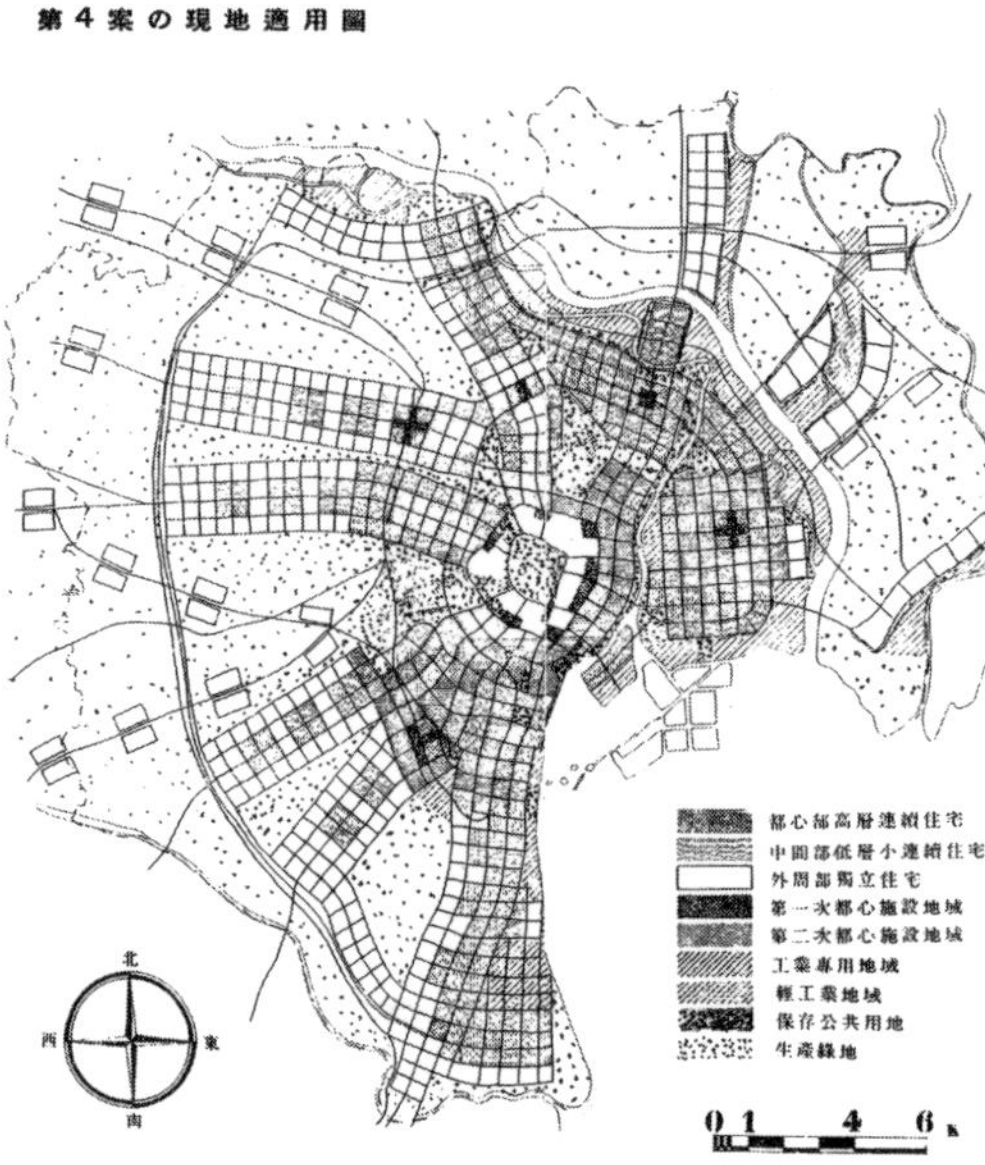

図1　内田祥文らによる東京のモデルプラン
出典：内田祥文ほか「新しき都市——東京都市計画への一試案」『新建築』第17巻第4号，1941年，166-167ページ

健三、吉阪隆正ら気鋭の都市計画家、建築家たちがこぞって焼け野原に理想の都市像を描いたが、なかでも卓抜した才能を発揮したのは内田祥文であった。内田は新宿と深川の都復興計画図案懸賞募集で見事に一等に入選した。しかし、体を酷使し、急逝してしまった。命を削ってまで都市像を描き続けたのはなぜなのか。

戦災から間もない時期に描かれた復興計画のヴィジョンは、当時の厳しい財政状況や土地の権利関係からすれば、到底実現しそうにない理想都市像であった。その点を指摘して当時の建築家たちのナイーブさについて批判的に言及するのは容易である。しかし、彼らが理想都市像と現実の都市計画との関係について思考し、苦悩していたことはあまり知られていない。内田祥文の遺稿「理想都市」を見てみよう。

内田は都市計画をただ建築計画の大きな集合体として陶酔的にしか考えていなかったかつての自分にとって、理想都市は神秘の泉であり、現実の都市計画には侮辱と公憤さえ感じたと素直な心境を吐露しつつ、「理想の彼方に逃避して、現実の不満を高踏的見地より揶揄すれば足りるのであろうか？[11]」と自問している。そして、理想都市像の意義をその実現性にではなく、「現実の都市計画より時間的に先行した或る距離を保ちつつ、しかも、最も強烈に現実性に連結して、その不満、その欠点を逆形として解明に反映して居る[12]」という点に見出した。現実の都市を一度否定した上に肯定して立つと、その方法を表現したのである。

内田と並んで、終戦直後に最も精力的に都市像を提案したのは、京都大学の西山夘三であった。一九四六年一月に復

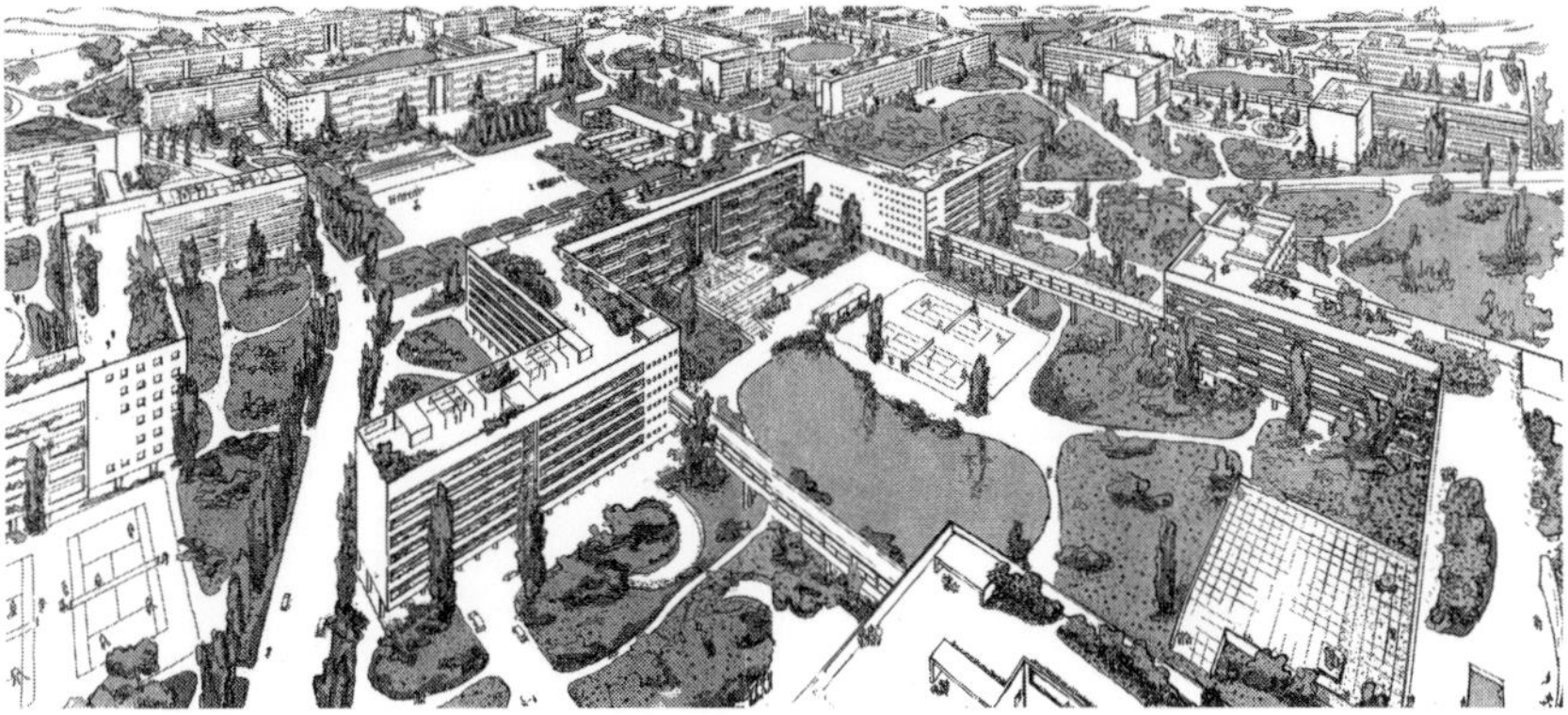

図2　内田祥文らによる東京の都心部住宅群の案
出典：内田祥文ほか「新しき都市――東京都市計画への一試案」『新建築』第17巻第4号，1941年，170-171ページ

刊になった『新建築』は、西山の「新日本の住宅建設」特集であり、翌年の「新しき国土建設」と合わせて大部の構想を発表した。その西山も、一九四八年に「現代理想都市論」というタイトルの論考を発表し、内田と同じように都市像を提案する意義を論じている。

西山は冒頭の石川や高山と同様に、わが国での都市像の不在を指摘し、「予防的規制が総合的になり、規制される客体が複雑高度化するほど、計画がみちびいて行くべき目標を具体的に描いておく必要が高まってくる」(13)「彼岸ではなく此岸の、達せられるべき都市の理想像をわれわれは今やつくるべく要求されている」(14)とした。「都市の理想像は都市が現実につくられる形を示す設計図ではない。かえてゆく過程を具体的に指導するモデル」(15)であり、「その時代の都市の現実の姿と社会の要求との矛盾・衝突の反映」(16)するものと定義した。ここでも、理想都市の価値は、その実現性にではなく指導性に置かれていた。

次第に戦災復興事業が進むにつれて、理想の都市像が結局彼岸の計画に終わることが見えてくると、建築家たちの都市像探求の意欲はいったん失せた。わが国において「都市設計」という職能の確立に情熱を注いだ丹下健三が建築家たちの意欲を再び喚起するのは一九五〇年代後半に入ってからであった。「建築家よ都市像を持とう」と周囲に呼びかけながら、一九六一年の「東京計画1960」まで突っ走った丹下とその研究室の精力的な活動に触発されて、一九六〇年代を通じて、建築家たちの様々な都市像が再び世間を賑わせることになった。

しかし、都市像を描くこと自体の意味を誰よりも深く検討していたのは、この時期もやはり西山であったように思う。西山は一九六〇年の世界デザイン会議で、「現状維持の「ことなかれ」主義からふみでて、環境の創造的転換をおこさせる有力な手段の一つとしてある種の「計画」を提示する仕事が提起される。それは、現実の諸条件と諸要求の中に横たわる矛盾を計算しつつそれらを総合し、具体的なかたちをもった空間的計画として将来像をまとめあげたものである。それは、事態の進路を人びとに正視させ、どうしてもとらねばならない地域の構成・環境の造成のさまざまな原則を空間的イメージによって承認させてゆく役割を果たす[17]」「都市計画はしたがって単なる「完成品」計画ではあり得ず、発展のプログラムでなければならない。しかし、それがその健全さと進歩性とを確保しうるためには、つねに豊かで総合的なすぐれた「構想計画」に先導されていなければならない[18]」とする構想計画論を発表した。

この西山の構想計画論は、逆説的であるが、丹下流の「構想計画」である「東京計画1960」への批判によってさらに進化していくことになった。西山は自動車の全面的肯定や大東京主義といった内容面の批判に加えて、改めてこうした構想計画の社会的インパクトに注目し、実現可能性を主張すればするほど、善意で提出された都市像が悪用される危険性や権威主義の誘惑といった課題を見出した。西山は、結局誰のためにどのような意図で都市像を描くのかを透徹する姿勢の必要性を説いたのである[19]。

一九七〇年の日本万国博覧会で理想都市は時間的先行性を喪失し、運動の熱は冷めた。描かれた都市像は過去に回収されてしまった。しかし内田から西山へと続いた都市像を描くことの意味の探求は、現代性を失っていない。

3　今、都市像のオルタナティブへ

以上、二〇世紀の日本の都市計画と都市像の変遷を概観した。しかし、ここまできて、再び冒頭の石川の論説を吟味する必要を感じている。石川は、都市像を市民の観念の中に根づいた精神像だとした。日本近代都市計画に潜在する都市像は、果たして市民の観念に根づくようなものであっただろうか。こうした問いかけは、都市美運動が持ちえた市民精神の醸成という目標、そして理想都市運動が最後に行き着いた誰のためにどのような意図で都市像を描くのかという命題と深く関わっている。都市像をいかにして市民の精神像として定着させていけるのか、いや、むしろ市民の精神像の中からいかにして次の都市像を捉えることができるのか、オルタナティブの探求の本質的な課題はこの点にある。

注

(1) 石川栄耀「都市計画未だ成らず」『都市計画』第一号、一九五二年、三ページ
(2) 同右、三ページ
(3) 高山英華「都市計画の方法について」『都市計画』第一号、一九五二年、二五ページ
(4) 同右、二六ページ
(5) 阪谷芳郎「都市美創刊に際して」『都市美』第一号、一九三一年、一ページ
(6) 「市民」が持つ二つの意味については、佐伯啓思『「市民」とは誰か――戦後民主主義を問いなおす』PHP選書、一九九七年を参照した。
(7) 関一「住み心地の良い都市」『大阪毎日新聞』一九二九年一月一七日付
(8) 同右
(9) 同右
(10) 同右
(11) 内田祥文「理想都市」、日本建築文化聯盟編『計画』相模書房、一九四六年、五二ページ
(12) 同右、五二―五三ページ
(13) 西山夘三「現代理想都市論」、建築学研究会編『新建築の展望』内外出版社、一九四九年、一四一ページ
(14) 同右、一四一ページ
(15) 同右、一四二ページ
(16) 同右、一四三ページ
(17) 西山夘三『地域空間論』勁草書房、一九六八年、五七三ページ

(18) 同右、五七四ページ
(19) 西山による「東京計画1960」批判は、西山夘三「現代の理想都市——《東京計画1960》をみて」『新建築』第三六巻第五号、一二四—一二八ページ

02 「中心市街地活性化」のアーバニズム

1 都市は健在か

戦前から戦災復興期にかけて、わが国の都市計画界における最大のイデオローグであった石川栄耀は、漠然とした不安を抱いていた。

都市と云う一つの親和本能に対し、人類が大した興味を抱かない様になる時代も来ないとは断言出来ぬ事を思うなら、そして人類は決してその「望まぬ」ものを存続してゆこうとしないものである事を思うなら、益々都市は我々のみの有って居る変な愛す可き存在となってしまわぬとも限らないものになる(1)

石川は、東京帝国大学土木学科卒業後、内務省に奉職し、わが国に近代都市計画を普及させることに一生を捧げた人物である。大正末期から昭和初期にかけて、名古屋を中心に愛知県内の各都市で大規模な土地区画整理事業を次々と実現させ、戦後は東京都の建設局長に就き、焼け野原の東京を復興させるという大役を任された。区部の人口を三〇〇万人に抑えた理想的な東京像を描いたが、都民の賛同は乏しく、政治的な支持も得られず、志半ばにしてその職を辞した。晩年は早稲田大学の都市計画研究室の初代教授として教鞭をとった。

都市計画家・石川栄耀を不安にさせたのは、都市住民の「都市」に対する関心があまりに薄弱であるという点であった。一般の住民はおろか、議員や市長でさえ、誰も「都市」のことなど真剣に考えていない、ましてや都市計画となれば、と。そして、そういう状況にもかかわらず、都市計画家たちは、新興工業国としての国家的要請を金科玉条として、粛々と近代都市への改造を行って満足している。一体、私たちは誰のために、何のために「都市」をつくっているのか。本当にここでつくり出そうとしているものは「都市」なのか。石川は自信が持てなかった。そして、自省を込めて、「都市」をア・プリオリな存在として捉えるのをやめて、もう一度、「都市」とは何なのかを考えようと、同志の都市計画家たちに呼びかけたのが、冒頭に引用した文章であった。

さて、石川栄耀の心配は杞憂に終わったのだろうか。私たちの眼前には、現在でも都市が広がっている。そして、人々の都市についての関心は、決して小さくはなさそうである。硬軟様々なジャーナリズムが「都市」を主題に掲げて、頻繁に特集を組む。

現在でも都市は人を惹きつけている。特に東京はそうである。東京の魅力を説明するには様々な方法があると思われるが、おそらく一時間歩いてみるのが一番よい。一つの魅力的なまちを抜けたと思ったら、次のまちがすぐそこに控えていて、飽きさせない。いくつもの界隈が高密度に散在し、極めて芳醇な文化的刺激を発信している。そしてこの都市の魅力をジャーナリズムも書きたてる。一九八〇年代の江戸東京ブーム以来、創刊から三〇年を超えた『東京人』（都市出版）を代表格として、「東京を愛せよ」のメッセージが無数に発信されている。

愛されているという点では、大阪は東京に勝っているかもしれない。評論家の海野弘は、大阪人が有する大阪愛のかたちを、かつて次のように巧妙に言いあてていた。

> なぜこの街はどうしようもなく醜く汚らしいのか。なぜこの街は雑然としてなんの風情もないのか。なぜこの街は破廉恥で非人間的なのか。ほこりっぽく、さわがしく、えげつない、私の大阪。大阪が近代都市としてあらわれてきて以来、大阪の人々はこの街についてこう語ってきた。しかしそれらの非難のことばこそ、実は街への深い絆をあらわしているのだ。(2)

思えば、東京や大阪が発信し続けてきたのは、大都市の都市性の健在ぶりであり、都市の可能性である。急激な人口集中を背景とした大都市問題は近代日本の深刻な課題であり続けたが、現在の人口減少社会において、その問題構成自体が解消されつつある。延びきった郊外の縮退が新たな課題として浮上してきているが、東京そのものの根幹になる都市性が消失するという状況は、近い将来に必ずくるであろう大震災後の再編を前提としても、東京人には想像しづらい。大阪もグローバルな都市間競争の中での国際競争力はすっかり低下してしまったが、固有の都市文化を「えげつなく」発信する強烈な都市性がいつか消失してしまうという「地獄絵」を具体的に提示する人はいない。国際都市でなくても、大阪は大阪であり続けるだろうと、大阪人の誰もが確信している。

こうした東京や大阪が示す都市性の健在ぶりを前にして、石川栄耀は「不安は杞憂に終わった」と安心するだろうか。いや、おそらく、そうではない。東京や大阪などの大都市の都市再生が進行し、肯定否定双方の話題を振りまいている間に、わが国において地方の中小都市が消滅していっているという現実に向き合う必要がある。

もちろん平成の大合併による行政システムとしての市町村の減少のことではない（それも少なからず関係あるが）。また、単にある程度の密度のある市街地ならば、未だに日本の国土の多くを蔽っている。しかし、私たちが「都市」として認識してきたある場と空間が失われつつある。石川の不安に準えれば、そうした場、空間への支持、「都市」への欲望がとりわけ地方中小都市において、人々の間から消えてしまった。都市計画界では、そうした現象を、長らく中心市街地の衰退、活性化という課題として捉えてきた。

2 「中心市街地活性化」の展開

「中心市街地活性化」という用語が都市計画界に最初に登場してきたのは、一九八〇年代の半ばである。建設省が人口減少、商業不振に悩む地方中心都市等圏域の中心となる人口概ね二五万人以下の地方都市を対象に、街路事業や土地区画整理事業、市街地再開発事業などのハード事業の集中的な実施を前提とした「地方都市中心市街地活性化計画」を募ったのは、一九八四年の年末であった。しかし、中心市街地に限定して、既存の事業を乱れ打つという、いうなれば疲弊した市街地への各者（省庁、部局）様々な薬物の集中投与の感があった。病状は快方には向かわず、悪化の一途をたどっていたが、この時期にはまだ、「中心市街地活性化」は都市計画界の課題としては本格的には定着しなかった。商業政策を中心とした課題という認識の方が強かったのである。

都市計画界において「中心市街地活性化」が最重要キーワードとして一気に浮上することになったのは、一九九八年である。この年の五月にいわゆる「まちづくり三法」（中心市街地活性化法、改正都市計画法、大規模小売店舗立地法）が整備され、空洞化した中心市街地を再生する総合的な枠組みが構築されたのである。そして、その後、まちづくり三法に基づいた取り組みが各都市で企画、実践され、いくつかの都市では中心市街地が活気を取り戻したと報告されたが、全体としては決定的な効果が見られないまま、二〇〇〇年に発足した小泉内閣が主導した大都市の経済浮揚策の感の強い「都市再生」へと話題の主役を譲っていったのである。

しかし、小泉内閣の幕引きと呼応するかのように、再び「中心市街地活性化」が表舞台に出てきた。二〇〇六年、これまでの取り組みを踏まえて、より実効性を増す方向へとまちづくり三法が改正された。この時点で「中心市街地活性化」という用語自体はすでに消費されてしまっていた感があったが、「持続可能性」「コンパクトシティ」「逆都市化」といったまだ余力を持つキーワードや概念を伴って、再び登壇してきたのである。

自動車の普及（モータリゼーション）と市街地の外延化（スプロール）が急激に進行し、中心市街地での居住人口の減少とともに、かつて高密度に集積していた商業機能が、郊外部に散在するショッピングセンターやロードサイドショップに代替されたことで、もともと活力を失いつつあった中心市街地の衰退が現象した。まちづくり三法制定以降に中心市街地が活性化されたのかと問われれば、そのような短期間で解決するような問題ではない、と答えるのが正確だろう。だが、まちづくり三法の効果が期待を大きく下回ったことは、立法から五年少々での改正が正直に物語っていた。

なぜ、うまくいかなかったのか。直接の原因としては、一つには都市計画の詰めの甘さ、つまり大規模集客施設の立地をコントロールするべき土地利用計画技術が不十分で郊外部への出店の加速に歯止めをかけられなかったことであろう。また一方で、中心市街地自体の魅力づけを担う中心市街地活性化計画にも課題があった。策定プロセスでの関係者の参加が不十分で地域のニーズに合わなかったり、あるいは地域エゴ等の影響で対象区域が過大となっていたり、単に商業部局の計画に終わり、全市的なコンセンサスが取れていない、都市計画や住宅政策との連動もない、そして計画を実現する事業の担い手のTMO（タウンマネージメント組織）も従来の商業セクターに閉じたもので充分には機能しなかった。当時の建設省が例示した整備イメージ（図1）は、人々の心を動かすには至らなかった。結局、魅力的な中心市街地の「都市」像が描き出せなかったのである。

二〇〇二年、国土交通省は従来の受身的な都市計画からポジティヴ・プランニングへという旗印で、「戦略型都市計画運用方針」の一つとして、「中心市街地の機能回復」のための都市計画的対応のあらましをまとめた。その要点は、「中心市街地の機能回復」を目指すのならば、他地域の開発を抑制するなどの都市内での役割分担を政策的に明確にすることが必要であるということであった。そして目指すべき中心市街地は単に商業機能だけではなく、居住機能を重視した複合的機能とすることが望ましいという見解のもと、一つには、高容積地区での住宅誘導型の地区計画や特別用途地区の指定、あるいは商業用途との地価負担力の差をカバーするための用途規制などの居住人口の増加のための具体的な都市計画施策が求められる。同時に、多様な都市的サービスの提供と都市の顔に相応しい景観、回遊性やアクセス性を高めるなどの来街者の増加のための具体的な都市計画施策が必要であり、さらには中心市街地以外の地域での開発への対応策として、開発を認める市街化区域から開発を認めない市街化調整区域への変更等も選択肢に入れた都市計画施策も不可欠だ。そして、これら三者を盛り込んだ中心市街地活性化戦略を、都市の土地利用全体を視野に入れた都市計画マスタープランの一環として定めるよう要請するというものであった。

都市計画の細かい技法の示唆を抜きにすれば、地域間の役割分担とは、「各市町村よ、やるなら本気で取り組もう」という素朴なメッセージに他ならない。なぜ、そうしたメッセージが発せられたのか。経済産業省、国土交通省の双方の委員会でまちづくり三法改正の議論に立ち会った中井検裕は、中心市街地活性化がなかなか進まない本質的な原因は、建前はともかく、本音では誰もが「なぜ、中心市街地なのか」に納得がいっていないからであると指摘していた。[3] 住民にとってはやはり今の郊外のショッピングセンターが便利だし、行政サイドにとっても郊外のショッピングセンター開発を許可した方が税収も上がるだろう、そういう考えはかなりの強度を持っていた。他地域での開発を抑制してまで中心市街地に重点を置くという政策を強く推し進めるに必要な社会的効果を示す客観的な資料を欠いていたため、国の委

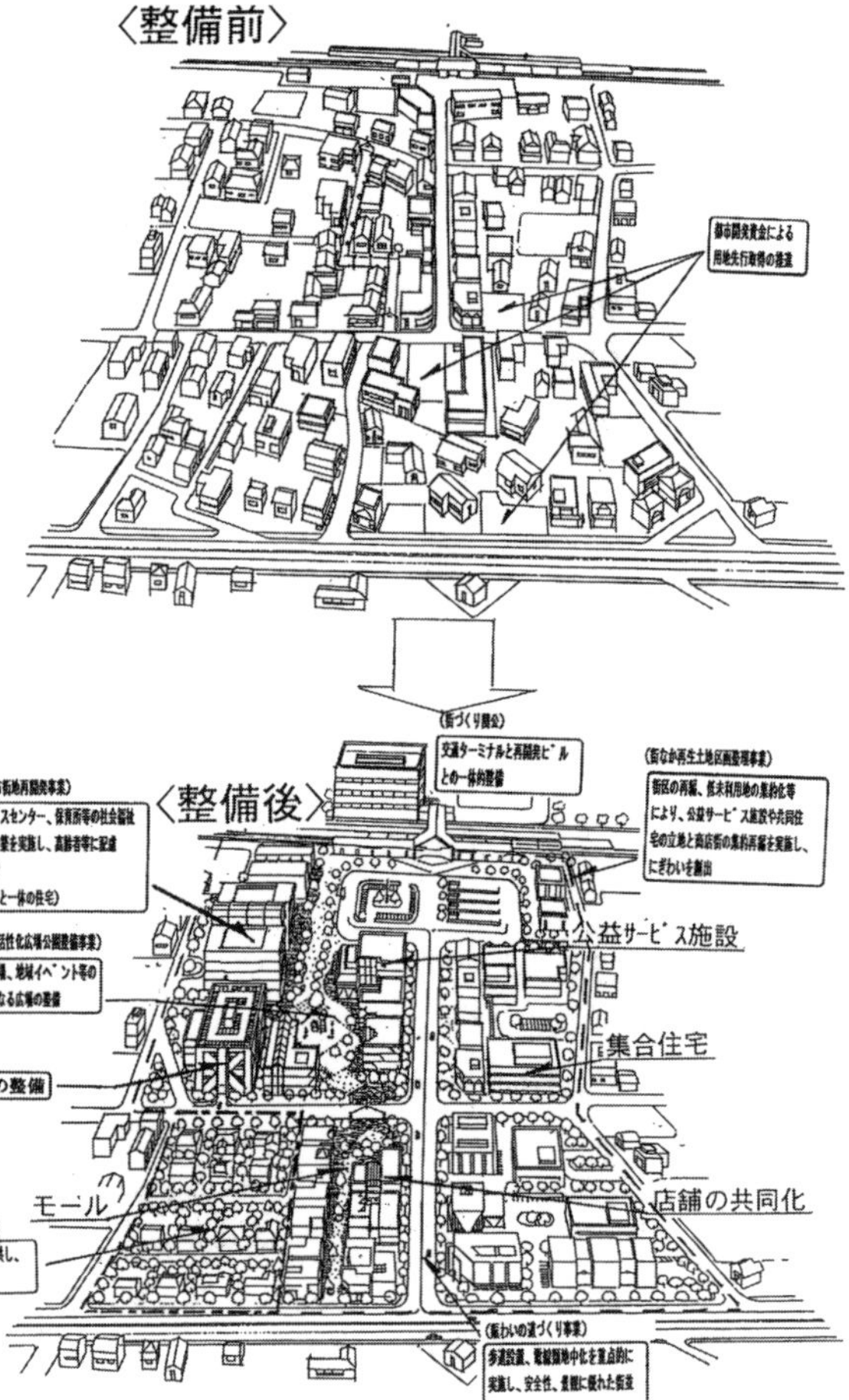

図 1　中心市街地活性化のイメージ
出典：建設省都市局都市政策課「中心市街地活性化施策の概要」『新都市』第 52 巻第 3 号，1998 年，16 ページ

員会では心情的な賛成以上の合意には到達しなかった。

二〇〇〇年代半ば以降も中心市街地活性化は行政施策の一つの重要な課題であり続けているが、そのフレーズは、都市計画界では少し古い、一時代前のものといった印象を帯びている。今は「地方創生」が課題であり、「立地適正化」の時代、との声がする中で、流行り廃りに惑わされずに、「中心市街地活性化」にもう少しこだわってみよう。

3 「街」「まちなか」「盛り場」

なぜ、中心市街地活性化だったのだろうか。政治的構造はひとまず置いて、都市構造として考えると、地球環境、地域環境への負荷の軽減を念頭に置いた「持続可能性」の視点からの郊外地開発の抑制、超高齢化社会に対応した公共交通を重視した、あるいは人口減少社会の到来を契機とした逆都市化の導く先としての「コンパクトシティ」の文脈から、中心市街地の重要性は説かれよう。いずれも大きな公共性や社会動向といった外部的要因に基づいて生み出された論理である。もちろん、こうした大きな論理はそれなりの説得力を持っていた。ただ、私たち都市計画家の心を激しく突き動かしたのは、もう少し熱くて深い、中心市街地そのものの内から生じてくる別の倫理への共感にあったように思われる。

都市計画家・蓑原敬が二〇〇〇年に出版した『街は要る！——中心市街地活性化とは何か』は、中心市街地活性化について、その意義を丁寧に論じた好著であった。蓑原は、しばしば「都市らしい都市」「本当の都市」といった用語、そしてそれに対応して、「空間秩序を失った「都市」ともいえないような、拡散しきった都市」といった表現をする。つまり、現存する都市と、構想される「都市」とを区別する。蓑原はこの構想される「都市」について、「街」の存在を存立の条件とする。

田舎ではない、人が密集して住む場所としての「町」を区別し、その中で特に人が密集して住み、働き、遊ぶことにより人の往来が多い場所を「街」と考える方が良さそうだ。

町の一部の空間領域は、通りや辻を利用しながら人々が高い密度で触れあい、交流しながら過ごす、町特有の複合的な場所になっている。そのような場所を街だと考えておこう(4)。

「街」は居住以外の要素が存在し、生活行動の全スペクトルが高い密度で織りなされる、複合的な用途、開かれた重層的な空間である。そうした「街」が、まさにかつての地方都市や県庁所在地から始まって人口数万人ぐらいまでの都市の中心部にも、かつて存在していたはずだというのである。

蓑原は「街」の価値を、個人的な街体験の実感に根ざした価値観と分かち難く結びついているとして、主観的、主体的なアプローチで探っていく。蓑原の体験では、「街」は文化の伝承装置であり、アイデンティティを仮託する場所であったという。そして、ノスタルジーによる表白という批判にあらかじめ応えるように、逆にこうした街の記憶の冷静な再評価を促したのである。

しかし、住みたくなるような都市居住のモデル市街地は、日本では未だないとしているように、そうしたかつて存在したという「街」をそのまま再生させることが目的ではない。望むべき「街」における新しい人間関係として「コンビビアリティ」(共生、相互親和性)を蓑原は提起している。大規模開発も大量供給も難しい時代において、そうした人間関係をつくり出す「街」が実現するとすれば、かつてまた一つの「街」であった経験を有する中心市街地だと結論していたのである。

おそらく、こうした「街」への愛着に繋がる主観的、主体的な感慨こそ、大多数の都市計画家が抱いていた心情の正体であろう。一九六〇年代にジェーン・ジェイコブズが光をあてた都市の魅力に通じる。建築家の岡部明子は、さらにヨーロッパの中世都市への言及によって、こうした「街」への愛着の正当性の強化を試みた。

岡部は、都市を生かし続ける力を産業と見るのは錯覚であり、むしろ、「ダイナミズムを内的に生み出し続ける都市的集積」こそが肝心であると説いた。つまり、工業化以前のヨーロッパの中世都市に見る、豊かな公共空間、多様な主体による運営、市壁に囲まれた適度な規模、そして変化を許容するダイナミズムに特徴づけられる「まちなか」の存在、その「まちなか」での多様な人たちが取り結ぶ創造的な関係こそが、都市内の分極化を抑え、一つの社会的結束を生み出し、都市を生かし続ける力となっているのだと。

都市を生かし続けるためには、分極化しようとする多様なグループをつなぎとめなければならない。その知恵は、日欧を問わず市場経済が確立する以前から今日まで静かに持続してきた〈まちなか〉に眠っている。その知恵を発掘できずに〈まちなか〉をまるごと葬り去ってしまったなら、都市はもはや都市ではなくなる[5]。

そして、そうした「まちなか」は都市内のダイナミズムばかりでなく、都市間のダイナミズムを維持する力にもなっていると、ヨーロッパの中世都市ネットワークを分析する。岡部がここで仮想敵として見据えるのは、共倒れを防ぐために地方中小都市の淘汰を認めて進めるという経済力の視点のみの単眼的な議論である。そのアンチテーゼとなりうる「まちなか」のネットワークの意義を岡部は主張した。

岡部は、欧州の取り組みの背景には「まちなか」に対する信頼があり、日本ではそうした信頼が醸成されていない、と指摘する。欧州における「まちなか」への信頼、それは歴史的に経験的に生み出されてきたものであった。

蓑原にせよ、岡部にせよ、歴史の中にヒントや状況証拠を見出した。単にノスタルジックにかつての日本にあったかもしれない「街」を再生させようという主張ではない。むしろ、「環境負荷」「逆都市化」「コンパクトシティ」に向き合う現代は、わが国に「都市」を実現させる好機であるともいわんばかりの、構想的な意志が背景に力強く存在していた。蓑原は「コンビビアリティ」というかたちで、都市に住まう人のありようについて構想した。岡部も、ヨーロッパの中世都市に範を求めつつ、「多様な人たちが取り結ぶ創造的な関係」への信頼という、都市に住まう思想を構想した。そして、こうした人間関係を生み出す中心市街地という場や空間にこだわるのである。二人にとって、地方中小都市の中心市街地の活性化は「都市」とは何かという思考と分かち難く結びついた課題だったのである。

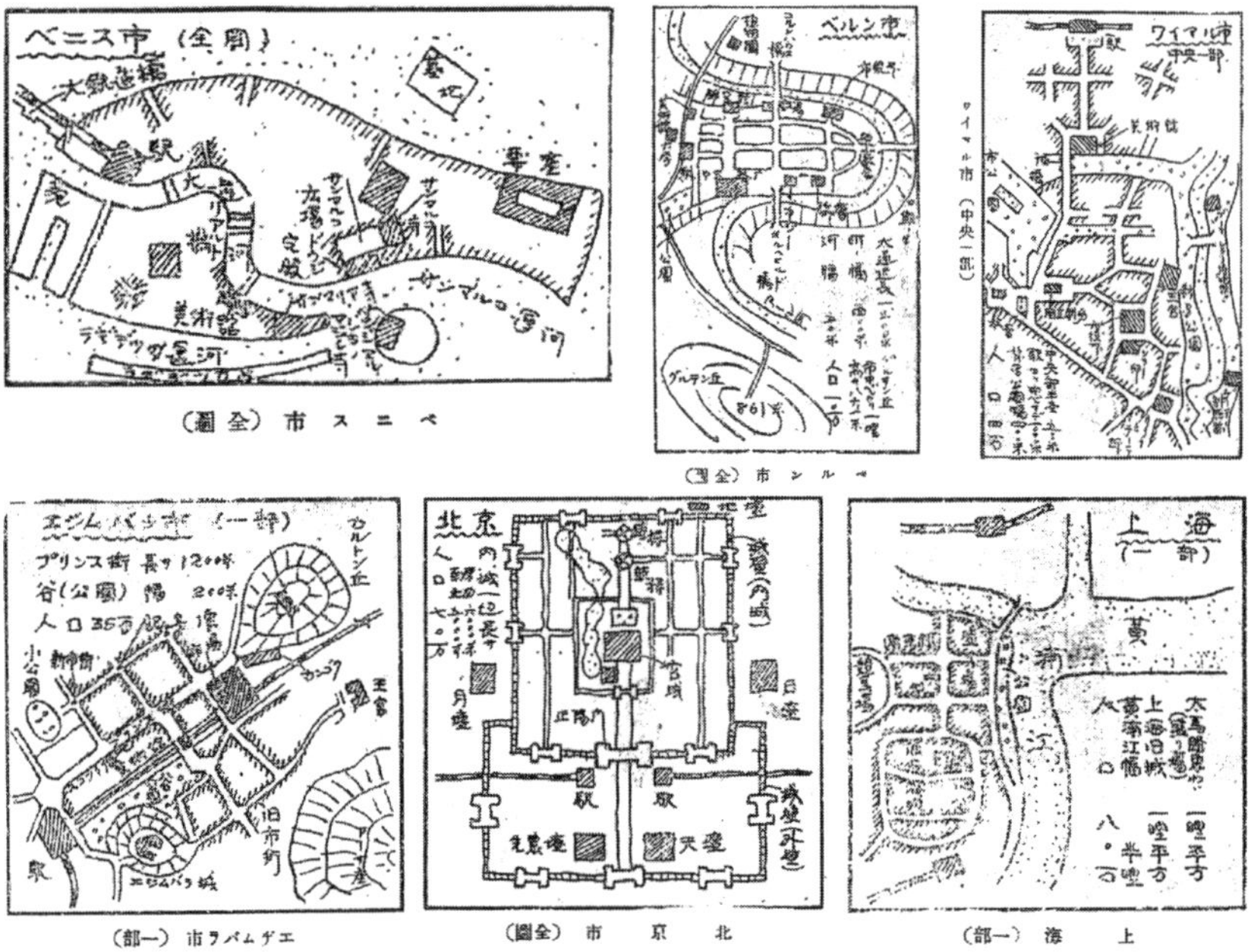

図 2　世界各都市の都市構造スケッチ
出典：石川栄耀「郷土都市の話「郷土都市の話になる迄」の断章の終篇」『都市創作』第 4 巻第 7 号，1928 年，21, 25, 26, 27, 32, 33 ページ

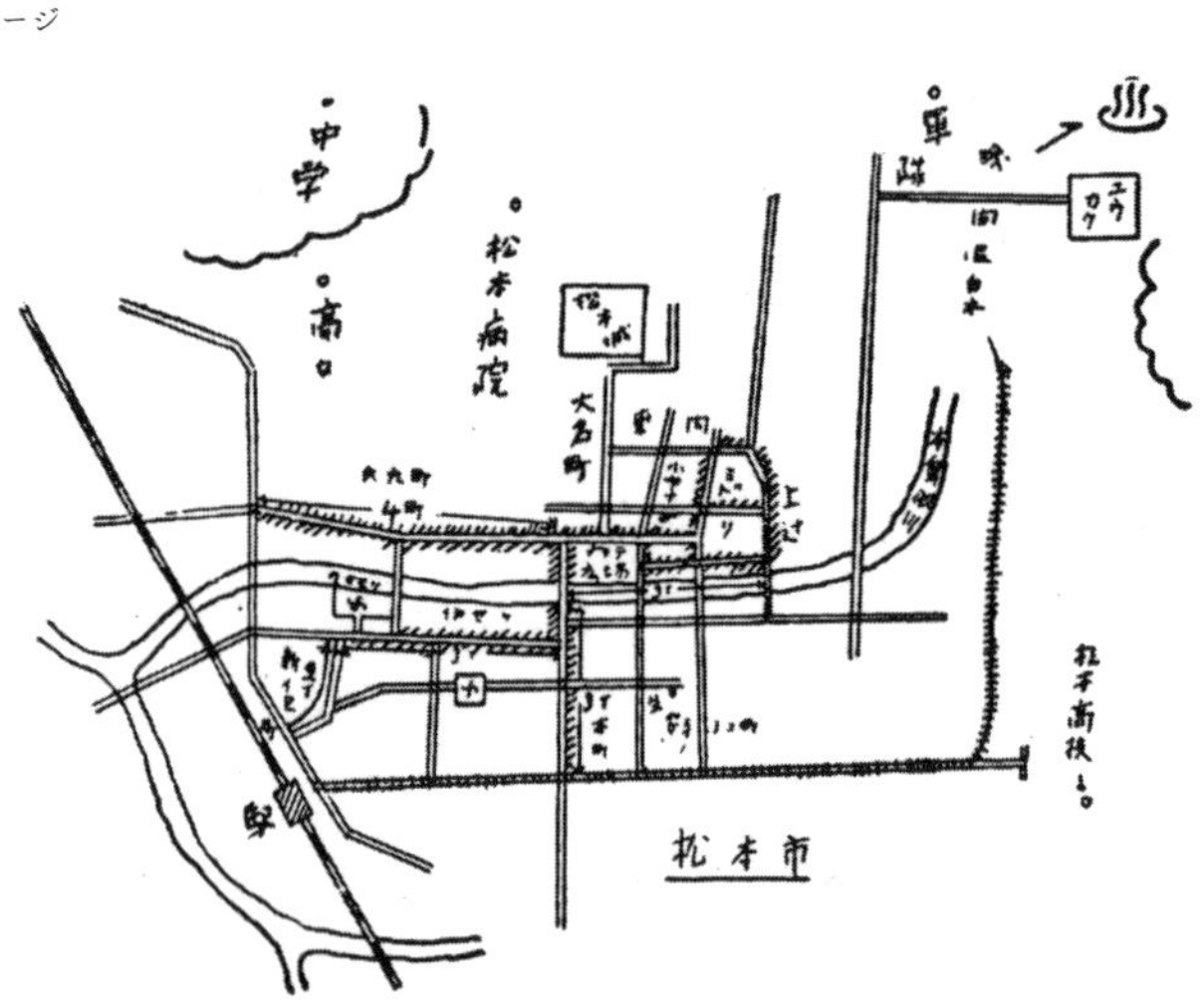

図 3　日本の都市の中心市街地スケッチ例（松本市）
出典：石川栄耀「盛り場風土記（中）――「盛り場研究」第 1 部」『都市公論』第 21 巻第 12 号，1938 年，41 ページ

そうした「都市」論は、高齢化や人口減少、あるいは環境負荷の軽減、持続可能性の追求といった状況から導かれた、ある時代に限定された思考というわけではない。冒頭で紹介した都市計画家・石川栄耀に話を戻したい。

石川は実は盛り場の研究家としても知られた人物であった。石川のライフワークの一つは、わが国の商店街を「盛り場」へと育て上げること、その技法の探求と実践であった。石川は、わが国、そして欧州や東アジア各都市の中心市街地の構造に強い関心を持ち、スケッチを数多く残している（図2、図3）。中心市街地に、多様な人々が集う「盛り場」の可能性を見ていたからである。石川は次のように論じる。

> 自分は日本の都市の幾つかを旅する度にも思う。此れは果して一生を託するに足りる「場所」なのだろうかと。此処に住む人達は此の都市のどこをどうくらそうとして居るのであろうか。
>
> 働いて働いて―働きまくる為には「この町」で足りるだろう。
>
> 然し、偶然「同じ時」に生を受け、偶然「同じ場所」にめぐり合った人達が生れ効いを味うにしては（折角都市と云う形迄をこしらい上げたに、かかわらず最後の仕上げを欠き隣人としての楽しき交歓を味う事なく）何とわびしい栄養不良な「この町」であろう（秋深し隣りは何をする人ぞ）[6]、
>
> 都市はただそのCommunity Centerとして発生し存在するもので、其生産機構たる事の如きはその便宜によって付与された末葉任務にすぎない。謂わば、夫れは都市の第二次機能である。
>
> そうでないとするなら、どうして、人々が此れ程、都市に魅惑され愛着するであろう。
>
> その意味に於て、古への広場、産業革命後、別して照明改革後の盛り場は計画を超えて意味深きものでなければならぬ。
>
> 何となれば、そここそ、市民が、都市構成本来の精神に即して色と光により高昇された人間の集団を享楽するとこなのであるから。[7]

石川の「盛り場」論は、住居には全く言及していない点で、「街」論、「まちなか」論に比して不完全なものである（当時、こうした「盛り場」およびその周辺にも当然人が高密度で住んでいたのだから、言及するまでもなかったのだろう）。ただ、石川は中心市街地を単に商業地と見ていたわけでもない。石川は、商店街と「盛り場」とを明確に区別していた。「盛り場」は、何よりも群衆感情に溢れた、自由に交歓する場であり、都市美的な空間であった。石川は盛り場の考察を通じて、「都市」の本質を人間同士の交歓、享楽にあると強く主張していた。構想されるべき「都市」を「盛り場」から説こうとした。石川は日本の都市を「都市」とすべく、中心市街地に着目したのである。

石川の「盛り場」と蓑原の「街」、岡部の「まちなか」には、時間を超えた共通のバックボーンがある。それは人々が寄り集まって暮らすことで生じる「弊害」への着目から生まれた「シティ・プランニング」の思想ではなく、集住の「魅力」に目を開き、人間同士の関係の可能性を創造する場、空間としての「都市」を構想しようとする思想である。ここでは、こうした思想こそ本来の意味での「アーバニズム」（都市主義）と呼びたい。地方中小都市の中心市街地を語ることは、アーバニズムに支えられたまた一つの都市計画運動の本質を表出させる。

4　アーバニズムのかたち

「社会に対する愛情、これを都市計画と言う」。おそらく石川が残した言葉の中で最もよく知られているのはこれだろう。ただし、愛情は相思相愛とは限らない。今、私たちが中心市街地において展望すべきは、都市計画家の志にのみ限定されない、広く社会に共有される都市の思想、アーバニズムであろう。それはどのように可能か。

愛国、ナショナリズムの議論が喧しい。政治学者・姜尚中は『愛国の作法』（二〇〇六年）において、法学者で政治学者のダントレーブの国民論を参照し、自然の存在としての「エノトス」（民族）と、人為の産物としての「デーモス」（市民）を分別し、エノトスに基づく「民族」国家への感情と、デーモスに基づく「国民」国家への愛情とを区別している。ここでは、こうした区別によってエノトス的なパトリオティシズムといってよい「愛郷心」や「郷土愛」と、デーモス的な「愛国心」や「祖国愛」との同心円的関係が否定されている(8)。

このナショナリズムの議論をアーバニズムに適用すれば、愛市の精神にも二種の感情が共棲していると見ることができる。冒頭で言及した東京や大阪の例では、エノトス的な「愛郷心」や「郷土愛」のありようを強調した。それは単純に故郷を愛する気持ちに他ならない。かつて地方を出自とした人々によるフロンティアであった東京も、今やその子供世代にとっては、生まれ育った場所としての東京である。彼ら（筆者も含むが）は郷土愛を増幅させている。海野が描写した大阪人の大阪愛はまさに郷土愛であろう。しかし、こうした情緒的に流れやすい愛郷心とはあえて区別される感情として、今、デーモス的な「愛市」を構想する必要があろう。

それは都市への愛情ではなく、構想されるべき「都市」への愛着、愛情である。ありうるべき「都市」の主体や空間についての意志である。人々の関係性がかたちづくる市民社会とはいかなるものか。人々の関係性が育まれる場、空間とはいかなるものか。世界各地の都市の長い歴史的経験から学び、社会知としての「都市」を説く、そうしたアーバニズムの普及が必要である。「街」への愛着、「まちなか」への信頼は、単に愛郷心からは導かれない。

幸いなことに東京や大阪に限らず、わが国の地方中小都市は、中心市街地を溶解させつつも、未だに個性に自覚的な強い郷土色が残る（全国各地の中小都市それぞれがそれぞれに固有の特産物を持つ国が他にあるだろうか。お土産に困ることがない）。そして東京や大阪と異なり、未だ私たちが容易に知覚しうる規模と構造を備えている。郷土色を基盤とした「郷土愛」に、社会知としての「都市」を構築していこうとする共同の意志が重ね合わされたとき、それぞれの都市に固有のローカル・アーバニズムが生まれるだろう。

地方中小都市の中心市街地の活性化を動かしてきたのは、愛郷的な感情と愛市的な感情が叢生するこうしたかたちのローカル・アーバニズムである。そして、ローカル・アーバニズムは、「都市」を目指して各都市の中心市街地の保全的刷新を企てることになる。この「都市」はいかなる原則を備えたものになるだろうか。「街」「まちなか」「盛り場」に二点だけ付加しておこう。

一つは時間の多重性であろう。中心市街地は有形無形の記憶を豊かに有している。大規模な再開発が、「せいの」で一旦時間を揃えてしまうこともあるかもしれないが、ほとんどの地方中小都市ではそれを可能とする需要も必要もなくなっている。戦後の不燃化運動の成果としての中小ビルや一枚の表看板に隠された木造の商家たち、戦前に遡るわずかな歴史的建造物と近年に更新された小奇麗なビル、仕舞屋風情の住宅やそれを払拭した住宅等、様々な時間を持って混在する建築物をストックとして活用することになる。また、建築物という「図」以外の「地」も、つまり街路や公園、緑地といった公共空間にも計画と生成の歴史が幾重にも埋め込まれている。この時間的多重性こそ、中心市街地の強みである。時間を丹念に感知し、保存や改修、修繕等でそれぞれに異なる寿命をデザインしながら、地域全体の大きな時間（歴史と未来）を多様な時間がしっかりと編み込まれた風景としてマネジメントしていくことができるだろうか。

また、もう一つは、主体間の協働である。「都市」は、地域住民、来訪者がただ交歓する場にとどまらない。「都市」そのものが、企業、行政、非営利団体等も加えた様々な主体の協働によって構想され、実現されなければならない。地方中小都市の中心市街地の特徴は複雑な権利関係に象徴される多様な主体が現在でも残っている点であるが、それは今後の構想においては利点となる。異なる主体の様々な意志を互いに丁寧に確認しながら、合意形成もしくは共感を導くプロセスこそ、「都市」の由縁たる多様な人たちが取り結ぶ創造的な関係の契機となる。多主体間の協働の制度的担保と運動的実装の並走が、私的権利の堅守や個人の自由から発して民主主義の根底を支えている「市民意識」（シビルマインド）に加えて、公的関心や共同体への愛着から発して「都市」への責任意識たるアーバニズムの根源となる「市民精神」（シヴィックスピリット）の恢復、醸成を導く成熟のシナリオを「都市」は内包していくことができるだろうか[9]。

「都市」は今現在の都市と断絶して成立するものではない。現代の都市モデルは、この三〇年ほどの「中心市街地活性化」を巡る思考と実践の蓄積の先に描出されるのではないか。昔日の都市の復古的な恢復でも、都市問題の地球環境問題への編入でもなく、「人間が集まって暮らすかたち」としての「都市」を構想するアーバニズムへの階梯として、中心市街地活性化を歴史的に位置づけたい。私たちは中心市街地の活性化を通じて、少なくとも石川栄耀の不安以降、何十年もの時間をかけて近代日本の都市が求め続けてきた未だ見たことのない「都市」を創出する取り組みに参画してきたし、今後もそこから離れることはないはずである。

注

(1) 石川栄耀「都市は永久の存在であらうか『郷土都市の話になる迄』の【断章の十四】」『都市創作』第四巻第一号、一九二九年、三〇―三一ページ
(2) 海野弘『モダン・シティふたたび――1920年代の大阪へ』創元社、一九八七年、iページ
(3) 中井検裕「中心市街地活性化と都市計画法等の改正」『季刊まちづくり』第一二号、二〇〇六年、八七―九五ページ
(4) 蓑原敬『街は要る！――中心市街地活性化とは何か』学芸出版社、二〇〇〇年、一九―二一ページ
(5) 岡部明子「都市を生かし続ける力」、植田和弘・神野直彦・西村幸夫・間宮陽介編『岩波講座　都市の再生を考える――都市とは何か』岩波書店、二〇〇五年、一八三ページ
(6) 石川栄耀「盛り場風土記――『盛り場研究』第一部」『都市公論』第二一巻第一一号、一九三八年、二七ページ
(7) 石川栄耀「夜の盛り場の種々相」『都市問題』第一一巻第二号、一九三〇年、五八ページ
(8) 姜尚中『愛国の作法』朝日選書、二〇〇六年
(9) 佐伯啓思『「市民」とは誰か――戦後民主主義を問いなおす』ＰＨＰ選書、一九九七年

03　石川栄耀による都市探求

1　都市の原風景と盛り場

君達は相当なインテリの積りであろうが、本当の事をいえば君達は都市というものを知らない。君達は都市というものを見た事がないのだ(1)

石川栄耀は明治二六（一八九三）年生まれ、東京帝国大学工学部土木工学科を卒業後、大正九（一九二〇）年に内務省都市計画地方委員会技師の第一期生として採用され、昭和八（一九三三）年まで名古屋を中心に愛知県内の都市計画を担当した。その後、東京に異動になり、昭和一八（一九四三）年に戦時体制としての東京都の成立と同時に都に移籍し、終戦時には東京都都市計画課長、昭和二三（一九四八）年からは建設局長として東京の戦災復興計画の立案と実施に力を尽くした。石川は日本都市計画学会の実質的な創設者である。学会の最も栄誉ある賞は、現在でも彼の功績を記念した「石川賞」である。わが国を代表する都市計画家である石川は、一方でユーモアに溢れる筆致の著述家でもあり、数多くの専門書や児童向けの都市計画の解説本の他に、あらゆるジャンルの雑誌に膨大な数の論考やエッセイを寄稿している。落語、寄席をこよなく愛した話術の天才でもあり、文化人、財界人との幅広いつき合いもあった。石川は長く東京帝国大学で非常勤講師を務め、役所生活引退後には早稲田大学理工学部土木工学科の常勤の教授として教育の場にも携わった。その大学の講義の初回で、石川が学生たちを挑発するように必ず口にしたのが、冒頭で引用した言葉である。そして、東京も大阪も京都も家を並べてある倉庫に過ぎず、「都市というものはああいうものではない」と続けたのである。

石川栄耀は「都市」とは何かについて思索を重ねた都市計画家であった。官僚都市計画家として実際に都市をつくる仕事に携わりながらも、「自分達の仕事がどうも此の現実の「都市」とドコかで縁が切れてる様な気がしてならない[2]」という問題意識を持ち続けた。さらに、その「現実の都市」についても、常にこれは「都市」ではないと批判し続けた。「都市計画」――「現実の都市」――「都市」という三者を互いに近づけることが、石川の都市計画家人生のテーマであった。この三番目にくる「都市」とは、石川が信じる都市の本質、都市の原風景といったものであったが、それを定義づけるとすれば、なぜ人は都市をつくるのかという問いに答えなくてはならない。石川は、人は「集まってその集まりをたのしむ」「市民相互を味わう」「人なつかしさの衝動」のために都市をつくるのだと考えた。ギリシャ以来、あらゆる地域、あらゆる時代の都市は、中心部に美しい広場を持っていて、その都市美的環境のもとに市民が集まって歓談を楽しんできた。そうした中心のことを「盛り場」と呼んだ。石川の信念は、「今日都市からこの盛り場を無くしたら都市はない。都市がない所か「人間そのもの」がなくなるのである[3]」というものであった。

石川は、三〇歳から三一歳にかけてのおよそ一年間、欧米各国の都市を巡る出張に出た。石川の都市の原風景は、この若き日の洋行で実際に体感した、とりわけヨーロッパの生き生きとした広場を中心とした中小都市の佇まいに感化されたものであった。そうした都市の原風景に照らしてみると、眼前の日本の都市は、市民が集い、その集いを楽しむ盛り場は美しさに欠け、その核となるべき広場もなく、「都市ではないもの」と感じられたのである。同時に石川は、当時の都市計画というものが、そうした「人なつかしさの衝動」に関心を向けずに、ひたすらに都市の近代化のための道路網などのインフラ整備に没頭し、国家的要請のもとで生産拠点としての都市の育成にばかり精を出す姿に違和感を持ったのである。

2　盛り場・商店街での石川栄耀の仕事

日本の都市に広場はない。しかし日本にも伝統的な盛り場はある。彼処に見られる商店街では、人々は単に買い物を楽しむだけでなく、遊楽の気分で漫歩を楽しんでいる。石川がヨーロッパで触れた広場の代わりとして見出したのが、商店街であった（図1）。石川いわく、盛り場には慰楽や見世物を主体とするラテン的なものと商業を中心としたチュートン的なものがある。日本では、前者は浅草、後者は銀座が代表する。かつての日本ではラテン的な盛り場が主体であったが、いつしか世界でも珍しい、商店街形式のチュートン的な盛り場が発展していったと歴史をひもといた。

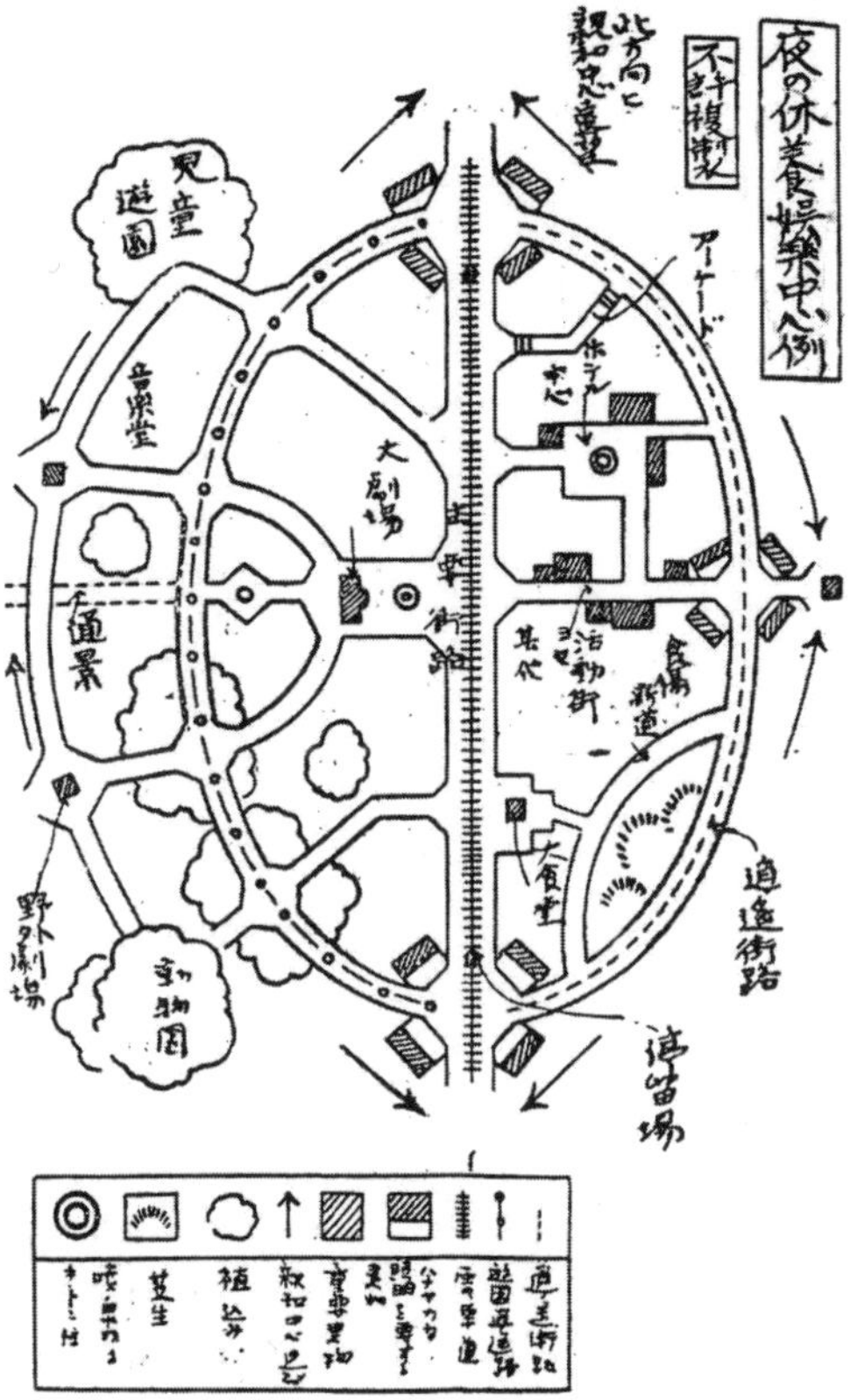

図1　夜の休養娯楽中心例
出典：石川栄耀「郷土都市の話になる迄——断章の二　夜の都市計画」『都市創作』第2巻第1号，1926年，25ページ

そうした歴史と現状の認識のもとで、石川は商店街を中心とした盛り場を、日本なりの広場へと育て上げていくことに力を注ぐようになる。まず名古屋にて、照明技術者や看板図案家らと名古屋都市美研究会を立ち上げ、広小路や大須といった当時の盛り場の商店主たちとともに、街灯や看板などの物的環境整備から市民意識醸成の場としてのお祭りの創設まで、総合的な盛り場のマネジメント活動を展開した。二〇台の花車に四〇

○人の人々が浴衣姿で大行進するカーニバルを中心とした広小路祭、毎年一〇万―二〇万人もの人出があったという盆踊り競技の大須祭などはみな、石川が手がけた。一年に一回、二回、街路を演舞場として市民が一緒になって馬鹿を尽くす機会の創出であった。東京に異動になった後も、商業都市美協会を創設し、東京府が進めていた商店街商業組合による商店街振興に協力するなどして、東京、そして全国の都市で、盛り場商店街の育成のための活動に勤しんだのである。

戦前、石川は外地への出張の機会にも、満州人が生み出す劇場や茶荘、遊郭、市場などの複合体としての盛り場に積極的に足を運んだ。軍部からの要請による都市計画立案のために上海に長期滞在した際には、食事が口に合わず体調維持に苦労したにもかかわらず、いつのまにか毎晩、単身で支那劇を見に行くようになった。日本人は一人もいない茶館の小さな舞台でうたわれる唄に聞き入っていたという。そこに何となく「都市」があるような気がしたからである。石川の行動は、「民族が民族を理解し合うにはその「タノシミ」を解かり合うより仕方がない」[4]という考えに基づくものであったが、石川の結論は、日本人よりも中国人の方が優れた盛り場メーカーであるということであった。石川が貪欲に「都市」を探求していた様子がうかがえる。

石川は戦後、焼け野原になった東京の復興のための都市計画立案の責任者として、新たな盛り場の創設を手がけた。日用品を扱う商店が並ぶ町に過ぎなかった新宿の外れに、町会長の鈴木喜兵衛とともに、広場を中心として芸能施設を集めた盛り場＝歌舞伎町をつくり上げた。麻布十番では、メインとなる街路を膨らませて広場状空地（現在のパティオ十番）を生み出し、周囲に映画館を立地させようと画策した。さらに王子駅前の王子新天地、錦糸町駅南の江東楽天地などの育成に力を注いだ。また露店業者を収用した渋谷地下商店街（しぶちか）、一時、埋め立てて野球場にすることが計画されていた上野の不忍池の再生と水上音楽堂の建設、都内各地での美観商店街指定とアーケード設置の指導なども石川が手がけた仕事である。盛り場、商店街を都市生活の復興の重要な拠点と位置づけ、惜しみなく支援したのである。

石川は機械的な労働を余儀なくされる現代人の心理こそが、盛り場を求めるのだと考えていた。盛り場とは、機械性に対して人間性を、単調に対し変化を、無味に対し潤いを、運動不足に対し適量の散歩を、過労に対し休養を、人為に対し自然を与える任務を持つものなのであった。石川の盛り場への眼差しは、都市計画が相手にした近代特有の大都市における人間の疎外、孤立という心理的問題に向き合う中で研ぎ澄まされていき、やがて射程を都市の全体的なありように広げていくことになる。

3　名都論と日本の都市の原風景

　東京都建設局長を退任した後、石川は日本全国の都市を見て回る計画を立てた。毎年の年賀状には、自身の近況として、「まだ半分許り残って居ます。本年は五十許り片づけ度いと思ってます。日本の都市の面白さが解りかけました」（昭和二九年正月）、「内地洋行中（予定三百都市半数済）」（昭和三〇年正月）などと綴っている。若き日の洋行が、石川に都市の原風景、盛り場への関心を芽生えさせたのだとすれば、石川の早過ぎる死によって途中で終ってしまうことになる晩年の内地洋行も、石川の都市探求に新境地を与えることになったはずである。その断片は、石川が晩年に著した名都論に垣間見ることができる。

　石川はこの内地洋行を始める少し前に「都市美試論」という論考を発表し、三種の都市美について論じている。第一の都市美は、欧米の都市計画家たちが発展させてきた造型的な都市美である。第二は、山景、水景と都市景観との有機的な結合によって生み出される自由態の都市美である。加えて、第三の都市美として石川が指摘したのが、内容都市美であった。それは「風土」「人生」「市民性格」のことであり、都市美の真の性格は内容都市美で決定されると考えていた。

　こうした都市美論と内地洋行の経験に基づいて、石川は名都論を展開し始める。「名都」は石川の造語で、「都市美的によくできている都市[3]」のことである。その条件は、美しい水、市民が登れ、展望しえる丘、美しい建築物の群などに加えて、歴史・教養・人心のいずれかに関する市民感情が市中に流れていることではないかと考察している。つまり、三種の都市美のことである。石川は一九五〇年代半ばの高度経済成長に差しかかろうとする日本における社会感情の不安定さ、危機を指摘し、それを安定化させる基礎が都市美であると説いた。その思いは、「人なつかしさの衝動」に基づく盛り場育成と同根なのであった。

石川は、「自分はやがて、いくつかの名都を見るに及び都市も一応詩で評価し得るものである事に気づいた[6]」と書いている。名都では、「其の町を作ってゆく新しい市街に心がけ、人心の豊かなる育成と申しますか、理性と申しますか、之が集って都市としてのポエジーが出来上る[7]」という。そうした日本の名都として松江市、盛岡市、釧路市、札幌市、大分市、萩市、新潟市、尾道市、熱海市、別府市、伊東市、那覇市といった都市をあげて、都市美の分析を進めようとした。そこで「日本の都市美が欧米の（というよりは、ヨーロッパの）それに比し後進的であるという考え方に対し、むしろ「日本の都市が、ヨーロッパのそれのように造型的に的確でないことが却って動的な、新しい形態にあることを物語るのではないか」ということ[8]」に気づくのである。

しかし、石川にはこの日本固有の都市美、日本の都市の原風景についての考察を深める時間は残されていなかった。昭和三〇（一九五五）年九月、旅先で体調を崩し、あっけなく六二年の生涯を閉じる。日本の都市はどうあるべきか。石川は、地域を問わず、いやむしろ時代を問わず普遍的に存在する「都市」というものと、ヨーロッパとは異なる日本独自の都市美の佇まい、ないしは詩情というもの、この人々の生の安定を目指した二つの原風景の探求を拠り所として考えられるのではないか、と私たちに問いかけたところで、この世を去ってしまった。石川に続く私たちにできることは、労をいとわず多くの現実の都市に足を運び、そこから立ち上ってくる本当の「都市」を捕まえる努力を続けることである。

注

（1）石川栄耀「都市発見」『ニューエイジ』第一巻第九号、一九四九年、六三ページ
（2）石川栄耀「「盛り場計画」のテキスト　夜の都市計画」『都市公論』第一五巻第八号、一九三二年、九三ページ
（3）石川栄耀「現代盛り場価値論　附＝東京の盛り場」『都市美』第三〇号、一九四〇年、四ページ

（4）同右、五ページ
（5）石川栄耀「名都の表情　条件と分類」『市政』第三巻第一号、一九五四年、二二ページ
（6）石川栄耀「誰か東京を唄う」『東京だより』第二六号、一九五一年、一六ページ
（7）石川栄耀「広義都市計画の考え方」『第五回全国都市計画協議会会議要録』一九五二年、二八ページ
（8）石川栄耀「名都の表情　条件と分類」『市政』第三巻第一号、一九五四年、三四ページ

04 石川栄耀と「都市」に向き合う都市計画家

1 はじめに

「都市計画」と云う華々しい名前を有ちながら自分達の仕事がどうも此の現実の「都市」とドコかで縁が切れてる様な気がしてならない。[1]

このフレーズは、石川栄耀の「都市計画」に対する姿勢を端的に示すものである。内務省都市計画愛知地方委員会の技師として名古屋で活躍してきた石川が、不惑の四〇歳を前にして、日頃の問題意識を吐露した一文である。「都市計画」と現実の「都市」との間の無視できない距離、そしてその両者の「縁」を結び直そうとする意欲こそが、石川の都市計画家としての駆動力であった。本章では、この石川の印象的なフレーズの意味を改めて吟味しながら、石川から見えてくる一つの都市計画家像を素描していく。

2　石川栄耀の都市計画家論

技術における「人間」の回復と社会工学

石川栄耀は日本都市計画学会の実質的な創設者である。また、石川は学会創設以前から、都市計画の民主化を唱え、満州帰りの秀島乾らを応援し、わが国で最初の都市計画の職能団体である日本計画士会の設立を促した。つまり、石川は「都市計画」の学術や技術の確立に並々ならぬ情熱を注いだ都市計画家である。しかし、石川自身の論考で、「都市計画家」そのものを直接の主題としたものは非常に少ない。なぜなら「自分の走りによって、都市計画技師という得態の解らぬ現代の産物の本態に対する解釈とし様[2]」と宣言し、自らの生き様を通じて、都市計画家のあるべき姿を示そうとしていたからである。とはいえ、一度だけ、わざわざ「文徐公」という筆名を用いて、都市計画家の職能について体系的に論じたことがある。『都市公論』の一九三八年三月号に掲載された「都市計画地方委員会技師論」である。「都市計画地方技師は大なり小なり腐ってる[3]」という刺激的な一文で始まるこの論考は、都市計画地方委員会の仲間の技師たちに対して語りかける漫談のような石川独特の文体ながら、都市計画家の職能の本質論が披露されている。また、石川はこの「都市計画地方委員会技師論」を先の筆名で発表したのと同じ一九三八年、『技術日本』一〇月号に「技術放言」という論考を寄稿している。この論考では「都市計画地方委員会技師論」のさらに背景に位置づけられる技術家論が展開されている。

「都市計画地方委員会技師論」と「技術放言」に共通する話題は、技術屋＝技師と事務屋＝事務官との関係である。特に、省庁内の人事において事務官が優遇されているという当時の状況に異を唱えるべく、技術屋＝技師の重要性を説いている。全体主義へと向かう風潮の中での、国家の強化に資する文化という文脈における議論ではあったが、石川が強調したのは「文化は技術によって動かされる」（その反語としての「技術なき所に文化はあるか[4]」）というテーゼである。しかし同時に、事務官が操る法律や政治は手段であって内容ではないと看破し、内容たる技術の優位を主張している。しかし同時に、

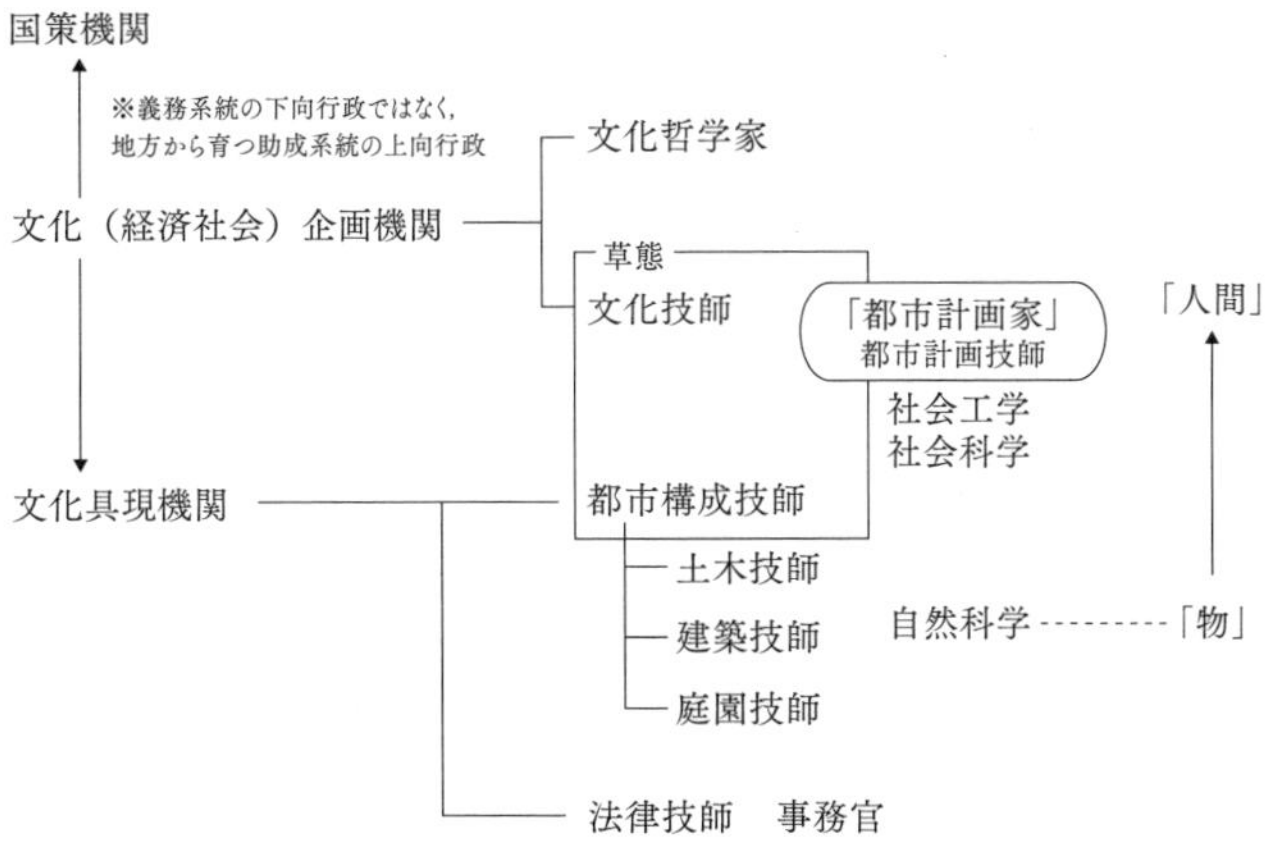

図1　石川栄耀の思い描いた都市計画家像の構図
出典：文徐公「都市計画地方委員会技師論」『都市公論』第21巻第3号，1938年，85ページに加筆

「技術放言」では、技術に関して「あけくれ「物」を対象とすれば自から非人間的となり、物の現象の適確さは技術屋に明快正直なる性格を付与すると同時に「物」の範囲を出でざる神経は、此に社会より遊離し「物」のみに低迷する性格を与える[5]」と注意を喚起し、そのような性格からの脱却を求めている。石川は、技術屋は人間としてのあらゆる要素を回復して、個々の技術を支える正当な自然科学に加えて、社会科学の発展形としての「社会工学」を目指すべきであると考えていた。

都市構成技師と文化技師

「都市計画地方委員会技師論」では、上記の技術屋論を下敷きとして、都市計画家のあるべき姿について論じている。石川は都市計画に関係する機構を図1のように説明している。文化（経済社会）企画機関に文化哲学家と文化技師、文化具現機関に都市構成技師と法律技師、そして都市構成技師のもとに土木、建築、庭園の技師がいるというのが石川の考える職能の構図であった。しかし、石川はこの構図は真態（理想）であって、草態（現状）では、文化技師ならびに都市構成技師は土木建築庭園の技師が兼ねるとしている。草―行―真への移行は想定されていたものの、少なくともまず目指すべき都市計画家像は、文化技師と都市構成技師の複合体であったと見てよいだろう。

石川は「都市計画は今も云うた様に文化企画の具現ぢゃ。文化企画がノウては具現もヘチマもありやせん[6]」「文化企画となると先ず君達に文化自体の習得が必要ぢゃろ[7]」として、文化技師たるべき素養を身につけろと呼びかけた。同時に、都市構成技師としては、個別技術分野に閉じこもらず、それらを総合していく能力が必要だと論じた。そして、こうした意識のもとで都市計画家に求めたのは、現地主義に基づく「都市の生態観察」であった。「之［都市計画：引用者注］は大地の上に繁栄してゆく人類社会を認識し助成し誤りのない様育ててゆく行政ぢゃ。ぢゃから問題は先ず原地の都市そのものから沸いて来る。云ひ様によりゃ原地の都市そのものを朝夕好う見とりゃそこにアリアリと都市計画が描いてある筈ぢゃ。都市計画技師はただそれをハッキリ捉えてものにしてやりゃ好えのぢゃ(8)」と。

石川は、技術における「人間の回復」を主張し、社会工学の進展を構想した。石川が望む都市計画家の姿とは、文化の企画自体に参画し、その具現のために、自然科学に基づく各個別技術を総合する社会工学としての都市構成の技術を操る者であり、その都市構成の技術は、目の前にある都市という人類社会の現実の認識に基礎づけられていた。石川は「文化学の修得。経済、社会の勉強ぢゃ。つづいては眼の前にある自分の町の認識ぢゃ、都市学的な認識ぢゃ(9)」と、文化技師、都市構成技師であるべき都市計画家に繰り返し呼びかけたのである。

3 「都市」と「都市計画」との縁の結び方

都市の科学の探求

では、具体的に石川が都市計画家として「都市」にどのような方法で接近したのか。それは第一に、眼前の都市を科学することによってであった。石川の代表的著作である『都市計画及び国土計画』（一九四一年）は、都市構成技師に求められる都市構成の理論を基本とした構成を採用している。

石川の都市の科学の探求自体は、かなり初期から始まっていた。石川が深く関わった都市創作会の機関誌『都市創作』の創刊号の巻頭言では、すでに「我等は先づ常識の対象としての都市計画を超え、正統学派としての「都市学」の樹立を期したい(10)」と宣言している。以降、石川は都市計画技師としての実務の傍らで、実際の都市の動態に着目して、さらに都市の組系に関心を寄せ、体系化を試みていく。石川は都市がいかなる力によってその大きさを延伸させていくのか、都市内部においてはどのような原理によって地区や施設の配置、構成が決定されるのか、それらの法則を具体の都市の動態、実態から帰納的に求めようとした。

そして、石川の都市計画論の集大成である『都市計画及び国土計画』の新訂版（一九五四年）の序言にて、「「都市計画」は計画者が都市に創意を加えるべきものではなくして、それは都市に内在する「自然」に従い、その「自然」が矛盾なく流れ得るよう、手を貸す仕事である」＝「生態都市計画」[11]という境地を綴る地点にまで行き着いた。「都市の生態観察」に基礎づけられた都市計画という着想は、処女作を『都市動態の研究』（一九三二年）と名づけたときから変わらぬものであった。しかし、東京の戦災復興計画での苦闘を経て、確固たる信念となったのである。石川の都市構成の理論を中心とする都市の科学の探究は、「都市計画」の基礎を提供するにとどまらず、「都市計画」そのものの内容を限りなく「都市」に接近させていったのである。

都市の社会感情と詩情への接近

ところで、石川の「都市の生態観察」は、「都市」を「物」としてだけ捉えるわけではなかった。日本都市計画学会の学会誌創刊号（一九五二年）に寄せた「都市計画未だ成らず」では、「誰が都市に対する科学の樹立と、都市に対する社会感情を感得する役を買わねばならぬか」[12]と若き人に向けて書いている。石川は、都市に対する科学だけでなく、都市に対する人々の感情に着目していた。

前章でも紹介したが、石川の年賀状は、毎年、家族一人ひとりの近況を石川独特のユーモアに溢れた筆致で紹介するものであった。晩年の二年間の年賀状を見てみると、石川は自身の近況として、「戦后の日本の都市二百七十を全部見てしまふ、計画を樹てましたがまだ半分許り残って居ます。本年は五十許り片づけ度いと思ってます。日本の都市の面白さが解りかけました」（昭和二九年正月）、「内地洋行中（予定三百都市半数済）」（昭和三年正月）と綴っている。[13]石川は請われて全国各地の都市に赴き、精力的に講演をこなしたが、招聘されたから訪ねたというだけではなく、全国の都市を網羅的に巡る計画を立てていたのである。なぜ、石川は「内地洋行」の計画を立てたのか。当初は、それは多忙の官職を離れたことを契機として、先に見た「生態都市計画」の都市計画論を確立するためであっただろう。しかし、都市への訪問を重ねる間に、石川はこれまでの都市動態や都市構成の理論とは異なる「名都論」を展開するようになっていった。名都とは、都市美的によくできている都市という意味での石川の造語である。前章で述べたとおり、石川は、この名都の条件として、美しい水、市民が登れ、展望しえる丘、美しい建築物の群などに加えて、「歴史・教養・人心のどれかに関する市民感情が、ソコハカとなく市中に流れている[14]」と感じ取った。そして、「社会感情的不安定を安定化する基礎的なものが都市美なのである[15]」と考えるようになった。石川は、この「社会的感情」の危機をしっかり捉え、そこに安定をもたらすための仕事こそ都市計画家のなすべきものであると心に期していたのである。

石川にとって、芥川龍之介と夏目漱石の文学は青年時からずっと特別であったが、その理由は本人にとっても長年、判然としなかった。しかし、芥川の「結局文学とは詩である」という言葉に出会って、万象の価値尺度としての「詩」の存在（石川は文学としての詩との混同を避けるために、「詩情」と言い換えている）に気づいた。都市も同様であった。芥川や漱石の文学と同じように特異な香りを持つ「名都」が「名都」たる理由も、やはりそうした「詩情」の存在にある、という結論に行き着いたのである。

「都市は詩情を有つ。むしろ都市の本質はその詩情にある。それを誰が唄うであろうか[16]」と石川は問いかけた。都市計画家として自らそれに答えようとした石川が、若き都市計画家に期待した都市の社会感情の感得とは、「都市」の本質としての「詩情」への接近であった。

「都市計画技術室より街頭へ」の運動

石川はもちろん単なる都市観察者ではなかった。しかも内務省都市計画技師の本務として名古屋や東京の法定都市計画に責任を持って取り組んだだけでなく、一技術屋として、市民として、「都市」へ飛び出していった。石川いわく、「「都市計画技術室より街頭へ」の運動[17]」を展開したのである。

一九二七年七月に石川が世話人となって設立した「名古屋をも少し気のきいたものにするの会」は、「名古屋を自分の家の様に愛する人達が之をも少し気のきいたものにする様に、気のついたことを考えたり、はなしあったりするのにあります。そして出来たら、その結果を各方面に助言したり、実現の出来る方法も採りたい[18]」という会であった。以降、名古屋時代には、照明学会東海支部に集った照明デザイナーや名古屋商工会議所に集まった財界人、広小路や大須の商業者たちとともに、照明・看板デザインの改良からお祭りの創設まで、あらゆる手段を使って盛り場、商店街の育成指導に尽力した。最も石川らしい試みは、一九三〇年七月に開催された広小路祭であったろうか。広小路行進曲をバックに二〇台の花車、浴衣姿の四〇〇名の市民が大行進するカーニバルを中心とした、市民が一緒になって馬鹿を尽くし、騒ぎ狂う祭りを考案した。石川が創設した名古屋都市美研究会は、この祭りに合わせて、広小路に所縁のある偉人の紹介や昔の写真などを集めた広小路展覧会、広小路の将来について話し合う広小路漫談会を開催した。石川は市民意識の醸成の場としてお祭りと、都市生活の要諦であると考えた「賑かさ」をもたらす親和生活の中心としての盛り場商店街を重要視していた。石川は東京転任後も、照明や屋外広告の観点から商店街の育成に取り組み、やがて戦災復興において、前述のように歌舞伎町や麻布十番といった盛り場商店街をデザインしていく。

石川のこうした実践は、盛り場商店街に限定されていたわけではない。特に石川が戦後、力を入れたのが、「自発的に集まり郷土目白を最も住み良い文化都市にする[19]」という目的で地元・目白の文化人たちと設立した目白文化協会の活動であった。会長に推された徳川義親（尾張徳川家当主、植物学者）の他、田辺尚雄・秀雄（音楽家）、大久保作次郎（洋画家）、小野七郎（新聞記者）、夏目貞良（彫刻家）、堀口捨巳（建築家）、田中耕太郎（法学者）らが参加した。毎月一回、講演から落語、舞踊まで何でもありで会員たちが順番にそれぞれの専門、得意な出し物を披露した「文化寄席」、地元の商店街と協働した商店店頭での「絵の展覧会」、さらに区長や警察署長らを加えて目白のまちについて意見交換を行う「目白懇話会」、音楽や舞踊、運動、漫談などのメニューと道路清掃、補修、緑化活動を組み合わせた「文化祭」など、活発な活動を行った。石川の死後、目白の人は「あの人ぐらい、あの当時街の人の為に力づけてくれる人はなかった。文化寄席ばかりでなしに、ハッピを着て街の盆踊りには一緒に踊ってくれたし、街の発展策に夜おそく迄商店の人と話し合ってくれたり、全く惜しい人をなくしたものだ[20]」と涙を流さんばかりに悲しがったという。さて、石川が目白で果たした役割は、まさに文化を企画する「文化技師」そのものではなかっただろうか。

かつて「都市計画」と「都市」との縁が切れていることを問題視し、「都市計画家が本当に「都市計画家」の意識を享楽する為[21]」に開始した「「都市計画技術室より街頭へ」の運動」は、「建設せざる都市計画」「誰でもできる都市計画」「市民都市計画」「自由都市計画」と様々に名づけられて、「法定都市計画ではない、痒い所に手の届くような、腹が痛いといえば此の薬で癒るとゆう都市計画こそ、一般の者が求めてやまないものではないでしょうか[22]」という思考に昇華された。

4　「都市計画」の「都市」に向き合うとき

石川栄耀の「走り」に基づいて、石川の目指した都市計画家の本態に対して解釈を加えてきた。石川は「都市計画」と「都市」との縁を、都市の科学、市民の社会感情の感得、街頭（まち）での運動によって結び直そうとした。石川が実践したのは、ただ素直に「都市」に向き合うことであった。都市計画家は「都市計画」を思念し実践する人で、ずっと長いこと、「都市計画」の「計画」にこだわりを持ち続けてきた。しかし、「計画」は石川が予見した「生態都市計画」のような考えに帰着していくのかもしれない。だとすれば、今、改めて「都市計画」の「都市」にこそ向き合う必要があるのではないだろうか。「計画」は確かに技術に他ならない。しかし、「都市」の方は「詩情」ではないか。それを誰が、どのように唄うのか。石川はそう、問いかけてくる。

注

（1）石川栄耀「「盛り場計画」のテキスト　夜の都市計画」『都市公論』第一五巻第八号、一九三二年、九三ページ

（2）石川栄耀「地価の考察その他　「郷土都市の話になる迄」の断章の追補」『都市創作』第四巻第八号、一九二八年、四六ページ

(3) 文徐公「都市計画地方委員会技師論」『都市公論』第二一巻第三号、一九三八年、八〇ページ
(4) 同右、八三ページ
(5) 石川栄耀「技術放言」『技術日本』第一九〇号、一九三八年、二一ページ
(6) 文徐公「都市計画地方委員会技師論」『都市公論』第二一巻第三号、一九三八年、八八ページ
(7) 同右、八八ページ
(8) 同右、八八ページ
(9) 同右、一〇七ページ
(10) 都市創作会「巻頭言」『都市創作』第一巻第一号、一九二五年
(11) 石川栄耀「新訂都市計画及び国土計画」『産業図書』一九五四年、序四ページ
(12) 石川栄耀「都市計画未だ成らず」『都市計画』第一号、一九五二年、五ページ
(13) 石川栄耀の年賀状(昭和二九年正月、昭和三〇年正月)は筆者所蔵。
(14) 石川栄耀「名都の表情　条件と分類」『市政』第三巻第一号、一九五四年、二三ページ
(15) 同右、二四ページ
(16) 石川栄耀「誰か東京を唄う」『東京だより』第二六号、一九五一年、二二ページ
(17) 石川栄耀「盛り場のテキスト追補――ショウヰンドウ指導手引き」『都市公論』第一六巻第一〇号、一九三三年、一四八ページ
(18) 「実際化運動」『都市創作』第三巻第八号、一九二七年、八七ページ
(19) 『豊島タイムズ』一九四七年六月一八日付
(20) 根岸情治『都市に生きる――石川栄耀縦横記』作品社、一九五六年、一三七ページ
(21) 石川栄耀「盛り場計画」のテキスト　夜の都市計画」『都市公論』第一五巻第八号、一九三二年、九三ページ
(22) 石川栄耀「広義都市計画の考え方」『第五回全国都市計画協議会会議要録』愛知県土木部都市計画課内第五回全国都市計画協議会事務局、一九五二年、二七ページ

05 高山英華による都市計画の学術的探求

1 はじめに

日本都市計画学会設立から半世紀以上が経過し、わが国の都市計画学は大きな蓄積と広がりを獲得してきたが、その根底にある枠組みはどのようなもので、その原点はどこにあるのだろうか。地球環境問題の深刻化、超少子高齢化・人口減少社会の到来など、都市計画の前提条件は大きく変化し、それに応じて都市計画の根本的な再構築が求められている。都市計画を科学する都市計画学も同様の状況にある。都市計画の変革期にある現在、都市計画学についても根本的な議論、つまり歴史的な考察を深める必要がある。

わが国の都市計画学の草創を担った人物としては、石川栄耀や西山夘三、高山英華の名があげられることが多い。石川と西山に関しては、その学問的業績を明らかにするような研究論文や書籍が出版され、解明が進んでいる。(1) しかし、高山英華については未だそうした研究や検証が行われていない。高山は都市計画史上の様々なビッグプロジェクトを主導したものの、石川や西山とは異なり主著と呼べるような学術書を執筆していないことが、こうした研究状況を招いた一つの要因であろう。都市計画学者としての歩みを自ら振り返った講演録や長時間のインタビュー記録を残しているが、それらにおいても、関与したプロジェクトのエピソードが多くを占めており、都市計画の学術的探求の軌跡についてはほとんど語られていない。(2) しかし、それにもかかわらず、高山に対して「都市計画の学問上の中心(3)」、「都市計画研究のパイオニア(4)」という評価がなされている。なぜなのだろうか。

こうした評価の理由を考察していく際に重要な手がかりとなるのは、日本都市計画学会誌『都市計画』の創刊号（一九五二年九月）に掲載された高山の論文「都市計画の方法について」の存在である。この論考は高山に対する長時間インタビューの記録を収録した雑誌、書籍のいずれにも再録されている。高山逝去の際には、複数の追悼文で高山の都市計画学者としての功績として言及された。そして、高山自身も生前の講演にて、「当時私が戦前から考えておりましたものを体系したもの(5)」として、この論文に言及していた。すなわち、「都市計画の方法について」は自他ともに認める高山の都市計画学における主要業績といってよい。したがって、この論文内容に、高山が「都市計画研究のパイオニア」である理由、そして、わが国の都市計画学の一つの原点を見出せる可能性が高いと考えられる。

しかし気をつけないといけないのは、高山自身が述べている通り、「都市計画の方法について」が戦前からの高山の思考を体系化したものだとすれば、都市計画学の原点を探求するという問題意識のもとでは、この論文の歴史的文脈、すなわち戦前からの高山の都市計画の学術的探求に遡及した上での、形成過程の理解が欠かせないということである。

以上を踏まえて、本章では、「都市計画の方法について」に至るまでの高山英華による都市計画の学術的探求の軌跡を明らかにしていきたい。高山の論考（自筆ノート含む）や関与した研究組織の成果物を収集し、その内容の相互関係を分析することで変遷を跡づけられるだろう。「都市計画の方法について」に至るまでの高山の研究活動を整理したのが図1である。(6)研究の主なテーマが大きく住宅地計画から東京改造計画、そして都市計画方法論へと推移している様子がわかる。このテーマの推移に着目して、高山の恩師にあたる内田祥三が管轄していた委員会や調査に幹事役として参加して住宅地計画研究を進めた時期（第一期）、二年間の兵役を挟んで、大都市、特に東京の改造計画に関する研究を進めた時期（第二期）、戦後、建築運動に関わりながら学位論文をまとめ、都市計画方法論を提示していく時期（第三期）に分けて（ただし、各時期の終始は互いに重なっている）、探求の内実を明らかにしていく。

2　原点としての住宅地研究（第一期）

集落計画から住宅地計画の研究へ

高山の卒業論文、卒業設計のテーマは「漁村計画」であった[7]。学生時代から建築運動に参加し、社会問題への関心が強かった高山は、都市計画技術者がもっぱら都会に力を注ぎ、農村や漁村等の計画を全然考慮しないこと、農村問題に比して漁村問題の検討が少ないことを問題視した。そして、計画の根底的条件である経済、政治、文化を重視し、日本の水産業の概況や漁村自体の説明にかなりの紙幅を割いた。しかし、卒業設計は、地域制や区画整理の導入、約一〇〇戸を一単位とした共同浴場、日用品市場、託児所兼養老所等の共同施設の中央配置、五三〇戸の漁村の線状構成など、当時の都市計画の知識を駆使したものであった。

高山が東京大学助手として最初に担当した仕事は、岸田日出刀による住宅敷地割事例の収集・分類研究の手伝いであった。この研究は同潤会が創立一〇周年を記念し、内田祥三を主査として設置した研究委員会の活動の一環で、一九一〇年から一九三〇年までの海外雑誌から住宅地開発の図面を収集した。その成果は一九三六年三月に『外国に於ける住宅敷地割類例集』として出版されたが、高山は一九三五年一月から一年間、軍隊生活を送っていたため、編集作業には参加していない。

高山は除隊後、収集を再開し、今度は高山自身が編集し、一九三八年三月に『外国に於ける住宅敷地割類例続集』を完成させた。ここに収録された「解説」に、高山の住宅地研究に関する問題意識が綴られている。それは、個々の住宅建築そのものの研究のみで住宅問題の解決を図ることは到底困難であり、むしろ集団的住宅地全体の計画研究が重要である、「住宅地と雖も他の商工業と相関連しつつその交通、保健衛生、或は経済等の諸方面に渉り都市計画的観念のもとに合理的、大局的解決をはからねばならない状態に立ち至った[8]」というものであった。住宅より住宅地、住宅地よりもそれを規定する都市計画という志向が見て取れる。

学術的探求

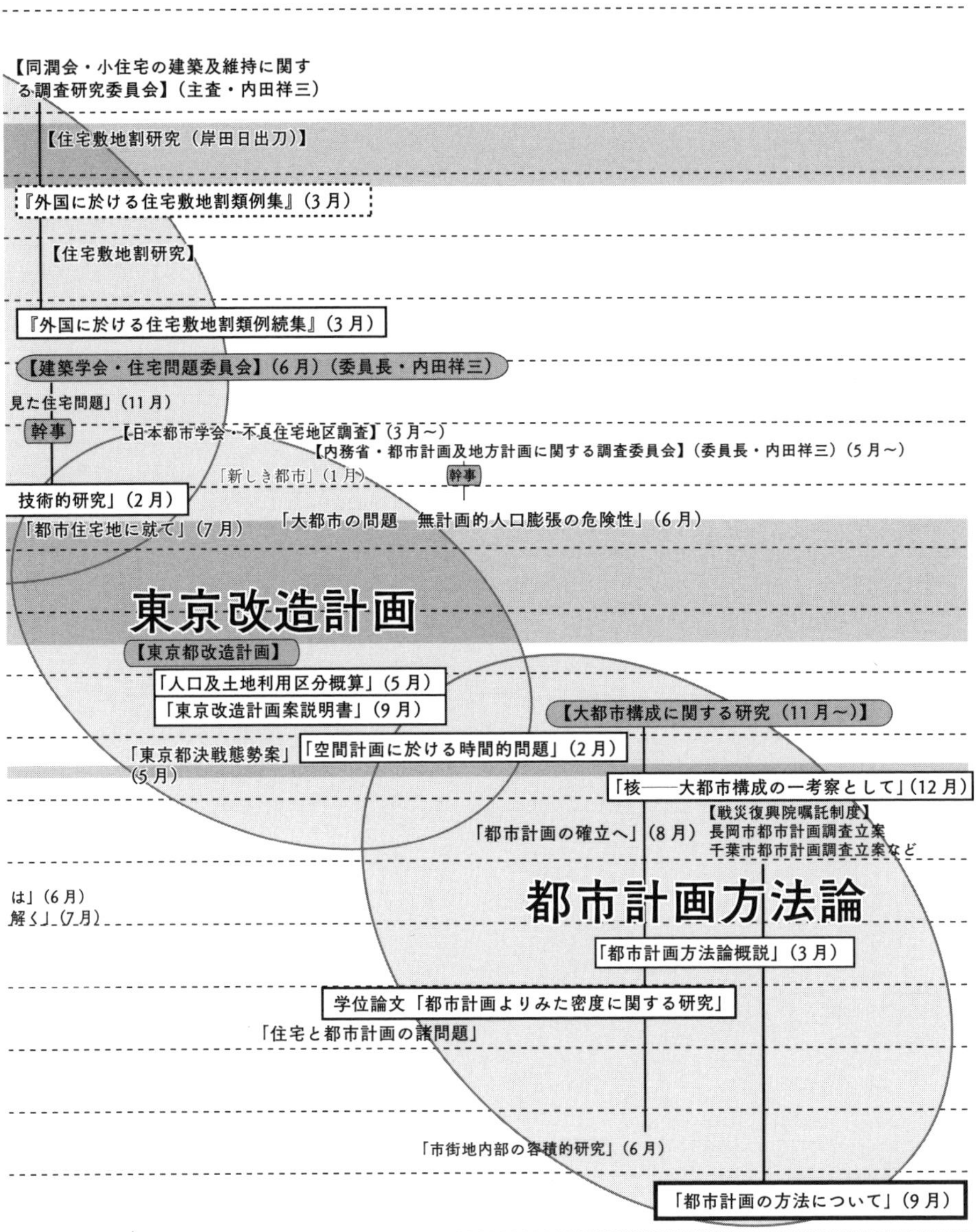
【同潤会・小住宅の建築及維持に関する調査研究委員会】（主査・内田祥三）
【住宅敷地割研究（岸田日出刀）】
『外国に於ける住宅敷地割類例集』（3月）
【住宅敷地割研究】
『外国に於ける住宅敷地割類例続集』（3月）
【建築学会・住宅問題委員会】（6月）（委員長・内田祥三）
見た住宅問題」（11月）
幹事
【日本都市学会・不良住宅地区調査】（3月～）
【内務省・都市計画及地方計画に関する調査委員会】（委員長・内田祥三）（5月～）
「新しき都市」（1月）
幹事
技術的研究」（2月）
「大都市の問題　無計画的人口膨張の危険性」（6月）
「都市住宅地に就て」（7月）
東京改造計画
【東京都改造計画】
「人口及土地利用区分概算」（5月）
「東京改造計画案説明書」（9月）
【大都市構成に関する研究（11月～）】
「東京都決戦態勢案」（5月）
「空間計画に於ける時間的問題」（2月）
「核――大都市構成の一考察として」（12月）
【戦災復興院嘱託制度】
長岡市都市計画調査立案
千葉市都市計画調査立案など
「都市計画の確立へ」（8月）
は」（6月）
解く」（7月）
都市計画方法論
「都市計画方法論概説」（3月）
学位論文「都市計画よりみた密度に関する研究」
「住宅と都市計画の諸問題」
「市街地内部の容積的研究」（6月）
「都市計画の方法について」（9月）

字・明朝体は高山が直接は関与していない事項）

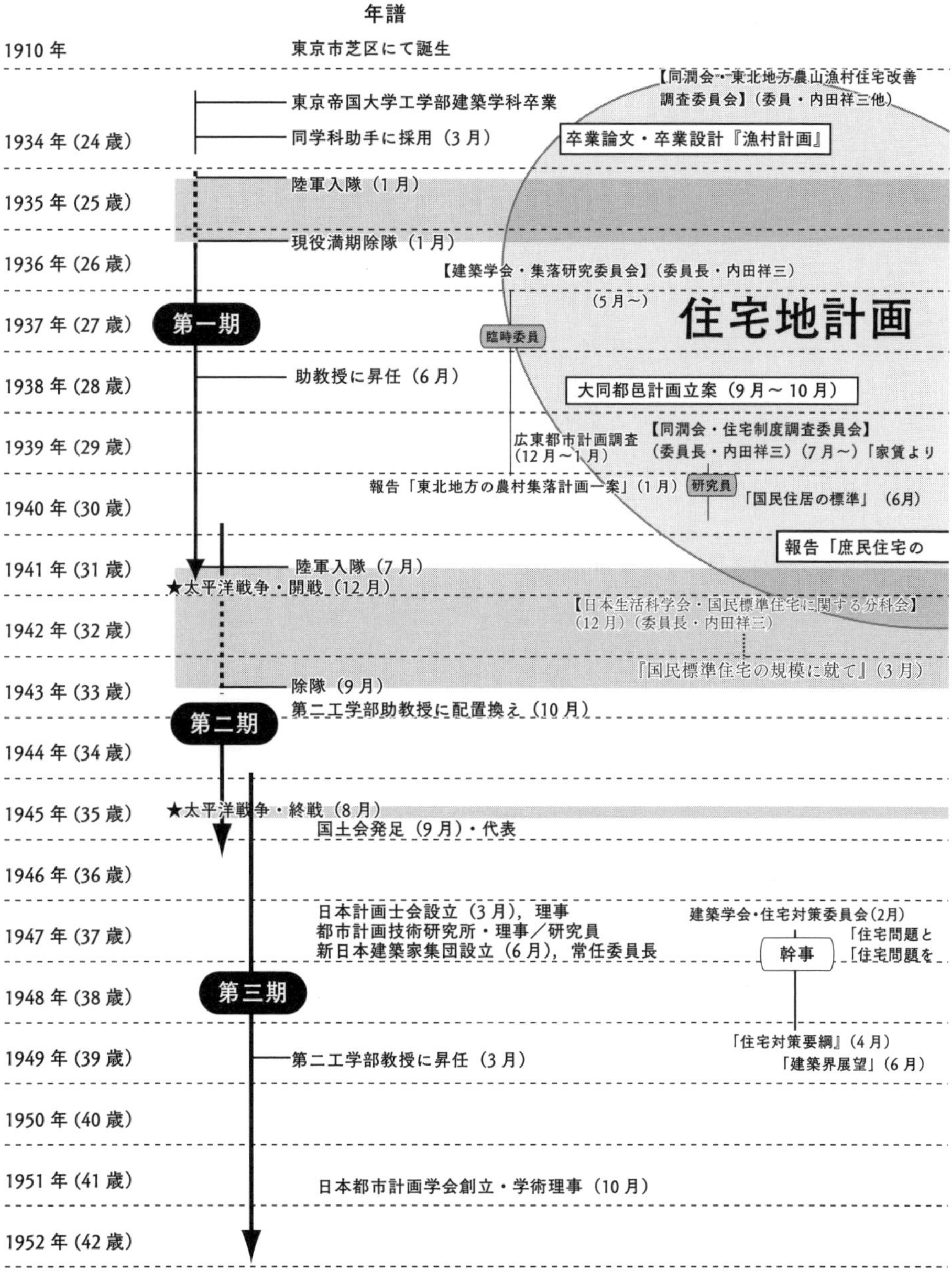

図1　「都市計画の方法について」に至るまでの高山英華の年譜（※年齢は各年の4月20日（高山の誕生日）での満年齢，※薄

また、高山は岸田が第一集で採用した部分的小規模から都市計画的大規模へというかたちの分類を変更した。「特に今回はその計画の政策的方向をも充分考慮に入れて、近代の住宅地計画発展方向ともいうべきものを考察して見よう」[9]という方針で、「I基本的敷地割」から「II一団地の住宅敷地割計画」で規模を広げた後に、「III田園及び農村に於ける住宅地の発展」「IV大都市に於ける住宅地」という政策と関連づけた分類項を用意し、さらに「IV」では、この後、高山が探求することになる「都市に於ける一団の近隣単位住宅地」「都市住宅の高度及配列」などの小分類を設定した。

一方で岸田と高山に共通していたのは、外国事例を表面的にわが国に適用してしまうことを危惧し、むしろ「我が国独特の敷地割計画」[10]の創出を目指していた点であった。しかし、高山は日本独自の敷地割計画の検討の前に、外地での計画立案を経験することになった。一九三八年に普北自治政府の依頼を受けて、内田祥三、関野克、内田祥文とともに大同の都市計画の立案に参画したのである。この計画案は旧市街を三日月状に囲む約二〇万人を収容する新市街地を、一キロ四方に人口五〇〇〇人、一〇〇〇戸という近隣住区で構成する点が特徴であった。また、高山が担当した実現方法、財政計画では、大同の将来的な人口発展の不安定さを考慮し、細かく時期を区分し順次発達する形式とし、仮に中断したとしても機能的にも財政的にも成立するという仕組みを考案した。[11]前者の近隣住区は後の住宅問題委員会での検討に引き継がれ、後者の実現方法は後に「空間計画に於ける時間的問題」として理論的に検討されることになる。

建築学会による「庶民住宅の技術的研究」

高山は一九三九年六月に建築学会の住宅問題委員会の幹事に就任した。同年の四月に学会長に就任した内田祥三の意向で住宅問題の解決を目的として設立されたこの委員会は、厚生省の政策と深く関係しており、結果的に住宅営団の設立理念を提供した。[12]途中で委員会内に政策小委員会と技術小委員会が設置されたが、高山は後者の幹事として、都市勤労者向けの住宅の標準を提案した「庶民住宅の技術的研究」（一九四一年二月）[13]を取りまとめた。一九三八年六月に助教授に昇任していた高山は、自らは家賃算定の研究に取り組みつつ、一九三九年度と一九四〇年度の卒業論文生に「住居標準に関する研究」と「敷地割に関する研究」のテーマを与えて検討を進めた。一九三八年一〇月から開始された都市学会の不良住宅地区調査（高山は都市学会理事）や、一九三九年七月に欧米各国の住宅政策調査とわが国の庶民住宅の供給改善方策を審議する同潤会・住宅制度調査委員会（内田祥三が委員、高山は国民住宅標準案作成担当の研究員）とも関連づけながら研究を実施した。一九四〇年八月以降、早川文夫や内田祥文、高山のもとで卒業論文を執筆した楠瀬正太郎らを臨時委員に加えて、一気に研究をまとめた。

「庶民住宅の技術的研究」において高山が担当したと明記されているのは、就寝状態や気候状態から居住室の室数や畳数に関する標準的な規模を提示する研究の最初の部分であり、続いて、平面計画、構造・材料・施工計画、設備そして最後に敷地分科会（主任：早川）が担当した「敷地計画に就て」が配された。この「敷地計画に就て」の章は、『住宅敷地割類例続集』での「都市に於ける一団の近隣単位住宅地」「都市住宅の高度及配列」の領域にあたり、日照、通風などの条件から建物間隔を定め、敷地と街廊、道路の必要面積を算出して、それらを集合させた住区を、隣組住区（一〇―二〇戸、〇・五―一ヘクタール）、警防住区（六〇―八〇戸、三―六ヘクタール）、購買住区（四〇〇―五〇〇戸、一〇―二五ヘクタール）、近隣住区（一六〇〇―二〇〇〇戸、六〇―一〇〇ヘクタール）の段階構成で提案したものであった。そしてさらに、いくつかの住居型式別の住区の戸数密度を算出している。高山はこの委員会で、庶民住宅の規模、型式の検討から、敷地計画に基づく近隣住区の構成、戸数密度の算出までの一連の研究を小委員会幹事として一つに見通す貴重な経験をしたのである。

高山はこの研究に基づいて、『社会政策時報』の一九四一年七月号に寄稿した論考で「住宅地の配置及び家屋の密度」と「住宅地の構成」を解説した。高山は個々の住宅よりも住宅地の研究が重要であると改めて主張し、同時に、「我国の既成都市内住宅地の大部分はその現在の建築の構造、形式、或は緑地空地の保有量等の点からみて、その技術的見地から妥当とされる限度をはるかに超えた戸数密度を持ったものが多いといえる」(14)と問題提起した。高山は、机上で計算された新住宅地の標準と大都市の既存住宅地の実態との差を意識していたが、実際の大都市改造の研究に着手するのは、次節で述べるように、空襲の危険性が現実化し、改造の機会としての「復興」が課題となるようになってからであった。

3　東京改造計画への展開（第二期）

大都市改造論

高山は建築学会の住宅問題委員会と並行して、一九四〇年五月に内務省の「都市計画及地方計画に関する調査委員会」の幹事に就任し、地方計画の制度化の検討に参加した。京浜地方や阪神地方などの大都市圏を念頭に、規整地域、開発地域、保存地域という広域的な規制の枠組み、工場や大学の立地規制、工場を中心とする衛星都市など、大都市の膨張を広域的な視点で抑止していく手法を研究した。

高山は一九四一年六月二日の『帝国大学新聞』に「大都市の問題　無計画的人口膨張の危険性」なる論考を発表した。わが国の大都市の不健全さ、特に防空の観点からの欠点を批判し、その改造の必要性を説き、根本策として工場の分散や寄生的人口の他都市への転出、防空的観点からの建物の不燃化、緑地確保などを論じた。そして、現在実施されている官有地の民間売却事業や京葉工業地帯の埋め立て、あるいは住宅営団の住宅建設などの事業が、目前の欠点の除去にとらわれ過ぎており、より長い目で見た大都市改造の方向性と矛盾してしまっていると指摘した上で、「大都市の処理に関するような計画についてはその方向を指示し、徹底せしめることが極めて大切である[15]」と主張した。この点も後の空間計画における時間的問題と関わる論点であった。

高山がこうして大都市改造への関心を強めていた傍らでは、住宅問題委員会の技術小委員会の臨時委員でもあった内田祥文を中心として、高山の教え子である楠瀬正太郎ら学生たちのグループが、委員会での研究を活かして、包括的な東京改造試案をまとめ、一九四一年一月に「新しき都市」と題した展覧会を開催していた。その内容は『新建築』の一冊分を使って発表されたが、そこに内田祥三、前川國男、坂倉準三がこの取り組みを称賛する序文を寄せるなど、建築界で大きな話題となっていた。

しかし高山はこの年の七月に臨時召集され、一九四三年九月までの二年以上、新京での軍隊生活を余儀なくされた。

この高山の召集中の一九四一年一二月、当時の厚生大臣の発起で、「国民生活に関する科学的研究を総合して生活科学の体系を樹立し国家目的の達成に実する」との目的を掲げた学際的な日本生活科学会が設立された[16]。内田祥三は、学会の分科会として「国民標準住宅に関する分科会」を立ち上げ、自ら委員長となり国民標準住宅案の検討に取り組んだ。内田祥文と、前川事務所を辞して大学院に戻ってきていた丹下健三が近隣単位としての国民学校住区の研究担当予定の委員となった。丹下はこの分科会が最初に取り組んだ標準住宅の規模に関する研究の実質的な作業を担当して、最終的に標準家族構成に基づいた「国民標準住宅の規模に就て」をまとめた。また、内田祥文と丹下は、やはり内田祥三が委員長を務める日本建築学会都市防空に関する調査委員会第七小委員会にも臨時委員として呼ばれ、密集街区罹災復興計画の立案を担当した。つまり、高山が不在の間に、住宅や住区のスケールでの検討は内田祥文と丹下が主に担うようになっていた。一九四三年九月に召集解除となった高山は、「庶民住宅の技術的研究」やこの「国民標準住宅に関する研究」の成果を前提としつつ、自分自身はスケールを上げて、時局が要請する東京改造計画に着手するのである。

東京改造計画に関する研究

一九四三年一〇月に東京大学第二工学部に異動した高山は、東京改造計画研究に着手した。第一工学部防空研究室教授の浜田稔や大学院生の丹下、高山を指導教官とする卒業論文生たちとの共同研究であった。高山が草稿を書き、浜田との連名で出した「東京改造計画案説明書」(一九四四年九月)と、丹下健三「住居地域の標準形態」(一九四四年四月)、高山英華「人口及土地利用区分概算」(一九四四年五月)などの簡単な報告書と数本の卒業論文を成果として残した。

「東京改造計画案説明書」によれば、この改造計画案は「先に決定せる「帝都改造計画要綱」の趣旨により策定されるもので、大体一応の理想的計画を樹立し、逐次之を実現せしめるものとし、特に空襲其他の災害ありたる場合に本計画に準拠して復興の基準を得ようとするもの[17]」であった。「復興」の計画が現実的に要請されるようになっていたのである。内容は、東京区部を対象として、「(イ)帝都たること (ロ)大東亜共栄圏の政治的中心都市たること (ハ)商工業を主体とせざること[18]」という方針のもと、計画人口三〇〇万人で人口構成を概定し、主要機能の配置、主要交通網計画、緑地計画、住宅地計画、各種中心地計画、特殊計画を検討したもので、人口構成の概定において「決定の際にはそれに要すべき施設の種類及配置を一応都市計画的見地より考慮せるものである[19]」とした点に学術的探求の展開があった。これは高山と丹下の作業を指している。

丹下の「住居地域の標準形態」は、日本生活科学会の国民標準住宅の住居規模を基準とし、家族構成の混成割合、建物の階数と東西、南北の配置条件を因子として適正居住密度を算出し、さらに、先に高山が幹事を務めた「庶民住宅の技術的研究」における国民学校区について、低層住居の場合、高層住居の場合の適正居住密度を使用して住区の人口密度（標準的人口総密度）を算出したものであった。

続いて、高山の「人口及土地利用区分概算」は、「改造計画試案の極めて概括的要領を取敢えず数字的に示したものであり、細部計画の進行につれ逐次修正せしめらるべきもの[20]」であったが、具体的には、「住居地域の人口密度よりみたる人口概算」と「産業構成よりみたる人口概算並びに土地利用区分」の二つのアプローチで構成されていた。前者は、東京都区部の区を単位として、将来構想を宅地割合と平均人口純密度の二つの指標で表して総人口を求めていく方法であった。平均人口純密度を想定する際には、丹下の「住居地域の標準形態」で得られた標準的人口総密度を活用し、その組み合わせを数例想定して、住居地の密度と形態との関係を例示した。一方、後者は、改造後の産業別人口構成を大きな見通しのもとに想定して、建物人口密度の観点から業務地域や生産地域の面積を出し、それに前者で想定した住居地域の面積と、全市レベルで必要な交通用地・緑地用地の面積、ないしは建築、交通、緑地の三区分で、計画区域のうちの市街地の面積を配分するというものであった。

つまり、高山がここで示したのは、区単位での居住地の密度の観点から都市全体を構成していく方法（人口密度計画）と、都市全体の産業構成から土地利用を構成していく方法（土地利用計画）であり、両者を整合させることで、東京改造計画案の合理性を確保する試みであった。ただし、住宅地はまだしも、業務地域や産業地域については標準型の検討が不十分であり、また、業務地域に関しては配置の問題が今後の課題として未検討で残された。

また「人口及土地利用区分概算」での計画人口四三〇万人は、最終的には三〇〇万人に変更された。高山がこの時期に使用していた「東京都改造計画」との表題があるノート[21]には、産業人員構成について小分類レベルで現状把握と将来計画数を検討したメモが書き残されているが、その過程で、高山は理想計画の目標時期とその到達過程に関して、この先二〇、三〇年を展望し、戦勝の場合、結末が不明瞭で次期第三次世界大戦のために引き続き準備する場合、今回の戦争の結末を全うし(敗戦)、第三次大戦にそなえる場合の三種に分けて検討し、シナリオによって計画目標に違いが出てくること、最終的理想形も、政治的機能を中心としつつ商工業等を相当程度残存させる場合(人口四〇〇万人)、徹底的に政治優先にする場合(人口三二〇万人)、遷都を前提に、東京湾の立地性を重視して重工業都市とする場合(人口四〇〇万人ないし三〇〇万人)などで、想定される総人口や人口構成が異なることなどを書き記している。その後の「東京改造計画案説明書」の草稿でも総人口と人口構成は一定せず、ここで非常に苦労をしていたことが見て取れる。

以上のように、高山の都市計画の学術的探求は東京改造計画において、都市全体を構想、分析する段階に入ったのである。高山は東京という具体的な都市を相手にしながら、都市計画の方法論のレベルで検討しなければならない事項を浮き彫りにしていった。例えば、目標時期の設定の問題については、一九四五年二月に「空間計画に於ける時間的問題」を発表し、追加的検討を加えている。造成にかかる時間と造成されたものの不動性ゆえに、空間計画には長期間にわたる適応性が必要だとし、そうした点を考慮した例として、自作の大同都市計画をあげている。また、この論考の後半では大都市改造問題に絞り検討を進め、「現在最も必要とする大都市改造計画なるものは遠き将来に対する所謂理想的恒久計画でもなく、又目前の諸現象に追従するが如き所謂応急計画でもなく、今次決戦の完遂を直接目的とし、戦局に対応しつつ現在の時間的、資材的、労力的諸制約の下に於て実現可能なる範囲に於ける理想的計画とでもいうべきものでなければならない[22]」と論じた。この自論に沿って、高山は空襲激化、米軍の上陸情報など戦局の変化に応じて、「東京都決戦態勢強化要綱」(一九四五年三月二五日)、「東京都決戦態勢案」(一九四五年五月一〇日)といった東京改造計画とは反するところのある「最終的態勢」の計画を練っていった。

4　都市計画方法論の提示（第三期）

都市計画技術確立への期待

高山は終戦直後の一九四五年九月頃から、丹下や内田祥文ら若手建築家、都市計画家が集まり議論する場（後に「国土会」と呼ばれた）を設けた。以降、高山は、国土会が発展的に解消して合流した日本建築文化連盟で代表を務め、一九四七年六月に建築運動諸団体が大団結して結成した新日本建築家集団でも常任委員長に就いた。つまり、終戦後の民主化の大きな気運の中で、当時三〇代半ばで、東大助教授であった高山は、若手のリーダー的な役割を担うことになった。

また、終戦後、若手建築家の都市計画への関心を惹起する企画が続いた。最初は東京都都市計画課長の石川栄耀の発案で東京商工経済会が主催した銀座、新宿等の各地区を対象とした帝都復興計画図案懸賞募集（一九四六年二月締切）で、内田祥文や丹下をはじめ、高山に近しい建築家が皆、参加した。同じく石川の呼びかけで、都内の大学を中心とした文教地区計画立案も実施された。東京大学でも総長を委員長とした文教地区計画委員会が組織され、高山、丹下と大学院生らで一九四六年八月に壮大な計画図を完成させた。一九四六年五月には戦災復興院が高山、丹下ら在京建築関係者に地方都市で土地利用計画を中心とした復興計画立案を委嘱した。高山も長岡、甲府、千葉で計画立案を担当した[23]。

高山はこうした活動を背景として、一九四六年八月発行の『道路』第七号に「都市計画の確立へ」と題した論考を寄稿した。「都市の進むべき方向の決定は困難であり、都市自体の研究は貧弱であり、都市計画の理論や設計は貧困であると同時に、計画は一刻も早く樹立されなければならない。しかしだからといって、一部の構築技術家のみの強引な、あまりにも個々の構築技術的図上計画が強行される理由にはならない[24]」とし、土木、建築、造園などの各種技術家の都市計画という新しい職能への自己脱皮を説いた。

一九四七年三月には日本計画士会が設立された。趣意書では、計画技術は「土木、建築又は公園緑地の個々の技術の単なる集積でなく、その総合を基礎とする一つの独立した技術である[25]」とされた。発起人の一人の高山は理事に就いた。

また、一九四七年五月に開催された丹下らが企画構成した都市復興展覧会を契機に、都市計画技術研究所が展覧会関係者を研究員として東京大学第一工学部都市計画研究室に事務局を置くかたちで設立された。趣意書には、「計画技術は、建築・土木・造園等の広汎な構築技術のみならず、経済構造等に対する深い社会科学的認識を必要とするものであることはいうまでもなく、これら全てのものの総合統一の上に樹立さるべきものである。更にまた計画技術の確立は、理論と実践とが恰も車の両輪の如き関係で互に相たすけ合うことによって始めてよく完成さるものである」[26]とうたわれた。岸田が理事長に、高山は理事に就いた。この年の九月の会合では、先の展覧会の内容の書籍化計画が議論されたが、書籍の序文は、展覧会に参加していなかったにもかかわらず高山の担当であった[27]。

高山は終戦後、建築運動の中心的人物として活動したのと同時に、都市計画技術、職能の確立を目指した運動においても、その導き手の役割が期待されていたのである。

都市構成の研究の進展

建築学会の『建築雑誌』一九四六年一〇月号に、会員が現在取り組んでいる研究の題目リストが掲載されているが、高山は、一九四四年一一月以降、「大都市構成を主として東京都に就て統計的、実態的に研究す」[28]と登録していた。

高山は一九四五年一二月に、国土会の雑誌用に「核——大都市構成の一考察として」（発行年は一九四七年）という論考を執筆した。「都市計画上の地域地区制並に主要建造物の都市内配置に幾分なりとも理論的基礎を増加せしめ得る」[29]と、東京改造計画で未検討に終わった「配置」を取り上げた。高山は施設を中心とした人および物の集散流動の観点と、内面的結合関係や内容的重要性といった精神的な観点の両者から「核」を定義して、その基本的な性質を論じた。

また、建築学会の学術講演会でも、都区部を対象とした人口密度や建物実態、土地利用などの詳細な調査や類型化の報告を積極的に行った。また、戦災復興院の嘱託制度のもとで、高山が関与した長岡市と千葉市の復興計画に関しても、戦時中の東京改造計画で試行した手法を意識して、土地利用計画と人口密度計画に重点を置いて立案し、その過程で生じた方法論上の課題も学会で報告した。

そして、高山は一九四八年の学術講演会で、「都市計画方法論概説」と題して、都市計画の科学的組み立てによる計画理論体系、都市計画と都市政策や各種構築技術との任務分担、都市計画の理論と設計の関係、都市計画における都市認識方法の重要性、都市計画技術における構成手法の一つとしての密度、配置、動きの三つのパラメーター、都市計画と法定都市計画の関係など、後に「都市計画の方法について」で論じる主要な項目をここで提示した。

一九四九年には、学位論文「都市計画よりみた密度に関する研究」をまとめた。土地人口密度、建築人口密度、建築密度という三種の密度の概念を明確に定義づけるとともに、都市計画のための都市の分析方法や構成手法という観点で、理論および実証の両方面からの考察を加えたものであり、「庶民住宅の技術的研究」以降、戦後の建築学会で続けて発表してきた研究の内容を含む、高山の都市計画の学術的探求の一つの集大成であった。想定されているのは東京改造計画から戦後の戦災復興院嘱託制度での復興計画までの、人口密度計画と土地利用計画を重視した都市計画であった。高山は都市計画技術の確立をかけ声で終わらせないよう、地道に学術的探求を継続し、体系化を志していたのである。

「都市計画の方法について」の歴史的文脈

高山が理事を務めた日本計画士会や都市計画技術研究所は必ずしも軌道に乗らなかった。建築家たちは次第に建築設計へと実践的関心を戻しつつあった。高山は敗戦直後に次々と発表された理想主義的な都市計画案は一応の方向性を示したが、反面現実の社会経済事情との深い密接な関係において、具体的に問題を展開してゆく筋途を示す点に欠けるところがあったこと、「都市計画の実現を徒らに不可能視させて了い、ますます人民と無縁の存在にして了まうおそれもある」[30]といった反省を綴っていた。

そうした中、内田祥三を会長とした日本都市計画学会が、「純粋の都市計画学に邁進したい」[31]という趣旨で設立された。発起人の一人であり、まさに学会の中核を担う学術担当の理事に就任した高山が学会誌の創刊号に寄稿したのが「都市計画の方法について」であった。

この論考の一—四章では、都市計画の領域を限定することに力を注いでいるのが特徴である。最後に高山本人が書いているように「都市計画の分野において計画技術のよりどころをもっとしっかりしなくてはならないと常に感じているから」[32]とその限定であった。その限定は、高山の学術的探求の軌跡の中の経験的な判断であったと考えられる。一章の広域計画や大都市分散ではなく一つの都市を対象とした計画技術を扱うという限定は、東京改造計画立案を通じた大都市改造の思想の延長であった。二章の都市政策との峻別は、東京改造計画での産業人口構成の想定における達観の揺らぎや、終戦直後の理想主義的都市計画案の政治的経済的基盤の弱さを念頭に置いていた。三章の構築技術との峻別は、『住宅敷地割類例続集』ですでに志向していたことで、住宅地の研究を都市の計画手法の研究へと展開させた高山自身の歩みそのものからも説明できる。そして四章の都市計画理論と都市設計との峻別は、やはり終戦直後の理想主義的都市計画案の追求への偏重から理解される。高山はこうした文脈の中で、都市計画を限定したのである。

以降の五章から七章では、高山の学術的探求の成果の要点が提示されている。特に六章の密度、配置、動きの構成、分析手段や、七章の都市計画における時間的問題は、東京改造計画以降に高山が探求してきた都市計画の方法であった。高山による都市計画の学術的探求がここに集成された。

5　おわりに

住宅の規模から近隣住区の構成に至るまでの住宅地研究から始まった高山の学術的探求は、戦時中の東京改造計画の立案過程において、都市計画に合理性を与える人口密度計画、土地利用計画の方法に展開した。また目標設定上の時間的問題の重要性も提起した。ここで重要であったのは、高山の都市計画の方法としての「密度」は、住宅地研究における確かな空間像が常に備わっていたことであろう。そして、「密度」の次に「配置」の課題にも取り組むことで、結果として「動き」も含めて都市の分析、構成手段が整理された。「都市計画の方法について」には、こうした高山の学術的探求の軌跡が焼きつけられていたのである。

今後、高山が提示した方法で、その後の都市計画学の研究蓄積を整理してみることで、本章で明らかにした高山の学術的探求の軌跡自体の都市計画学の原点としての意義がより明確になると思われる。しかし一方で、高山の方法は、都市計画技術の確立を優先するために、あえて都市計画の範囲を狭く絞っており、高山自身は「都市計画理論を単なる手段としての技術学に止めておく意図をもつものではない。都市計画理論の発達によって都市の目的設定や価値創造の仕事がより理論的に導かれることを常に切望している[33]」としていた点に留意しなければならない。現在の都市計画学において、高山がしかけた限定がいかなる影響を残しているのか、という観点からの検証も必要であろう。

注

（1）石川栄耀については、中島直人「石川栄耀による都市計画の基盤理論の探究に関する研究」『都市計画学会論文集』第四二巻第三号、二〇〇七年、四〇三―四〇八ページがある。西山夘三については、住田昌二・西山文庫『西山夘三の住宅・都市論』日本経済評論社、二〇〇七年がある。

（2）例えば、下記のような講演録、インタビュー記録が公刊されている。高山英華「私の都市計画史」『都市計画』第一二二号、一九八二年、二―八ページ。高山英華・磯崎新「近代日本都市計画史」『都市住宅』第一〇二号、一九七六年。高山英華・宮内嘉久・大谷幸夫『都市の領域――高山英華の仕事』（建築家会館叢書）株式会社建築家会館、一九九七年

（3）伊藤滋「高山先生の都市計画」『都市計画』第二二二号、一九九九年、八二ページ

（4）大西隆「高山英華先生の足跡」『都市計画』第二二二号、一九九九年、八三ページ

（5）高山英華「私の都市計画史」『都市計画』第一二二号、一九八二年、一二二ページ

（6）年譜については、「高山英華元教授功績調書」（東京大学工学部都市工学科所蔵）を参照した。

（7）卒業研究を機縁として、高山は内田祥三が委員を務めていた同潤会の東北地方農山漁村住宅改善調査委員会や、一九三六年五月に内田を委員長として日本建築学会内に設置された集落研究委員会に参加している。特に後者は臨時委員として、一九四〇年一月に『建築雑誌』で公表された委員会報告「東北地方の農村集落計画一案」での原案を作成した。ここでも、単位集落の結合と共同施設による集落の構成を提案し、さらに経営面まで言及する総合的な計画案になっている。

（8）内田祥三閲・高山英華編『外国に於ける住宅敷地割類例続集』財団法人同潤会、一九三八年、二ページ

（9）同右、一ページ

(10) 同右、九ページ
(11) 大同都市計画についての高山自身の解説としては下記の文献がある。高山英華「大同都邑計画覚書」『現代建築』第四号、一九三九年、四八―五七ページ
(12) 建築学会住宅問題委員会と住宅営団の設立については下記の文献に詳しい。鈴木千里「住宅営団の設立理念に関する考察――建築学会・住宅問題委員会の果たした役割を中心として」『日本建築学会計画系論文集』第五九四号、二〇〇五年、一九一―一九八ページ
(13) 住宅問題委員会「庶民住宅の技術的研究」『建築雑誌』第五五巻第六七一号、一九四一年、七三―一〇一ページ
(14) 高山英華「都市住宅地に就て」『社会政策時報』第二五〇号、一九四一年、四四ページ
(15) 高山英華「大都市の問題――無計画的人口膨張の危険性」『帝国大学新聞』一九四一年六月二日付
(16) 日本生活科学会については下記の文献に詳しい。山森芳郎「生活科学論の起源――戦時下における日本生活科学会について」『共立女子短期大学生活科学科紀要』第四四号、二〇〇一年、九一―一〇六ページ
(17) 浜田稔・高山英華『東京改造計画案説明書』一九四四年。なお、「帝都改造計画要綱」については、その案が東京大学工学部都市工学科高山文庫に所蔵されている。越沢明「石川栄耀と戦前の東京都市計画」『都市計画』第一八二号、一九九三年、八四―八七ページでも同名の資料が紹介されているが、内容は異なっている。なお、東京改造計画に関する研究の着手の経緯や委託関係は不明であるが、成果の一部は、石川栄耀『都市復興の原理と実際』光文社、一九四六年で参考資料として紹介されている。
(18) 同右
(19) 同右
(20) 高山英華『東京都改造計画に関する研究その2――人口及土地利用区分概算』一九四四年
(21) この自筆ノートも含めて、高山による東京改造計画関連の資料は、東京大学工学部都市工学科高山文庫に所蔵されている。
(22) 高山英華「空間計画に於ける時間的問題」『都市問題』第四〇巻第二号、一九四五年、八四ページ
(23) 戦災復興院嘱託制度による復興計画立案については下記の文献に詳しい。石丸紀興「戦災復興院嘱託制度による戦災復興計画と計画状況に関する研究――戦災復興計画研究その1」『日本都市計画学会学術発表会論文集』第一七号、一九八二年、四三九―四四四ページ
(24) 高山英華「都市計画の確立へ」『道路』第七号、一九四六年、二三一ページ

(25)「日本計画士会設立趣意書」『新建築』第二二巻第四号、一九四七年、三四ページ
(26) 財団法人都市計画技術研究所『財団法人都市計画技術研究所　設立趣意書及び寄附行為』一九四七年
(27) 市川清志「R.I.P.D連絡（一九四七年九月一日）」一九四七年、東京大学工学部都市工学科高山文庫所蔵
(28) 建築学会研究部「研究情報」『建築雑誌』第六一巻第七二四・七二五号、一九四六年、一四―二四ページ
(29) 高山英華「核――大都市構成の一考察として」『計画』一九四七年、二四ページ
(30) 高山英華「住宅と都市計画の諸問題」、建設省編『明日の住宅と都市』彰国社、一九四九年、三〇三ページ
(31) 石川栄耀「都市計画学会創立について」『第五回全国都市計画協議会会議要録』一九五一年、一九六ページ
(32) 高山英華「都市計画の方法について」『都市計画』第一号、一九五二年、二五―三一ページ
(33) 同右

06 高山英華の戦時下「東京都改造計画」ノート

1 「都市計画よりみた密度に関する研究」からの逃避

高山英華とは誰か。本章では著名建築家・丹下健三との関係から説明しよう。高山は丹下より三つ年上で、丹下の大学院時代の指導教官であり、戦後しばらく東京大学建築学科の都市計画講座で教授と助教授の関係にあった。一九六二年に東京大学に都市工学科が新設された際、建築学科の都市計画講座の二人が都市工学科に移籍して、ともに新設学科の初代教授となった。高山が第一講座（都市計画）、丹下が教授に昇任して第二講座（都市設計）を担当した。高山はこの都市工学科の創設を一から企てた張本人で、都市計画学者としてその名が広く知られている人物である。しかし、著書と呼べる書物はほとんどなく、雑誌などに発表された論考も少ない。過去に、磯崎新（「特集＝近代日本都市計画史　人と思想・状況　高山英華」『都市住宅』一九七六年四月号）と宮内嘉久（『都市の領域――高山英華の仕事』、建築会館叢書、一九九七年）による長編のインタビュー記録が出版されているが、いずれのインタビューでも高山の大らかさと関与したプロジェクトの大きさは理解できるものの、都市計画学者としての思想や理論といったものが解明されているとは言い難い。どうしたら、高山の都市計画学を理解できるのだろうか。

まず思いつくのは、学者としての業績の中核にある博士論文を読み込んでみることであろう。高山英華は一九四九年に博士論文「都市計画よりみた密度に関する研究」で東京大学より博士の学位を授与されている。題名にある通り、この論文は「「密度」の概念がどのようなことを意味しそれが都市計画技術の上において占める位置を明らかにしよう」

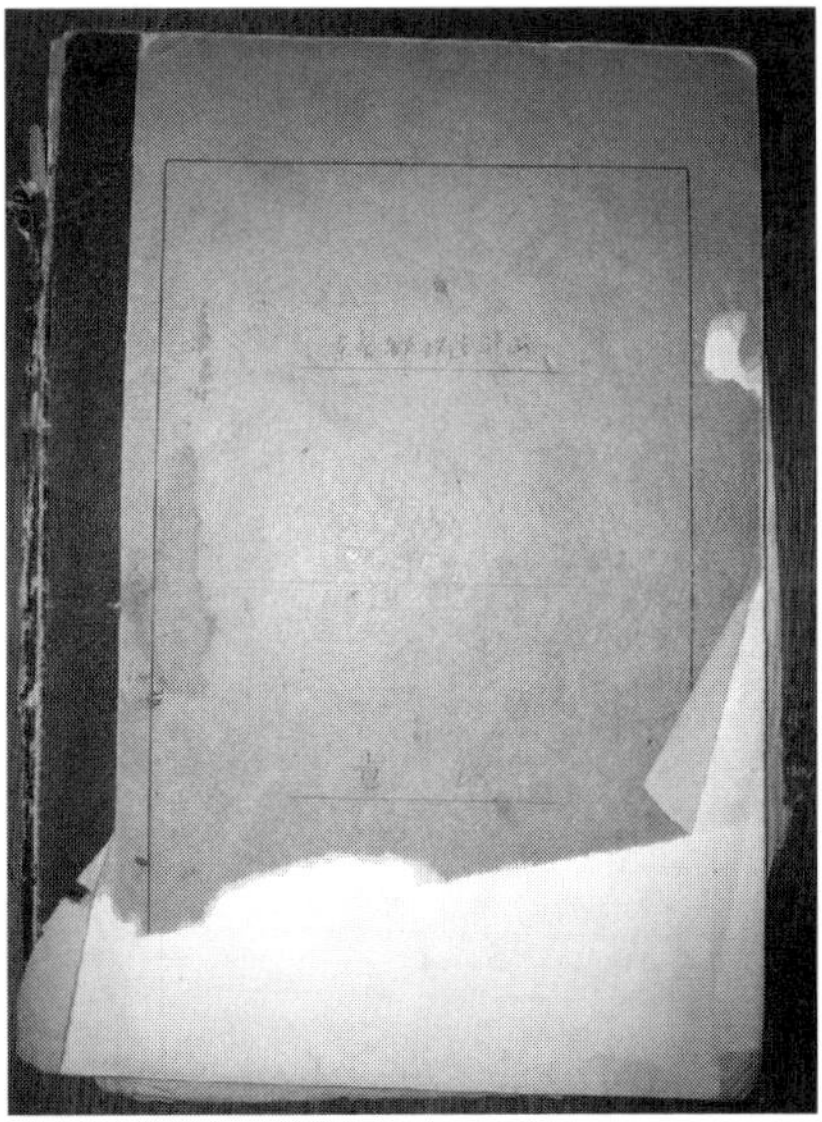

図1　高山英華の「東京都改造計画」ノート（東京大学工学部都市工学科高山文庫所蔵）

という目的で書かれたものである。高山はやや執拗とも思える緻密さで、密度の意味と取り扱い方について淡々と論述を続け、結論に至る。結論では、本論の作業をより発展させていくことで、適当な地域単位と土地人口密度の各種階級別規準を用意することができれば、計画対象となる市街地に対して人口収容力を容易かつ精確に求めることができるようになるとした。正直、純粋に技術的検討に徹したこの論文の、結論に至るまでの論理展開を全て確認しながら読むのは苦痛に近く、途中で投げ出したくなる。この論文自体からは、この緻密さが一体何のために必要とされているのか、いや、そもそもこの著者は都市をどうしていくべきと考えているのか、といった目標や思想、あるいは情感は伝わってこない。では、この脱目標的、脱思想的、脱情感的な装いをまとう博士論文における密度という主題、人口収容力を求めるという作業、例示される東京の各種統計データは、一体どのようにして高山の掌中に収まったものなのだろうか。

ここで思い出されるのが、一九六〇年代初頭、それまでの様々な理想都市案を明晰に分析してみせたトーマス・ライナーの『理想都市と都市計画』（太田実研究室訳、日本評論社、一九六七年）での、「理想都市案は、一様に、人口規模と密度水準が物的環境の決定的な要素であることを示している（中略）理想都市案には、密度と人口規模は、計画的に予め決定し規制するのにふさわしい対象であるとの信念があらわれている」[1]という注意すべきフレーズである。高山の博士論文は、まさに密度を主題として、人口規模を決定する作業を行っていた。今、そこに足りないのは、高山の「理想都市案」だけではないか。

そう考えていた矢先に、「東京都改造計画」と表紙に記された一冊の古い大学ノートが私の前に現れた[2]（図1）。今にも千切れてしまいそうな表紙をめくると、「東京都産業別人口構成」という文字が目に入る。そして、次のページから産業別の人口統計データの類が続く。それらが一通り終わると、今度は「東京都改造計画の構想に就て」、「東京都改造計画案説明書」と題された、其処彼処に修正の文言が書き込まれた草稿が始まる。「東京の持つべき理想的機能、形態」を提案したものとある。

しかし、このノートは「東京都改造計画案説明書」の草稿を境に様相を変える。この草稿の次のページには、都市の「戦力化」「要塞化」「戦時都市」といった言葉が書き取られている。続いて「都市及地方決戦態勢強化案要綱」の草稿、さらに「東京都決戦態勢案」の草稿へと続いていく。

この古い大学ノートは、一九四四年から一九四五年にかけて高山英華が使用していたものである。高山は過去の二回の長編のインタビューにおいて、このノートの時期、すなわち戦時下の仕事についてはほとんど語っていない。このノートのページをめくれば、高山の博士論文「都市計画よりみた密度に関する研究」には示されていなかった、高山の理想都市案が登場してくるのではないだろうか。「都市計画よりみた密度に関する研究」を理解するには、一度、その緻密な磁場から離れてみる必要がある。

2　高山英華の大都市改造論

高山は一九三四年に東京帝国大学工学部建築学科を卒業し、すぐに同学科の助手に任ぜられた。最初の仕事は同潤会から依頼された海外の様々な住宅開発の図面を集めた『外国に於ける住宅敷地割類例集』の作成で、一九三四年に第一集、一九三六年に第二集が発行された。この間に徴兵検査に甲種合格し、召集されて一年間の兵役を務めた。一九三八年に助教授に昇任し、秋には普北自治政府の招きで、内田祥三をリーダーとして、内田祥文らと大同都市計画の立案を行っている。そして帰国後は、一九三九年六月に建築学会内に設立された住宅問題委員会（委員長・佐野利器）の幹事に抜擢され、庶民住宅の技術的研究に携わった。

高山が大都市改造、特に東京の改造について見解を明らかにしたのは、この住宅問題委員会が「庶民住宅の技術的研究」なる報告を出した直後の一九四一年六月二日、『帝国大学新聞』に発表した論考「大都市の問題　無計画的人口膨張の危険性」においてであった。高山は「都市人口の数字的大きさを以て大都市を非難することは必ずしも当らないことであり、又健全な大都市の価値や美点を認めるのにやぶさかなものではないが[3]」と断った上で、わが国の大都市の不健全さ、特に防空の観点から欠点が多いと批判し、その改造の必要性を説いた。東京が東亜の中心都市だとしても、多くの機能を専有する必要はなく、工場分散やその他寄生的人口の他都市への転出を進めるべきだというのが論旨で、「これら改造に関することは、戦時下その実現に少なからぬ困難をともなうものであり、産業能率の一時的低下、建設資材労力の不足、その他種々の所謂経済的事情にはばまれることが多いが、より高い見地からみて是非とも協力一致してその実現に邁進し、有事の際の致命的打撃や、常時における産業および生活の上におよぼす慢性病的損失を除去しなければならないであろう[4]」と本質的ないしは長期的視野を「高い見地」と表現して、強調している。さらに、「ここでより声を大にして叫びたい」こととして、「将来にわたるその予防的対策の確立強行[5]」を論じている。東京を例にとり、現在実施されている官有地の民間売却事業や京葉工業地帯の埋め立て、あるいは住宅営団の住宅建設などの事業が、目前の欠点の除去にとらわれ過ぎており、より長い目で見た大都市改造の方向性と矛盾してしまっていると指摘した上で、「大都市の処理に関するような計画についてはその方向を指示し、徹底せしめることが極めて大切である[6]」と論じた。ここで高山が説いた工場分散や不要人口の転出は当時の国土計画、地方計画論において常識となっていた政策であったが、高山は国土計画や地方計画が具体的な体をなすのを待つのではなく、今すぐにでも長期的な展望のもとでの大都市改造の方針を樹立して、その方策を実行すべきだと主張していたのである。

また、高山は同年七月に、協調会の機関誌『社会政策時報』に「都市住宅地に就て」と題した論考を寄稿している。先の住宅問題委員会の報告「商民住宅の技術的研究」に基づいて、戸数密度に着目し、近隣住区、購買住区、警防住区という住宅地の構成を論じた。高山は、「我国の既成都市内住宅地の大部分はその現在の建築の構造、形式、或は緑地空地の保有量等の点からみて、その技術的見地から妥当とされる限度をはるかに超えた戸数密度を持ったものが多いといえる」[7]という認識を綴っている。高山の大都市改造論は、当初から密度の観点から考究されていたのである。

高山はこの二つの論考を発表した年の七月に臨時召集され、新京の野戦砲兵第一七連隊に入隊し、一九四三年九月まで職場を離れることになった。大都市改造に関する研究は一時、中断される。しかし、この高山の召集中に丹下健三が都市計画を勉強するために前川事務所を辞して大学院に戻ってきて、精力的に動き始める。丹下は大学院に戻ると、「大東亜建設記念営造計画」の設計競技で一等をとるなど、設計の才能を発揮し出すが、並行して学部時代の恩師・内田祥三に目をかけられ、一九四二年には日本生活科学会の「国民標準住宅に関する小委員会」の学術委員に就任し、祥三の子息の内田祥文らと近隣単位の研究に取り組み、続いて日本建築学会都市防空に関する調査研究委員会第七小委員会の臨時委員にも就任し、これも内田祥文とともに密集街区罹災復興計画の立案を担当するなど、研究者としての仕事も開始していた。

3 理想案としての「東京都改造計画」

一九四三年一〇月、戦地から帰還したばかりの高山は、千葉に開設された東京帝国大学第二工学部に移籍し、ついに独立した都市計画の研究室を持つことになった。「東京都改造計画」はこの新設の高山研究室が取り組んだおそらく最初の研究である。一九四四年九月の日付の入っている「東京改造計画案説明書」の手書き原稿（以下、「説明書」と表記する。また、「説明書」では「東京都改造計画」ではなく「東京改造計画」という名称が使用されているが、本節では一括して「東京都改造計画」とする）が最終報告書の完成稿だと推定される。「説明書」は東京帝国大学第一工学部防空研究室の浜田稔教授と高山との連名で出されている。しかし、先に述べたように「説明書」のドラフトは高山のノートに記されており、高山が主に執筆を担当したと見てよいだろう。また、この「説明書」以前にも、丹下健三「東京都改造計画に関する研究　住居地域の標準形態」（一九四四年四月）、高山英華「東京都改造計画に関する研究　其の2　人口及土地利用区分概算」（一九四四年五月）、丹下健三「東京都改造計画に関する研究　其の3　東京市学校関係者数調」（一九四四年五月）という三つのレポートが出されている。さらに、一九四四年度に高山英華の指導のもとで書かれた卒業論文は、都内の下請工場の分布の実態調査報告や全国都市の人口密度調査報告、東京における国民学校住区の現状調査報告、麴町や本所などの都内各地区の詳細な現況調査報告、工場地方分散に伴う農工調整問題の考察、工業都市の適正規模論や構造論など、全て大都市改造、特に東京都改造計画に関連するテーマとなっている。また、高山が第二工学部に異動した後、本郷の第一工学部に残って大学院生を続けていた丹下のレポートも、丹下が浜田研究室の卒論生であった日笠端（後の東京大学工学部都市工学科教授）ら四名を直接指導して、一九四三年九月にまとめさせた卒業論文「大都市改造論」にその原型がある。つまり、高山と丹下が協働して、それぞれの卒論生たちを指導しながら検討を進め、最終的には高山がまとめたのが、この「東京都改造計画」なのである。

「説明書」によれば、「東京都改造計画」は「さきに決定せる「帝都改造計画要綱」の趣旨により策定せるもの[8]」であった。高山が前提とした「帝都改造計画要綱」はその正確な内容は不明であるが、高山が遺した一連の「東京都改造計画」に関する資料の中には、内務省都市計画東京地方委員会の用紙に印刷された「帝都改造計画要綱案」が挟み込まれている[9]。この「帝都改造計画要綱案」は、「大体理想的計画を樹立し逐次之を実施するものとし特に空襲其の他被害ありたる場合は本計画に準拠して復興を図るものとする[10]」と性格づけられたもので、東京を「大東亜共栄圏の中心都市」として、日本的風格を持ち、商工業を主体としない都市へ向けた改造案である。人口は区部で四〇〇万人、「機能中心地の決定」「地域地区の改廃」「工業の分散」「学校其の他の分散」といった各項目について方針を列挙したもので、単なる復旧ではない、理想的な東京のあり方を提示していた。つまり、高山が主張していた長期的な展望からの東京の改造計画の指針にあたる計画案であった。

高山、ないし浜田がどのような経緯でこの「東京都改造計画」の研究に取り組むようになったのか、そもそも正式な委嘱を受けて開始された研究なのかどうかもはっきりとしない。しかし、「説明書」では、「大体一応の理想的計画を樹立し、逐次之を実現せしめるものとし、特に空襲其他の災害ありたる場合には計画に準拠して復興の規準を得んとするものである[11]」と先の「帝都改造計画要綱案」をなぞり、かつ「本計画は将来の理想型の一を示すものであるが、その実現には戦争終了という決定的段階を経る必要があり、戦時下実施せらるべき改造計画とは互に矛盾する点をも生ずべく、一応これらは分離して考えるを適当とする場合多きことに注意すべきである」[12]として、理想案であることを断っている。

では、高山はどのようにこの理想案を描いていったのだろうか。

4　「東京都改造計画」の検討過程

「説明書」以前に出された三つの研究レポートのうち、「東京都改造計画」の基本となる将来人口と土地利用の構成を導き出したのは、最初の二つのレポートである。

まず、丹下が分担した「住居地域の標準形態」（一九四四年四月）は、先に丹下自身が学術委員として参加していた日本生活科学会の「国民標準住宅」に基づいて、家族構成と家屋の物理的形態（縦横比）の二側面から住居の標準的規模および形態を整理、日照による南北間隔、防火による東西間隔に基づいて適正居住密度を想定した上で、国民学校区の低層住居と高層住居のそれぞれの場合による標準形態を土地区画整理設計標準における土地利用構成と先に計算した適正居住密度を考慮して人口密度を算出し、さらに街区の標準規模を示したものであった。

高山が担当した「人口及土地利用区分概算」（一九四四年五月）は、以下の方法で将来の東京の人口と土地利用区分を計算している。最初に、丹下が「住居地域の標準形態」で示した国民学校区の人口密度（正確には人口総密度）と現在の実際の人口密度とを比較し、計画の方向性を加味して各区別の人口純密度（宅地に対する人口の割合）を想定し、これを宅地面積実数とかけ合わせて総人口を四三六万七三〇〇人と算出した。高山がこのレポートで言及しているところによれば、一九三八年度の推定総人口が六三二万人であったので、およそ三割減で、宅地面積も一〇パーセント近く減少するとした。そして次にこの総人口、宅地面積を前提として、「既往の状況を考慮しつつ、主として現在の工業人口を大量に減少せしめるものとして」[13]、将来の産業別人口構成によって各産業ごとおよび土地利用分類別に必要な土地面積（宅地以外）を「達観」によって概算した。高山は自身のこのレポートについては、「一改造計画試案の極めて概括的要領

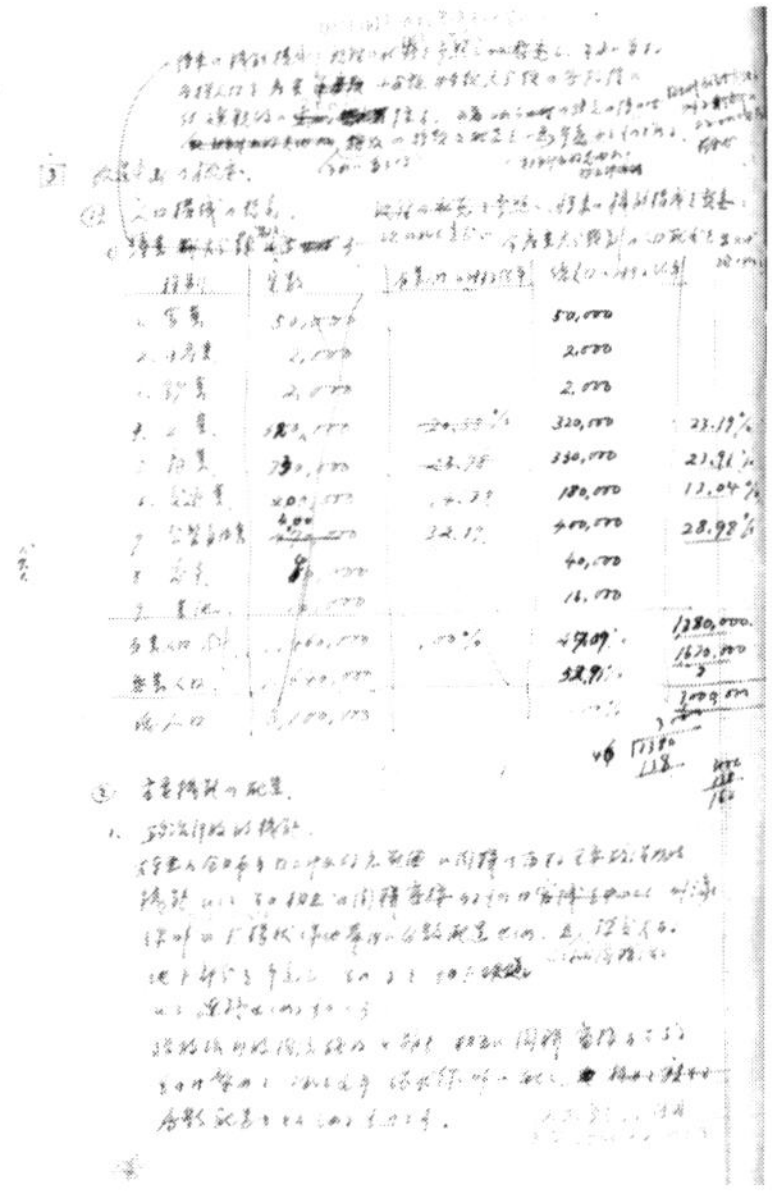

図２　高山英華による諸計画値のスタディ（東京大学工学部都市工学科高山文庫所蔵）

を取敢えず数字的に示したものであり、細部計画の進行につれ逐次修正せしめるべきものとす」(14)「改造後東京に残置せしむべき各種の機能の種類及容量の概定に最も重要なる問題なるも、同時に極めて困難なる問題なるため、その細部に渉る立案検討はしばらくこれを省き」(15)としていた。言い換えれば、各区別の将来の人口純密度も産業別人口構成も高山の「達観」によって決定された雑駁な数字であり、むしろ一連の方法を示したことに意義があった。

さて、ここで、冒頭で紹介した高山のノートに戻ろう。高山のノートは公務自由業、商業、工業、交通業の産業別の人口の事細かな統計の解釈から始まっているが、これは上記のレポートで自ら指摘していた「細部計画の進行」「細部に渉る立案検討」作業であると推定される。ノートのメモでは計画総人口は、先の四三六万七三〇〇人から大幅に減って、「帝都改造計画要綱案」での四〇〇万人をも大きく割り込む三一〇万人という数字を前提として（この数字の根拠は不明である）、各種産業の中分類、小分類の統計値にまで分解し、構想に基づいてその計画値を決定している。しかし、その書き込み具合からは計画値の決定に相当苦労している様子がうかがえる（図2）。さらに集団的配置を考慮すべきものについては、その人口量に各種の標準密度指標を用いて施設量や用地量の推定を行っている。また、このノートとは別で、東京の地図を下敷きにして具体的な住区の配置を書き込み、それぞれの住区面積から人口を概算した際のトレーシングペーパーに描いた図面も残っている（図3）。高山が東京を相手に格闘していた様子を今に伝える。

高山のこうした「東京都改造計画」の構想過程、ここでの密度指標と人口規模を結びつける作業こそが、「都市計画よりみた密度に関する研究」の消された背景であった。

5　「東京都改造計画」から「東京決戦態勢案」へ

高山は、「説明書」の草稿に入る前に、「東京改造計画の構想に就いて」なるメモをノートに書きとどめている。このメモでは、「理想計画の目標時期とその到達過程との時間的問題」について検討を加えている。高山はこの先二〇、三〇年を展望し、戦勝の場合、結末が不明瞭で次期第三次世界大戦のために引き続き準備する場合、今回の戦争の結末を全うし（事実上の敗戦）、第三次大戦に備える場合のいずれにおいても「最終的理想形は一意考えざるを得ないであろう」として、この戦時下の理想形としての「東京都改造計画」の追求を正当化する。そして、東京の将来の人口構成と総数については、政治優勢（全人口四〇〇万人）、政治徹底的優勢（全人口三二〇万人）、遷都（東京は重工業都市、全人口四〇〇万人または三〇〇万人）の三種を示した。

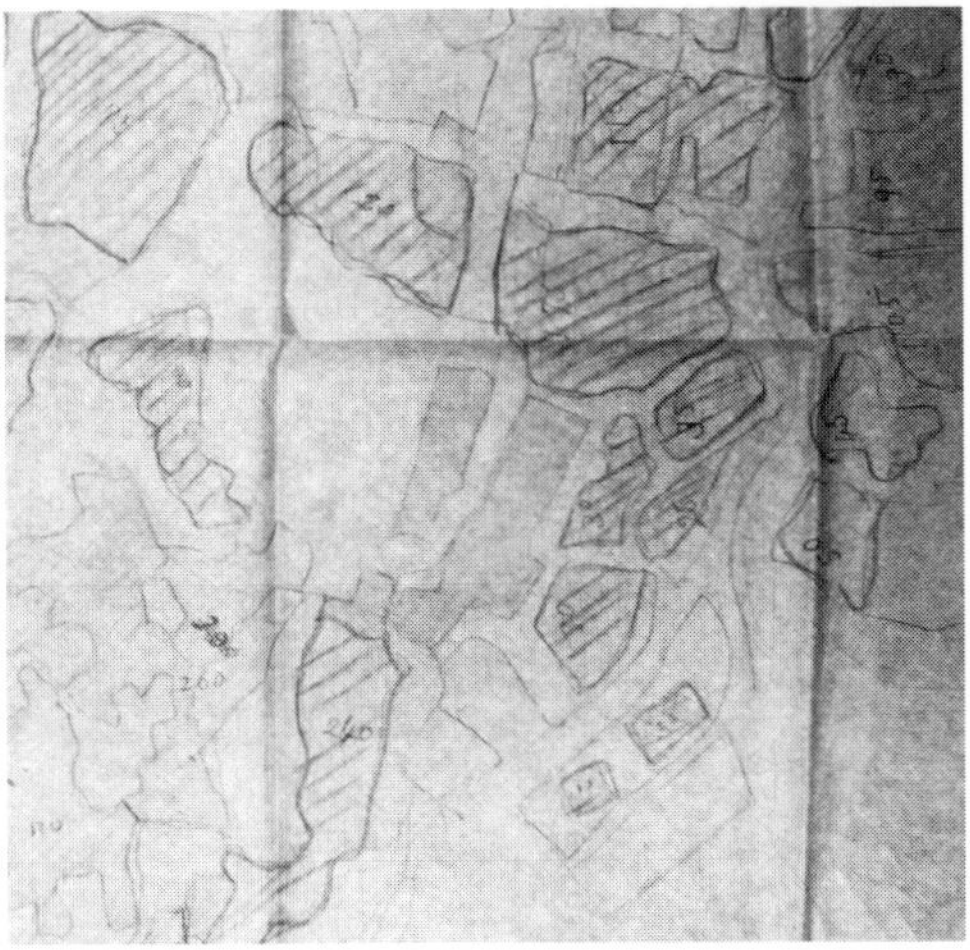

図3　高山英華による住区分割のスタディ（東京大学工学部都市工学科高山文庫所蔵）

続いて、「東京都の大空襲による変貌の過程追跡と将来形との連関」を検討している。理想案である「東京都改造計画」は、眼前の戦争の行方がいかなる方向に向かおうと最終的に必要とされるもので、空襲による都市の破壊によってその姿を現すものであった。

こうして、「東京都改造計画」の前提を整理した上で、高山は「東京改造計画案説明書」の執筆に取りかかった。ノートに書かれた最初の草稿では、東京の総人口はノートの冒頭の計算を踏まえて三一〇万人として産業別人口配分がなされていたが、ここで大きく×印がつけられている。そして、全体的に細部まで推敲を重ねている。高山が最後まで、ある種の「達観」による産業別人口配分に悩んでいた姿が見て取れる。

結局、一九四四年九月にまとめられた「説明書」では、これまでの検討の結果として、総人口を三一〇万人から一〇万人減らした三〇〇万人とし、帝都、大東亜共栄圏の政治的中心都市、さらに「商工業を主体とせざる」と性格づけられた東京を構想した。そして、その上で、主要機能の配置、主要交通網計画、緑地計画、住宅地計画、各種中心地計画、特殊計画のそれぞれの計画案が説明された。高山の理想都市案とは、こうした大都市改造論に基づき、東京という具体都市を対象とした戦時下における人口縮減、都市縮小の都市計画であった。

すでに一九四四年七月にアメリカ軍がサイパン島などマリアナ群島を制圧し、東京を含む日本本土への戦略爆撃の拠点を整えていたので、この「東京都改造計画」の必要性は増してきていただろう。しかし、一九四四年一一月二四日、東京郊外にあった中島飛行機工場に対する初の戦略爆撃による空襲が行われ、以降、実際に東京に対する空襲が続くようになると、状況は急転していく。高山のノートによれば、一九四五年三月二日の「村上大佐」との懇談で、アメリカ軍の「上陸」が迫ってきていることを知らされた。そして、主要都市において戦局下で必要な人員の配置や構成を検討し、それ以外の要素は地方に分散疎開させるという方針に基づく「戦時都市」の建設を要請された。

高山のノートのこの後の数ページは、走り書き的なメモが続く。日本本土を六つの自給的ブロックに分けて人口配置をスタディしたり、決戦態勢に応じた住居ブロックのコンセプトをスケッチしたりしている。まるで高山が日本の国土防衛あるいは決戦下の国民生活を一手に担っているかのような責任感と緊張感が伝わってくる。

一九四五年三月九日から一〇日にかけて、東京はB29爆撃機三二五機による徹底的な爆撃を受け、市街地の多くを焼失した。高山はこの東京大空襲から一週間後の一九四五年三月一七日付で「都市及び地方決戦態勢強化案要綱」の草稿、一九四五年五月一〇日付で「東京都決戦態勢案」の草稿をノートに綴っている。さらにこのノートに記録された二つの草稿の間に、一九四五年三月二三日付で作成者に高山の名が記された「東京都決戦態勢強化要綱」が存在する。

「都市及び地方決戦態勢強化案要綱」では「要残留人口に非ざるもの」の緊急疎開、工場およびその要員ならびに家族の移駐、重要業務機能およびその要員家族の移駐、一般要員の移駐といった項目の基本方針が列挙された。そして、この要綱による国土決戦態勢確立強化の一環として、「東京都決戦態勢強化要綱」（一九四五年三月二三日）が作成された。この「東京都決戦態勢強化要綱」は東京の「簡素強力化」を計るために、第一に「機能並人口の縮減」、第二に「残留機能及人口の新秩序形成」を示したものであった。高山は主旨で「所謂恒久的東京都改造計画案と一致せざる点あるも敢えて敢行すべきものとす[16]」との断り書きを入れている。

「東京都改造計画」の追求はここで姿を変えた。高山のノートに記された一九四五年五月一〇日付の「東京都決戦態勢案」では、主旨として、「東京都が今次決戦完遂上とるべき最終的態勢を予め想定す[17]」るものであり、それは単に戦時拠点として要塞化するような案ではないとし、いかに東京という都市を要塞的に整備強化しようとしても大空襲の来襲速度に先行し得ないので、空襲による淘汰を利用して、全般的な整備、強補を追加する方針にしたという説明が加えられた。

都市がどうあるべきか、高山は一九四四年から一九四五年にかけてのわずか一年ほどの間に、平時の「東京都改造計画」と決戦を前提とした「東京都決戦態勢案」という二つの理想案を描いたのである。いずれにおいても、高山が作業の中心に据えていたのは、都市の計画人口を算出するための統計値の収集と達観による将来値の割り出しであった。

6　敗戦に際しての反省

高山はおそらくぎりぎりまで、自らが草案した「東京都決戦態勢強化要綱」の有効性を信じていただろう。例えば、高山は一九四五年七月二七日に技術院で開催された第一回戦時住宅供給に関する懇談会に参加している。その懇談会では決戦対策と戦後対策との関係が議論されてはいたものの主題は決戦対策の方にあった。しかし、八月一五日には玉音放送が流されたのである。

敗戦後、高山が初めてノートに綴ったのが八月二〇日の「敗戦に際しての反省」であった[18]。反省が四点にまとめられている。残念ながら第一点目はノート上ではすでに判読できない。第二点目は、「都市に関する社会構成並に諸施設の脆弱性に対する我々計画者、構築技術関係者の責任極めて大なりし」と痛感し、「明確な責任をとるべき」と考えているという内容であった。第三点目は、「戦争遂行上必要とせる構築力の極めて薄弱なりし」と痛感し、技術、労力、資材、それらの結集組織のいずれにも問題があったとする。第四点目は構築に関する諸計画が「予め正当なる意味に於て企画に参画し得ざりしうらみ」を痛感し、構築計画全般の中枢機関の欠如や構築界の政治中枢および一般社会に対する発言権の欠乏を指摘している。

第二点目と第三点目は焼け野原になった東京を目の前にしての構築技術者としての素直な自己反省であっただろう。それに対して、第四点目は具体的にはいかなる経験からの反省なのだろうか。高山ノートに記されていた「東京都改造計画案」の立案過程において、高山が悩んでいたのは、都市の総人口や土地利用構成の前提となる産業別人口構成の設定であった。これは政策的、企画的、そして政治的判断が必要な作業であり、スケール的には国土計画や地方計画での議論が不可欠であった。決して一都市計画家の「達観」で決定すべき事柄ではなかったのだが、高山は自らの「達観」以外の技法も、そして情報も持ち合わせていなかった。こうした事態がこの反省を導いたのではないだろうか。

一九四五年九月一日、高山は滞在先の山梨にて、構築技術者としての反省を再度ノートに記した。そして、続けて、大都市の再建に際してはその構成諸機能を厳選縮減させ、消費的人口の塁集を避け、応急的対策ではなく抜本的な恒久計画の樹立とその実現を目指すという大都市改造を主軸とした「国土再建構築要綱」の草稿を著わした。ここで、高山の「東京都改造計画」ノートは終わっている。

7　高山英華の都市計画学

以上見てきたように、「都市計画よりみた密度に関する研究」に欠けていた理想都市案は、戦時下の「東京都改造計画」であった。緻密な技術論を展開するこの博士論文の枠組みを決めたのは、「東京都改造計画」での経験であった。大都市改造の思想、そして戦時下という状況があって初めて、この密度を主題として、人口規模を決定する作業が存在していた。戦後になって、こうした目標や思想が削られたかたちで提示されたのが高山の博士論文であったが、改めて「東京都改造計画」を念頭に読み直すと、時代に回収されてしまった目標や思想、情感を端々に読み取ることができる。

では、なぜ、高山の博士論文はあえてこのような技術的検討に徹した体裁をとったのだろうか。高山は一九四八年の日本建築学会の学術講演会で「都市計画方法論概説」と題した発表を行い、都市計画という構築技術の確立に向けて計画理論体系の構築を試み、都市計画技術に於ける構成手法として、「密度、配置、動き」の三つのパラメーターを示した。そして、このうちの「密度」の緻密な検証を行った博士論文を挟んで、一九五二年の日本都市計画学会の学会誌創刊号に「都市計画の方法について」を寄せた。この論考は、都市計画学の草創期において、都市計画をいかに理論化しうるかを仮説的、総合的に論じた高山自身のマニフェストであった。

この論考で高山は、都市計画技術を論じる前に、「都市の目的を定めることについて」と題して、都市計画は「いかなる都市を創るかという目的をもたなければならない[19]」と説いた。しかしすぐに、その都市の目標や目的を定めることの困難さを繰り返し述べて、都市計画が全般的にそれを担うのはあまりに荷が重く、別に「都市政策」なる分野が必要だと、トーンダウンする。「いわゆる総合的都市計画家にあまりにも多くの負担をかけ、大胆な達観から基本計画の立案に入らせるおそれが生ずるのではなかろうか[20]」「将来の人口や産業などをふくめた都市の性格の推定がいつまでも安直な方法で論じられ、いわゆる市勢要覧的のものが基礎資料の主なものになっているようでは心もとない[21]」といったフレーズには、高山が「東京都改造計画」ノートを使用していた時期の自己弁護と自己反省の念が読み取れよう。その後なお、「都市計画技術が単なる職人的技術で都市の目的を決めることに関与しなくてもよいということでは決してない[22]」と書くものの、高山が「都市政策」という名でこうした目標や目的といったものを都市計画の本体から切り離そうとしていたことは、「都市政策などによって、ともかく都市の目的が概定されたとしたばあい[23]」と断って、都市計画技術の理論化へと話を移していく論理展開からも明らかである。

論考の最後にもう一度、高山は書く。

以上、都市計画の方法についてその概要を述べてきたが、やや都市計画技術ということに重点をおきすぎ、その範囲もやや狭く考えた感がなくもない。しかし、これは都市計画の分野において計画技術のよりどころをもっとしっかりしなくてはならないと常に感じているからであって、都市計画理論を単なる技術学に止めておく意図をもつものではない。都市計画理論の発達によって都市の目的設定や価値創造の仕事がより理論的に導かれることをも常に切望している次第である。[24]

結局、「東京都改造計画」での経験は、「都市計画よりみた密度に関する研究」に繋がる視座を提供したという側面以上に、都市の目的や目標なるものの設定の困難さを高山に自覚させたという点での影響が大きいように思える。都市計画技術の根拠としての都市計画理論の構築を最優先した高山は、その発展の中で自ずと都市の目標をも捉えられるようになると留保的に何度も何度も唱えたものの、結果としては「都市政策」というかたちで目的や目標をあえて都市計画から切り離すことで、都市計画を技術体系として早期に確立させる道筋をつけたのだろう。そうした道筋の出発点こそが、脱目標的、脱思想的、脱情感的な、言い換えれば禁欲的な「都市計画よりみた密度に関する研究」であったのだ。

8　「東京計画1960」へのエピローグ

ところで、戦時中に高山の「東京都改造計画」に「住居地域の標準形態」の報告で貢献した丹下健三はどのように戦後を出発させたのだろうか。丹下は一九四五年一一月に開催された日本建築学会の学術講演会にて上記の「東京都改造計画」での研究成果をそのまま「住居地域の標準形態に関する研究」として、かつて丹下の指導で卒論を書いた日笠端と連名で発表した。さらにこの発表会ではもう一本、「人口移動の地域構造」と題して、都市の通勤現象の解明について、つまり高山が整理した「密度、配置、動き」のうちの「動き」の研究を発表している。そして、翌一九四六年に助教授に就任し、丹下研究室を設立して以降は、例えば生産量と資本力の関係を表すダグラス函数を紹介するなど、地域計画や国土計画の基礎理論の確立に向けて研究室として努力を重ねていく。

つまり、高山は「密度」から「計画技術のよりどころ」を探したが、丹下も「動き」、そして厚生経済学的な視点から同様の取り組みを行っていたと解してよい。一九五一年には高山が本郷の工学部への復帰を果たし、かつて浜田稔が率いて都市防空を担当していた東京大学工学部建築学科の第六講座は、高山教授、丹下助教授で構成される都市計画講座に衣替えされた。高山研究室と丹下研究室は、それぞれの着眼点は異なるものの、ともに「計画技術のよりどころ」を求めて、一九五〇年代を共闘していくのである。

しかし、高山と丹下の間では、都市や都市計画への見解には重大な相違があった。先に述べたように、高山は日本都市計画学会の学会誌創刊号に「都市計画の方法について」というマニフェストを発表したが、丹下もその半年前の一九五二年三月、日本都市計画学会が学会誌発行までのつなぎとして発行した『日本都市計画学会ニュース』の創刊号に、「再び人間の都市へ」と題した論考を発表している。ともに都市計画学の黎明の時点で綴られた高山と丹下の論考を比較してみよう。高山は都市の目標や目的の決定は都市計画には荷が重過ぎると素直に表明し、都市政策なる新分野の登場に期待をかけた。そして、この都市政策なるものを前提に、都市計画の技術の体系化、理論化を最重要視し、その仮説を述べることに集中した。それに対し、丹下は何を書いたのだろうか。

しかし、これ［大都市の改造：引用者注］は建築家、都市計画家だけの問題ではないだろう。経済学者、社会学者、生理学者さらに各種の技術者の協力が必要であるだろう。だが現在、世界で、その総合をなしうるものは、人間の環境を創造するために生れて来た建築家、都市計画家である。(25)

都市計画は、なくなる［ママ］学問になりすましたり、単なる技術に終わるまえに、数百万人との同感から生れる理想を、その根底に持ち続けなければならない。(26)

もし、二人の差異を性格に帰することが許されるならば、丹下は高山より少々自信家であり、高山は丹下よりも少々謙虚であったということだろう。いかなる理論的裏づけの存在にもかかわらず、「東京計画1960」のイメージは、数百万人の理想を想像し、共有を実感できる丹下の強烈な英雄的精神がつくり上げたものであった。しかし、現代の都市や都市計画にこうした英雄が存在しえるのかどうか。少なくとも高山英華は、空襲下の東京にて、「東京都改造計画」ノートに都市の目標や目的についての走り書き、草稿を綴っていく過程で、自ずとその回答を見出した。一方、「東京都改造計画」では「住宅地の標準形態」という限定的な基礎作業のみを担った丹下は、この点についてはまだ回答にたどり着くことはなかった。だからこそ、その一五年後に想定人口を数倍に増やした新たな「東京都改造計画」である「東京計画1960」が丹下研究室の手によって生み出されることになったのである。

注

（1）トーマス・ライナー『理想都市と都市計画』太田実研究室訳、日本評論社、一九六七年、一六五ページ
（2）本章で参照する以下の資料は全て東京大学工学部都市工学科所蔵の高山英華文庫資料である。高山英華「東京都改造計画」（自筆ノート）、浜田稔・高山英華「東京改造計画案説明書」一九四四年九月、丹下健三「東京都改造計画に関する研究　住居地域の標準形態」一九四四年四月、高山英華「東京都改造計画に関する研究　其の2　人口及土地利用区分概算」一九四四年五月、丹下健三「東京都改造計画に関する研究　其の3　東京市学校関係者数調」一九四四年五月、高山英華「東京都決戦態勢案要綱案」一九四五年三月二三日、「帝都改造計画要綱案」日付不明
（3）高山英華「大都市の問題　無計画的人口膨張の危険性」『帝国大学新聞』一九四一年六月二日付、四ページ
（4）同右
（5）同右
（6）同右
（7）高山英華「都市住宅地に就て」『社会政策時報』第二五〇号、一九四一年、四四ページ
（8）浜田稔・高山英華『東京改造計画案説明書』一九四四年九月
（9）「帝都改造計画要綱案」については、越沢明「石川栄耀と戦前の東京都市計画」『都市計画』第一八二号、一九九三年、八四—

八七ページ）において、「東京の都市改造計画の一連の作業の最後のもの」で、「石川栄耀を中心として昭和19～20年に立案された」とされている。しかし、ここで一部掲示されている「帝都改造計画要綱案」と、高山英華の資料中に挟み込まれていた「帝都改造計画要綱案」とでは、内容は大きく異なっている。

(10)「帝都改造計画要綱案」日付不明
(11)浜田稔・高山英華『東京改造計画案説明書』一九四四年九月
(12)同右
(13)高山英華「東京都改造計画に関する研究　其の2　人口及土地利用区分概算」一九四四年五月
(14)同右
(15)同右
(16)高山英華「東京都決戦態勢案要綱案」一九四五年三月二三日
(17)高山英華「東京都改造計画」（自筆ノート）
(18)同右
(19)高山英華「都市計画の方法について」『都市計画』第一号、一九五二年、二五ページ
(20)同右、二六ページ
(21)同右、二六ページ
(22)同右、二六ページ
(23)同右、二六ページ
(24)同右、三一ページ
(25)丹下健三「再び人間の都市へ」『日本都市計画学会ニュース』第一号、一九五二年、三ページ
(26)同右

07 つくる都市、できる都市、いとなむ都市

1 転換期としての一九六〇年代

『週刊読売』の一九五八年八月一〇日号に「近代技術の盲点　若い建築家の座談会」という座談会記事が掲載されている。二〇代、三〇代の若手建築家たちが高度経済成長の初動期の建築について語り合っている。その中で、「頭痛のタネ〝古ビル壊し〟」という見出しで、東京に建ち並ぶビルに関する議論が展開されている。磯崎新（東京大学丹下健三研究室勤務、当時二七歳）は、丸の内に並ぶビル群を想定して、「すぐ邪魔になるようなところに、邪魔になるような格好で建っている」と指摘し、「相当早く」壊さなければならないと断じた。これを受けて、池田武邦（山下寿郎設計事務所勤務、当時三四歳）は、「それは建築家の非常な責任ですね」と述べ、「一つの建物を建てる場合、都市全体の計画を考え、将来どうなるかという都市の計画を構成する一つのものとしてやらなければならないのだ」と主張した。今からちょうど六〇年前に交わされたこの議論を意味づけるのはその後の建築と都市の関係史である。この議論のすぐ後にやってくる一九六〇年代こそが、わが国における都市計画の、いや建築と都市との関係の重大な転換期となった。

一九六八年に都市計画法が改正され、当時の課題であった郊外部での開発コントロールが線引き制度というかたちで制度化されたのと同時に、従来の建物の絶対高さ制限に代わり、容積率制度が都市計画区域に全面導入された。さらに事業法としての都市再開発法も整備され、権利変換という技術に支えられ、都市中心部での市街地の更新が進められるようになった。建築は都市に対してどのような責任を負うのか、一九六〇年代前夜の議論や主張は実践の場で試される

ことになった。山下寿郎設計事務所で霞が関ビルの設計を担当していた池田らが独立するかたちで一九六七年に設立された日本設計事務所（現日本設計）[1]は、そうした実践の場を開拓していったチームの一つである。

容積率制度の全面導入は、都市中心部の街並み、都市像に大きな転換をもたらした。ただし、その影響は従来の絶対高さ制限（商業地域で三一メートル）下の事前確定的な都市のスカイラインの破棄にとどまらない。都市計画のあり方そのものを変えた。容積率制度導入時の東京都の首都整備局長（一九六〇―六七年）、そして建設局長（一九六七―七〇年）は山田正男であった。その辣腕ぶりから「山田天皇」とも呼ばれた人物で、当時の都市計画界を牽引していた。その山田は、容積率制度の導入を、従来型の「つくる都市」から「できる都市」への都市観の転換という文脈で理解していた。つまり、「自由主義経済社会では、都市はできるものであってつくるものではない。そして人間は自らの判断で、経済合理性の故に都市に集中するというのが都市経営、都市計画の基本的理念だと思っています[2]」という考えであった。都市計画は受皿としての公共施設（インフラ）はつくれるが、肝心の中身（経済活動）はつくり出せない。大事なのは、まずは受皿としてのインフラと中身である民間主体の建設を含む経済活動との間の相関的な量的関係を確立することであった。容積率とは、従来の形態に代えて活動量で都市空間を捉える方法であった。一方で、官僚都市計画家である山田の「都市は「つくる」ものではなく「できる」ものである」という認識は、これからの都市は公共がつくるのではなく、民間が生み出していくという見解としても受け止められる。もちろん、例えば丸の内の一丁倫敦や一丁紐育など、すでに戦前期より民間企業が都市の枢要部の形成に大きな力を発揮してきていたし、絶対高さ制限から容積率規制への切替えは、局所的には実質容積の低減をもたらす可能性もあった。ただし、建築の自由度は各段に高まり、実際の指定容積率の設定にあたって将来のインフラ整備を前提とした上で、従来の市街地の利用密度を大きく上回る高度利用が促進されることになった。こうして都市と建築との関係が容積率を通じて相関的な量構成として連結され、その関係性が民間の建設事業を通じて具体のかたちとして立ち現れるという枠組みが、一九六〇年代にわが国に導入され、その後の都市像を決定づけていくことになった。

2 「できる都市」時代の都市デザイン

ただし、山田は「できる都市」の時代において、単に量構成のバランスをとれば、後は放任でいいと考えていたわけではなかった。山田は、これからの都市計画は「してはいけない」ことを決める「土地利用規制」ではなく、「ここにどういう建物を建てなさい」という観点からの各土地についての総合的・具体的な建築敷地計画・建築施設計画＝「土地計画」へと展開していかねばならないと主張していた。そして、「土地計画と公共施設計画の総費用と相互のバランスを考えた都市計画を樹立しなければならないのは当然であるが、一方市民も、自分の土地内だけの利用効率を高めることに専念しないで、公共施設に対して余計な負担をかけなくてもすむように、都市の建設・経営の総費用、総効率を考えて土地を利用しなければならない」（『変革期の都市計画』一九七四年）と、民間事業者に対しても公共的視野を求めたのである。ここでの「土地計画」とは、つまり都市全体や周辺地域の観点に基づいて、個々の敷地の具体的な空間構成を扱う都市デザインそのもののことであった。それは冒頭で紹介した「都市の計画を構成する一つのもの」として建築を考えなければいけないというかつての池田の問題意識とも重なるものであった。

「できる都市」の時代に入り、山田が主張したような都市デザインの姿を最初に提示したのは、一九六〇年代末から一九七〇年代前半にかけてのニューヨーク市の取り組みであった。市のインハウス都市デザイナーであったジョナサン・バーネットは、著書『Urban Design as Public Policy（邦題：都市デザインの手法）』（一九七四年、翻訳一九七七年）において、「よりよきアーバン・デザインは民間投資と政府の間の共同、またデザイン専門家と民間・公共関係筋の意思決定者との共同によって達成されるであろう」と述べている。訳者である六鹿正治は「パブリック・ポリシーが形成される、金融・行政・法律を伴う日常的な意志決定のプロセスに継続的に参画することが必要である」とし、「都市の物的構成を主題とする、50年代から60年代前半までのアーバン・デザイン」に対して、「実現のプロセスやメカニズムに重点を置いた新しいアーバン・デザイン」という概念が登場してきているのだと論じた。バーネットらは、すでに一九六一年にゾーニング制度の改訂によりニューヨーク市で導入されていた容積率ボーナスによる公開空地形成誘導（プラザ・ボーナス）の仕組みを、より多様な目的に適用させた特別地区制度や歴史的建造物保存のための容積移転制度、詳細なデザインガイドラインなどに展開させていった。私益の追求と公益の実現とを両立させる方法であった。わが国においても、特定街区制度の改訂（一九六四年、改訂後適用第一号が霞が関ビル）、総合設計制度の導入（一九七〇年）などによって、同様のプロセスやメカニズムが整備された。民間投資を主体とした都市空間の更新のたびに建物のスカイラインはさらなる容積を得て上空へと延びていき、街路と建築物との間に公開空地という中間領域が介在する街並みが定着していった。なお、プリンストン大学大学院を修了し、ニューヨークの設計事務所に勤務していた六鹿は、翻訳書の出版から日を待たずに帰国した後、自治体ではなく、民間企業である日本設計に入社し、バーネットとは異なる立場から、実践的な都市デザインを探求していくことになる。

「できる都市」時代の都市デザインの具体例に触れておこう。山田正男が「つくる都市」から「できる都市」への転換を意識しながら取り組んだプロジェクトに、都心部への都市機能・交通の一極集中を緩和させるため、業務機能の分散を目的に構想された新宿副都心建設への取り組みがある。山田は計画立案の過程で、インフラと建築物との相関的な量的関係を学術的に検討し（後に山田の学位論文としてまとめられる）、容積計画に立脚した最も効率的な都市構造を探求し、さらに民間資金の導入の受皿として公社を設立した。山田がはじき出した最適解は容積率六五〇パーセントで、公社が全てのビルの建設を担うというものであったが、実際は当時の景気動向にも左右されるかたちで、容積率の上限は一〇〇〇パーセントに設定された。加えて特定街区制度の適用で容積率のさらなる上乗せが可能とされた。宅地の多くは民間事業者に売却され、彼らが銘々に超高層ビルを建設した。ただし、地域冷暖房、歩車分離、空地の連携、駐車場の共同化など、個々の敷地にとどまらない地区としてのデザインを担保する取り決め、つまり「土地計画」も設定された。とはいえ、当初の検討成果を反故にされた山田は、後に頭ごなしに「今はとにかく、あんなバカバカしい高さを競うような建物群になってしまった(3)」と批判した。

しかし、個々の街区の設計者たちは「できる都市」における「土地計画」という枠組みのもとで、「都市環境の立場からみれば高層建築によって得られた余白空間こそその主な計画対象となるものであり、その空間は当然、直接・間接にその影響圏として対象敷地外に対してある広がりをもって存在している」[4]として、足元のデザインを通じて建築と都市を結びつけようとした。その最も成功した例が日本設計が設計を担当した新宿三井ビルディングとその足元のサンクンガーデン「55広場」（図1）であることに異論はないだろう。新宿駅からくる地下道との間を高低差で柔らかく分かちつつ、三方の建物低層部により心地のいい囲み感をつくり出した。そこに思い思いに人々が集う風景が生まれた。空を見上げれば超高層ビルの屹立する姿、いつか夢見たであろう都市性がそこに存在している。「できる都市計画」、そしてその中での都市デザインは、本来の公益性を損なう「使わせない」公開空地の頻出、歴史的建造物の滅失に対する有効な手立ての不足など、常に課題を抱えつつも、日本の成長時代の都市への旺盛な民間投資を抑制、阻害することなく、公益性のある都市空間を実現してきたという点では、ある時代の使命を果たしたといえるだろう。

図1　55広場
出典：著者撮影

3　「いとなむ都市」への展開

しかし、状況はこの二〇年ほどの間で、また大きく変わりつつある。経済のグローバル化の進行に対応するかたちで、二〇〇一年の日本版RIET（建築の金融商品化）や翌二〇〇二年の都市再生特別措置法に基づく都市再生特区の導入（大幅な容積率緩和が可能）により、「できる都市」はある意味、極点に達した。大都市都心部という限られた地区に民間投資を集中させ、建築物の高層化・巨大化と足元のつくり込みがさらに進められた。計画、デザインの具体面では、例えば、歴史を消し去ってきたかつての都市開発への反省、あるいは差異化を目指す新たなグローバル戦略の一環として、歴史的な建造物を保全・活用したり、場合によっては復元するなどして、土地の物語を紡ぎ出す事例も少なくなってきている。日本設計が設計を担当した日本橋三井タワー（二〇〇五年竣工）は、重要文化財である三井本館を街区内に保存しつつ、その意匠の特質を継承した。そのデザインは、さらに中央通り沿道のプロジェクトにも連鎖的に適用され、日本橋の歴史性、固有性を表現する街並み形成へと展開していった。また地球環境問題に対する取り組みとして、米国グリーンビルディング協会（USGBC）のLEED（リード）や日本の建築物総合環境性能評価システムCASBEE（キャスビー）をはじめとする建築、地区の環境性能評価の取得も普及してきた。日本設計も、中国でのプロジェクトを含めて多数のプロジェクトでLEEDを取得している。さらに、日進月歩で進展してきた情報技術も環境技術や交通技術と組み合わされ、開発コンセプトの核として（例えば「スマートシティ」）各所でいち早く取り入れられている。一つひとつ丁寧に組み立てられた最近の都市開発プロジェクトに、日本のこれからの都市像を垣間見ることができる。

ただし、大事な点は、こうした「できる都市」時代の都市計画を継続できる地域は、かなり限定的であるということである。すでに人口減少、都市縮退の局面に入ったわが国では、都市に対する積極的で前向きな民間投資、開発需要が満遍なく存在しているという状況ではない。地方中小都市の多く、そして大都市でも都心を離れた周辺商業・業務地や郊外部では、もはや開発需要を前提に受皿を用意する「できる都市」の発想は有効ではない。基本的には新しい都市開発も新たな建築物の建設も起きない時代、つまり「できない都市」の時代に突入している。では、そうした時代に対応した都市計画の姿はどのようなものか。グローバルな社会経済システムがつくり上げる風景に帰結した成長時代の「できる都市」時代の都市計画は、「できない都市」でなす術もなくさ迷っているわけではない。むしろ、「いとなむ都市」という新たな都市像のもとで、脱皮を遂げつつあるのではないか。

新たな公共インフラの整備や容積率などの開発量規制の緩和よりも、既存の公共インフラを公民連携の枠組みのもとで再編・再生させることで、サービス水準を維持、向上させていき、それを周辺の既存の民間建物ストックのリノベーションに繋げ、地域・都市の課題を解決していく、そうした地域・都市経営の感覚が新しい都市計画を基礎づけている。

個々の開発プロジェクトも、単に高容積を探求することはリスクに過ぎず、むしろ質的にマネジメント可能な規模に収斂させていくことが前提となる。また、公民連携といっても、行政や既存の民間企業というだけでなく、むしろ地域共同体に根差した事業体の立ち上げを政策的に支援し、新たな生活サービスの担い手として信頼を寄せていく。そもそも都市計画以前に都市財政の逼迫した状況があり、高度経済成長期に整備された公共施設と公共サービスの再編が求められている。「いとなむ都市」の都市計画は、都市と建築との関係を相関的な量構成ではなく、時間軸も組み込んだ空間サービスの具体的なネットワークの束として捉え、それらをマネジメントしていくことで、都市の構造そのものを変えていくことを目指す。こうしてみると、もうしばらくは「できる都市」の都市計画で進んでいけそうな地域にも、もう一つのレイヤーとして「いとなむ都市」の都市計画を浸透させるべきというのが正しい現実認識であろう。

「いとなむ都市」のもとで、都市デザインのあり方、立ち現れつつある都市像もまた変化しつつある。かつて六鹿は、都市デザインの主題は「都市の物的構成」から「実現のプロセスやメカニズム」へと転換していると解説してみせた。現代の都市デザインは、プロセスやメカニズムへの関心を継承しつつも、もう一度、生み出されるもの、具体の風景に拠り所を回帰させせつつある。しかし、物的構成自体が目標ではなく、そこでの人々の（あるいは生物多様性の観点から、ここを「生けとし生きるもの」としてもよいかもしれない）多様ななりわい、営み、活動、ライフの選択肢を担保したり、可能性や確率を高めることが目指されている。つまりソフトやハードの二分法を超えて、「場所」の創成に取り組んでいる。その際、空地を敷地内建物足元に確保するという「できる都市」時代の前提も相対化され、前面や周囲の街路を「場所」として賦活させる沿道街並み型開発も有力な選択肢となるだろう。さらに「場所」に時間軸を加えると、都市デザインの対象はもはや「生活文化」そのものであるといえるかもしれない。先に「55広場」の光景を記述した。その光景はすでに時間の蓄積を持ち、西新宿でのワークライフのあり方を象徴する場所となっている。一つの生活文化がそこにあるといってよいだろう。これまでの都市デザインの経験や成果に素直に向き合い、その持続や展開を図ることも、これからの時代の都市デザインに求められる仕事だろう。

4　幸運な時代を生きるということ

こうした「生活文化」を志向する都市デザインの姿は、必ずしも日本の特殊事情ということでもなく、成熟期を迎えている世界の都市に共通の傾向である[5]。むしろ各地域、各都市、各土地固有の物語といってよい「生活文化」への広く深い眼差しがあって初めて、グローバルな時代の都市像を透視することができる。

例えば、かつて「できる都市」時代の都市デザインの先頭を走ったニューヨーク市は、一九七〇年代半ばの財政破綻、二〇〇一年九月一一日の同時多発テロといった危機を乗り越えて、この一〇年の間に「いとなむ都市」時代の都市デザインとして公共空間の全面的再編へと大きく舵を切った。「できる都市」時代の都市デザインが通用するマンハッタン中心部などでの大胆な容積移転制度を活用した公開空地の創出も続けられているが、一方で、廃線となった貨物高架線を公園に再生させたハイラインや産業構造の変化によって放棄された埠頭群をアクティビティ溢れるウォーターフロント公園に再生させたブルックリンブリッジパーク、アイデア公募型で既存の道路空間から自動車を排除した小さな広場空間を市内の至るところに数多く生み出していくプログラムの実装など、「つくる都市」時代のインフラに新しい役割や意味が付与され、公共空間に転換された。そしてこれらの公共空間は、地域の価値の維持・向上を目的として資産所有者、事業者の負担金によって運営されるＢＩＤなどの民間組織が公民連携のスキームのもとで運営を担い、地区の社会・経済活動を涵養していく。様々な出自、状況の人々が集まり、住み分けているニューヨークである。それぞれの公共空間も地域の特性を反映させて、その使われ方、人々の佇まい、口ずさんでいる音楽、しゃべっている言葉、流れている空気は多様であり、確かにこの都市の生活文化が表出している。かつて、「つくる都市」ないし「できる都市」において、自分たちの都市がトップダウン的に大きく改変、そして破壊されていく様に疑問を持ったニューヨーク市民たちは「都市を守ろう！」(Saving the City) と叫んだ。現在、公共空間の再編から新しい都市の姿を導こうとしている人々は、「都市をシェアしよう！」(Sharing the City) と声を上げる[6]。それが「いとなむ都市」の都市デザインのスローガンになっている。

「いとなむ都市」の時代において、建築や都市計画、都市デザインに関わる者のあり方も変わってきているように思われる。多様な主体の様々な位相での介入の企て（あるいは小さく分散的な投資）の連携や連鎖が都市や地域を動かしていく力になっている状況では、プランナーはプランをつくる、デザイナーはデザインをするといったある種の思い込みは実態を表していないし、むしろ時に弊害となっている可能性がある。孤高の個人でも団結した組織でもない、関係性の網目の中で、自分自身も含めて、日々、状況を柔軟に編集し、刺激を与える力を持つ、長期的な戦略性とともに短期的な戦術性を兼ね備えたプレイヤー（「アーバニスト」と呼びたい）がどのくらいいるのか、それが各地域の、いや日本の都市の未来を決めていく。日本設計という大規模で確立した組織それ自体がそうしたプレイヤーとしてふるまうことが可能かどうかはわからない。ただし、日本設計はもともと「できる都市」という新しい時代を主体的につくり上げていこうとした人々のチームとして創設され、その後、現在まで建築や都市に総合的かつ実践的に関与したいという志を持った人材のコモンズであり、プラットフォームであり、インキュベーターであり続けてきたのではないか。その中に、あるいはその中から「いとなむ都市」を先導する無数の次世代「日本設計事務所」がすでに生み出されている、あるいはこれから次々と立ち現れてくるものと期待する。

山田正男は新宿副都心建設をはじめとして、自分の立案した都市計画が次々と実現していったことに触れて、「こんなことは、いつの世でも誰でもできるということではない。たまたま私が、日本の歴史が、そして日本の都市の歴史が急速に転回した三五年の間に、それぞれのポストでそれぞれの任務に巡り合わせたに過ぎないが、この意味において、私はCity Plannerとして誠に幸運であったといわざるを得ない」(7)と回想している。山田と同時代を生きた他の建築家や都市計画家も同じような感慨を抱くことがあったのではないか。そして、現在、日本社会全体が人口減少、超少子高齢化という近代以降では未知のステージへ突入する中で、建築と都市の関係、そして都市像も確かに変革が求められている。その変革に向かっているつもりの私たちの議論や実践を意味づけることができるのは、やはりまだ見えぬ未来である。しかし、少なくともこの「できる都市」から「いとなむ都市」への大きな転換を直に経験しながら、これまでとは違う、「まだ形にない」都市像を具体的にいとなんでいくことは、今、この時代に巡り合わせた私たちにしかできない仕事であろう。そう、建築や都市計画に携わる者として、私たちもまた、幸運な時代を生きている。

注

（1）本章は『新建築２０１７年11月別冊　まだ形にないものを思い描く10のストーリー　日本設計創立50周年』に寄稿したものである。
（2）山田正男『明日は今日より豊かか——都市よどこへ行く』政策時報社、一九八〇年
（3）同右
（4）池田武邦「高層建築——三つの超高層建築の計画を通じて」『建築雑誌』一九七四年二月号
（5）西村幸夫編『都市経営時代のアーバンデザイン』二〇一七年、学芸出版社
（6）*Sharing The City: Learning from the New York City Public Space Movement 1990–2015*, 2017（https://www.wxystudio.com/uploads/2200022/1501253229833/Print_June_1_20171.pdf）
（7）山田正男『時の流れ・都市の流れ』一九七三年、都市研究所・鹿島研究所出版会

第2部　まちづくりと都市デザインの思潮・運動

08 郊外風景の思想史

1 文明の表象――コスモスとしての風景

郊外なる熟語は、従来我国に於ても慣用せられたる事は、既に前章江戸の発達にも述べたるが如く、当時は主として江戸の囲繞地帯、江戸より徒歩にて日帰りに遊覧し得べき地域を意味したるが如し。[1]

一つの文明の姿

「郊外の風景」の起源の一つは、もともと蔬菜の供給地としての近郊農村が広がっていた江戸の外縁部に求められる。明暦の大火後の社寺や武家屋敷の移転によって、百姓の土地は虫食い状に召し上げられていったものの、江戸の住民の多くにとっての郊外とは、飛鳥山、向島、御殿山の花見、音無川の滝での涼み、そして寺社参詣などの物見遊山の四季の名所を意味していた。江戸に暮らし、ことあるごとに少し遠出して郊外を訪れる人々の中に、まずは行楽地としての「郊外の風景」が生まれたのである。

行楽を求めた訪問者によって、つまり都市の側から発見された「郊外の風景」は、さらなる異邦人である幕末期の来日外国人たちの目にはより一層、驚異的なものに映った。思想史家の渡辺京二は、幕末に日本を訪れた外国人たちの紀行文を読み解き、当時の日本人たちの生活総体に一つの「文明」の姿を見て取った著書『逝きし世の面影』において、

図1　江戸名所図会に描かれた行人坂上の富士見茶屋
出典：『江戸名所図会』

江戸を訪れた外国人たちの風景描写から、彼らが江戸の郊外のあり方に大きな関心を寄せていたことがわかると述べている。外国人たちは「巨大な豊裕な村」として江戸を見たのだが、特にその近郊、郊外の自然の豊かさ、そしてそこで必ず見つかる茶屋の存在、その佇まいに感動したという（図1）。渡辺は、異邦人たちが賛美した日本的景観とは、単なる地形的な景観のみならず、「四季の景物として意識のなかで訓致された[2]」という意味でも、ある一つの文明が構築したコスモスであったとする。幕末の郊外の風景は、自然に対して意識を開くことで生み出されていた生の充溢の表象であった。

空間文化としての継承

異邦人の目がその特性を浮き彫りにした日本の「郊外の風景」は、ある文明の表われであり、一つのコスモスであった。渡辺は、日本が近代という時代を経験し、現代に到達する間に、そうしたコスモスは滅んでしまったとする。だからこそ、その風景は「逝きし世の面影」として、わが国の近代の意味をするどく問う力を持っている、というのである。

しかし、日本人の自然観を主観と客観の二元論を超える通態性という概念で捉えた地理学者のオギュスタン・ベルクは、現代日本の都市にも、そうしたコスモスがまだ存在しているという。ベルクは、京都の郊外、桂川沿いの堤防の上から京都盆地を囲む山々への眺めに、生態象徴的な力を感じ取っている。建物が高層化して最早そうした眺めが遮られてしまった都心では、なかなか認識する機会はないが、都市の外縁としての郊外にはその力が生きている。主体が共同体に組み込まれ、風景を消費せず、独占せず、風景に属するという伝統的な視線、あるいは主体の中心性を周囲に押しつけないという日本の空間文化の特徴が郊外の風景に宿っている。「現代の「風土」においても古い生態象徴的構造が残っていて、今日支配的なシステムの外縁で自然と人々の生がまだ結びついている」(3)とベルクは記している。ベルクがいわんとしていることは、幕末期に日本を訪れた異邦人たちが「郊外の風景」から感じ取った生きとし生けるものとの親和や共感に通じるものがある。「郊外の風景」の基調となっている豊かな自然環境は、私たちと切り離された客体として存在しているのではなく、実は私たち自身の、つまり主体の一部である、という状態を通態と呼んだのである。

渡辺が「文化は滅びないし、ある民族の特性も滅びはしない。それはただ変容するだけだ。滅びるのは文明である。つまり歴史的個性としての生活総体のありようである」(4)というふうに、文化と文明を区別して論述していたことを踏まえると、ここでベルクがその慧眼をもって見出した眼差しは（ベルク自身の用法とは異なるものの）、わが国の「郊外の風景」を文化の表象として捉えたということなのかもしれない。こうした自然と人間が出会う郊外にこそ端的に発現していたコスモスとしての風景は、その背後にある全体系としての文明はすでに失われたとしても、未だ日本の空間文化として認識し得るほどに継承されており、そうした文化への眼差しも人々の間に保たれている。「郊外の風景」の思想は、第一に、そうした文化を認識し、継承する人々の日々の生活に宿っていると見てよい。

2　文化の表象——郊外生活文化の風景

郊外生活文化の創造

しかし、普段、私たちは、眼前に広がる現在の「郊外の風景」を、すでに滅んでしまった文明の面影を宿す文化の表象としてではなく、近代以降の都市化が生み出した景観として認識している。実際、近代都市の誕生は、郊外のありよ

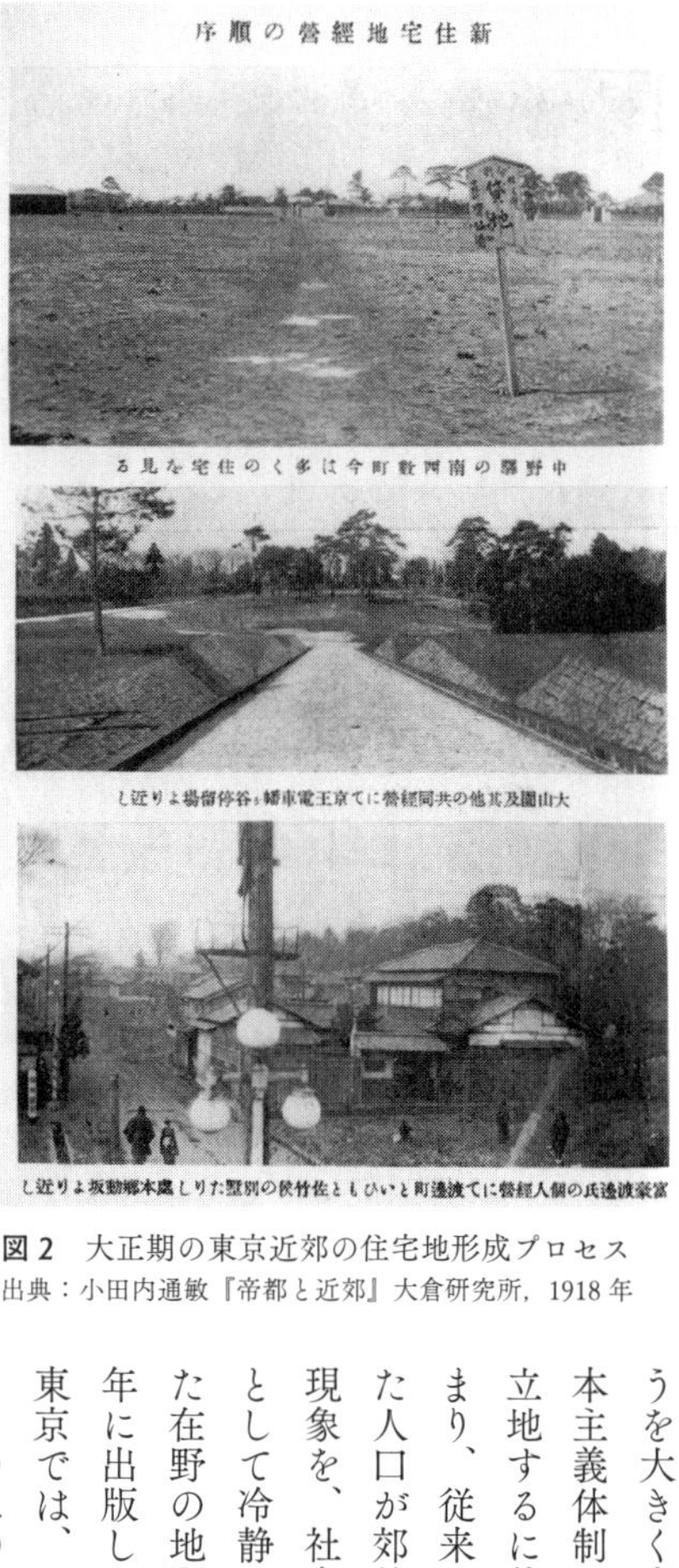

図2　大正期の東京近郊の住宅地形成プロセス
出典：小田内通敏『帝都と近郊』大倉研究所, 1918年

うを大きく変貌させた。明治中期以降、資本主義体制のもとで近代的大工業が都市に立地するに伴って、都市への人口集中が始まり、従来の市街地に収まりきらなくなった人口が郊外にこぼれ出していった。この現象を、社会経済的な観点から都市の動態として冷静に記述したのが、冒頭で引用した在野の地理学者・小田内通敏が一九一八年に出版した『帝都と近郊』である（図2）。東京では、一九〇〇年から一九二〇年にかけての二〇年の間に、東京市周辺の八二町村（山手線周辺以西・以東）での宅地化が一気に進み、人口は当時の東京市部で二倍、周辺町村で四倍近い増加を見せた。つまり、遠足、遊覧の地ではない、居住地としての郊外が本格的に誕生したのがこの時期であり、一九二三年の関東大震災からの復興過程において、その動向は決定的なものとなった。

小田内は近郊農村の田圃が次第に蔬菜栽培用の畑に転換され、建設資材となる四谷丸太林が施され、桑畑は植木畑に転用されるようになるといった類の景観の変化とともに、個々の土地所有者の算段で田畑、山林の宅地化が選択され、結果として風景を変化させていく過程をも丁寧に記述している。もちろん、交通機関の発達、そして各種学校や官公立施設の移転の影響が背景としてあったことも含めて、である。個々の土地所有者の経済的な判断が五月雨式の土地利用変更、宅地化を進行させたが、それらは事実上、放任状態であった。

一方で、一八九〇年代に大阪で登場した土地会社を皮切りに、後に主に私鉄資本による、「理想的郊外生活」という理念を掲げた一定規模以上の土地の面的開発事業としての住宅地造成も始まっていた。小林一三が率いる箕面有馬電軌

図 3　昭和戦前期の郊外分譲住宅地の案内
出典：『内務省指定風致地区内永福住宅地の栞』永福町地主共同事務所，1937 年（東京都立中央図書館所蔵）

（後の阪急）は、「美しき水の都は昔の夢と消えて、空暗き煙の都に住む不幸なる我が大阪市民諸君よ！」[5]と詠い、その沿線に郊外住宅地を次々と開発していった（加えて、探勝の地としての郊外という性格も引き継いで、鉄道沿線の行楽地開発にも努めた）。ライバルである阪神電鉄も『郊外生活』というタイトルの雑誌を発行し、やはり沿線の住宅地開発を進めた。関西において先行したこうした動きは、一九一〇年代には東京にも伝わり、日本信託株式会社による桜新町や、日暮里の渡辺町などの郊外住宅地開発が始まった。

ここでは、鉄道事業や土地投機という当初の目的を凌駕するに十分なほどに、健康的で衛生的な生活に集約される新しい居住スタイル＝「郊外生活文化」の創造が明確な目標として喧伝され、その新しい文化を表象するものとしての新しい風景が語られた。それは都市化していく地域にもともと存在していた自然の享受を前提とした、「豊かな日光、新鮮な空気、鬱蒼たる森林、鳥歌い花笑う平和な田園風景」[6]であった（図3）。郊外住宅地で実現した具体的な街並みは、先進的なところではイギリスの田園都市や田園郊外、あるいはアメリカの郊外住宅地を模範としたはずであったが、その多くにはわが国伝統の純住宅地として見慣れていた中級武士たちの屋敷地に起源を持つ邸宅街のイメージが混入した。石積みや生垣、塀による明確な敷地境界を持つ、やや閉鎖的な佇まいを見せる、欧米のそれに比べると狭小な敷地に建つ邸宅群の集まりが各地で生まれた。しかし、そうした住宅地では、風景というものが、一つの新しい文化＝「郊外生活文化」の創造の重要な要素として、強く意識されていたのである。

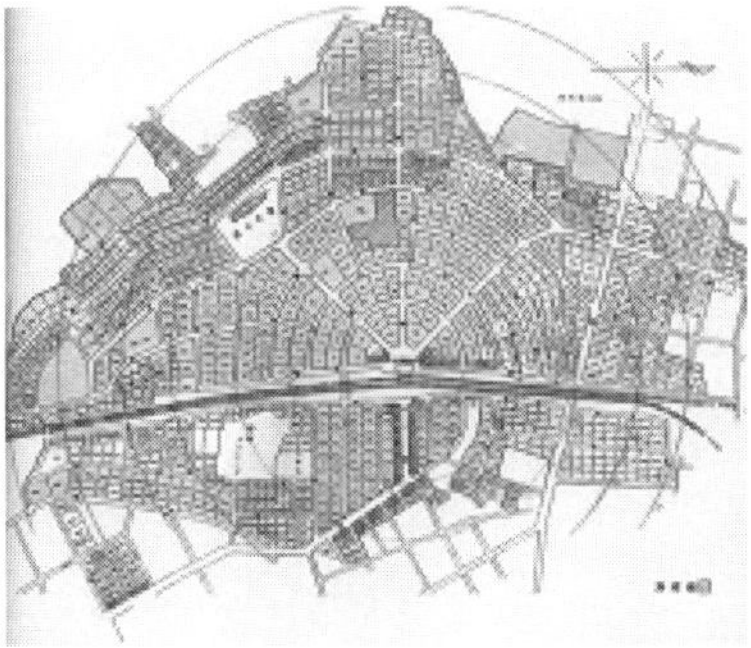

図4　分譲当時の田園調布住宅地
出典：『郷土誌田園調布』田園調布会，2000年

コミュニティの風景と主体性

新しい「郊外生活文化」の創造は、単に物的環境の建設にとどまらず、文化の担い手としての住民、市民、そのコミュニティの育成をも意味していた。イギリスにおいて最初の田園都市レッチワースや田園郊外ハムステッドの設計者として知られ、わが国の都市計画家たちにも大きな影響を与えたレイモンド・アンウィンは、「都市美はコミュニティの表現に他ならない」と主張した。この言葉通り、郊外に住まう一人ひとりは環境の消費者に終始するのではなく、「郊外生活文化」の担い手、その風景をつくり出す人々として期待された。例えば、わが国を代表する郊外住宅地、田園調布（一九二三年八月販売開始）では、一九二六年に居住者の組織である「田園調布会」が設立され、宅地開発を行った田園都市株式会社と協働して規約を運用し、積極的に居住環境の充実に努めたのである（そして、現在に至るまで、田園調布憲章や地区計画といった取り決めを通じて、その主体性を維持している）（図4）。比較的早くに開発された郊外住宅地では、こうした事例には事欠かない。

外発的な環境造成か、内発的な環境創出か。アウトプットか、プロセスか。都市の風景を巡るある種の普遍的な二つのアプローチに関する興味深い事例として、東京府が東京郊外に指定した風致地区での風致協会の取り組みがある。東京府は一九三〇年と一九三三年の二度にわたって、区部の外縁、つまり当時の郊外に八地区の風致地区を指定した。この八地区では、風致の枢要部での風致保全を目的とした公園的整備と、その周辺での宅地化に対する風致地区規程の運用による風致保全が進められたが、同時に地域の土地所有者や住民に対して、郷土保育思想の啓蒙運動を積極的に行った。そして、最終的に風致協会と名づけられた組織が全八地区で設立され、風致地区という都市計画図にしか存在しない観念的な存在を実体化するための様々な取り組みを行ったのである。例えば、当時の東京府郊外の洗足風致地区では、一九三三年に周囲の地主たちが協働して社団法人洗足風致協会を設立し、もともと灌漑池として共有地であったが、周囲の宅地化とともにその役割を終えようとしていた洗足池の不動産登記を行い、その後、東京府による公園的整備と併せて、弁天島整備、水質浄化のための下水管整備、植樹、稚魚放流、ボート経営、風致思想講習会開催等の事業を実施し、風致地区の核としての洗足池周辺の景観創造、保全に主体的に関与していったのである（なお、洗足風致協会は設立から八〇年近く、現在も活動を続ける都内唯一の風致協会である）（図5）。

図5　昭和戦前期の洗足池（弁天島方向）と池畔の住宅地
出典：『洗足池　洗足風致協会創立六十周年記念誌』社団法人洗足風致協会，1995年

風致協会の設立の意図は、当時の東京府技師で、風致地区を担当した水谷駿一が次のように説明している。

> 風致と謂い、美観と謂い、何れも定規を以ってこれを律し難い審美的な情操からその可否を判断すべきである。寧ろ風致地区の達成は一般に対するこの審美的観念の覚醒を以ってその完成とすべきではあるまいか。一般にしてこの審美心に醒め、審美的の境地に立脚して風致地区内の汎ゆる行為をなさるるなれば、風致地区に対する所期の目的は既に達成し得たと謂うても過言ではないのである。（中略）而してこの風致地区に対する個々の覚醒はやがて相互の黙契となり、黙契は申合せとなり、更にこの申合せを強化するためには団体を結成せねばならぬところである。而してこの団体をして進んで自ら風致に対する方策を講せしめ、美観の増

進に関する方途を図らしめねばならぬ。(7)

繰り返しになるが、ここでは「郊外生活文化」の風景を創造する主体としての住民、そしてコミュニティという思想が説かれている（引用したのはそれを誘導する東京府技師の文章であるが、実際に風致協会の設立に尽力したのは各地域の有力者、つまり多くは農村時代からの地主たちである）。ここでは単に開発者、計画者、設計者がつくり出した環境を享受するだけの消費者としての住民像とは異なる姿が構想されていた。農村時代からの地主たちがいて、そこに新たな住民が大量に流入してくるという郊外特有の状況において、近代的な自治、あるいは市民像を求めるという風景の思想が生まれたのである。渡辺が論述したような文明が持つ全体性には到達しない、また、ベルクが現代において見出したような空間文化との縁も乏しいかもしれない。しかし、郊外の風景に、風景の創出の主体としての自覚を持って接し始めた人々が、「郊外生活文化」を担うべく確かにその居を郊外に移したのである。

こうした「郊外生活文化」の風景の思想は、現在もまだ失われていないように思う。「理想的郊外生活」というユートピアは消滅したかもしれないが、風景をつくる具体の意思と行動は、それぞれの年を重ねた成熟した郊外住宅地の貴重な特質として受け継がれている。こうした郊外住宅地では、高齢化や世代交代を経て、敷地の再分割や統合、マンション化が起き、かつて良好とされた住環境が崩れていくという課題を抱えているところが少なくないが、それが課題となり、問題化するということは、こうした住宅地において、郊外の風景の思想が未だに継承されてきている証左でもある。

3　設計の陥穽——郊外化の風景

団地という設計空間

二〇世紀初頭の都市の拡張に対応して始まった「郊外生活文化」は、当初は「人を選ぶもの」であり、「人が選び取るもの」でもあった。しかし、そうした状況は、戦後、大都市への人口集中の加速度が増し、特に高度経済成長によって地方から大都市圏への人口集中が未曾有の現象となる中で（東京大都市圏でいえば、一九五五年から一九六五年の一〇年間に、人口は約一・五倍に増加した）、変化を迫られることになる。かつてない大量の人口が、郊外へ一気に溢れ出したのである。こうした事態に対して、民間の地主たちの散発的な宅地供給に任せるだけでなく、国や都道府県、市町村も、これまでにない大規模な住宅供給を担うことになった。一九五一年に公営住宅法が制定され、一九五五年には日本住宅公団も設立された。そして、その後、住宅公団や住宅公社、自治体、そして高度経済成長期に一気に成長を遂げる民間ディベロッパーが生み出すことになる大規模な住宅地＝「団地」が、郊外の風景をまたもや大きく変貌させていくことになった。「郊外生活文化」の創造という理想は、溢れ出す人口の波という現実に次第にのまれていった。

住宅の大量供給という至上命題のもとで生み出された団地については、住戸や住棟の標準化、土地の地形的特質に抗うかのような強気の宅地造成などが原因で、その均質さ、画一さが一般的なイメージとして定着していく。個々の団地について詳細に見ていくと、それぞれ設計者たちの様々な工夫がなされていたことがわかる。例えば、住宅公団が手がけた東京日野市の多摩平団地の日野第一団地では、アイストップに広場や小公園、印象的な建物を配するT字路を多用することで景観的なまとまりを生み出し、団地内の幹線系街路は団地の南方にある山地に向かうロングビスタを意識し、住棟も南側を小さく分散させることでビスタ効果を高める、といった景観設計が行われている(8)（図6）。

しかし、そうした様々な工夫も含めて、設計者たちが生み出した団地の最大の特徴は、結局のところ、全てが計画・設計し尽くされている（未利用地も開発予定地として計画に組み込まれている）ということであった。そして、そこに住まう人々は、設計された環境を存分に享受してさえいればよいのであって、風景を生み出す主体として期待されていたわけではなかった。つまり、こうした郊外には、設計の思想があったとしても、それは主体の構想を含む風景の思想にまで高められたものではなかった。設計が進展すればするほど、風景の思想が薄れていく、そうした陥穽が待ち受けていた。

そもそもこのような団地の住民は、「郊外生活文化」の創造に意気揚々としていたかつての郊外居住者とは異なり、住宅不足の中で、ある種やむをえず、流れに押し出されて郊外に進出した人々も少なくなかった。そうした人々の中で風景の思想が醸成するには、相当の時間を必要とする。一九五八年の大阪府企業局による千里ニュータウン着工、一九六四年造成開始の住宅公団による高蔵寺ニュータウン、一九六五年の新住宅市街地開発法の制定後の多摩ニュータウン、港北ニュータウン、千葉ニュータウン、大阪泉北ニュータウンの建設といったかたちで、郊外におけるこうした設計空間の増大は続いた（図７）。

図６　景観のまとまりを生むＴ字路と南方の山地へ向かうビスタを強調した多摩平団地の景観設計
出典：『まちづくりの記録――日本住宅公団から住宅・都市基盤整備公団に至る都市開発事業史』住宅都市基盤公団，1989 年

図７　多摩ニュータウンの全景
出典：『まちづくりの記録――日本住宅公団から住宅・都市基盤整備公団に至る都市開発事業史』住宅都市基盤公団，1989 年

設計者不在の郊外化

郊外への大規模な団地の進出に伴って、その周辺では、団地のための公共インフラを借用することを前提とした民間の中小規模な宅地開発が進んだ。また、大和ハウスや積水ハウスが開発したプレハブ住宅の生産も、一九六〇年代後半から一九七〇年代にかけて本格化していった。郊外に島状に存在していた「郊外生活文化」の創造の地＝郊外住宅地や、様々な工夫を込めた設計が試みられた郊外大規模団地の間は、こうした民間の住宅地開発、そこにビルトアップされた家々で埋められていった。

さらに、「郊外の風景」は、一九八〇年代以降の幹線系道路沿道の商業施設の進出により、またもや変化を余儀なくされた。ファミリーレストランや紳士服店から始まったロードサイド商業施設は、瞬く間に全国各地の郊外に展開していった。特に、たった一本の道路の開通と巨大な集客力を持ったショッピングセンター、ショッピングモールの立地によって、それまで近郊農村といっても通じた地方都市の郊外が、全く別種のものに変わってしまった。社会学者の吉見俊哉は「80年代以降の日本の国土を覆っていったのは、「都市」でもなく、「農村」でもない、文字通り「郊外」としか言いようのないタイプの空間であった[9]」という。その現象を「郊外化」と呼ぶ。

プレハブ住宅やロードサイド商業施設に共通していたのは、設計者の不在という事態であった。もちろん実際には誰かが設計しているに違いないのだが、そこでの設計に問われたのは、その土地や場所の特性を読みつつ、空間を通じていかなる社会を創造していくかではなく、ある種の標準化された人間の物理的反応に関する知見に基づいた合理的な解答を、いかに短時間で導出し、提示するか、であった。自動車を運転する人に対して最もアピールする巨大な看板、彼らに認識しやすい単純でのっぺりとした、そして余計なノイズと捉えた外部の風景から自らを遮断するビッグボックス（ショッピングモールではその周囲と隔絶された箱の中で、擬似的に都市的な風景が展開されるという事態が起きている）、駐車はしやすいが単にそれだけの前面配置の駐車場。いずれも合理的に導かれた最適解が、そこに置かれたのである（図8）。そして、自動車の窓枠に視野を狭められた私たちは、ふと、その用意された解答通りにふるまっている自分に気づくのである。生活そのものが自分の手から離れて、あらかじめ用意された環境への反応として展開しているのである。

図8　郊外のロードサイドの風景
出典：筆者撮影

現時点での「郊外化の風景」からは、風景を生み出す主体としての住民はおろか、設計者も姿を消してしまったかのようである。そこに広がる風景は、自然との調和や親和に支えられた文明、自然豊かな環境に対する主体性に満ちた進取の文化の表象としての風景とは異質なもので、何より、農村的なものあるいは自然との関わり合いを持たない都市側の欲望が包み隠されることなく、広がっている。しかし、そうした風景が現在、仮に空間的に「郊外の風景」において支配的であるとしても、地域に流れ続ける時間的な視野からすれば、決して支配的であるとはいえない。「郊外化」の先進国、アメリカでは、すでに比較的初期に開発された郊外地の郊外ショッピングセンターが数多く撤退しており、その跡地＝「グレイフィールド」の再生が課題となっている。さらに、戦後、郊外に数多く立地した業務施設や駐車場、住宅地などのシングルユースの大きな街区をつくり直し、ミクストユースの市街地へと再転換していく郊外回復（suburban retrofitting）プロジェクトが進められている。[10] わが国のロードサイド型の主に商業施設に特化した「郊外化」の風景に、持続性はあるのだろうか。生活者が土地や地域に記憶を紡ぎ、その土地や地域との絆が定着の方向に力を働かせるのに対して、こうした商業施設は、景気、商圏の変化に応じて容易に土地や地域を離れる儚い存在である。

4　記憶の蓄積からの展望——郊外の風景のこれから

時間が重層する郊外の風景

図9　昭和戦前期に開発された成熟した郊外住宅地景観
出典：筆者撮影

住宅地の造成を目的とする整理によれば、整理前其の地区内に他の地区と異り樹木、池沼等の多く存する時は出来得る限り之れを活用すべきであって、整理後に於ける宅地々積の大を欲するの余り不必要に池沼を埋立て樹木を伐採するが如きは、さなきだに自然の風致の失われ易き都市に於て更に土地区画整理の施行に依って之れに拍車をかけ灰色の天地を展開する結果を招来するのであって、決して都市百年の計を樹立する所以ではない(11)。

私が幼少時代を過ごしたのは、かつての「郊外理想生活」の時代に、宅地化の波に先駆けて、農村時代からの風致を保全するという方針で大正期に土地区画整理事業を実施した東京西郊のまちであった（図9）。その中心には古来より湧水があり、池があった。昭和初期に池の周辺は公園的に整備され、さらにそれをとりまく宅地も含めて風致地区が指定された。風致保全の結果か、鬱蒼とした郷社の社叢や池の周りの雑木林が残っていて、毎年夏の夜には、そこで肝試しが行われた。明るい住宅地であったが、深い闇も健在であった。農村時代からの地主たちの子、孫世代が風致協会のボート事業を継承していた。休日にな

図10　郊外住宅地のビルトアップ（左 1987年，右 2011年）
出典：左写真：『永遠の郷土　細山金程地区五大事業完成記念誌』1987年，右写真：筆者撮影

ると、そのボートに乗り、散歩を楽しむ家族が沢山いた。池の畔に頭一つ抜け出たマンションの建設計画に対しては、地主たちもこうした家族たちも一緒になって反対を唱えた。

バブルを迎える頃に家族で引越した先は多摩地域の南端の開発中の郊外であった。日本住宅公団の団地開発を皮切りに、民間ディベロッパーによる大小様々な開発宅地や旧農家たちの組合が施行した土地区画整理事業区域、手つかずで残る里山などがモザイク状に混在していた。両親が選んだ新しいわが家は区画整理の換地が終わったばかりの地域にあった。散在するもともとの地主たちのひときわ目立つ屋敷と彼らが耕していた農地以外は、宅地造成されただけでまだ何も建っていない土色の宅地が延々と広がっていた。その後、土色の宅地には次第に自分たちと同じように新たに流入してくる家族たちの希望の住処が建てられていった。それでも、現在もところどころに残る農地（生産緑地）や未成の宅地に、かつて確かに見た、このまちの土色の原風景（しかし、それは区画整理以前からこの地域に住まう人々のそれとは異なる）を思い出すことはできる（図10）。

三〇代半ばに五年間勤務した大学は、首都圏近郊都市の郊外にあり、スポット的な地区計画はかかっていたものの、市街化調整区域に立地していた。最寄り駅から距離があり、教員の多くは自家用車で通勤していた。毎日、自動車の窓から見ていた通勤の風景は、共生の思想で一時代を築いた建築家が設計し、現在高齢化に悩むニュータウンの集合住宅群、一つひとつ走り抜けるのに数秒以上はかかる大規模な緑地・公園・工業団地、そして入れ替わり立ち替わり現れるロードサイドのカラフルな飲食店、リサイクルショップ、パチンコ店（の看板）、それらのスペクタクルを

図 11　近接する多様な郊外の風景
出典：筆者撮影

抜けた先の、何とも懐かしいにおいのする畑地と里山、ひっそりと、ずいぶん昔からそこにあるのであろう、路傍の墓地といったシークエンスであった（図11）。

何も筆者の個人体験によって例証する必要はなかったのかもしれないが、本章で整理してきたような文明の表象、文化の表象、あるいは設計空間としての郊外風景は、実態としては地理的に時間的に互いに重なり合ったり、隣り合わせであったりして、現在の「郊外の風景」を構成している。風景として目に見える時間の重層性、あるいは記憶の中に織り込まれた重層性こそが、ここ一〇〇年の間に大きく変化を遂げてきた「郊外の風景」の特徴なのである。

原風景と主体性の郊外へ

しかし現在、人口減少社会の到来、都市縮退の要請を背景として、人口増加社会、都市拡張の象徴でもあった郊外のありようが問い直されるようになっている。都市化が現在の「郊外の風景」の重層性を生んだのだとすると、これからは、ある種、その重層性の生成のプロセス（図12）が巻き戻され、解かれていくと考えてよいのだろうか。郊外は逆都市化の中で、全体としては、田園へ、自然へと回帰していくのだろうか。いつか郊外なきコンパクトシティが生まれるのだろうか。

そうではないだろう。風景の思想という観点から「巻き戻し」が不可能であり、かつおそらくそれが望ましくない、望まれないと考えら

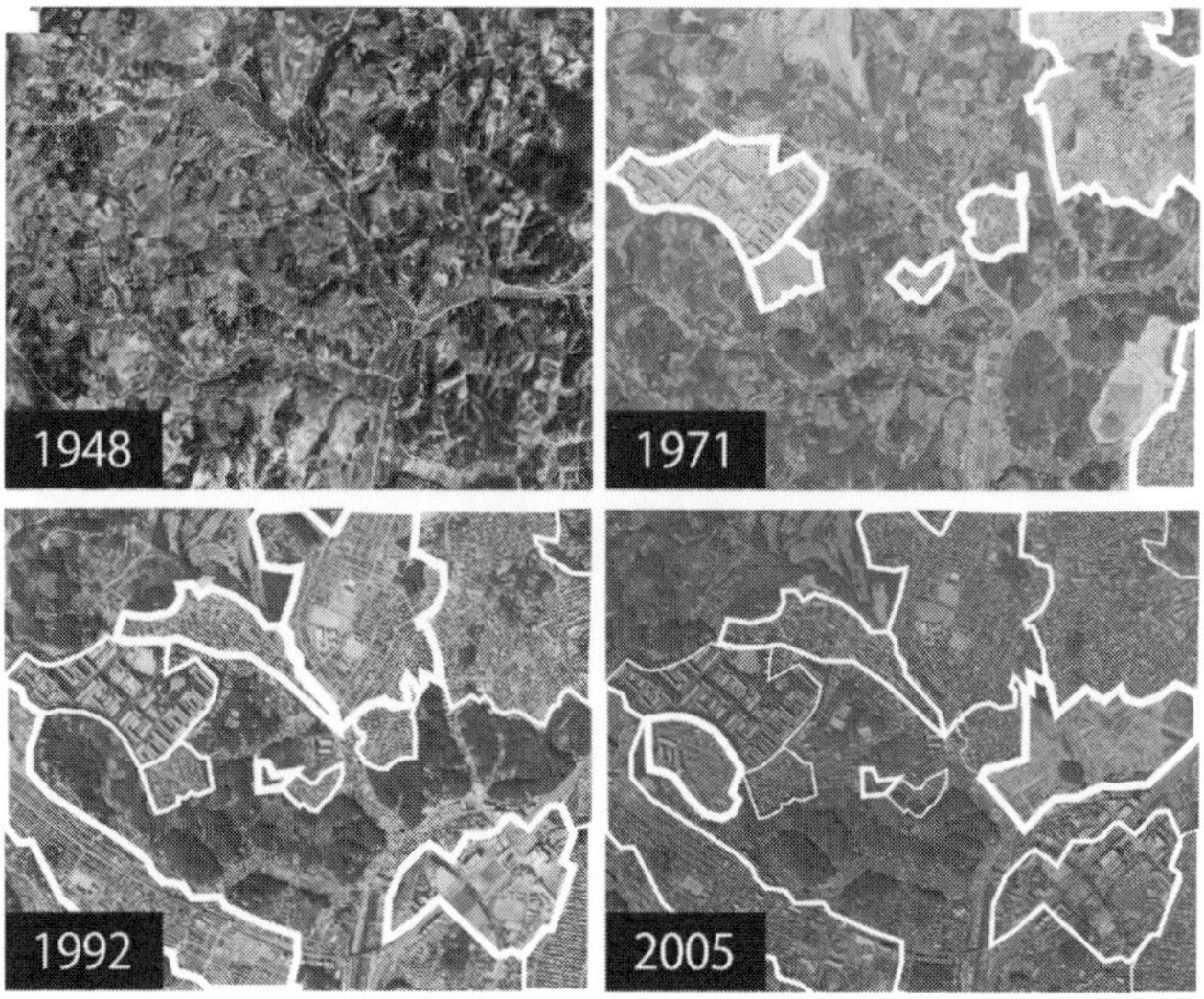

図12　郊外の形成プロセス（川崎市北部）
出典：各空中写真は国土地理院提供

れる理由は、仮に物理的状態としての景観は恢復や再生がある程度可能なのだとしても、郊外には、かつての田園の記憶に加えて、そこで新たに近代、現代を生きた人々の、あるいはそれを備えた近代、現代都市としての記憶がすでに濃密に蓄積されていて、それらはどうやっても消えることはないということである。近代以降の郊外に蓄積された記憶は、単にノスタルジックな意味合いで消費されるのではない。その記憶こそが、実際に人々を郊外にとどまらせ、呼び戻し、世代の継承や風景の主体の生成を促す。近年の実証的研究においては、郊外住宅地移住世代の高齢化、その子供世代の流出のみに注目するのではなく、子供世代の近居、あるいは回帰という現象がそこで生じており、郊外の地元化が進みつつあることも報告されている[12]。郊外の地元化、つまり世代間の継承がもたらすのは、郊外の「故郷」としての性格の強まりである。こうした現象は、新たな風景論が生まれる契機ではないだろうか。これまでの郊外が欠いていた原風景論の生成こそが、「郊外の風景」を再び生活者の主体性に帰属させることになる。

「郊外の風景」は重層的である。かつての文明の表象としての郊外はすでに失われているとしても、ベルクが通態という言葉で表現した主体や客体の二元論を超えた空間文化や、その後の理想的な郊外生活文化は、ある種の遺産としてこれからも継承されていくだろう。しかし今後は、そうした「遺産としての郊外」以外の無名の郊外（実際にはそれがほとんど）、つまり設計し尽くされた団地的な郊外や設計者を失った「郊外化」が進む郊外においても、新たな原風景論を基盤とした文化の表象としての風景という思想が、郊外を地元化した人々の中で萌芽し、その思想が実際の風景の今後の予想されうる変容を評価する一つの基準点を生み、その風景を自らの手で持続的にマネジメントする力となっていくのではないだろうか。

　社会学者の若林幹夫は、こうした見方に一定の理解は示しつつも、均質的な広がりという郊外イメージの神話の強度、社会における浸透度を前提として、「郊外という場所を生み出した社会の構造やメカニズムに深く根ざし、条件づけられている。そのことをみることなく、ただ共有や継承や相互理解を説くことは、郊外という場所を生きる人びとの生の形と決定的にすれ違ってしまうだろう。逆にいえば、そのことを出発点としたときのみ、歴史や記憶の共有や継承、地域や住民の相互理解の試みはリアルなものになる」[13]とする。将来の郊外での生のかたちを生み出していくのは、いうまでもなく、今ある社会構造や神話の惰性ではなく、これからの人々の意思と行動であろう。初めは一人ひとりの人々の意識、営み、活動に過ぎないかもしれないが、その風景の思想への共感の広がりこそが、神話を解体し、現実としての郊外への眼差し、つまりこの眼前に広がる風景に対する主体意識の醸成を可能とする唯一の道程である。団地内で設計空間を凌駕して豊かに成長した樹木をどう評価し、団地の再生にどう引き継いでいくのか、自動車に対する社会的意識が変化していく中でロードサイドの風景をどう展開させるのか、そして、増えていく放棄宅地や耕作放棄地をどうやって自分たちの生活景として再生させていくのか、そうした課題の中に、これからの風景の思想の源泉がある。

　郊外で生まれ育った人、それぞれの記憶の中では、郊外は、多様な界隈、景観が重層し、共棲している。その現実を丁寧に見直して、そこから「わたしたちのもの」としての風景を構想していく。「郊外の風景」が今、重要なのは、都市の縮退の最前線だからということ以上に、郊外を原風景とするこれまでにない多くの人々によって、その集団的記憶に基づく「郊外の風景」の成熟が初めて始まろうとしているからである。現時点で生じている郊外における人口減少も、こうした成熟状態、安定状態へ移行するためのプロセスである。そうした意識のもとで、これからの「郊外の風景」の思想は、都市の側から外挿されるのではなく、まずは郊外に原風景を持つ一人ひとりが（すでに郊外を脱出してしまっていたとしても）、その生活の記憶の中から紡ぎ出していく。そうしたエキサイティングな局面に、私たちは今、向き合っているのである。

注

（1）小田内通敏『帝都と近郊』大倉研究所、一九一八年、二一ページ
（2）渡辺京二『逝きし世の面影』平凡社ライブラリー、二〇〇五年、四七四ページ
（3）オギュスタン・ベルク「風景の外縁」『建築雑誌』第一〇九巻第一三六一号、一九九四年、二八ページ
（4）渡辺京二『逝きし世の面影』平凡社ライブラリー、二〇〇五年、一〇ページ
（5）小林一三『逸翁自叙傳』産業経済新聞社、一九五三年、一八九ページ
（6）「内務省指定風致地区内永福住宅地の栞」、永福町地主共同事務所、一九三七年
（7）水谷駮一「帝都に於ける風致地区に就て（都市計画風致地区改善叢書第四号）」東京府風致協会聯合会、一九三四年、三一ページ
（8）渡邊高章「日本住宅公団黎明期における団地設計活動に関する研究」東京大学大学院工学系研究科都市工学専攻修士論文、二〇〇三年、七五—八三ページ
（9）吉見俊哉『ポスト戦後社会　シリーズ日本近現代史〈9〉』岩波書店、二〇〇九年、九〇ページ
（10）Ellen Dunham Jones and June Williamson, *Retrofitting Suburbia, Updated Edition: Urban Design Solutions for Redesigning Suburbs*, John wiley & Sons, Inc., 2009.
（11）内田秀五郎「土地区画整理事業の発展を望む」『区画整理』第六巻第五号、一九四一年、七〇ページ
（12）吉田友彦『郊外の衰退と再生——シュリンキング・シティを展望する』晃洋書房、二〇一〇年、八五—九七ページ
（13）若林幹夫『郊外の社会学——現代を生きる形』筑摩書房、二〇〇六年、二二〇—二二一ページ

09　民間保勝運動の展開と理念

1　民間保勝運動とは何か

戦前期の風致協会を主軸とした風致地区運営は、わが国の官主導の都市計画が市民や住民との協働を積極的に志向した数少ない事例である。風致協会の着想の背景には、日清戦争から日露戦争へと至る経緯の中で、国民意識が高揚しつつあった一九〇〇年前後以降に全国各地で史蹟名勝等の保存を主目的として設立された民間保勝団体の活動（民間保勝運動）の蓄積があった。とりわけ一九二〇年代後半には、保存と開発の両立を唱える新しい保勝理念が登場した。市街化が想定される都市計画区域内に指定された風致地区で、この新しい理念に基づいて考察された運用の要諦が、前章でも触れた風致協会の構想であった。では、風致協会の着想の背景にあったという民間保勝運動、つまり昭和初期における民間保勝団体の活動、その担い手の問題意識はいかなるものだったのだろうか。

民間保勝団体については、西村幸夫の『都市保全計画』（二〇〇四年）が明治期以降、全国各地での「史蹟の保存等を行う愛郷団体」の設立動向について整理しているが、対象は一九一八（大正七）年以前の時期に限定されている。また、特定の保勝団体の活動について論じた既往研究(1)も存在するが、時期的、地理的双方の限定があり、昭和初期の民間保勝運動を俯瞰的に検討したものではない。また、政府の保存事業に強い影響力を有した半官半民の史蹟名勝天然紀念物保存協会の活動やその機関誌に掲載された論説を通して昭和初期の保勝論に言及した既往研究(2)でも、民間保勝運動は視野の外であった。

つまり、昭和初期における民間保勝運動の解明は進んでいない。こうした状況の原因は、全国各地で個別、独立的に設立された民間保勝団体ゆえに、運動形態は多種多様であり、加えて各団体に関する残存資料は散在的かつ少数であるという点にあろう。昭和初期の段階で全国で一五〇以上存在していたと報告されている民間保勝団体の活動を網羅的に把握するのは、極めて困難である。

しかし、運動当事者でありながら地域に縛られず全国を俯瞰し、機関誌という重要資料を大量に現在に残している例外的な団体に、一九二八年に「之（各保勝保存団体）が連絡を取り相携えて其の目的達成のために世論を喚起し保存開発運動を促進し、紹介宣伝等も行う(3)」目的で設立された日本保勝協会がある。全国の民間保勝団体の連繋の試みは日本保勝協会の活動が端緒であり、その点で昭和初期の民間保勝運動の先導的存在であったと推察される。つまり、日本保勝協会は昭和初期の民間保勝団体の活動や問題意識の俯瞰的検討の際の重要な導き手として期待される。しかし、その存在自体が現在では忘れられている。

本章では、昭和初期の民間保勝運動の全容把握のための第一歩として、日本保勝協会の活動の背景、実態、理念を明らかにしていきたい。では、昭和初期の民間保勝運動の動向（2節）、日本保勝協会の活動の展開（3節）、保勝運動理念の特徴（4節）の順で論じていこう。こうした課題への取り組みは、景観まちづくり、観光まちづくりの歴史的な基点を探求する作業である。

2　昭和初期における民間保勝運動の動向

「全国観光機関調」（一九三二年七月）

昭和初期において、民間保勝団体のみに着目した悉皆的な調査は実施されていない。しかし、一九三〇年に外客誘致を目的に鉄道省の外局として設置された国際観光局による観光機関調査によって、おおよその動向が把握できる。

一九三二年七月に実施された「全国観光機関調」では、各府県当局に当該機関の報告を依頼するという手法で、国内

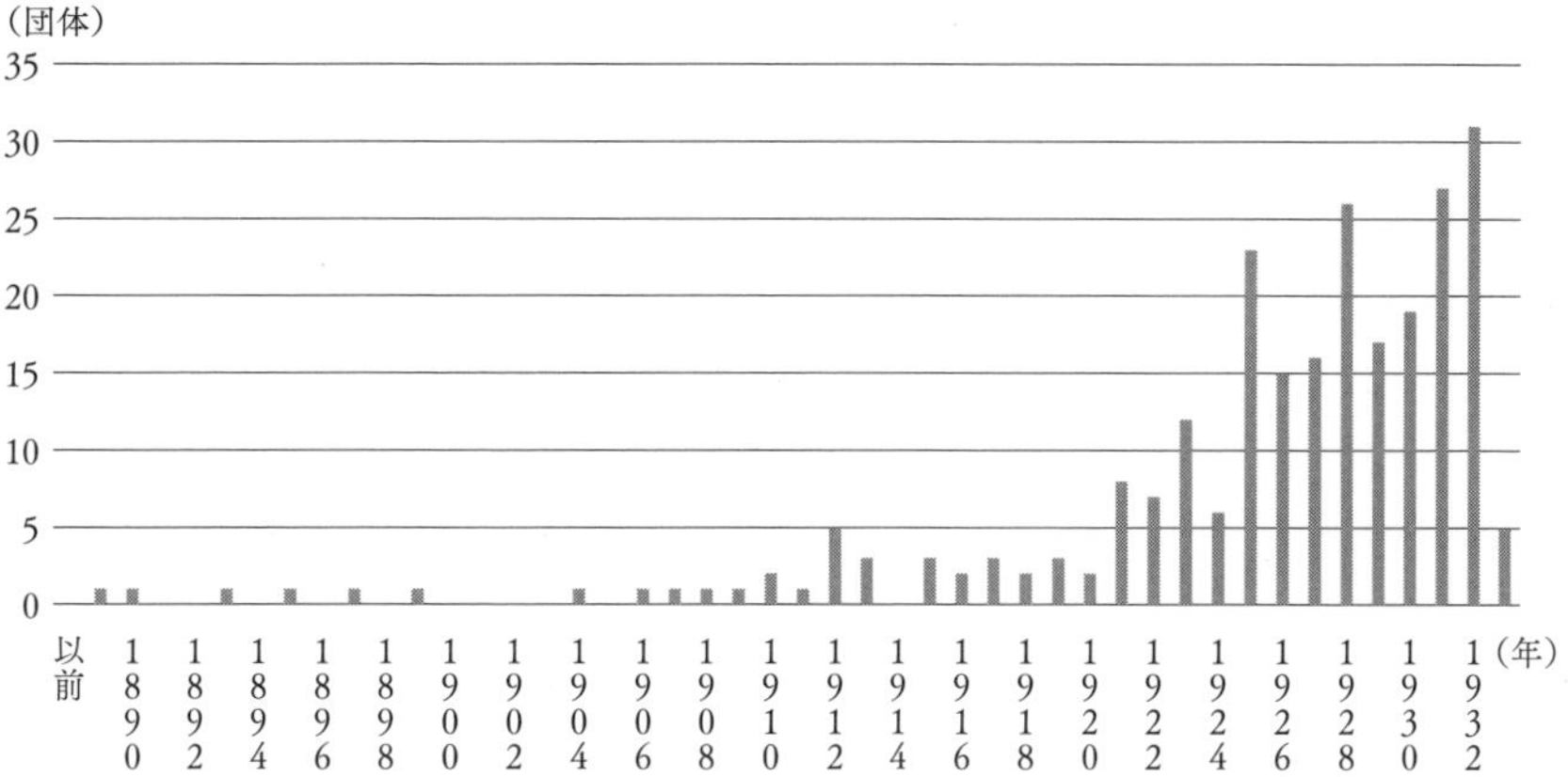

図1　『全国観光機関調』掲載の民間保勝団体の設立年

四四道府県および外地の三四九団体を網羅した観光機関リストが作成された。リストには「主ナル事業目的」に単に「観光客誘致」や「景勝地ノ宣伝紹介」、「特産品紹介」等を掲げた観光に特化した団体も含まれていたが、七割強の団体は名勝、景勝、旧蹟、風致、風景等の「保護」「保存」「保勝」を目的に掲げていた。これらの団体のうち、各地方の民間保勝運動の担い手であったと考えられるのは地方自治体や全国を対象とした組織などを除いた二五四団体である。

二五四団体のうち、法人格を有していたのは二〇団体に満たず、二二七団体が会員制の任意団体であった。しかし会長には知事、町長、市長などが役職に応じて就任する例が多く、全体の約半数（一二六団体）を占めていた。事務所も県庁、町役場などに置くものが一四九団体と最も多かった。また約七割の一七四団体が一九二五年以降の設立であった（図1）。

すなわち、昭和初期に存在していた民間保勝団体の多くは、役員や事務を通じて、地方自治体と密接な関係を有していたと推測される。そして、これらの民間保勝団体は、明治期の愛郷運動の盛り上がりの中で次々と生まれた保勝団体に代わって、主に大正末期から昭和初期にかけて登場してきた組織であった。年度ごとの設立数からのみの判断になるが、昭和初期には、民間保勝運動が隆盛を迎えていたのである。

『日本都市年鑑』（一九三四年）

東京市政調査会は、一九三一年度より全国の都市の現況に関する諸データを収録した『日本都市年鑑』の発行を始めた。その昭和一〇年用は、全国都市問題会議への基礎資料の提供という目的も兼ねて、従来版よりも調査項目の増補拡充が図られた。結果、この年度版のみの調査項目の一つとして、「霊地保存並観光保勝施設」が採用された。

東京市政調査会の調査では、「観光施設を解して、観光客の財嚢を当てにして之を誘致せんとするの施設とし、保勝施設を解して、名勝旧蹟を維持保存するのみを目的とするの施設と為さば、両者は蕭々相反することもあるべし。乍併観光客の誘致には、風致、古建築物等の維持保存、並に交通施設休泊施設等を施設の要項とし、名勝旧蹟の維持保存の施設の目的を以て、精神文化と自然を保護し兼ねて多衆の賞覧に資するに在りとせば、共に相通ずる所あり[4]」という考えから、保勝団体と観光団体を区別せず、「観光保勝施設」として一括して扱っている。

リストに掲載された三八道府県および外地の一一〇団体のうち、事業内容に「保存」「維持」「保護」「改修」などの活動が明記され、保勝活動を行っていたことが確認されるのは二四団体である（表1）。このうち、二一団体については『全国観光機関調』にも掲載されていたが、組織規模や事業内容に関して、より詳しい情報を知ることができる。

組織規模は、会員組織については会員数が三〇名の小組織（岐阜保勝会）から五〇〇名の大組織（大沼公園保勝会）まで、また財団法人の預金者数では六六〇名（岩国保勝会）、一〇〇〇名（信夫文知摺保勝会）といった幅のある数字が報告されている。予算面では年額数千円の予算規模のものが多かったものの、最小で一八〇円（清見寺区名勝保存会）から一万円を超すものまであった。事業内容も、道路改修や植樹などから、出版物や祭事まで、多岐にわたっている。

調査を実施した東京市政調査会が「回答の内容が千差万別なるは、偶々此種機関の標本の通覧を為し得る[5]」と報告したように、設立が相次いでいた民間保勝団体の活動実態は確かに「千差万別」であり、連絡、統制は取れていなかった。

昭和初期の観光団体の全国組織化

以上の二つの調査の対象に「観光」が掲げられていたことからも、昭和初期には新たな運動の枠組みとして、保勝とは異なる観光が登場していたことが確認される。また、この新しい運動の動向はこれらの調査によって初めて俯瞰されようとしていたが、単に調査が実施されたにとどまらず、観光という枠組みによる諸団体の連絡、統制が企図されていた。

具体的には、一九三一年四月に、国際観光局およびジャパン・ツーリスト・ビューロの後援のもと、「全国観光遊覧地相互の連絡協議の必要」[6]を唱えて、京都市に全国の観光組織（民間保勝団体も含む）が集い、協議会を開催した。そして、翌年には日本観光地連合が発足した。

日本保勝協会は、民間保勝団体が急増し始める時期と観光団体の連合化が進む時期に挟まれた一九二八年三月に設立され、一九三二年まで活動を続けたのである。

3　日本保勝協会の活動の展開

日本保勝協会の設立

一九一一年一二月に設立された史蹟名勝天然紀念物保存協会（以下、保存協会と略記）は、わが国において最も権威のある保存運動団体であった。初代会長は徳川頼倫公爵であり、評議員には理学博士の三好学、工学博士の伊東忠太、林学博士の本多静六、文学博士の黒板勝美らそうそうたる学者が名を連ねた。保存協会の機関誌『史蹟名勝天然紀念物』は、こうした指導者たちの論考によって誌面が埋められていた。

保存協会の熱心な働きかけによって、一九一九年には史蹟名勝天然紀念物保存法（以下、保存法と略記）が制定されたが、その後、一時機関誌の発行を中断するなど活動は停滞した。結局、一九二六年に、事務所を内務大臣官房地理課内に移し、新会長に内務大臣を迎え、内務省の外郭団体として組織を再編した。機関誌は権威のある官僚や学者の論考を集める形式を踏襲して再刊されたが[7]、一方で新しい試みとして、会員向け旅行会を開催するようになった。

保存協会機関誌で日本保勝協会の創立が報道されたのは、活動再開後三年目の一九二八年四月であった。「本会員陸軍中将岡澤慶三郎氏は此度日本保勝協会を創立せられた。趣意書並規則書は左の如くである。同協会は勝地の開発宣伝

表1　『都市年鑑　昭和10年用』に掲載された民間保勝団体

道府県	名称 ※は『全国観光機関調』に未掲載の団体	●組織形態　○規模　■事務所　□経費 (昭和9年度)	事業	設立年 『全国観光機関調』および関連史料から転載
北海道	北海道景勝地協会※	●北海道内国立公園及国立公園に関する団体の連合体　■道庁内　□3850円	北海道内国立公園，道立公園其他景勝地の調査保存経営及紹介	1934
	大沼公園保勝会	●会員組織　○会員約500名　□660円	大沼公園及其附近の勝地保存景趣助長及宣伝	1926
	小樽天狗山保勝会	●会員組織　○会員約300名　□4500円の預金により事業執行	景勝の保護，山頂に大山神社を建立せり，春秋二回祭典を執行し当日会員を招集登山会を開催す	1918
	室蘭宣伝協会	●篤志有志関係団地代表者の集まり　■市役所内　□2340円	景勝地保護，交通路整備，観光客誘致，産業振興	1931
福島	信夫文知摺保勝会	●財団法人　○預金者1000名　□1900円	文知摺観音堂及附近の名勝旧蹟維持及風致保護	1928
埼玉	熊谷市史蹟名勝保存会	■市に於いて会務処理　□3035円	熊谷堤の桜の保存に努め又観桜客誘致の為の施設を行う	1921
	大宮保勝会	●会員組織　■町役場内　□4500円	大宮公園の維持管理の助成　大宮町及附近の開発史蹟の調査	1931
神奈川	鎌倉同人会	●社団法人　○社員312名　□2988円 ※昭和8年度支出	大正4年創立。同10年社団法人に組織変更。従来行える主要事業は松並木の保護，名所旧蹟の保存及修補，街燈，共同便所施設，案内書，実物調査書等の出版，図書館の建設等あり	1921
	箱根振興会	●箱根に於ける旅館，交通業者，物産製造販売業者，常時営業者，町村代表者其他関係者　○16団体　□12000円	各種方法による宣伝及道路改修，名勝史蹟保存，樹木植栽保護等に努む。昭和10年箱根観光博覧会開催の計画あり	1912
新潟	高田市保勝会　※	■商工会議所内　□4160円	市内名勝の保存補修，旧城址の桜花，神社仏閣等の宣伝紹介	—
岐阜	岐阜保勝会	●会員組織　○約30名　■市役所内　□2456円	金華山の保勝其他市内名所旧蹟の保存施設	1910
静岡	三島観光協会	●会員組織　○335名　□5650円	公園施設，景勝史跡の保存，富士登山道路開設	1932
	清水市保勝会	●会員組織　○約250名　■市役所内　□1000円	名勝旧蹟維持保存，観光客誘致	1931

	千本松原保勝会	●会員組織　○約 80 名　■沼津市役所　□ 485 名	名勝千本松原の保勝並宣伝	1926
	清見寺区名勝保存会	●会員組織　○約 200 名　□ 180 円	史蹟名勝の維持保護，道路改修	1929
京都	近畿観光協会（旧称近畿協会）	●社団法人　○約 300 名　■京都商工会議所内　□ 11900 円	観光に関する諸施設の研究調査，外国旅客誘致，観光施設促進の為官庁諸団体との連絡，我国文物風景名所旧蹟の保存維持活動，我美術工芸の海外進出と来遊外客への紹介，著名外客の歓迎接待，会員其他の見学旅行斡旋	1928
	嵐山保勝会	●会員組織　○ 73 名　■京都市左京区嵯峨小学校　□ 5837 円	嵐山小唄作製，史蹟修理，照明施設，観光道路開鑿，桜樹植栽，納涼施設，案内標建設	1930
奈良	月ヶ瀬梅渓保勝会	●財団法人　□ 300 円	梅樹補植，苗木育成，勝景保護等，将来梅渓に関する書画保存，梅実加工名産の研究等を行わんとす	1919
和歌山	新宮保勝会　※	■市役所内（市吏員 1 名事務を兼務）　□ 2424 円　※昭和 8 年度予算額	名勝地宣伝及保護，八景投票を行いしことあり	—
広島	厳島保勝会	●財団法人　□ 2000 円ないし 2500 円	厳島神社の建築物及厳島の名勝旧蹟を保全し並其の特色真美を発揮するを以て目的とし従来伝来舞楽の維持興隆を図る為講習会開催，宝物館建設後援達成，消防用ガソリンポンプの購入等の事を成せり。将来の計画として島内の名所旧蹟の維持保護，神鹿の保護施設等を行わんとす	1921
	鞆の浦保勝会	●会員組織　○約 350 名　■鞆町役場内　□約 2000 円	史蹟名勝並天然記念物の保存と紹介宣伝，鞆の浦鯛作業の挙行	1932
山口	岩国保勝会	●財団法人　○預金者 660 名　□ 4269 円	本会は錦帯橋の保全，景勝地の保護開発を図り明治 41 年創立し当時全町に桜樹其他鑑賞樹 2 万本を栽植しその保護維持に当り来れり，然ろに錦川両岸の桜樹は最近河川改修の為損甚しきを以て之が復旧を図らんとす	1909
熊本	熊本城址保存会	●財団法人　□ 10766 円	城址保存及史料の蒐集，熊本城宇土櫓を改修し内部に熊本城に関する史料を陳列一般の縦覧に供す	1923
満州	満州戦跡保存会	●財団法人　□ 8000 円	日露戦役に於ける戦跡の保存維持，旅順戦跡の無料案内（案内説明員 5 名常置）	1918

を主とし、各保勝団体の連絡を取り、旅行者の利便を図る等諸般の事業を為すそうである[8]」と報じられた。

ここで創立者として名のあがった岡澤慶三郎[9]は、保存協会主催の旅行会の熱心な参加者であり、協会事業の宣伝、新入会員の勧誘にも貢献していた保存協会会員であった[10]。上記の記事は、「専門家」が評議員に名を連ねる保存協会との相違点を強調するように、日本保勝協会について「幹部は全部所謂素人であるが、経営其他に関しては専門家意見を十分に尊重し会の健全なる成長発達を遂げることを期し[11]」と伝えた。確かに岡澤は軍人であって、保勝に関する専門的な修練を積んだ人物ではなかった。しかし、ではなぜ、「素人」の岡澤が、権威ある保存協会で活動していたにもかかわらず、新たに日本保勝協会を立ち上げなければならなかったのだろうか。

趣意書では、山紫水明の景勝地、史的記念物等に恵まれたわが国では、「之が保存に関しては諸種の法律が制定せられ、各々の立場に於て其の保護保存が行われ、又各種の団体が組織せられて各々活動し、非常に盛観を呈していることは、邦家の為め洵に同慶の至りに堪えない[12]」として、昭和初期に隆盛を迎えていた保勝運動を評価する一方で、人口増加、産業、交通の発達に伴って、「不知不識の間に是等の貴重なる勝地及記念物を破壊し煙滅に帰せしめつつあるものも亦決して少くない[13]」と、法制度整備や各団体の活動にもかかわらず破壊が続いていると指摘した。そして、破壊を防ぐためには一般国民の趣味性の向上が必要であり、ならば「愛護保存思想の普及顕彰紹介の労を取らん[14]」と考えたのが、日本保勝協会の設立の動機であると説明された。

そして、出版物でいえば、政府、地方自治体、そして保存協会等の各種の団体によって発行されている学術的調査報告書は、一般国民からすると「高嶺の花として眺めている[15]」ものに過ぎず、一方、当時、多数発行されるようになっていた通俗書は「決して吾人の意を満足せしむるものではない[16]」として、その中間にある「親切で、正確で、而も能率的な案内書[17]」が目標とされた。つまり、日本保勝協会は、官僚や学者の専門家集団である保存協会と、ごく通俗的な一般大衆との中間に、活動の目標を設定していたのである。

そして、そうした中間位置には、全国各地でまさに保勝活動に取り組む民間保勝団体がすでに存在していた。趣意書では続けて、「各保勝保存団体相互の連絡の如きも従来は敢て顧みられなかったのであるが、之が連絡を取り相携えて其の目的達成の為めに輿論を喚起し保存開発運動を促進し、紹介宣伝等も行うと云うことは、最も意義あり力強き事業であると考えられる」[18]として、全国各地の民間保勝団体の支援を協会の活動の主要な目的に掲げた。日本保勝協会は内務省の外郭団体として民間保勝団体の指導的立場にあった保存協会のような高みからではなく、互いの連繋を取り持つより近い位置からの支援を目指したのである。

以上のように、保存協会との差異を意識しながら設立された日本保勝協会は、専門家と一般大衆との中間を志向し、各地の民間保勝団体の連絡支援を目的に設立されたのである。

日本保勝協会の組織・体制

日本保勝協会は、「研究家保勝会青年団旅行団体交通業者旅館業者見学及遊覧旅行に趣味を有する者」[19]を会員として想定していた。機関誌『名勝の日本』にたびたび掲載された会員名簿には、合計四〇六名（個人三六六名、団体四〇名）の氏名があがっている。個人会員の職業は軍人（三〇名）、観光関係業（一四名）が目立つ程度で、ほとんどは自営業ないし会社員といった一般市民であった。[20]また、会員四〇団体のうち、保勝団体は五団体であり、[21]他は鉄道会社、旅館、神社社務所、娯楽施設といった観光に関係する民間団体や学校であった。つまり、日本保勝協会は、税府や特定の自治体との関係を持たない、純粋な民間団体であった。

日本保勝協会は会則で「会員五百名に達する迄は会長及び副会長を置かず。此期間会長の職要は理事長之を代理す」[22]と規定していたため、理事長の岡澤が実質的に会長を務めていた。また、加えて、日本保勝協会と同時に、岡澤が社長を兼務し、事務所も共有する名勝の日本社が設立された。

名勝の日本社は日本保勝協会の機関誌『名勝の日本』の発行を主たる事業とし、他にも各地からの依頼を受けて、史蹟名勝の調査なども実施した。「本社と日本保勝協会とは姉妹関係にあることは今更申上げるまでもありませんが、さりとて日本保勝協会の独占的機関ではありません」[23]という関係を目指したが、実態としては両者一体であり、一九三〇年一二月三一日には「其実を同ふして其名を異にするのは将来実際運動を行うに当り不便少なからさる」[24]という理由で合併し、日本名勝協会となった。

日本名勝協会は、日本保勝協会、名勝の日本社から人員、事業を引き継ぎ、さらに書籍等の取次を行う代理部、名勝史蹟の出張撮影や絵葉書作成を行う写真部を開設した。しかし、一九三二年二月の『名勝と人物』(『名勝の日本』改題)第五巻第二号の発行を最後に活動記録が途絶えた。

機関誌『名勝の日本』の発行

日本保勝協会の第一の事業は、名勝の日本社による機関誌『名勝の日本』の発行であった。一九二八年四月の創刊号以降、一九三二年二月まで、全四七冊[25]が月刊で発行され、一般販売もされた。創刊号はわずか二〇ページの紙幅であったが、第二巻第一号以降は四〇ページに倍増した。

各号は、保勝論を展開する巻頭言、社説ないしは巻頭論文の後に、数本の名所案内や漢詩、川柳等の読み物、雑報等で構成されていた。その編集方針は、「全体を面白くして何処か一箇所捨てがたい権威を止めたい[26]」というもので、専門家と一般大衆との中間を志向する日本保勝協会の活動趣旨を反映したものであった。しかも、保存協会の機関誌に掲載されるような大家の論考ではなく、「何といっても実際的に常識的に批判し得るものは、野に在る一般社会人だけです、学者などはともすると一方に偏し、専門学に拘泥して自由な見方をすることが出来なくなるものです[27]」という考えに基づき、「素人」の代表的人物であった岡澤が担当した「中正穏健にして而も急所を突いた保存論[28]」によって権威を維持しようとした。「政府の斯種保存事業に当っても、正々堂々と鞭撻看視して民間に於ける唯一機関としての職責[29]」こそ、この機関誌の存在の意義であると考えられていたのである。

しかし、途中で編集方針、内容は大きく変更された。創刊以来、編集および巻頭言を担当していた河崎松太郎と、一九二八年末から編集を担当し、寄稿数で他を圧倒した若手の郷土史家・篠崎四郎が、第三巻第六号(一九三〇年六月)で編集を退いた。また、岡澤による巻頭論文は第二巻第一二号が最後で、以降は無署名の社説となり、それも第三巻第五号(一九三〇年五月)で途絶えた。つまり、一九三〇年半ばに、『名勝の日本』からそれまでの主要な書き手が一気に消えたのである。

一九三〇年半ば以降に巻頭論文を含めて論考を多く寄稿したのは、人物評論・伝記・文化史を得意とした執筆家の横山健堂であった。その他、岡澤と同じく軍人の松井雄水や佐々木皎堂、歌人の大鳥居金一郎、杉本寛一、教育者・歴史学者の石野瑛らが継続的に寄稿したが、保勝について論じたものはなく、名所案内等が主流となった。つまり、保勝運動に対する先導性が薄れたのであるが、その背景には雑誌内容に対して、「高級過ぎる」[30]といった読者の感想、そして通俗化への恒常的要請があったと見てよい。

一九三〇年半ば以降、権威性と通俗性の両立という従来の路線に代わって強調されるようになったのは、全国各地の保勝会の共有物としての『名勝の日本』という路線であった。編集後記では、各地の保勝団体に対して、「本協会元来の使命は名勝史蹟の保存開発及其利用である。此目的に添うならば何れの団体に対しても紙面を割愛するを吝むものではない。此の意味に於て各地の保勝会保存会観光会史談会等奮って本紙を利用せられんことを希望する」[31]と呼びかけた。『名勝の日本』には、岩手県長坂村の猊鼻渓の保勝運動を主導し、保存協会の機関誌にも寄稿していた漢学者佐藤猊巌や、十和田湖の保勝問題において十和田保勝会役員として活躍した青森県史蹟名勝天然紀念物調査員の小笠原松次郎といった、当時を代表する民間保勝運動家が、創刊以来、幾度か論考を寄せていた。全国の民間保勝団体の動向についても、散発的ではあるが、報道されていた。そして、これらに加えて、第三巻第一一号からは「名勝史蹟団体記事」という欄が設置され、民間保勝団体の紹介が開始されたのである[32]。しかし、紙幅や内容は非常に限定されており、全国各地の民間保勝団体が誌面を共有するという状況には至らなかった。

以上のように、『名勝の日本』は、日本保勝協会の活動趣旨を現実化する媒体として、権威性と通俗性の両立を目指したが、途中で方針が変更され、保勝論は姿を消した。その後の全国の民間保勝団体への誌面提供も中途半端であり、保勝運動を先導するという性格を失っていったのである。

旅行会の開催

機関誌編集と並ぶ定期的事業として実施されたのが、保存協会にならった旅行会であった。協会設立直後の一九二八年四月一五日に小石川後楽園の見学会を開催したのを皮切りに、一九三二年三月二八日の水戸観梅会まで、三八回の旅行会を開催した。毎回、一〇名強の参加者で、主に東京都内の史蹟や東京近郊の名勝を日帰りで巡った。

初期には、第五回は筑波保勝会、第六回は浅川保勝会、第七回は長瀞保勝会に案内を依頼するというかたちで各地の民間保勝団体と関係を持ち、それらの会の活動の紹介も目的の一つとなっていたが、次第に単純な「家族的の遊覧旅行[33]」になっていった。

一九二九年五月には、従来の旅行会とは異なる史蹟研究旅行が企画されたが、実施には至らなかった。むしろ、純粋に旅の漫談を行う目的で一九二九年末から開始された旅行漫談会が盛況を示すなど、趣味的な活動の方が充実した。そして一九三〇年八月の第二六回からは、従来の会員限定の旅行ではなく、一般参加者も募集する旅行会となった。「遊覧客が多くなり名勝史蹟を大切に保存する気分になるのは当然で従来雑事とされていた保存事業も旅行趣味の普及と共に容易に実現するに至ることを期待する[34]」という考えによって活動趣旨との整合が図られたが、実際には保勝運動色を弱めた純粋旅行化に他ならなかった。

以上のように、旅行会は、当初は地方の民間保勝団体の活動を宣伝し、支援するといった意図も見られたが、次第に純粋な旅行色を強めていった。保勝から観光へという社会の大きな潮流が、ここにも反映されていたのである。

4　日本保勝協会の保勝運動理念の特徴

岡澤慶三郎と河崎潮海の保勝論

日本保勝協会がその活動前半期に示した保勝論は、理事長・岡澤慶三郎の巻頭論文[35]として発表され、編集人の河崎潮海の巻頭言がそれに追随した（表2）。両者の論点、論調は基本的に連繫、同調していた。以下、両者の保勝論を合わせて、日本保勝協会の保勝運動理念として整理する[36]。

報国と公益

岡澤は保勝運動は「国土の保存、国体の擁護、国民精神の涵養と密接不離の関係に在る[37]」とし、特に国本尊重の真理であると主張した。日本保勝協会の設立が共産党員の全国的大検挙（三・一五事件）と重なったこともあり、思想状況の悪化を指摘し、思想善導手段としての保勝事業をことさら強調することになったが、こうした思想は、そもそも保存協会も設立時から強調していたものであった[38]。

しかし、岡澤の保勝論では、こうした保勝報国の理念をさらに国家経済の一資源としての意義へと展開した。つまり、「風景を一の資源として国家の経済を助けて行く一つの方法並運動[39]」である風景政策、風景立国を提唱し、産業政策、産業立国と並立させるべきだと主張したのである。

ただし、岡澤は功利的保勝へ陥ることの危険性も指摘し、「徹頭徹尾公益上の立場から行われるべき[40]」ことを確認している。この点は、河崎も巻頭言で「功利的保存論者[41]」、「政党者流の党利党略[42]」を批判し、私益ではなく「公益的国家事業[43]」としての保勝事業を主張したのである。

監視と鞭撻

岡澤は巻頭論文でしばしば具体的に破壊の危機にある名勝史蹟の保存問題についての意見や提案、あるいは実際の民間保勝運動の紹介を行った。その際、岡澤は「一も保存二も保存[44]」という「頑固者流[45]」ではなく、常に保存と開発の調和を論点として提示することを心がけた。

岡澤の基本的な姿勢は、「何を云い何を行わんとするにも極めて自由な立場[46]」から、「我国の名勝史蹟の破壊者は政府（若くは地方庁）自身か若しくは有産階級の人々の手に依って行われたと称して必ずしも過言ではない[47]」として政府や資産家の動向を監視するというものであった。しかし、個々の具体的な破壊問題を批判的に論じるにとどまらず、そうし

表2　『名勝の日本』に掲載された岡澤慶三郎と河崎潮海の保勝論一覧

	岡澤慶三郎　※無署名の社説		河崎潮海　※※「敬」名義（執筆者不明）	
巻号（発行年月）	タイトル	内容	タイトル	内容
1巻1号（1928年4月）	「日本保勝協会設立の趣旨」	趣旨説明（能率的案内書，各団体連絡）	「桜花礼賛」　※※	自国文明覚醒の象徴としての桜の保存論
1巻2号（1928年5月）	「広島大本営保存費の御下賜に就て」	国民精神の振作涵養としての保勝事業論	「保勝連盟の提唱」　※※	保勝連盟の提唱，設立促進の気運温醸
1巻3号（1928年6月）	「天下奇勝備後帝釈峡の保存問題」	貯水池による名勝破壊への反対	「修学旅行とその指導者」	専門家向けでも通俗的でもない案内書論
1巻4号（1928年7月）	「水戸義公と其の遺蹟の保存」	生誕三百年を記念した遺蹟保存の提案	「吾人の使命」	保勝運動展開の意思表明
1巻5号（1928年8月）	「思想善導と史蹟名勝天然紀念物保存事業」	思想善導の手段としての保勝事業論	「名勝の修復・復旧・築造」	具体的な設計施工事業への進出を宣言
1巻6号（1928年9月）	「指定名勝十和田保勝論」	湖水灌漑による名勝破壊への反対	「或種の暗影」	内務省及び保存協会の奮起への期待
1巻7号（1928年10月）	「春帆桜の保存」	林共愛会による保存活動への称賛	「新人の保勝運動」	麻生久らによる中禅寺湖保勝運動への賛意
1巻8号（1928年11月）	「御大礼に際して史蹟名勝天然紀念物保存事業を提唱す」	史蹟，名勝，天然紀念物の保存意義	「保存事業功労者表彰論」	民間の保存功労者への表彰実施の提案
1巻9号（1928年12月）	「女性と旅行」	女性進出という新現象の社会的背景	「歳末雑感」	活動実績の確認と今後の展望
2巻1号（1929年1月）	「事務移管に際して当局に望む」	保存法改正，調査会設置，職制確立等	—	—
2巻2号（1929年2月）	「関東に於ける代表的名勝の選定に就いて」	関東の代表的名勝の私案	—	—
2巻3号（1929年3月）	「江の島保勝論」	電気鉄道架設に反対，地元の運動喚起	—	—
2巻4号（1929年4月）	「桜川の桜の保存と復興に就いて」	桜の名所復興のための具体的提案	「名勝国の将来を如何にするか」	政府支援のない純粋民間団体としての使命

2巻5号（1929年5月）	「保勝報国論」	国家経済の一資源としての保勝事業論	「天地皆新緑」	新緑礼賛の散文詩
2巻6号（1929年6月）	「観光外人誘致問題に就て」	外客受け入れ時の憂慮，配慮事項	「流行を超越して」	外客誘致に際しての外観内照の勧説
2巻7号（1929年7月）	「特別大演習と史蹟勝地の保存に就いて顕彰」	茨城県全域での保勝事業の展開の提案	「旅行と交通事故」	旅行時の交通事故への注意喚起
2巻8号（1929年8月）	「明治天皇聖蹟保存に就いて」	聖蹟保存のための具体的提案	「風景連盟」	保勝会の連合組織としての風景連盟の提唱
2巻9号（1929年9月）	「十和田湖の風致保存と水田開墾事業」	湖水灌漑による水田開発計画に中止勧告	「相模川渓谷」	静寂涵邃の地・相模川渓谷の案内
2巻10号（1929年10月）	「風景破壊の未然防止に就て」	名勝指定と風致地区指定の有効活用論	「功利的保存論を排す」	利益目的の保勝事業への批判
2巻11号（1929年11月）	「官幣大社鹿島神宮」	鹿島神宮の来歴の詳説	「保勝と党略」	国家的立場からの公益論
2巻12号（1929年12月）	「歳末雑感」	『名勝の日本』での保勝論に対する反響	「都市計画と史蹟名勝の保存」	名所旧蹟を破壊する都市計画への批判
3巻1号（1930年1月）	「保存事業に対する新たな希望」 ※	国宝保存，公園計画，都市計画の融合論	「念頭所感」	保勝事業の系統，計画性の必要性を示唆
3巻2号（1930年2月）	「実際問題としての保勝事業に就て」 ※	保存事業における経費，補償問題	「吾人の見たる都市美」	風景地のみならず都市美の保持を主張
3巻3号（1930年3月）	「梅の会を提唱す」 ※	桜の会に対抗する梅の会設立の提唱	「第二年を送る」	雑誌の読者層拡大に向けた抱負
3巻4号（1930年4月）	「帝都の復興と史蹟名勝天然紀念物」 ※	保勝面からの帝都復興事業の評価	「観光局の新設」	新設の観光局の官僚式人選への危惧表明
3巻5号（1930年5月）	「新たに設けられたる観光局に望む」 ※	旅館経営改善，保存事業推進等の提案	「保存事業の官営と民営」	民営保存事業の重要性説明

た行為の背景にまで目を配り、それを未然に防止する方策としての保存法による名勝指定や都市計画法による風致地区指定といった制度のあり方、改良の提案を行い、政府等を鞭撻することを目指したのである。

保存法については、指定者（内務大臣）に現状変更の許可権限がないことを保存方針の徹底という点から問題視し、地方長官から内務大臣に許可権限を移すべきだという中央集権による統制体制を主張した。一方で、市街化が進む都市部で次々と名勝や史蹟が湮滅に帰する状況に対して、内務大臣による指定では追いつけないという点を鑑み、「地方長官の仮指定を励行して欲しい[48]」と希望した。つまり、岡澤の主張は中央集権と地方自治のいずれにも拘泥せず、保存の実効性の観点から現実的な提案を行っていたのである。

そして保存法制定後の政府予算の大幅減少を批判しつつ、現行の保存費の範囲内でも可能な提案として、史蹟名勝天然紀念物調査会の復活、保存担当の職制の確立をあげた。

一方で都市計画法による風致地区指定については、史蹟名勝指定の困難な民有地に対する指定を進め、「都市の美観を永久に失わざるように心掛けたい[49]」と提言した。

都市計画に対しては、河崎が「此の事業に従事して居る人々は概ね歴史に暗い連中で自国固有の文化とか、又は其都市特有のローカルカラーなどと云うことは何等の関心もなく[50]」と強く批判したのに対し、社説では「単に技術家許りを攻めるのは無理である[51]」とし、ここでも保存の専門家との連絡がない制度上の欠陥を指摘した。

社説の結論は、「保存屋は保存屋、開発組は開発組、都市計画団は都市計画団と支離滅裂で、何等其間に系統がなく連絡の少ない[52]」状況を改善し、保存と都市計画の間に常に密接な関係を持たせ、一致協力して総合的調査を進めること、さらに少ない費用を効率的に使用するために、保勝に関連する事業を一まとめにする一局を内閣直属か適当な省庁に設置すべきという主張であった。

以上のように、日本保勝協会は、政府を監視、鞭撻する役割を重視し、具体の保勝問題、そして制度改良の現実的な提案の両局面において、それを実践していたのである。

自力と合同

さらに、岡澤や河崎は政府に保勝事業を委ねることをよしとせず、「自分達のものは自分達の力で保存する。即ち法律の力や政府の力に依頼せずして民間の手に依って之を保存して行く、換言すれば保存会保勝会等の系統的活動に依って真に最後の目的を達成する[53]」ことを持論とした。つまり、民間団体の自力を重視しつつ、各団体が個別に取り組むのではなく、合同して力を発揮すべきだとの主張であった。

河崎は「一つの保勝会が微弱であっても之れが合同連盟すれば此処に動す可からざる強大なる力と化る[54]」として、「風景連盟」の設立をたびたび主張した。岡澤は、具体的に地方自治体と一体化した保勝団体が各地で活動し、中央にはそれらの団体の指導機関があるというかたちを提唱した。

岡澤は本来、指導者たるべき保存協会に対して、「政府の補助機関として萎々として甘じその補助の下に単に雑誌の刊行見学旅行の開催程度で満足すべきでないと思う。この点に関しては保存協会当局の猛省を促したい[55]」と叱咤激励する一方で、「我が保勝協会の産れた所由は実はこの保存会なり保勝会なりの指導奨励に関する仕事をする為めに外ならない[56]」として、保存協会に代わり、日本保勝協会の責務として保勝団体の支援に取り組んだ。河崎も日本保勝協会こそが「中枢的保勝機関[57]」となる可能性を論じた。

また、岡澤は既存の保勝団体を支援するだけでなく、具体の保勝問題を念頭に設立を促した。特に、一九二九年の茨城県での陸軍特別大演習の際に茨城県下の史蹟名勝の調査、保存を提案し、そうした事業の中核を担う水戸保勝会の創立を提唱した。そして実際に一九三〇年八月、岡澤の主唱により、官民協働の水戸保勝会が創立されるに至ったのである。

日本保勝協会の活動は、このような自力と合同という運動理念に支えられていたのである。

5　民間保勝運動から政府主導の観光施策へ

以上、民間保勝団体が急増し、かつ観光という新しい枠組みによる全国組織化が進行していく昭和初期に展開された日本保勝協会の活動および保勝理念を明らかにした。

まず機関誌、そして旅行会の両方で、途中で保勝運動の先導性を喪失していった点を指摘した。保勝から観光への転換は、日本保勝協会の活動の通俗化というかたちでも現れていたのである。昭和初期において、民間保勝運動が大きな転換期を迎えていたことが、ここで確認された。

日本保勝協会が明示した保勝運動の理念は、美への欲望や学術的な関心よりは、思想面、経済面からの報国の理念であり、国家の利益としての公益を尊重していた。しかし、公益は政府側が独占関与するのではなく、民間団体も政府を監視、鞭撻し、さらには合同を前提に自立で関与するとした。全体主義を招来する国本尊重の公の理念のもとではあったが、民間保勝運動を政府の事業の下部組織とするのではなく、自立した運動として編成する構想が存在していたのである。こうした構想に、市民主導の環境管理・運営、つまり「まちづくり」の一つの原点を見出そうとするのは、勇み足であろうか。

ただし、活動の通俗化は、この構想に相反していた。また、理念を実現する具体的方法も機関誌発行以外にはほとんど提示、実践できなかったため、会員となる保勝会は少数にとどまった。結局、理念は有効な実践を伴わず、保勝運動に新潮流をもたらすには至らないまま、日本保勝協会は四年で活動を終えた。保勝論を隠蔽し、通俗化に専従した段階で、政府主導の観光施策としての観光保勝団体の全国規模の連合化に代替、吸収されるのは必然であったといえよう。

注

（1）例えば、田中正大『日本の自然公園——自然保護と風景保護』相模書房、一九八一年は十和田保勝会、高木博志「史蹟・名勝の成立」『日本史研究』第三五一号、一九九一年、六三―八八ページは奈良県でのいくつかの保勝会の活動を明らかにしている。その他、現存する保勝会自体がまとめた通史的記録もある。

(2) 例えば、赤坂信「大正末期から昭和初期における名勝保護と公園事業をめぐる議論」『都市計画論文集』第三九巻、二〇〇四年、一九九―二〇四ページをはじめとする赤坂信による一連の研究がある。

(3)「日本保勝協会の創立」『史蹟名勝天然紀念物』第三巻第四号、一九二八年、一〇三ページ

(4)「観光地代表者　協議会を開催」『京都日出新聞』一九三一年四月八日付

(5) 東京市政調査会『日本都市年鑑　昭和十年用』一九三四年

(6)「観光地代表者　協議会を開催」『京都日出新聞』一九三一年四月八日付

(7)「中央の著名なる学者が執筆せらるる同一誌上に於て、我々如きが執筆することは、誠に恐縮である。何となくヒケて不可ないと云われる」という状況であった（矢吹生「編集室たより」『史蹟名勝天然紀念物』第一巻第六号、一九二五年、八一ページ）。

(8)「日本保勝協会の創立」『史蹟名勝天然紀念物』第三巻第四号、一九二八年、一〇二ページ

(9) 一八六七年茨城県生まれ。一八九九年陸軍士官学校卒業。日清・日露両戦役に参加。一九一八年中将、一九三四年退役。のち、水戸史談会理事長、義公会常務理事を務める。著書に『咸章堂巌田健文』（岩田化学研究所事務所、一九四二年）。一九四七年逝去。

(10) 保存協会機関誌によれば、岡澤は一九二六年一一月開催の第一〇回見学旅行以降、頻繁に旅行会に参加している。また、後に日本保勝協会に参加する河崎松太郎、松井庫之助らを含む一二名が岡澤の紹介により保存協会に入会している。

(11)「日本保勝協会の創立」『史蹟名勝天然紀念物』第三巻第四号、一九二八年、一〇二ページ

(12) 同右、一〇三ページ

(13) 同右、一〇三ページ

(14) 同右、一〇三ページ

(15) 同右、一〇三ページ

(16) 同右、一〇三ページ

(17) 同右、一〇三ページ

(18) 同右、一〇三ページ

(19) 同右、一〇三ページ
(20) 会員の住所は二二道府県および樺太、台湾、大連に及んでいたが、二三八名は東京府内在住者であり、岡澤の出身地である茨城県が五〇名、神奈川県二一名、静岡県一八名で、四府県で会員の九割を占めていた。また、会員の職業欄に記載がある者は個人会員の半数の一八三名に過ぎず、会員の職業構成はあくまで推測の域を出ない。
(21) 日本保勝協会の会員となった民間保勝団体は以下の通り。筑波山保勝会、和銅史蹟保存会、十和田保勝会、熊本城址保存会、八王子城山保勝会。
(22) 「日本保勝協会の創立」『史蹟名勝天然紀念物』第三巻第四号、一九二八年、一〇五ページ
(23) 「編集後記」『名勝の日本』第三巻第一一号、一九三〇年、三七ページ
(24) 「日本名勝協会」『名勝の日本』第四巻第一号、一九三一年、四一ページ
(25) 保存協会機関誌の寄贈通信欄では、一九三二年二月まで『名勝の日本』(※実際には、この月から『名勝と人物』に改題していた) が掲載されている。
(26) 寂星庵主人「編集余滴」『名勝の日本』第二巻第一一号、一九二九年、四〇ページ
(27) 白愁「編集後記」『名勝の日本』第二巻第二号、一九二九年、三九ページ
(28) 「編集後記」『名勝の日本』第一巻第六号、一九二九年、三一ページ
(29) 河崎潮海「歳末雑記」『名勝の日本』第一巻第九号、一九二九年、一ページ
(30) 河崎潮海「編集後記」『名勝の日本』第一巻第九号、一九二九年、三二ページ
(31) 「編集後記」『名勝の日本』第四巻第二号、一九三一年、三六ページ
(32) 「名勝史蹟団体記事」で紹介された団体は以下の通り。富士博物館、頼山陽先生遺蹟顕彰会、万葉植物園期成会、常総史談会、古河史蹟保存会、国立公園候補阿波名所旧跡保勝会、元寇弘安六百五十年記念会、風外会、八王子城山保勝会、茨城県海水浴場協会、扇歌堂建立期成会、吉田村史蹟保勝会
(33) 史路坊「史蹟研究旅行」『名勝の日本』第二巻第四号、一九二九年、三一ページ
(34) 編集員H. Y.「編集後記」『名勝の日本』第三巻第八号、一九三〇年、四〇ページ
(35) 『名勝の日本』の第三巻第一号から第五号までの社説は、社長である岡澤が文責を持っていたのに加え、その論調から岡澤自身の筆によるものと推定される。

(36) 岡澤は、昭和初期に、保存協会機関誌や桜愛護を目的とした櫻の会の機関誌『櫻』等にも数編、保勝論を寄稿している。
(37) 岡澤慶三郎「御大礼に際して名勝史蹟天然紀念物保存事業を提唱す」『名勝の日本』第一巻第八号、一九二八年、四ページ
(38) 西村幸夫『都市保全計画――歴史・文化・自然を活かしたまちづくり』東京大学出版会、二〇〇四年では、史蹟名勝天然紀念物保存協会の運動は「国家主導による国民教化の手段として用いられたといえる」としている。
(39) 岡澤慶三郎「保勝報告論」『名勝の日本』第二巻第五号、一九二九年、五ページ
(40) 同右、五ページ
(41) 河崎潮海「功利的保存論を排す」『名勝の日本』第二巻第一〇号、一九二九年、三ページ
(42) 河崎潮海「保勝と党略」『名勝の日本』第二巻第一一号、一九二九年、三ページ
(43) 河崎潮海「功利的保存論を排す」『名勝の日本』第二巻第一〇号、一九二九年
(44) 岡澤慶三郎「天下奇勝備後帝釈峡の保存問題」『名勝の日本』第一巻第三号、一九二八年、三ページ
(45) 同右、三ページ
(46) 岡澤慶三郎「歳末雑感」『名勝の日本』第二巻第一二号、一九二九年、五ページ
(47) 岡澤慶三郎「春帆桜の保存」『名勝の日本』第一巻第七号、一九二八年、二ページ
(48) 岡澤慶三郎「風景破壊の未然防止に就て」『名勝の日本』第二巻第一〇号、一九二九年、六ページ
(49) 同右、六ページ
(50) 河崎潮海「都市計画と史蹟名勝の保存」『名勝の日本』第二巻第一二号、一九二九年、三ページ
(51) 「保存事業に対する新たな希望」『名勝の日本』第三巻第一号、一九三〇年、五ページ
(52) 同右、六ページ
(53) 岡澤慶三郎「風景破壊の未然防止に就て」『名勝の日本』第二巻第一〇号、一九二九年、七ページ
(54) 河崎潮海「風景連盟」『名勝の日本』第二巻第八号、一九二九年、三ページ
(55) 岡澤慶三郎「実際問題としての保存事業」『史蹟名勝天然紀念物』第四巻第六号、一九二九年、一一五ページ
(56) 「実際問題としての保勝事業に就て」『名勝の日本』第三巻第二号、一九三〇年、五ページ
(57) 河崎潮海「名勝国の将来を如何にするか」『名勝の日本』第二巻第四号、一九二九年一ページ

10 「都市計画の民主化」を巡って

『復興情報』という雑誌がある。敗戦の年に、戦災復興院が「歴史的な復興の大事業を担当する者達の間に、細いながらも強い紐帯の一本をとの念願[1]」のもと創刊した雑誌である。「戦災復興計画の取り組みを伝える唯一の公式記録[2]」として知られている。本章では、都市計画関連雑誌の系譜における『復興情報』の位置づけを確認した上で、『復興情報』および同時期の雑誌の誌上に現れる「都市計画の民主化」を巡る議論を跡づけてみたい。

1 『復興情報』と民主主義

わが国における都市計画に関する雑誌は、一九一九年の都市計画法制定よりも前に登場している。都市計画法制定運動を中心になって展開した都市研究会が機関誌『都市公論』を創刊したのは一九一八年四月である。都市研究会が事務局を内務省内の都市計画課に置いたこともあって、『都市公論』は広く全国の都市計画の情報が集まる、そして多彩な論者が寄稿するナショナル・メディアとして、戦前期の都市計画界のオピニオンを形成する役割を担った。

続いて、一九二〇年代半ばには、愛知県庁内に事務所を置いた都市創作会が『都市創作』、兵庫県庁内に事務所を置いた兵庫都市研究会が『都市研究』という都市計画を主題とした雑誌を創刊した。また同時期に、市政に関する調査を行う新設機関の東京市政調査会と大阪都市協会も、都市計画を含む都市政策全般を扱う機関誌として『都市問題』『大大阪』をそれぞれ創刊した。

一九三〇年代に入ると、東京では東京市役所に事務所を置いた都市美協会の機関誌『都市美』が一九三一年に、東京

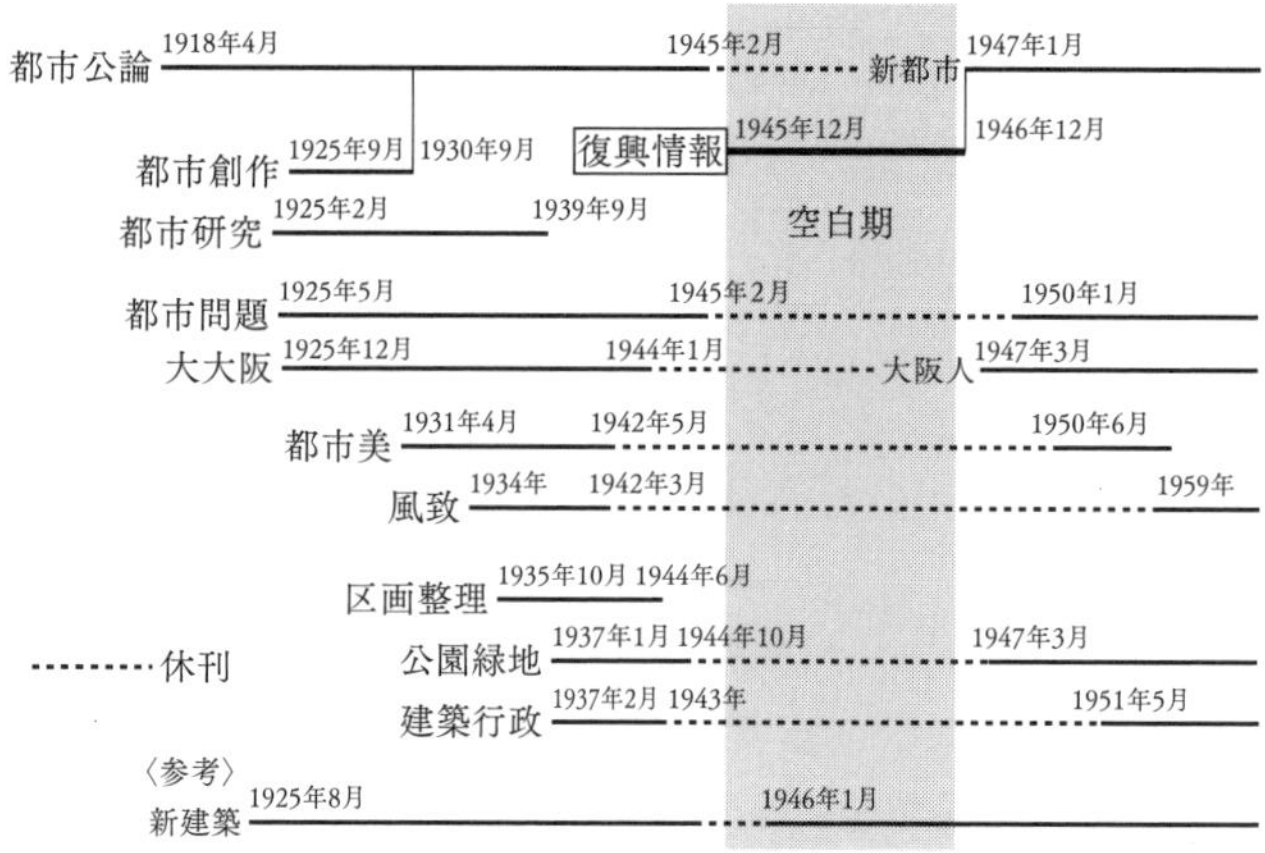

図1　戦前期の主な都市計画関係雑誌の創刊・休刊・復刊

府の風致地区を対象とした東京府風致協会聯合会の『風致』が一九三四年に創刊され、啓蒙的な要素の強い誌面づくりが展開された。一九三五年には、解散した都市創作会に代わり設立された名古屋の土地区画整理研究会が『区画整理』を創刊した。

一方、ナショナル・メディアに関しては、一九三〇年代後半には、従来の都市研究会に加えて、公園緑地協会と建築行政協会が内務省内に事務所を置くかたちで設立され、『都市公論』から分かれて、それぞれの機関誌『公園緑地』、『建築行政』が創刊された。

このように戦前期には、『都市公論』を主軸として、各都市別、テーマ別に分化した雑誌がいくつか刊行され、都市計画のメディアは広がりのある編成を見せていた。しかし、一九四〇年代に入ると、戦時下の雑誌統制を受けて、これらの雑誌は次々と休廃刊を余儀なくされていった(図1)。一九四五年まで刊行を続けた『都市公論』も、「本誌が国家の期求に応え(中略)、総合的研究調査指導に積極的活動を致すべき使命は、真に重且つ大なり」「先ず本誌が皇国自治行政理論の指導機関たらむことを提唱する」[3]と、国家主義の称揚雑誌たらんことを主張した論考が掲載された一九四五年一・二月合併号を最後に休刊となった。この時点で都市計画に関する雑誌は姿を消した。そして、都市計画のメディア不在のまま、一九四五年八月一五日の終戦、そして戦後を迎えることになった。

戦後もしばらくは、都市計画のメディアの空白期が続いた。戦災復興事業の推進を任とする省庁として一九四五年一一月に設立された戦災復興院が機関誌を発行し始めるのは、その翌月、一九四五年一二月である。この戦後初の都市計画に関する雑誌が『復興情報』である。その後、一九四六年一二月の最終号まで、『都市公論』が未だ休刊中の状況下で、『復興情報』は都市計画のナショナル・メディアとしての役割を一手に担った。戦時中は国家主義と共振するところのあった都市計画は、戦後は一転して、新しい民主主義のもとで再出発を図るが、その終戦直後の転換期の都市計画の様子を伝えることのできた唯一の雑誌が『復興情報』であった。

ところで、都市計画史研究者の渡辺俊一は、「まちづくり」概念を体系的に規定することは極めて重要な課題であるとし、その課題の解法の一つとして歴史的な観点からの文献学的方法を採用し、用語「まちづくり」の初出事例＝起点の探索を行っている。その結果、「「住民」や「参加」と深く結びついて連想される現代の「まちづくり」は、やはり戦後民主主義の中から生まれた、と考えるのが自然であろう」(4)と指摘している。また、日本で最初のまちづくり事例として紹介されることが多い栄東地区のまちづくりに自ら関わった広原盛明は、「戦前型の中央集権型都市計画と戦後の地方自治制度・戦後民主主義との矛盾が一気に激化した」(5)結果、現代の「まちづくり」の輪郭が形成されたとしている。

いずれも、「まちづくり」が戦後民主主義の中から生まれたという見解を示している。その見解が正しいとすると、「まちづくり」へ向かう道筋の一つの起点は、都市計画の分野でいえば、都市計画が民主主義と初めて向き合った戦災復興期、つまり、『復興情報』とその時代に存在していたのではないだろうか。

2 『復興情報』における官僚独善批判

終戦後、民主主義はわが国に急速に浸透していった。知識人たちはこぞって、「愛国」としての「民主主義」を唱えたという。その際、戦前の国家主義を否定する思考は、「愛国」批判ではなく、官僚(および軍部)独善批判へと向かった。例えば終戦後、最初の議会で、芦田均(後の首相)は「官僚の独善と腐敗とは自ら官民の離反を招き」と主張する質問書を提出している。石原莞爾(陸軍中将)も新聞のインタビューで、「官僚専制の打倒は目下の急務であり、これをもし「民主主義」というならば」と述べている。[6]

このような状況で設立された戦災復興院は、初代総裁に民間人の小林一三を迎えることになった。『復興情報』の第二号には、小林の所信表明となる「戦災復興について」が掲載されている。小林は、自身の戦災復興に関する考えを、次のように書いている。

私は政府官庁の指導や実行より、より以上に民間の力に多くを期待したいと考えるのである。即ち月並みな官民一体と言わんより民官一致という建前で、地方の市町村が中心となり[7]

また同じく、第二号の無署名の巻頭言では、「戦災復興は、断じて戦災復興院だけの独占的、官製的のものであってはならない。国民の基盤の底から、復興意欲によって眞にモリ上がってくる復興でなければならない[8]」との主張が展開されている。

こうした主張は、『復興情報』の編集方針に反映された。第一号、第二号の編集後記には、次のように編集方針が記されている。

小林総裁の意向もあって、なるべく官報式な堅いものにならない様に心がけた（中略）今後は大いに外部、民間からの寄稿を得、各方面の叱正と鞭撻とによって、戦災復興という大きな仕事の潤滑油的役割を果したいと思う[9]

在来の官庁的秘密主義を一擲して、試案をどしどし発表して世の批判を求め、民間と共に計画し、実施して行かうという新しき行き方に本誌が相応の役割を果し得ることは嬉しい[10]

『復興情報』第六号に掲載された戦災復興院の「行政運営刷新要綱」では、「公開行政の徹底」という方針の中で、

『復興情報』の役割が「施策の推移を具体的且詳細に搭載するもの」[11]と位置づけられた。関連して、新聞の論調に常に留意し、民間の投書等に対しては率直かつ速やかに意見を発表することも方針として掲げられた。

つまり終戦後、民主主義は、戦前期の都市計画を官庁的秘密主義であったと批判することで、情報面では秘密主義から公開、意見聴取とそれへの応答、そして計画面では官製から民間との協働へという志向の転換を促したのである。そして、こうした転換を実現するにあたって、都市計画のメディアに課せられた期待は、極めて大きなものがあった。

3 構想・計画内容の公開

情報の公開という面では、東京の戦災復興計画が当時の顕著な実践例であった。東京の戦災復興計画では、従来の立案過程とは異なり、策定の初期段階から、構想・計画内容が『復興情報』をはじめとするメディアで逐次、報告された。終戦から二週間と経っていない一九四五年八月二七日付の『朝日新聞』は、「帝都再建の途を聴く」と題して、当時の林清二都市計画局長の談話を掲載した。林は、「石川栄耀氏が懸命にやってくれている」[12]復興の構想を語った。一九四五年一二月の『復興情報』創刊号には、「広く一般の公平なる批判を俟たんとする」[13]として、東京都計画局都市計画課による「帝都復興改造案要旨（試案）」が掲載された。「帝都復興計画要綱案」が公定されるのは一二月二二日になってからであったが、年明けの一九四六年一月三日付の『朝日新聞』では、「今後意見を各方面から聴き、十分に民意をとり入れて確定する」[14]と断った上で、この要綱案が報道された（図2）。その後も、『復興情報』誌上では、都市計画課長として計画立案の責任を負った石川栄耀自らが、第五号に「帝都復興計画に於ける緑地計画」、第一〇号に「文化建設都市計画の手法論」を寄稿し、構想を社会に問うた。

戦災復興院は、東京の戦災復興計画の構想をより広く提示する方策を模策した。一九四六年三月には、石川が執筆した『新首都建設の構想』が戦災復興建設叢書として出版された（図3）。一〇〇〇部という部数ではあったものの、「この機会に都民大衆に問い、八方の修正を得たき」[15]（序）とのねらいであった。石川は、続けて一〇月に、『都市復興の原

図2　東京の戦災復興計画を伝える記事
出典：『朝日新聞』1946年1月3日付朝刊

理と実際』を光文社から刊行し、東京復興の構想をより詳細に論じた（図4）。その序で、石川は次のように書いている。

> 在来の都市計画が余りに、独善的であった事に対し、千古の大業でもあり此の際むしろ一般の意見を求め総合して、立派なものを造りあげる可きであると云う助言もあったので、構想全部を開放し理解と批判を求める事にしたのである。(16)

映画好きの石川は、「帝都復興計画要綱案」の姉妹編として映画『二十年後の東京』も制作し、戦災復興計画のPRに使用した（図5）。

こうした手順を経て、街路、区画整理、用途地域の都市計画決定を終えた後、一九四七年一月号の『新建築』誌に、ほぼ一号分の紙幅を独占する長大な論文「帝都復興都市計画の報告と解説」を発表した。この論文は、メディア戦略を総括する内容の「都市計画の民衆化」という項目で結ばれている。

> 今回の計画の特徴として極力その案樹立乃至その執行に民主化を計ったことがある。即ち案樹立に対しては、先づ根本方針に対しては、終戦直後より前復興関係者その他学識経験者に再々の批判を仰いだ。又当局は『新首都建設の構想』等の小冊子を造るとか、新聞、ラジオ等を通じ当初より案の大要を世に問うた。(17)

図 4　石川栄耀『都市復興の原理と実際』（光文社，1946 年）

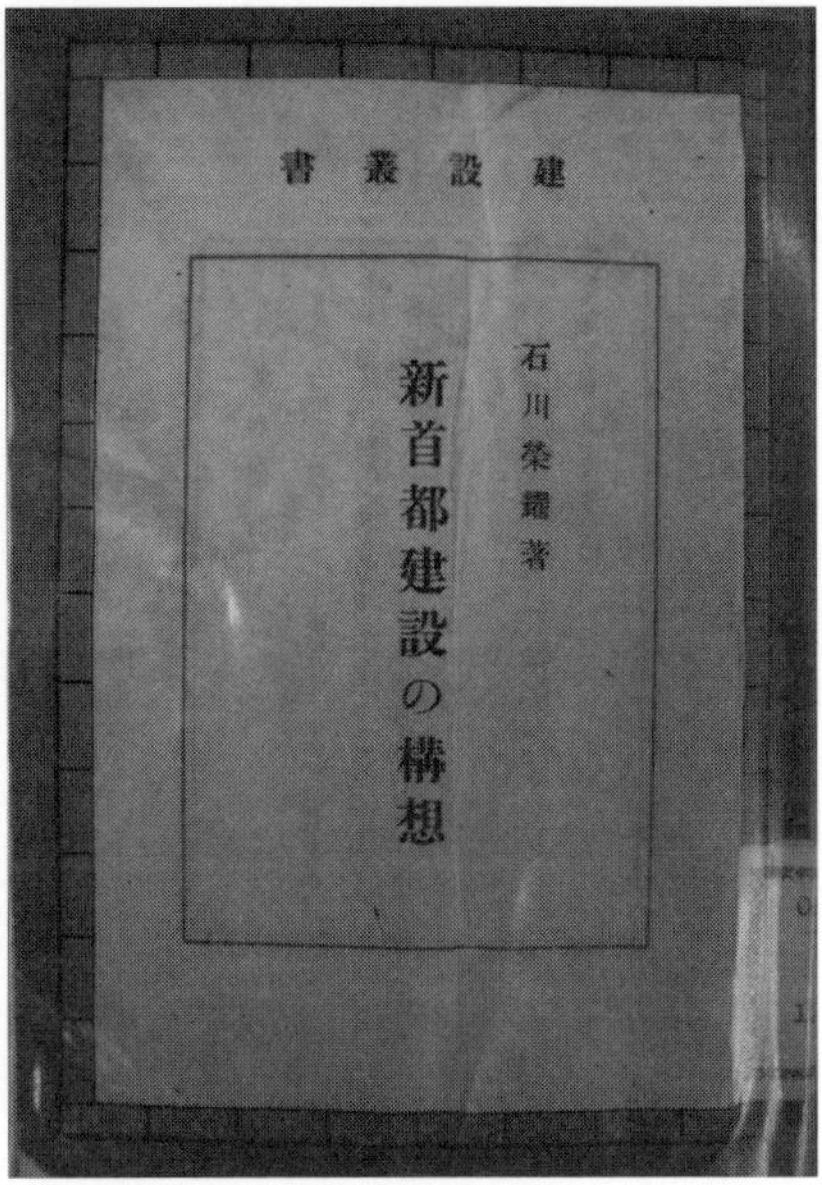

図 3　石川栄耀『新首都建設の構想』（戦災復興本部，1946 年）

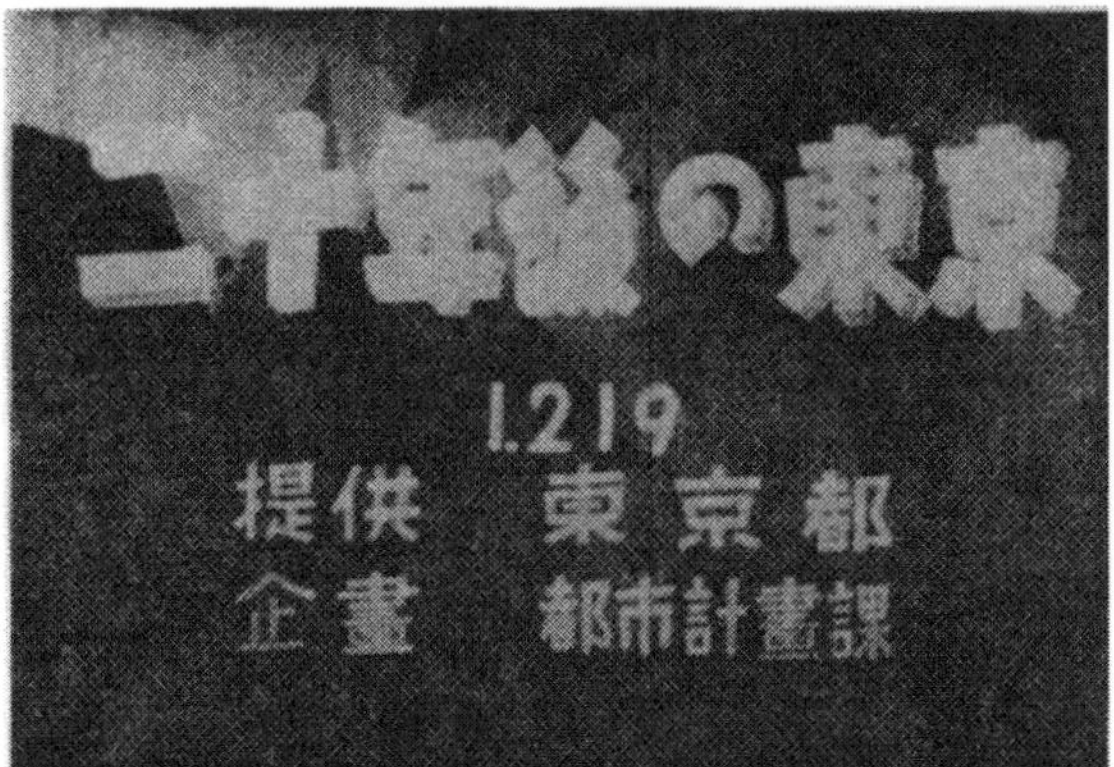

図 5　映画『二十年後の東京』（東京都都市計画課，1946 年）

しかし、こうした情報公開の結果として、都市計画家としての理想を追い求める石川の案に対し、後に紹介する前川國男による批判や、地主層を中心とした各方面から反対の声があがることになった。公開―意見聴取・応答―協働という図式でいえば、本来は計画段階における民間との協働といかなくても、少なくともこうした意見を、計画に反映させる仕組みが必要であったが、果たしてそうした仕組みが存在していたのだろうか。

4　民間意見の聴取と応答

意見聴取と応答の実態を見ていこう。戦災復興院の「新聞の論調に常に留意し、民間の投書等に対しては率直且速やかに意見を発表を為す[18]」という方針を受けて、『復興情報』誌上では「国民の声」という投稿欄が設置された。そこに「一日も早く、たとえ毛布一枚でも我々の手に入る様に取り計って頂けないものでしょうか[19]」や、「現実のこの矛盾は何としても黙って居られないのだ。我々のこの気持ちは為政者にわかっているのか。解っているのなら何故手を打たぬのか[20]」といった戦災復興院への批判を主として、様々な意見が掲載された。

そして「国民の声」欄で直接、回答がなされた他、小林一三らの論説で、間接的に応答された。特に、一九四六年一月に戦災復興院次長となった重田忠保は、『復興情報』の第六号から「復興雑感」を連載し、こうした世論に対して、回答を試みた。例えば、第六号では、『朝日新聞』に掲載された建築家の前川國男による痛烈な戦災復興院批判である論説「百米道路の愚」をそのまま転載した上で、正面から反論的回答を行っている。

前川の批判は「東京都市計画が全都民の知らないどこかの隅でコソコソ決められて建築や土木の何たるかも解しない御役人の間で要領よく決められデッチ上げられる現状は憤懣に耐えない[21]」というものであった。これに対し、重田はこれは誤解だとし、「我々は都市計画というものは、どこ迄もその都市民が自身できめるべきものだと思っている。今日の言葉でいえば、それはあく迄も民主的であるべきである。我等の町は我等の手でという意気込で、あく迄も自分達の住みよい町を建設するのが都市計画の根本だと思っている」[22]と説明した。そして、東京の戦災復興計画も、都議会の意見を十分に入れ、有識者および都議会議員で構成された都市計画委員会に付議しており、決して非民主的でないと結んだ。

都市民こそ主体であるという、民主主義の根本的な見解は力強く示されているが、都市計画の手続き上は、議会制民主主義が機能しさえすれば民主性が担保されるといった、現状肯定的な回答に終始していた。終戦後の食糧・住宅難に苦しみ、現状の改善を求める都市民は、こうした回答には、あらかじめ次のような返答を用意していた。

官僚的無責任を以てしても復興院諸公もこれでよいとは思っていまい、良心的回答を口先ではなく施策の上で与えて貰いたい。[23]

意見の徴収と回答において、官の都市計画家と都市民との間にはずれがあった。

5 民間との協働への試み

前川の論説は、計画立案過程における民間との協働を求める内容でもあった。『復興情報』第六号の別の記事によれば、戦災復興院は、前川の論説の発表から一〇日後の一九四六年四月一二日に、当の前川をはじめ、内田祥三、佐野利器という当時の建築界の両大御所の他、土浦亀城、坂倉準三、松田軍平といった民間の建築家を招いて「復興計画に対する建築技術者の意見を聞く会」を開催している。この会では、「現在の官庁機構のみで都市計画立案の不可を指摘し、民間有志の都市計画立案への参加を要望する。民間有志は積極的に復興都市計画の具体案を作成して発表すること、之に対し官庁では必要な資料を提供援助すべし。斯くして官民協力、衆知結集して理想的都市計画の樹立を努むること」[24]といった意見が出された。

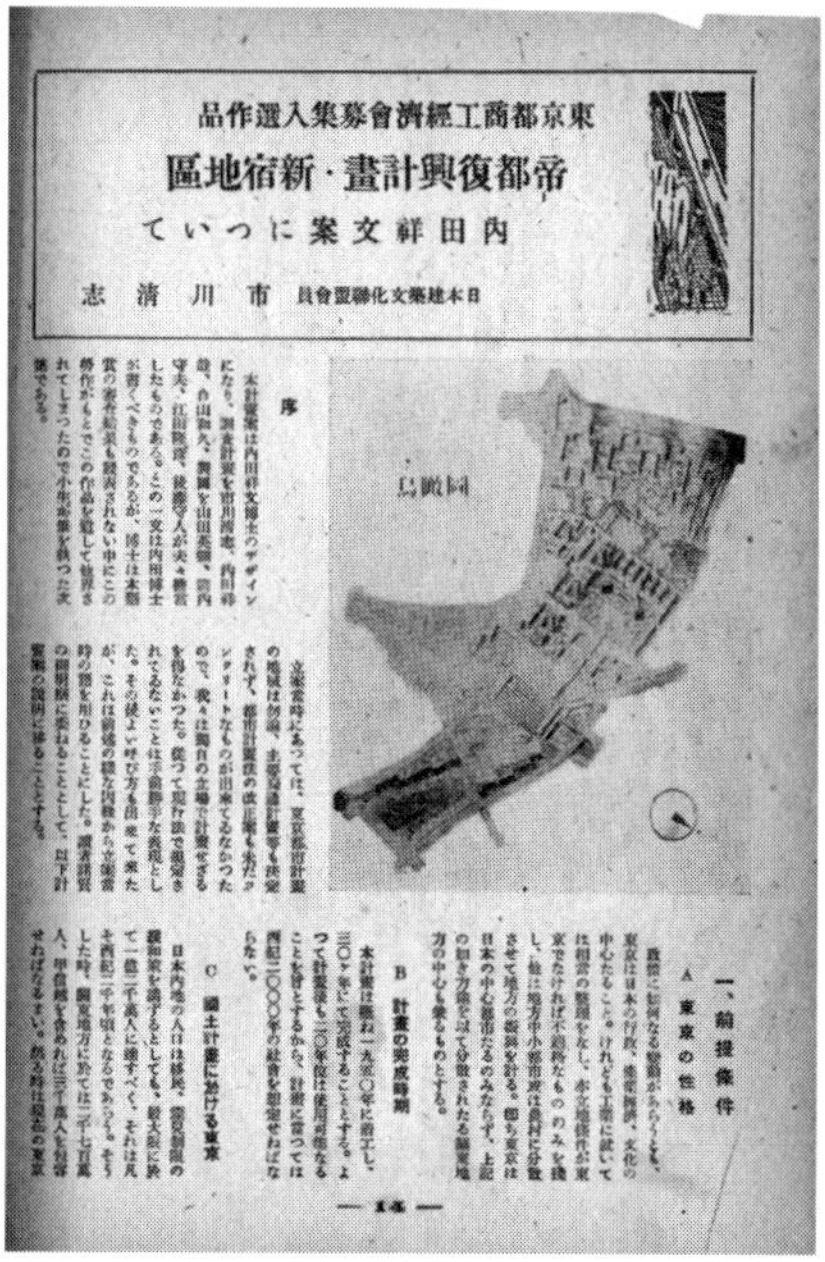
東京都工商経済会募集入選作品
帝都復興計画・新宿地区
内田祥文案について
日本建築文化聯盟会員　市川清志

図6　「帝都復興計画図案懸賞募集」入選案を伝える誌面
出典：『復興情報』第8号，1946年，14ページ

都市計画メディアと同様に戦時下において全ての雑誌が休刊を余儀なくされていた建築ジャーナリズム界も、当時、ようやく復興の兆しを見せ始めていた。一九四六年一月に、西山卯三による「新日本の住宅建設」を特集するかたちで、『新建築』が復刊されたのである。以降、第二号で大阪の都市復興問題関係の特集、第三・四号では再び西山の「新しき国土建設」、第五号は「特集・都市復興の諸問題」、第六号で東京復興計画関係の特集と、『新建築』の誌面は都市計画関係の記事で埋められていた。つまり、終戦直後、官民を問わず、建築家たちの都市復興への情熱は、相当なものであった。

戦災復興院、そして石川栄耀は、こうした建築家たちの情熱を汲み取る試みを行った。『復興情報』第八号の二つの記事が、その様子を伝えている。「帝都復興計画・新宿地区」（図6）と、「戦災都市土地利用計画に関する調査報告」（図7）である。

前者は、東京商工経済会と石川栄耀がしかけ人となり、一九四五年一二月に開始された「帝都復興計画図案懸賞募集」の入選発表に関する記事であった。新宿、銀座、深川などの地区を対象とした都市設計コンペであり、『復興情報』誌上では、第八号に内田祥文・市川清志らによる新宿地区の一等入選案、第一一号には、同じメンバーでの深川地区の一等入選案、第一二号には、吉阪隆正による銀座地区の一等入選案が紹介された。

また、後者の「戦災都市土地利用計画に関する調査報告」は、「更に民意を反映せしめた計画、即ち学会或は民間に於いて、爾来蓄積し来った理論、或いは抱負を自由な立場から計画に盛り入れる[25]」ことを目的として、一九四六年四月に創設された戦災復興院嘱託制度による土地利用計画案に関する記事であった。高山英華、丹下健三、武基雄、池辺陽ら、大学の研究者や民間の建築家らが、地方の戦災都市の都市計画案を作成し、『復興情報』誌上で計四回の報告がなされた。

このように『復興情報』は、都市計画への民間の参画という試みを伝えるメディアとしても機能したのである。しかし、これらの試案を現実の都市計画へと反映させる仕組みは存在せず、戦災復興計画への民間の研究者や建築家の参画はこれ以上の展開を見せなかった。

6 都市計画の民主化運動

図 7 戦災復興院嘱託制度による土地利用計画案を伝える誌面
出典：『復興情報』第 9 号，1946 年，6 ページ

『復興情報』で新宿、深川の入選計画案を説明した市川は、所属を日本建築文化連盟としていた。終戦直後より、若手の建築家たちは、官民の垣根を越えて運動体を組織し、こぞって民主化運動を開始していた。

一九四五年九月、高山英華は土木と建築の垣根のない都市計画関係の会として国土会を組織した。この国土会は雑誌『国土』の刊行を目論んだ。一九四六年一月には、内田祥文を中心にその編集を終えたが、当時の出版事情がすぐの刊行を許さなかった。その間に「帝都復興計画図案懸賞募集」に全力を注いだ内田が過労で急死し、出版は頓挫した。

他方で、この国土会からやや遅れて、逓信省技師の小坂秀雄らが、日本建築文化連盟設立を提唱し始めており、内田を失った国土会は発展的に解消し、この連盟構想に合流することになった。そして、一九四六年一二月には、高山を代表とした日本建築文化連盟が結成された。要領に「独裁主義を排して民主主義へ」を掲げるとともに、具体的な事業の一つとして「建築文化活動を社会政策化するために、ジャーナリズム、ラヂオ等を通じて社会に呼びかけ」と、社会に対する発信を掲げた(26)。

しかし、機関誌『計画』発行までには一年の時間を要した。一九四七年一一月に発行された『計画』には、高山、内田、市川、吉阪らの『国土』用の原稿が収録された他、小坂、戦災復興院の早川文夫、経済安定本部の本城和彦らが寄稿した。

また、一九四六年の春には、日本建築文化連盟の一員になる早川らが幹事を務める都市計画家懇話会（PAM）が設立されていた。「民主的な色彩の濃いところに、本会独特の味があり、又活気もある(27)」と評された会で、毎月第一土曜日午後に会合を重ねていた。

こうした民主化運動は左翼的志向性を帯びていた。日本建築文化連盟は要領で「資本主義制度を倒して社会主義制度の建設へ」と唱え、『計画』の第一号に掲載した宣言文的な文章（脱稿は一九四六年夏）である「我々の問題」では、都市での土地私有制度の撤廃を徹底的に訴えた。一方で、「蘇聯では資本主義国家に、都市計画等出来るものか。結局土地に引き倒されてしまうぢゃないかと云っております。至言であります。我々——今日、そこに当面し、全く苦悩の極にたたされております(28)」と、現体制下での都市計画の実行を使命として、困難に立ち向かっていた東京都都市計画課長の石川栄耀も、藤山愛一郎、板垣鷹穂、岸田日出刀、高村光太郎ら様々な分野の民間人を集め、一九四六年五月に都市文化協会を設立し、復興について議論を交わした。

一九四六年の都市計画界に出現した日本建築文化連盟、都市計画家懇話会、そして都市文化協会は、立場・思想の違いを越え、民主化の理想のもとに、一九四六年九月に、全日本建築民主協議会（後の新日本建築家集団（NAU）の母体）に結集することになった(29)。

『復興情報』は、こうした都市計画の民主化を目指す多様な団体の活動の様子を、「帝都復興計画図案懸賞募集」の入選報告以外には、ほとんど伝えていない。一方で、これらの団体も、結局、この時期に確固たる独自のメディアを持ちえなかった。都市計画の民主化の要求に、メディアの方が追いついていなかったのである。

7 『復興情報』から『新都市』へ

『復興情報』は一九四六年一二月に発行された第一二号をもって、終刊となり、一九四五年二月以来、休刊中の『都市公論』と合体するかたちで、新たに設立された都市計画協会の機関誌『新都市』となった。『復興情報』最終号には、次のような反省が述べられている。

読者の中から本誌の記事は一般にも稗益する所が多いから、体裁内容を改めて外部にも販売する様にとの勧告もあったが、都合により今迄は実現出来なかった(30)

また、『新都市』の創刊号には、『復興情報』から継続して「復興雑感」が掲載されたが、重田は次のように『復興情報』を総括している。

官庁が自身の機関紙をもち、意のある所を広く天下に訴えるということは確に必要で、この意味に於て「復興情報」の存在は大いに意義があったと思うのであるが、何分予算に制約されてその発行部数には自ら限度があり、又之を販売するということも官庁としては仲々難かしく我々も大に悩んでいた(31)

結局、中央官庁である戦災復興院の機関誌としての制約もあり、『復興情報』は、民主化という「新しき行き方に本誌が相応の役割を果し得る(32)」とまではいかなった。そして、「従来『復興情報』は非売品であったが、新誌は有料として一般に頒布し、官庁協会の記事のみならず、広く民間関係者の意見も掲げて民論を反映したい[33]」と、都市計画の民主化、そして、民主化のための都市計画のメディアの課題は、次の『新都市』にそのまま継承された。

民主化運動の一つの結実であった全日本建築民主協議会の活動を伝える『新建築』の一九四七年五月号の記事は、当時の状況を次のように否定的に伝えている。

都市計画は一種の流行語のみで実質的には何等の計画も実行されず、いたづらに戦前の形骸を再現している。

建築家達は何をしているのであろう。官におるものは、依然として、独善的な紙上プランに尊い一日一日を浪費して、実現的な何ものも行わないのではないか、又民間のものも変則的な好景気に酔って、本質的な在り方を考えず、空想的な設計や、ヤミ資材の獲得に浮身をやつしているのでなかろうか[34]。

仮に『復興情報』に示された官の試みが非力であり、状況を変えるに至らなかったとしても、この記事が指摘しているように、民も「本質的な在り方」を考えていなかったのだろうか。民主主義がもたらした志向の転換は、思考の深化を伴っていなかったのだろうか。

8　一九四七年の「まちづくり」論

実は一九四七年になると、都市計画の「本質的な在り方」に関して、民主化運動団体の議論が、ようやく『新都市』などのメディアに登場してくる。追ってみよう。

先に見た、『計画』に掲載された日本建築文化連盟の土地私有制度の撤廃の主張の執筆を担当した高山英華は、主張の末尾で、国有・公有化された土地の合理的利用のために、「官僚的独善主義や割拠主義を廃し、各界及び一般市民の代表を含めたより広汎な決定機関を確立し……[35]」と付言した。土地公有化の文脈ではあったが、一般市民の意見を組み込む仕組みの確立が提案されたのである。

また、一九四七年四月に開催された都市計画家懇話会の会合の議論が、「都市計画の民主化」という題名で『新都市』六月号に掲載された。『新都市』が伝えるところでは、この「都市計画の民主化」という題名は、日本計画士会の秀島乾の当日の発言によっている。秀島は、幹事である早川の「今、都市計画の当面する問題はどんなことでしょう」という問いかけに対して、「都市計画の民主化が必要です。計画を民衆にわからせるようにすることが」と答えている[36]。そして、さらに「今までの都市計画は、地主とか、ボスにはつながっていたが、本来は人民のものであるべきだ。都市計画の効果が今までは人民によく理解されていなかった。主婦は主婦なりに、子供は子供なりに、サラリーマンはサラリーマンなりに、理解させることが必要です。例えば、交通地獄が起こらぬような町を組み立てる方法など—都市計画の改善や何かの要求が、市民の声として、力強く現はれるようでなければならない[37]」と説明を加えているのである。

この発言に続いて、日本建築文化連盟のメンバーで、戦災復興院技師の本城は、「日本の社会ではコミュニティ（共同体）の概念が熟していない」「街の中に復興委員会をつくり下部組織から盛上る力によって、都市計画が進められるようにしたい[38]」とボトムアップ型の都市計画の仕組みを提示した。これに応じて、秀島も「市民が参与出来るように機構を作ることが大切である[39]」と同調した。現代的な「まちづくり」に繋がる、参加型の都市計画の仕組みに言及しているのである。

秀島は、石川栄耀から「都市計画の民主化は民間の都市計画参加が第一だから[40]」とのアドバイスを受けて、戦災復興院への就職を断り、わが国で最初の民間都市計画事務所を開設する道を選んだ都市計画家であった。一九四七年三月、秀島は会長に笠原敏郎、理事長に石川を擁し、建築・土木・造園各界の都市計画関係者を網羅した、日本計画士会を設立したばかりであった。『新都市』の一九四七年四月号の設立に関する囲み記事で、初めてメディアに登場した日本計画士会は、続いて『新建築』の一九四七年五月号に設立趣旨を掲載させるとともに、秀島自身による解説を加えて、目指すべき都市計画のあり方を明らかにした。

秀島は「都市が人民のものであるならば、その計画の民主化の為に在来のような官庁の一隅でこっそり定められたり、人民に上から押しつけられたりした独善性は慎まねばならない[41]」と、当時の民主化運動の論調をなぞった上で、「計画者の責任の所在が明らかなことやその計画に人民が参加することが重要である[42]」と主張した。そして、こうした都市計画を目指す日本計画士会の活動の意義を、次のように表現した。

　新日本の町造りや村造りが豊に進展して行く礎石を据えたようなものだといえる。（傍点は筆者加筆[43]）

一九四七年の半ばには、従来の都市計画を批判的に捉えた上での参加型の都市計画への志向を背景に、「まちづくり」と読ませる新しい用語が、メディアにも登場してきていた[44]。都市計画の民主化が唱えられた『復興情報』の時代の思考に、「まちづくり」の一つの出自が確かに存在していた。この原点に立つことで初めて、戦後の都市づくりを貫く「都市計画」と「まちづくり」という構図の眺望が可能になるのである。

注

（1）「発刊のことば」『復興情報』第一号、一九四五年、一ページ
（2）越澤明「『新都市』解説」「『新都市』解説・総目次・索引」、一九九七年、九ページ
（3）松尾國松「誌齢二十八年を祝して」『都市公論』第二八巻第一・二号、一九四五年、六ページ
（4）渡辺俊一・杉崎和久・伊藤若菜・小泉秀樹「用語「まちづくり」に関する文献研究（1945—1959）」『都市計画論文集』第三二号、一九九七年、四三—四八ページ
（5）白石克孝・富野暉一郎・広原盛明『現代のまちづくりと地域社会の変革』学芸出版社、二〇〇二年
（6）小熊英二『民主と愛国——戦後日本のナショナリズムと公共性』新曜社、二〇〇二年
（7）小林一三「戦災復興について」『復興情報』第二号、一九四六年、二ページ
（8）「巻頭言」『復興情報』第二号、一九四六年、一ページ
（9）編輯係「後記」『復興情報』第一号、一九四五年、二四ページ

(10)「後記」『復興情報』第二号、一九四六年、三〇ページ
(11)「戦災復興院の行政運営刷新要綱」『復興情報』第六号、一九四六年、三〇―三一ページ
(12)『朝日新聞』一九四五年八月二七日付
(13)東京都計画局都市計画課「帝都復興改造案要旨（試案）（一）」『復興情報』第一号、一九四五年、一二ページ
(14)『朝日新聞』一九四六年一月三日付
(15)石川栄耀『新首都建設の構想』戦災復興本部、一九四六年、序
(16)石川栄耀『都市復興の原理と実際』光文社、一九四七年、四―五ページ
(17)石川栄耀「帝都復興都市計画の報告と解説」『新建築』第二二巻第一号、一九四七年、六七ページ
(18)「戦災復興院の行政運営刷新要綱」『復興情報』第六号、一九四六年、三一ページ
(19)鎌倉一主婦「戦災者配給を公平に」『復興情報』第二号、一九四六年、三〇ページ
(20)義憤生「軽視出来ぬこの矛盾」『復興情報』第二号、一九四六年、三〇ページ
(21)前川國男「百米道路の愚」『朝日新聞』一九四六年四月二日付
(22)重田忠保「復興雑感」『復興情報』第六号、一九四六年、一一ページ
(23)戦災インテリ生「口先でなく施策を」『復興情報』第二号、一九四六年、三〇ページ
(24)「復興計画に対する建築技術者の意見を聞く会」『復興情報』第六号、一九四六年、二五ページ
(25)計画局計画課・建築局監督課「戦災都市土地利用計画に関する調査報告（一）」『復興情報』第九号、一九四六年、六ページ
(26)「日本建築文化連盟綱領」『計画』第一号、一九四七年、四ページ
(27)「都市計画の民主化……PAM座談会」『新都市』第一巻第六号、一九四七年、二九ページ
(28)石川栄耀「新都市の構法」『新都市』第一巻第一号、一九四七年、一八ページ
(29)松井昭光監修、本多昭一『近代日本建築運動史』ドメス出版、二〇〇三年。全日本建築民主協議会の参加団体は、日本建築文化連盟、日本民主建築会、住文化協会、関西建築文化連盟、都市計画懇談会（連絡中）、都市文化協会（照会中）、日本インターナショナル建築会再建準備会（照会中）と記録されている
(30)本誌は『新都市』に合併、『復興情報』第一二号、一九四六年、三四ページ
(31)重田忠保「復興雑感」『新都市』第一巻第一号、一九四七年、三六ページ

(32)「後記」『復興情報』第二号、一九四六年、三〇ページ
(33)「『新都市』発刊」『復興情報』第一二号、一九四六年、四八ページ
(34)『新建築』第二二巻第四号、一九四七年、三三ページ
(35)日本建築文化連盟「我々の問題」『計画』第一号、一九四七年、五—二一ページ
(36)「都市計画の民主化……PAM座談会」『新都市』第一巻第六号、一九四七年、三〇ページ
(37)同右、三〇ページ
(38)同右、三〇ページ
(39)同右、三一ページ
(40)秀島乾「学会創立期の裏話」『都市計画』第五六号、一九六八年、八ページ
(41)『新建築』第二二巻第五号、一九四七年、三四ページ
(42)同右、三四ページ
(43)同右、三四ページ
(44)渡辺は渡辺俊一・杉崎和久・伊藤若菜・小泉秀樹「用語「まちづくり」に関する文献研究（1945—1959）」『都市計画論文集』第三二号、一九九七年、四三—四八ページで、対象とした書誌では一九五一年までは「まちづくり」を用いた文献は現れなかったとし、さらに、一九五〇年代後半以降の都市計画の系統における「まちづくり」事例を分析した結果、「都市計画界の「まちづくり論」は、都市計画（の積極的推進）と同義であり、現代的なまちづくり的発想は、未だ見られない」としている。

11 「都市デザイン」の誕生

一九六二年四月、わが国で初めての都市計画の専門教育課程として、東京大学工学部に都市工学科が新設された。そのカリキュラムの特徴は、平日の午後は通常の座学形式の講義ではなく、計画や設計の技法を習得するための演習が設定された点にあった。本章では、この学科草創期の演習とそれを担った人々に着目する。都市工学科の演習内容と指導体制を、わが国における都市計画・設計の職域が生み出されていくプロセスの中に位置づける。そうした作業を通じて、都市デザインの本質的役割を原点に立ち返って考えてみたい。

1 都市デザイン研究体

都市デザイン研究体

一九六〇年前後から、建築をバックグランドに持つ都市計画家、あるいは建築学科の学生で都市に関心を持つ者の間で、「アーバンデザイン」が流行語のように使用されるようになった。そして、「都市デザイン」という魅力的な響きを持つ職域が、従来の都市計画を精緻化し、一方で建築設計を拡張する先に夢見られた。とりわけ、一九六〇年代初頭、伊藤ていじ、磯崎新、川上秀光らを中心とし、土田旭、曽根幸一、大村虔一といった数年後には都市工学科の演習担当のスタッフとなる当時の大学院生たちが参画した都市デザイン研究体は、「都市のデザイン」（一九六一年）、「日本の都市空間」（一九六三年）という『建築文化』誌上での二つの特集において都市デザインの可能性を論じ、この時代特有のアーバンデザイン熱をリードした（表1）。その都市デザイン研究体を理論面で牽引したのは磯崎新であった。「都市のデ

表 1　1960 年代の都市デザインに関する主要文献と東京大学高山研・丹下研関係の執筆者・参画者

東京大学工学部			都市デザイン研究体		建築雑誌『都市設計』1965.10	『UR』1号 1967 ※3	『UR』2号 1967 ※4	建築学会都市設計シンポ1969.8	その後の主な経歴1200
		都市工学科創設期の職位・学歴	「都市のデザイン」※1 1961.10	「日本の都市空間」※2 1963.12					
	建築学科第六講座高山研究室 都市工学科第一講座 都市計画								
講座教官	高山英華	教授(62～)				△序	△序	○	東京大学教授
	日笠端	教授(64～)					○	○	東京大学教授／東京理科大学教授
	川上秀光	助教授(63～)	○		△座談会		○		東京大学教授／芝浦工業大学教授
	森村道美	学部(～60丹下研)、 修士(～62丹下研)、 助手(図書室64～)	○			○	○		東京大学教授／ 長岡科学技術大学教授
助手室	土田旭	学部(～61)、修士(～63) 助手(64～)	○	○	△座談会	○	○		都市環境研究所
	大村虔一	修士(～65) 助手(64～)		○	△座談会		○		都市計画設計研究所／ 東北大学教授／ 宮城大学教授
卒業生・研究生・学生	林泰義	学部(～62)、修士(～64)	○	○		○		○	計画技術研究所／
	渡辺治郎	学部(～63)、修士(～65)		○					千葉大学客員教授
	水野石根	学部(～62)、修士(～64)				○			地域開発コンサルタンツ
	南条道昌	学部(～63)、 修士(～65)				○	△		野村総合研究所 都市計画設計研究所
	土井幸平	学部(～63)、 修士(～65) →博士課程					△		都市計画設計研究所／ 大阪市立大学教授／ 大東文化大学教授
	山岡義則	学部(～65)、 修士(～67) →博士課程		△67					都市計画設計研究所／トヨタ財団／日本NPOセンター／ 法政大学名誉教授
	河合良樹	研究生	△69						都市計画設計研究所
	建築学科第六講座丹下研究室 都市工学科第二講座　都市設計								
講座教官	丹下健三	教授		△序文	○				東京大学教授
	大谷幸夫	助教授(64～)			○				東京大学教授／千葉大学教授
	渡辺定夫	助手(64～)			○			○	東京大学教授／ 工学院大学教授
助手室	曽根幸一	修士(～62)、 助手(64～)	○	○	○		△		環境設計研究所／ 芝浦工業大学教授
非常勤講師	磯崎新	磯崎新アトリエ 非常勤講師(66～)	○	○	△座談会				磯崎新アトリエ
	横文彦	ハーバード大学助教授 非常勤講師(66～)			○				横総合計画事務所
卒業生・研究生・学生	黒川紀章	修士(～60)、黒川紀章建築都市設計事務所 (61～)			△座談会				黒川紀章建築都市設計事務所
	富田玲子 (林)	学部(～62)修士(～64) U研究室(吉阪隆正) (63～)	○	○		○			象設計集団
	鳥栖那智夫	学部(～64)、 修士(～66)		○					丹下健三都市建築設計事務所 ／日本都市総合研究所
	福沢健次	学部(～64)、修士(～66)		○					ユニテ計画設計
	村井啓	修士(～66)		○					村井総合事務所
	山岸洌	学部(～64)、修士(～66)		○					丹下健三都市建築設計事務所
	大沼二郎	学部(～65)、修士(～67)				○			
	加藤源	学部(～65)、 修士(～67)				○			丹下健三都市建築設計事務所 ／日本都市総合研究所
	都市工一期生								
都市工一期生	久木田禎一	学部（～66）	△69						『造』編集／邑設計事務所
	佐々木隆文	学部（～66）	△69						佐々木隆文アトリエ／ 都邑計画
	鈴木崇英	学部（～66）、 修士（～68）	△69					○	UG都市建築
	その他の主要関係者								
その他			伊藤ていじ 小林武久 小林篤夫	伊藤ていじ	池辺陽 野々村宗逸 養原敬ら			伊藤滋 浅田孝 田村明ら	

※1，※2　△は単行本出版時の参画
※3　△は編集への参画なし
※4　△は文責寄稿なし

ザイン」特集に寄せた「都市の形態とダイナミックス」という論考で、磯崎は次のように研究体の立場を表明している。

われわれの立場は、都市を形態そのものとしてとらえる地点から出発する。プランナーあるいはデザイナーの立場から都市にアプローチする場合には、都市を物理的な形態そのものとしてとらえることが、もっとも有効な方法であることはいうまでもない。(1)

都市デザイン研究体は、「都市のデザイン」特集において、都市の物理的形態を、全体を構成する「パターン」と、部分としての「エレメント」という互いに独自の運動を続ける二つのフェイズと、「それらの運動に介在して、その混乱を秩序づけたり、あるいは促進・制御をする役割の装置」としての「システム」の三点から捉えた。「われわれはこの装置を駆使することによって、はじめて都市形成に参画する主体を確認できるわけである」(2)と都市デザインの方法を示唆した。

続く「日本の都市空間」特集では、磯崎は「都市デザインの方法」を著し、実体論(もの)―機能論(ダイアグラム)―構造論(パターン)―象徴論(モデル)へという段階的展開説を提示した。ここで、構造論的段階とは、「都市のデザイン」特集で採用された「パターン」「エレメント」「システム」のことであったが、磯崎はさらにエレメントのシンボル化、システムのモデル化を経た象徴論的段階を都市デザインの方法として仮設した。

後に磯崎は、「都市空間をひとつのモデルとして仮定的に構築し、それを記号操作やコンピュータによる数量解析をつうじて、シミュレーションして、適否を判定しながら、実際の都市の計画にあてはめる、こんな方法を予想していた」(3)と、象徴論的段階の都市デザインのイメージを綴っている。「日本の都市空間」では、すでに感知されつつあった「不可視の電気的媒体に満ちあふれ、その伝達の場」＝「見えない都市」としての現代都市の空間と、日本の伝統的な空間の感知形態である、非実体的で霧のような「かいわい」とを重ね合わせ、考察を試みていた。都市の物理的形態にこだわりながら、その操作のためにシンボル操作の論理に一旦還元するといった記号論的思考への傾注は、同時代の都市デザイン研究をリードしたケヴィン・リンチの『都市のイメージ』（一九六〇年、邦訳は一九六八年）にも共通しているし、実際、都市デザイン研究体の面々はリンチの仕事から影響を受けていたのであろう。

いずれにせよ、「アーバンデザイン」ないし「都市デザイン」は、実践を遠くに見据えながら、まずは熱く語られ、その方法が論理的に探求され始めていた。磯崎自身は、「建築家のかかわる領域を拡張し、都市計画家の仕事をもっと精緻化する、こんな領域にこの二つの職能が歩みより統合されるに違いあるまい[4]」と考えていた。

磯崎新の「都市からの撤退」

磯崎は、「日本の都市空間」を発表した翌一九六四年に、建築写真家の二川幸夫と世界の都市巡りの旅に出かけた。そして、記号の支配する都市＝ロサンゼルスから受けた衝撃をもとに、一九六七年に「見えない都市」についての論考をまとめた。一九七〇年には「ひとつの虚体モデルとして構想した「見えない都市」の空間を断片的にでも現出させるまたとない機会[5]」と考え取り組んだ日本万国博覧会での「お祭り広場」のプロデュースの後、過労のため、半年程寝込むことになった。復帰後、九州地方の建築単体の設計へと仕事をシフトさせていった。

磯崎はこの一九七〇年の万博を境とした仕事の転換を、「都市からの撤退」としてしばしば回顧的に言及している。「「都市からの撤退」というのは、むしろ都市そのものじゃなくて、都市計画や都市デザインというような上からの制御しか自らの手段となしえない職業からの撤退なんです。（中略）とうてい手がかりがない、単なるコンセプトのレベルで身動きならないだろうということが、だんだんわかってきた。その結末が万博で、ここでやっぱり明瞭になった[6]」と語っている。

一九六〇年代の建築界を中心としたアーバンデザイン熱や、都市デザインという職域への夢は、磯崎新のクロニクルにしばしば重ね合わされる。磯崎のこの「都市からの撤退」によって、建築界における都市の時代、アーバンデザインや都市デザインの探求も終わりを迎えたという言説が見られる[7]。しかし、果たして、真実はその通りであったのだろうか。以降、都市デザイン研究体に集った磯崎以外の面々のその後を追っていくことで、この問いに答えていこう。

2　都市工学科設立期の演習に見る「アーバンデザイン」

都市デザイン研究体から都市工学科へ

一九六二年四月に設立された東京大学工学部都市工学科に期待された役割は、学究というよりも、実践的な都市のプランナー、デザイナーの育成であった。したがって、講義以上に、演習重視の教育方針が立てられた。そして、各講座（研究室）から独立したかたちで、もっぱら演習を担当する教員組織である助手室が設置された。

都市工学科の母体の一つは、東京大学工学部建築学科の第六講座（高山英華教授、丹下健三助教授）であった。都市工学科では、まず高山が都市計画第一講座（都市計画）、丹下が都市計画第二講座（都市設計）の担当教授として着任した。そして、年次進行で学部教育が本格的に開始されるにしたがって、順次、他の教授や助教授が着任していったが、同時に、建築学科の第六講座、つまり高山研究室や丹下研究室に在籍していた大学院生の中から四人が助手室付きの助手（曽根幸一、土田旭、大村虔一、奥平耕造）に採用された。加えて図書室担当の助手として同世代の森村道美も採用された。

ここで注意しておきたいのは、曽根、土田、大村、そして森村は、都市デザイン研究体のメンバーでもあったということである。従来の都市計画、建築設計を互いに延長し、超えたところに、仮説的な職域を夢見ていた当時二〇代半ばの彼らは、『建築文化』の二つの特集で予見した机上の都市デザイン手法を、最初に与えられた仕事の場である新設の都市工学科での教育の現場において考究していくことになった。

最初期の演習

演習が開始されたのは、都市工学第一期進学予定者が駒場二年生の後半に差しかかった、一九六三年一一月であった。都市工学科一期生ということになる一九六四年度進学生に対しての演習の内容は、「土木、建築の両分野と異なる分野であるということを意識させるために、既成の方法に依らない、空間理解・技術・表現等を習得させるべきであるとい

表2　都市工学科草創期の演習内容（東京大学都市工学科高山文庫所蔵史料に基づく）

	1964年進学	1965年進学	1966年進学
図学 2年後期	●建築透視図拡大コピー （川上・曽根） 【趣旨】 建築スケールでの具体的作品透視図を拡大コピーすることで将来必要となる空間感覚を体験的に養うこと。 【主要提出物】 ・ポール・ルドルフ設計の教会	●新都市着彩コピー （渡辺，曽根，奥平，大村） 【趣旨】 都市スケールでの図面とはいかなるものか，又その内容はいかなる構成要素を扱うのか。典型的な新開発都市，イギリスのフックニュータウンを通じて，これを解明し，あわせて表示方法の訓練をする。 【主要提出物】 3万分の1～1万分の1	●新都市コピー （奥平，大村，曽根） 【趣旨】 典型的な新開発の都市であるカンバーノルドをトレースすることによって，都市のスケールとより身近にとらえることの出来る住宅及びそれらの集合した住区などとの関係を理解することを目的とする。 【主要提出物】 ・5千分の1　マスタープラン ・5百分の1　地区 ・50分の1　住戸タイプ
	●名神インターチェンジ透視図 （鈴木，川上，曽根） 【趣旨】 都市の重要要素となる高速道のインターチェンジ部分の設計図書を知ることと，それを空間的に表現することで都市の物的施設の一つを知る。 【主要提出物】 ・鳥瞰透視図を起して着彩	●住宅設計 （奥平，曽根，大村） 【趣旨】 これからの都市設計において要求される構成力をもっとも身近である住宅の設計を通して養うことを目的とする。 【主要提出物】 ・100分の1～50分の1	●住宅設計 （奥平，大村） 【趣旨】 住宅は身近にとらえることの出来る比較的単純な構成要素によってなりたっている。ここではこれらの住宅を住区スケールに拡げて，住宅内部とその集合の設計を通じて初期の構成力を養う。 【主要提出物】 ・5百分の1　配置計画図 ・50分の1　住戸タイプ ・50分の1又は百分の1　模型
演習1 3年前期	●新産都市コピー （川上，森村） 【趣旨】 現行の広域スケールでの開発の方法，その問題点を整理し，これを理解することを目的とする。 【主要提出物】 ・5万分の1　ゾーニング	●赤羽住宅地計画 （日笠，槇，曽根，内藤） 【趣旨】 住宅公団赤羽台団地の敷地について設計，計画することによって，中規模住宅地の構成力と設計技術を習得する。 【主要提出物】 ・1千分の1　全体計画図，道路網図等 ・5百分の1　中心地区計画図 ・1百分の1　住戸タイプ計画図 ・模型	●近隣住区中心設計 （曽根，奥平，土田，大村） 【主要提出物】 ・5百分の1　位置・配置図 ・2百分の1　平面，立面，断面
	●射水広域計画 （川上，森村） 【趣旨】 将来の都市計画は，市域内部にかぎられるものではなく，より広域な，諸要素の組織化が必要である。したがって，この課題では，広域計画において扱うべき問題点が何であるかを，土地利用計画，施設配置計画等を作成しながら考えていく。 【主要提出物】		●駅前広場計画 （新谷，伊藤，支倉，広瀬） 【主要提出物】 ・3千分の1～2百分の1 ●武里住宅地計画 （本城，大谷，土田，大村） 【主要提出物】 ・1千分の1　全体配置図，道路計画図など 計画コース

	・5万分の1　土地利用，広域計画		・百分の1　各住戸標準計画図 ・5百分の1　中心地区計画図 衛生コース ・2千分の1　排水計画図
演習2　3年後期	●磯子住宅地計画 （日笠＋全教官） 【趣旨】 住宅地の新開発について，その目標としてのマスタープランを作成することにある。 【主要提出物】 ・地区のイメージ（エスキス集） ・3千分の1　道路網，緑地系等の諸計画図 ・1千分の1以下　主要施設計画図	●市街地インターチェンジ設計 （鈴木，新谷，伊藤） 【趣旨】 Urban Expressway の Geometric Design の Principle を習得させること。周辺市街地への影響についての考察。 Urban Expressway の景観上の問題点を把握させること。 【主要提出物】 ・3千分の1　平面図 ●三軒茶屋再開発計画 （本城，井上，日笠，土田，内藤，曽根，渡辺（俊），石橋，綾，宇井） 【趣旨】 都市再開発計画について，その目標としての Master Plan を作製する段階を作業すること。 【主要提出物】 ・1千分の1　サーキュレーションプランなど ・1万分の1　環境計画，機能配置計画図等 ・1千分の1　中心部模型	●都心部街区計画 （槇，磯崎，曽根） 【趣旨】 都心部の人口の急激な膨張と，商業活動の増大などにより，業務地区は新しい土地を求めて拡がりつつある。ここにあげた3つの地区は，いずれもその開発によって重要な位置を占め得るものである。それぞれの性格を典型化して，再開発による明日の業務地区のあり方を検討し，これを設計する。 【主要提出物】 ・2千5百分の1　周辺との関係図 ・5百分の1　平面図，断面図 ・模型，スケッチ ●再開発計画 （井上，広瀬，日笠，内藤，奥平） 【趣旨】 大都市郊外住宅地の発展にともなって質的に変化し，あるいは混乱を起している住宅地の中心的な電鉄駅周辺地区を再構成（改造）するという仮定にそって計画案を作成する。 【主要提出物】 ・1万分の1　区将来構想 ・1千分の1　基本計画，模型 ●市街地インターチェンジ設計 （伊藤，支倉，大村） 【主要提出物】 ・1千分の1　平面図，横断図
演習3　4年前期	●富山市計画 （高山，森村，大村） 【趣旨】 中規模都市の都市設計計画 【主要提出物】 ・Physical Development Plan（1万分の1） ・Activity Plan（1万分の1） ・中心部開発の空間表現（3千分の1～1千分の1，模型）	●水資源開発計画 （綾，市川，松尾） 【主要提出物】 ・1万分の1～5万分の1 ●広域計画 （丹下，渡辺（定），高山，伊藤，川上） 【主要提出物】 ・5万分の1　全体構想図 ・1万分の1～3万分の1　都市基本計画図 ・2千5百分の1　中心地区計画図	

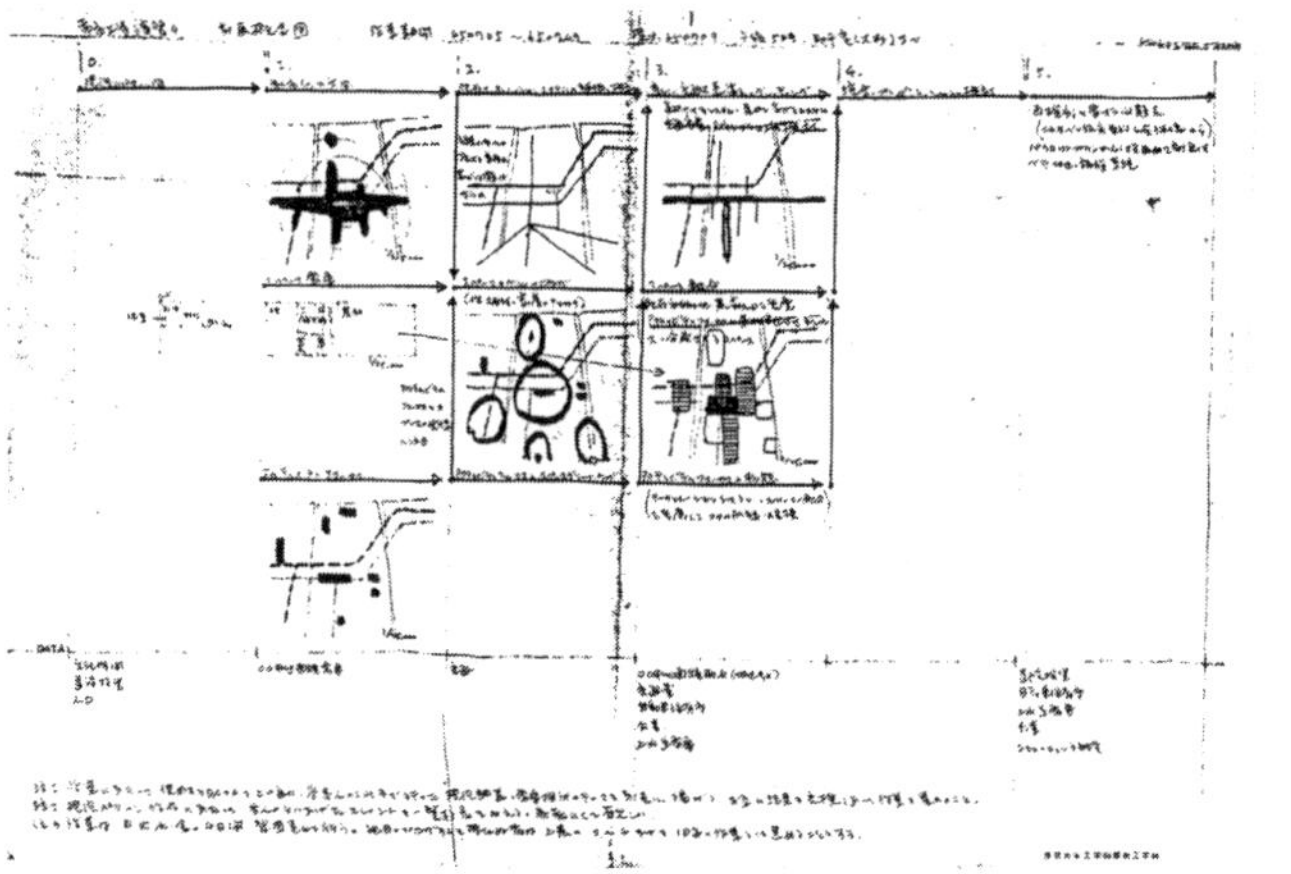

図１　都市工学科演習（富山市計画演習）の配布物（1965年）（東京大学工学部都市工学科高山文庫所蔵）

う見地から、国土計画、地域計画といった大スケールの計画からアプローチし、段階的に細部へ至るという方針[8]」で決定された。そして、実際、五万分の一スケールでの新産業都市コピーと、数年前に川上秀光率いる高山研究室チームが計画立案を行ったという経緯のある射水地域の広域計画の立案演習から開始された。そして、順次、三〇〇〇分の一から一〇〇〇分の一の住宅地計画へと課題を展開させていった。

四年生時には演習の総まとめとして、当時、高山研究室が総力をあげて取り組んでいた富山市都市開発基本計画（一九六五年六月に都市工学研究所（都市工学科内の任意の研究組織、高山研究室）が受託）が出題された。この基本計画は、「県が主体の計画ではなく、もっとミクロな地区環境整備をも対象として取り組んだ、市町村主体の計画[9]」として、フィラデルフィア市の諸計画を参考に都市計画の精緻化をねらった内容であった。演習での実際の学生の提出物等は確認することはできないが、わずかに残された大村による演習メモ等からは、都市の形態をまずは「パターン」として把握するという手順、つまり「都市のデザイン」で提示された「パターン」と「エレメント」の関係性が演習の課題として取り入れられているのが確かめられる。

しかし、この最初の学年の演習については、数々の問題点が指摘された。例えば、指導教官の絶対的不足、さらには大スケールの計画立案経験不足から来る教官の相対的不足、評価基準の不明瞭、「現実的側面におされ、計画するという創造的行為に時間があまりさけなかった[10]」といった問題の他、以下のような大きな問題があった。

一つは「実社会でも開発途上あるいは未開発の計画技術、空間認識および表現等が学生の手によって生みだされうるという楽観的見通し[11]」への反省であった。四年生の演習課題となった富山市の都市計画は、「提案グループの主たる関心は、あるべき計画（基本計画）のかたちを探るところにあった。それを実現するための制度、事業手法に無関心であった訳ではないが、当時の制度下での実現可能性の配慮よりも、あるべき姿の追求に熱心であった[12]」という姿勢で実際に大村、森村ら高山研究室グループが取り組んでいた、先進的なプロジェクトであった。①調査・分析・予測とは全く別のものとして体系化することの必要性、②物的構造に関する基本概念（パターン）を明らかにすること（具体的諸施設の提案と目標・構想との整合性）、③典型地区のスケッチを描くことの意味の追究、④必要事業図や地区対策図作成の必要性、⑤静的なプランだけでなく、それに至る過程であるプログラムの明示、といった非常に先進的な要素を含む基本的な方針の中で、計画の基本概念や市街化区域区分などの都市計画的な提案とともに、都市軸など都市設計的な構想が互いに整合性を持って提案された。しかし、実際には富山市の計画検討スケジュールとは接点を持たない、提案に過ぎなかった。例えば、都市軸の考え方は、一応、その後の富山市の計画に影響を与えたものの、「都市設計的色彩の強いこの考え方が具体的な意味をもって富山市に定着するのは、20年程の時間を必要とした[13]」のである。

「アーバンデザイン」「都市デザイン」を含む新しい都市計画・設計の方法を求める助手たちの熱意は演習教育にも及んだが、彼ら自身が試行錯誤しているがゆえに、初めて都市計画を学ぶ学部生にとっては容易には理解できないものであった。担当教員たちの結論も、演習全体として「抽象的空間の理解が基礎的知識のない学生に無理であった[14]」というものであった。この結論にしたがって、都市工学科の演習は翌年には、大きく修正が図られることになった。

演習の変容

二期生にあたる一九六五年度進学生用の演習では、前年度から大きく方針を転換し、「対象空間を物的存在としてとらえる段階まで scale down する」[15] ものとなった。さらに、一九六六年度進学生用の演習では、「都市空間を構成しているエレメントを重視し、64年度とは逆に、徐々により複合的なもの、総合的なものへアプローチする方針[16]」が採用された。

その結果、演習は様変わりし、「いわゆる都市設計的指導が強くされたためと、又、数人の学生がその方向にのり、全体を引きずったためであるが、前年度にはなかった、絵のかけないことにコンプレックスをもつ学生が出たことは否めない[17]」となった。「しかし、これにたいしては、当時、都市工学科をでる以上、自己の意図する空間を表現できないようでは仕方がないという教室会議での結論であった[18]」と、肯定された。しかし問題は、「計画とは何かについて多くの課題で意識的にとりあげたが、その反応はあまりみられない[19]」「エレメントを意識し、それを組みたてるという方向が強調されたために、従来からのいわゆるプランニングがおろそかになっているという意見もでてきている[20]」といった、都市計画そのものへの意識の低下であった。

そして「さらに、結果として生半可なものにならざるを得ないのであれば、設計と計画を分けよ[21]」という意見が提出されるようになった。つまり、都市計画と建築設計が止揚された結果としての都市計画・設計＝「アーバンデザイン」という理想は、演習という教育の面で、試行錯誤されたが、行き詰まりも見せ始めていた。

四年目、一九六七年度進学者に対する演習においても、「66年度の方針を肯定し、それを発展させる64年度の第一義的目的を再確認する方向で考える[22]」方針がとられた。しかし、翌一九六九年三月の時点での教官を対象としたアンケートでは、「計画（planning）・設計（design）技術設計のどれに重点を置き、どのように組み合わせるのか[23]」が第一の課題にあげられていた。つまり、演習自体の型は固定化され始めていたが、都市計画・設計としての「アーバンデザイン」への野心的見通しは陰り出していた。そして、都市デザイン研究体で議論し、都市工学科で教育を行っていた演習室助手の面々は、大学の教育という場での模擬的な取り組みではなく、社会的実践の中で「アーバンデザイン」を探求し、展開させていく必要性を強く認識し始めていた。

3　都市工からの撤退

『UR』第一号　ケヴィン・リンチ特集

演習も四年目を迎えた一九六七年、森村、土田の両助手と、日笠端研究室の大学院生であった林泰義や丹下研究室時代にケヴィン・リンチの『都市のイメージ』を翻訳した富田玲子、丹下研究室からハーバードに旅立つ直前であった加藤源が編集を担当した都市工学科研究誌『UR』が創刊された。

その創刊号は、都市デザイン研究体の面々に都市デザインの象徴論的段階を予見させたケヴィン・リンチに関する特集であった。特集を組むにあたっての問題意識が巻頭の「Lynch 論」で提示されている。まず、「かつてわれわれの間で、アーバン・デザインという言葉が流行語のように使用された一時期があった。しかしこの言葉は、明確な定義づけのもとに使用されていたわけではなく、アーバン・デザインという魅惑的で無限の可能性を潜在させているかのように思われる言葉に、さまざまな立場にいる個人がさまざまな願望をこめて使用していた[24]」と一九六〇年代初頭の議論を振り返り、二つの課題を提示した。

図 2　『UR』創刊号表紙（1967 年）

一つは「これらの仕事が現実の都市計画の立案・実施過程のなかで、いつ、いかなる組織あるいは立場でなされうるのか、あるいはなされねばならないのかを論ずること[25]」であった。そしてもう一つが、「よい都市とは、すぐれた景観をもつ部分（個体としての建築あるいは地区を形成する建築群）の単なる集合体としてしか考えられないものだろう

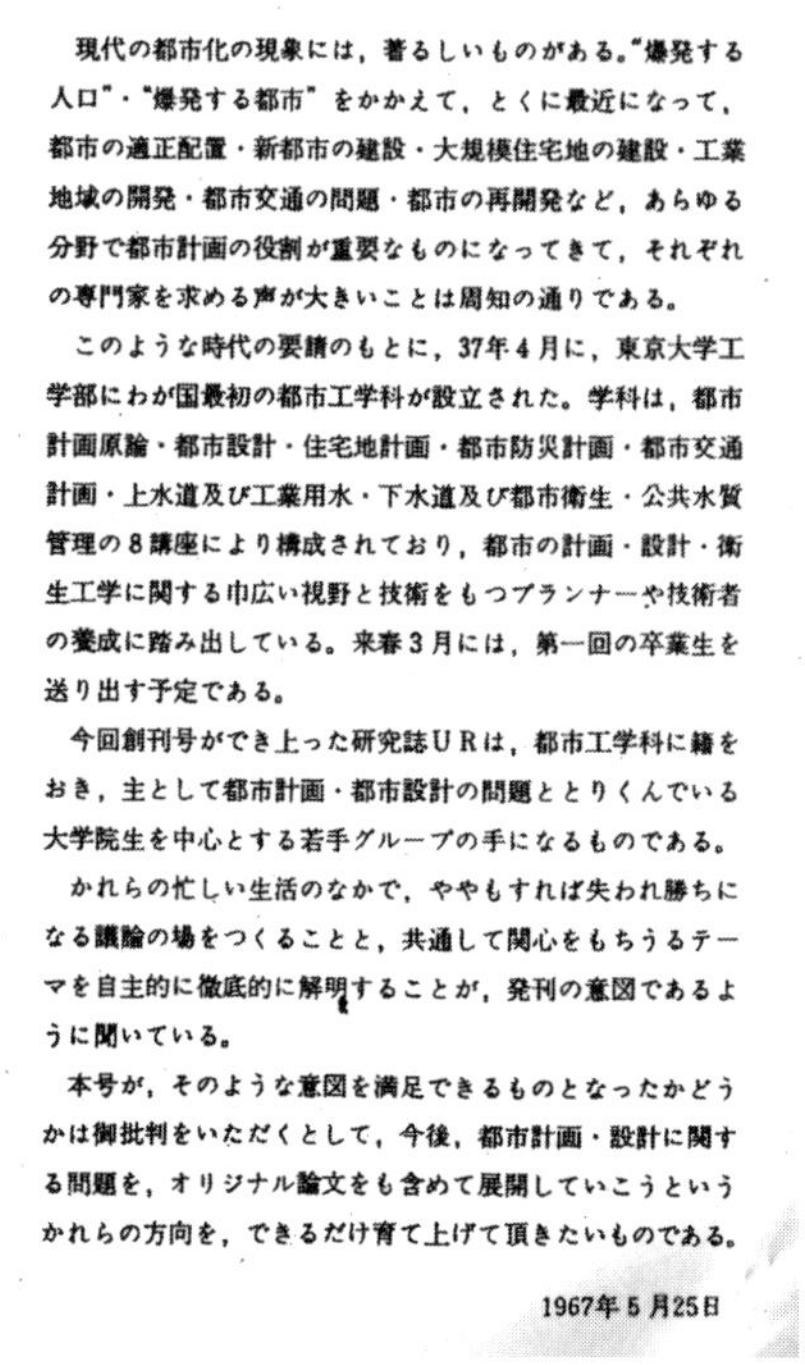

現代の都市化の現象には，著るしいものがある。"爆発する人口"・"爆発する都市" をかかえて，とくに最近になって，都市の適正配置・新都市の建設・大規模住宅地の建設・工業地域の開発・都市交通の問題・都市の再開発など，あらゆる分野で都市計画の役割が重要なものになってきて，それぞれの専門家を求める声が大きいことは周知の通りである。

このような時代の要請のもとに，37年4月に，東京大学工学部にわが国最初の都市工学科が設立された。学科は，都市計画原論・都市設計・住宅地計画・都市防災計画・都市交通計画・上水道及び工業用水・下水道及び都市衛生・公共水質管理の8講座により構成されており，都市の計画・設計・衛生工学に関する巾広い視野と技術をもつプランナーや技術者の養成に踏み出している。来春3月には，第一回の卒業生を送り出す予定である。

今回創刊号ができ上った研究誌URは，都市工学科に籍をおき，主として都市計画・都市設計の問題ととりくんでいる大学院生を中心とする若手グループの手になるものである。

かれらの忙しい生活のなかで，ややもすれば失われ勝ちになる議論の場をつくることと，共通して関心をもちうるテーマを自主的に徹底的に解明することが，発刊の意図であるように聞いている。

本号が，そのような意図を満足できるものとなったかどうかは御批判をいただくとして，今後，都市計画・設計に関する問題を，オリジナル論文をも含めて展開していこうというかれらの方向を，できるだけ育て上げて頂きたいものである。

1967年5月25日

図3　『UR』創刊号所収の高山英華による創刊の辞（1967年）

か。そのように考えていいものだろうか。もしそうでないとしたら、都市計画の手法として、物理的形態に関する都市的スケールでの理論が開発されるべきではないだろうか[26]」という問いであり、目標と形態との相互関係理論の不在を問題視し、都市的スケール・地区的スケールで形態が有する意味の研究の必要性を主張した。

これらはより実務的レベルにおいては、「プランニングの場ではどれ程のことを思考し、計画し、規制や事業化のレールにのせればよいのだろうか。デザインの場ではどれだけのことをおさえ、規定し、個々の建築設計へバトン・タッチすればよいのだろうか[27]」という職域への問いでもあった。

ケヴィン・リンチの仕事は、彼らにとって「アーバン・デザイン」とも呼ぶことのできる仕事の領域の周辺、あるいは個々の建築設計とシティ・プランニングを結ぶ問題[28]」を扱っているように思えた。繰り返しになるが、当時の都市工学科の若手の助手や大学院生たちは既存の都市計画と建築設計の間に、「アーバンデザイン」を探ろうとした。彼らの探求をそのまま教育に投影したのが、先に見た都市工学科初期の演習であった。

「都市設計にリアリティをもたらすもの」

ケヴィン・リンチ特集に続く『UR』第二号は、「都市基本計画論」特集であった。川上秀光、森村道美、そして日笠端らを中心に、既存の法定都市計画にとらわれない、あるべき都市計画の姿、つまり都市計画の精緻化（スケール的、技術的）が論じられた。森村が富山市の計画での試みに関して、「都市の基本計画の立案過程——富山市の場合」をまとめたのは、この『UR』第二号であった。

そして、この『UR』第二号の最後に収録されたのが、川上秀光、土田旭、曽根幸一、大村虔一、南条道昌、土井幸平の六名の共同討論をもとにした、「都市設計にリアリティをもたらすもの」であった。先に『建築雑誌』の一九六七年四月号に掲載され、発表されていたものの再掲である。「都市設計」という行為、分野、あるいはイデオロギーが確かに生み出されつつあるが、それがまだリアリティを獲得していないのではないかという問題意識から綴られた都市設計論である。ここでのリアリティとは、設計の実現可能性という意味を超えて、社会や都市の現実を変えていく力を持ち得ているかどうか、という問いを伴っていた。

都市設計がリアリティを持つということは都市設計という行為が社会活動の中にひとつの位置を占め、さまざまな諸活動と関連しながら独立した責任をもち権利を獲得するということであり、「都市設計のリアリティとは何か」という設問は、新職域の確立を目ざすことによってはじめて抽象的な議論の場から離れて具体的な意味を持つのである。(29)

そして、この論説は都市設計という職域を確立するための提言で締め括られている。それは以下のようなものであった。

・都市設計のプロを志すものは独立宣言を
・都市設計者を目指す者は自分の行う設計の内容を限定せよ
・都市設計者を目指す者たちは新しい職域に相応しい設計の表現（設計図書）をつくるための協議会を組織せよ
・都市設計評論家の出現を望む

・都市の設計から建設への組織化・経営・プログラム・コストアナリシスなどに対する方法論を確立せよ
・都市設計者教育のシステムを整備せよ

『UR』第二号が特集した「都市基本計画論」が、既存の都市計画の精緻化から目標像としての「アーバンデザイン」を見据えたのに対し、「都市設計にリアリティをもたらすもの」はより至近に、その行動計画の範疇に「アーバンデザイン」を見ていた。

助手室付きの初代助手の一人で「都市設計にリアリティをもたらすもの」の著者である大村虔一が職を辞し、高山研究室で同期の南条道昌、土井幸平らと都市計画設計研究所を設立したのは、まさにこの『UR』第二号発行と同年の一九六七年であった。同じく初代助手の曽根幸一は一九六八年に職を辞し、環境設計研究所を設立、土田旭も一九七〇年に都市環境研究所を設立して独立していった。『UR』の編集に関わった林泰義は一九六九年に計画技術研究所を設立、加藤源は留学先のアメリカからの帰国後の一九七三年に丹下健三都市建築設計事務所の仲間たちと日本都市総合研究所を設立した。大学研究室による委託研究の是非が一つの争点となった大学紛争の影響も受けて、大学を飛び出し、独立していった彼らが中心となり、都市設計、すなわち「アーバンデザイン」「都市デザイン」のリアリティが探求されていくことになる。

つまり、一九七〇年、磯崎新が「都市から撤退」し、建築へと専念していくのとほぼ同時に、かつて都市デザイン研究体に集ったメンバーたちは、「都市工学科から撤退」し、現実都市の中で、社会の中で、新しい都市計画・設計の職域の開拓を始めた。本当の意味での「都市への参入」が始まったのである。

東京大学工学部都市工学科の創始者で、彼らを時に鼓舞しつつ、その動きを見守る立場にあった高山英華は磯崎のインタビューに答えて「都市デザイン」について、当時、次のような発言を残している。

プランニングとデザインということばをもし使い分けるとすれば、一般には、デザインは造形という感じですよね。

だけど、ぼくはもうちょっとデザインというのを幅広く考えて、要するにアン・ノーンなファクターがたくさんある——価値の違うファクターがたくさんある。それを全人格的に、価値判断しながら決断を下す作業をデザインというふうに、ぼくは感じている。

計画というのは、そこをより普遍的に証明できるような——全部は証明しきれないけれど、計量化することもあるし、お金に換算することもあるし、あるいはデルファイ法とかなんかいってやるけど、より科学的にそれを証明する、客観する。

そうすると、建築計画と建築デザインとの違いも多少説明がつくし、都市デザインとは何だというときも、ただ都市のかっこうとかシルエットじゃなくて、わかんない要素がいろいろあるわけだ、きれいなほうがいいか、安いほうがいいか、とかね。そういうのはとても判断しきれない。価値判断だから。そこまでを都市デザインの中に含めていい。(30)

注

(1) 磯崎新「都市の形態とダイナミックス」『建築文化』第一八一号、一九六一年、六四ページ
(2) 同右、六五ページ
(3) 磯崎新『いま、見えない都市』大和書房、一九八五年、一五ページ
(4) 同右、一三ページ
(5) 同右、二四—二五ページ
(6) 同右、一六二—一六三ページ
(7) 例えば石崎順一は、一九七〇年代には、磯崎のように戦略的に「都市よりの撤退」を宣言した者もあれば、自閉的な殻=小住宅を手に都市に参入していく者もあったが、いずれにせよ、都市デザインの熱は急速に冷めていったと論じている（石崎順一「『見えない都市』が見えてしまったとき」『建築文化』第五八八号、一九九五年、二〇ページ）
(8) 東京大学工学部都市工学科所蔵演習関係資料

(9) 同右
(10) 同右
(11) 同右
(12) 森村道美『マスタープランと地区環境整備――都市像の考え方とまちづくりの進め方』学芸出版社、一九九八年、五六ページ
(13) 同右、六三ページ
(14) 東京大学工学部都市工学科所蔵演習関係資料
(15) 同右
(16) 同右
(17) 同右
(18) 同右
(19) 同右
(20) 同右
(21) 同右
(22) 同右
(23) 同右
(24) UR編集委員会「Kevin Lynch」『UR』第一号、一九六七年、三―四ページ
(25) 同右、四ページ
(26) 同右、三ページ
(27) 同右、三ページ
(28) 同右、四ページ
(29) 大村虔一「都市設計にリアリティをもたらすもの」『UR』第二号、一九六七年、八四ページ
(30) 『都市住宅』第一〇二号、一九七六年、九八ページ

12　大高正人のPAU　建築と社会を結ぶ方法

1　謎につつまれていた大高正人の仕事の全貌

文京区湯島にある国立近現代建築資料館にて、企画展示「建築と社会を結ぶ――大高正人の方法」（会期：二〇一六年一〇月二六日から二〇一七年二月五日まで）が開催された。大高正人はわが国の近現代建築史上、きわめて重要な人物である。前川國男事務所時代に上野の森の東京文化会館や日本住宅公団初期の晴海アパートを担当し、建築界に頭角を表した。一九六〇年の世界デザイン会議を契機に結成されたメタボリズムグループでは、槇文彦とともに「群造形」という概念を提唱し、国際的な注目を浴びた。一九六二年に大高建築設計事務所を設立した後は、坂出人工土地や広島基町アパートといった社会性の強いプロジェクトを実現させ、名実とともに建築界のトップランナーとなった（図1）。しかし、一九七〇年代半ば以降、そうした大高の姿はなぜか影をひそめるようになる。槇文彦が現在に至るまで意欲的な建築作品を建築メディアに発表し続けているのとは対照的に、大高正人の仕事は次第に建築メディアの射程からは離れていった。大高は生前に作品集をまとめることをしなかったし、自身の仕事を総覧するような展覧会を開催することもなかった。大高の仕事の全貌はいつのまにか謎につつまれるようになっていた。

大高は二〇一〇年八月に亡くなった。大高建築設計事務所のOBである藤本昌也、増山敏夫、野沢正光、中尾明らが中心となって「建築家　大高正人の仕事」編集委員会を立ち上げ、故人の仕事の全貌を解明する作業を開始した。晩年の大高に比較的長時間のインタビューを行う機会があった蓑原敬、松隈洋、中島直人も編集委員会に加わった。槇を代

図1　坂出人工土地の説明をする大髙正人（1966年）（文化庁近現代建築資料館所蔵）

図2　「建築と社会を結ぶ——大髙正人の方法」展の会場風景
出典：筆者撮影

表とする刊行世話人会の呼びかけで、各方面からの協賛を得て、『建築家　大髙正人の仕事』（二〇一四年）が上梓されるに至った。

ちょうどその書籍の出版と前後して、大髙正人のご遺族より、国立近現代建築資料館に対して大髙の自邸および事務所に所蔵されていた設計関係史料の寄贈の申し出があった。建築資料館ではその申し出を受けて、設計関係史料の整理、調査を行ってきた。二〇一六年の大髙正人展はその調査成果の公開、国立近現代建築資料館が新たに収蔵する史料の紹介を目的としていた。展示の企画は、顯原澄子や藤本貴子を中心とする建築資料館内部スタッフと、松隈、笠原一人、三宅拓也らの京都工芸繊維大学チームが担当した。筆者もその企画チームに加わり、主に都市に関する仕事を中心に分担した。この展示企画は、「大高の仕事の全貌」を伝えることを趣旨とした会場構成となった。独立前の仕事、独立後の主に一九六〇年代の建築の仕事、主に一九七〇年代以降の都市計画の仕事という三部構成とし、その構成に沿って作品の図面が時系列で並べられた。それらを一周することで、大高の仕事の全貌が理解できるようになっていた（図2）。なぜ、大高が建築メディアで設計作品を発表しなくなっていくのか、その謎も解けた。加えて、中央の丸テーブルには、スケールは五〇〇分の一、素材は純白色のゴールデンボードで統一された大高の設計作品およびその周辺環境の大小様々な模型が置かれた。大高の仕事が住宅から都市地域までの幅広さを持っていたことを視覚的に伝えていた。

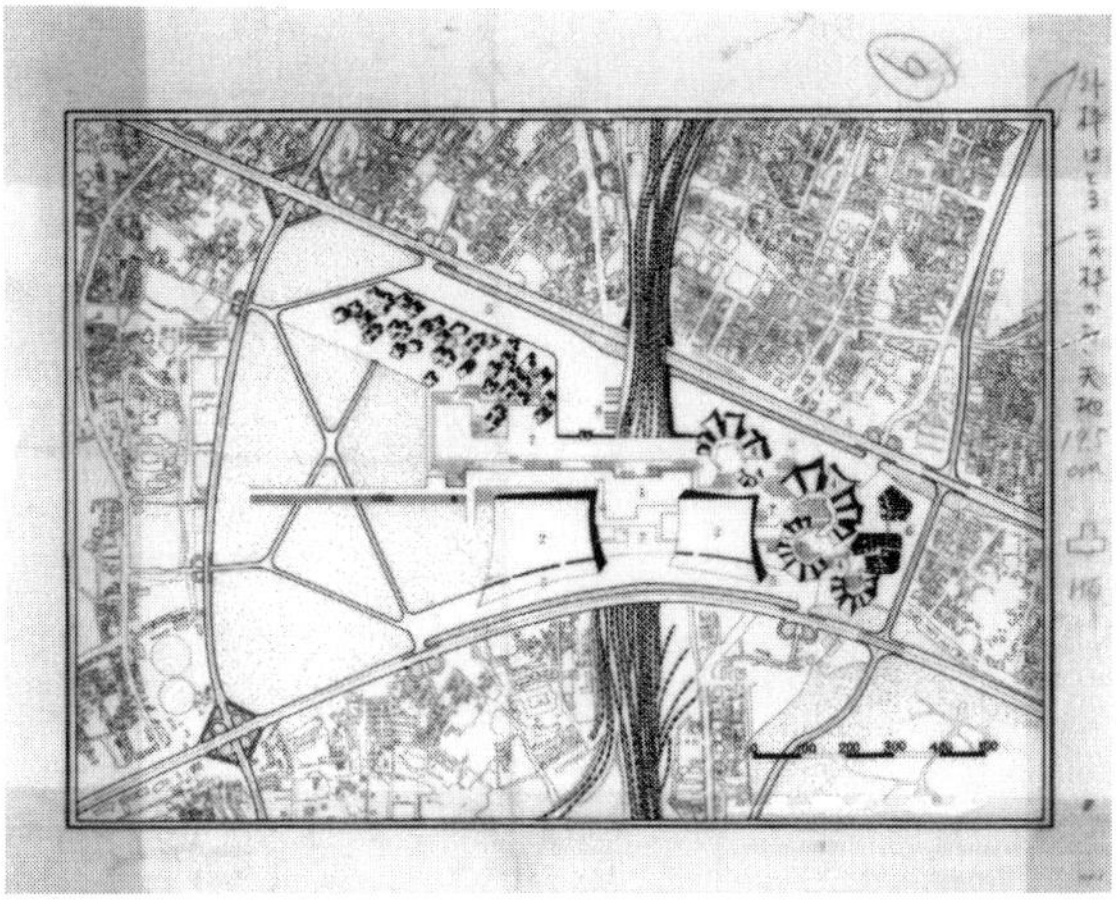

図3　新宿副都心計画（群造形）（1960年）（文化庁近現代建築資料館所蔵）

2　建築と社会を結ぶ方法　「PAU」

こうした展示を通じて大高の仕事の全貌を俯瞰してみると、大高の仕事を貫いていた思想的立場がはっきりと確認できる。それは、大高が事務所設立時に掲げた、三つの単語の頭文字を組み合わせた造語「PAU」で表現される[1]。「P」は「Prefabrication」であり、大高は「建築の工業生産化という角度から近代の方向を見定める方法」としている。同様に「A」は「Art & Architecture」を表し、「建築をもっとも素朴な生活用具および芸術品として見直してゆく方法」、そして「U」は「Urbanism」のことであり「都市および建築群をとり上げて、ひろく社会的な現実から見てゆく方法」である。大高はこの三つを統合することを建築家としての使命に掲げた。展示され

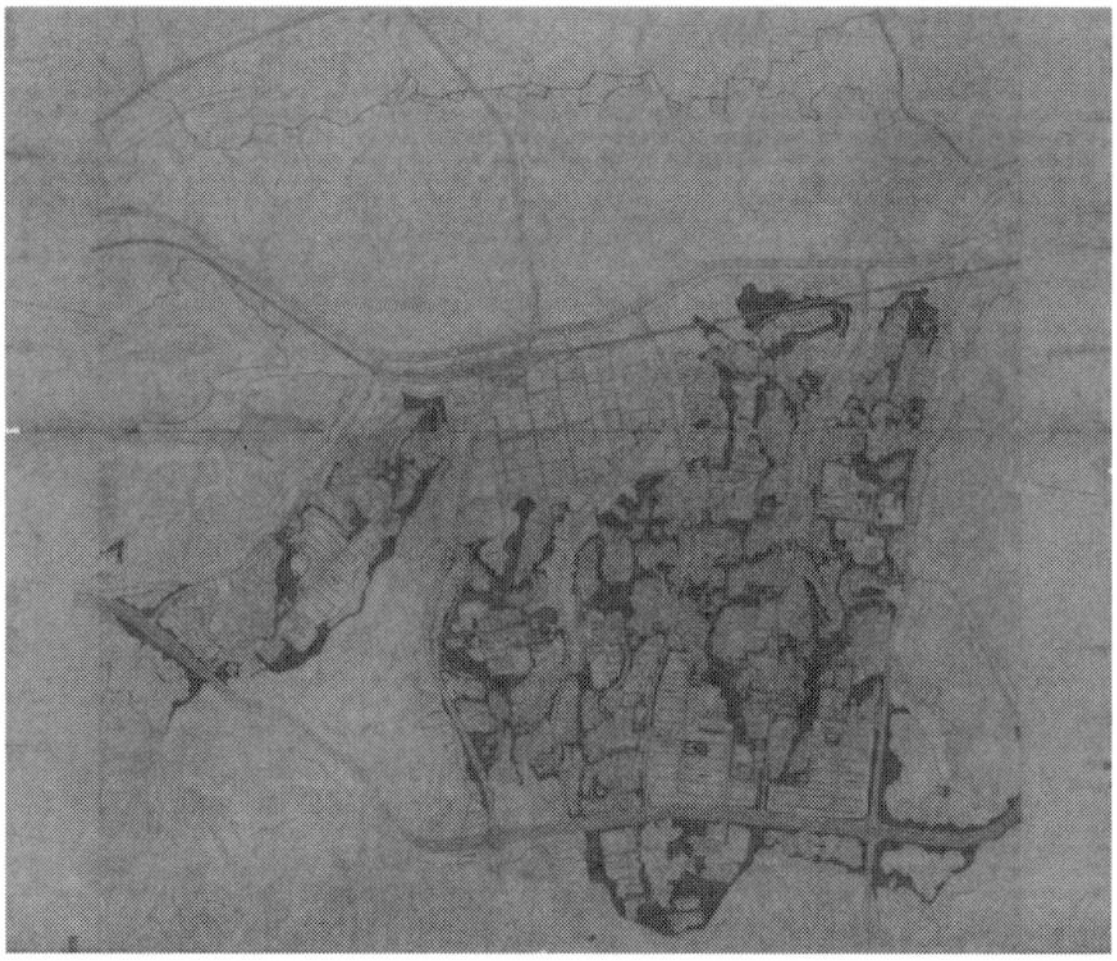

図4　南多摩ニュータウン自然地形案（1966年）（文化庁近現代建築資料館所蔵）

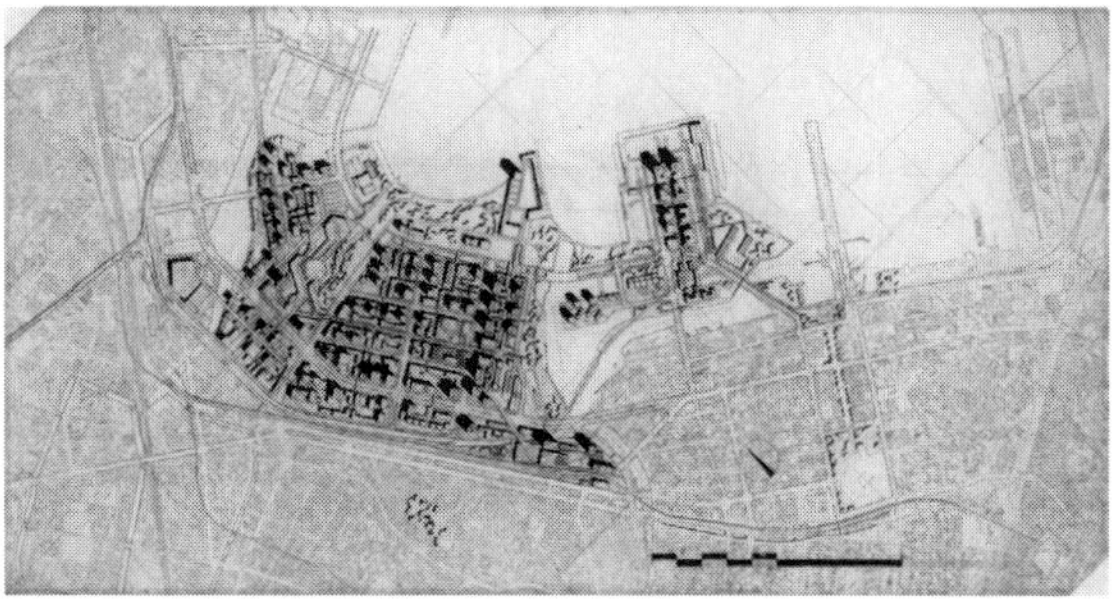

図5　横浜市都心臨海部開発基本構想（1979年）（文化庁近現代建築資料館所蔵）

ていた設計図面の多くは、実際にこの「PAU」という文字が刻印されていた。

建築家・大高正人の原点は「Art & Architecture」であろう。この企画展示では、旧制中学五年生のときに福島美術協会公募展に入選した際の新聞記事のスクラップや、大学時代に画家たちの生涯や思想を独自に勉強したノートなど貴重な遺品も展示されていた。これらの遺品からは大高がもともと美術、芸術に強い関心を抱いていたことがわかる。その後、建築家として、芸術としての建築を追求し続けたが、「Art & Architecture」が「Arts & Crafts」を連想させるように、大高は「芸術品」としての建築と「素朴な生活用具」としての建築との両立を目指した。建築単体としての代表作である千葉県立美術館や群馬県歴史博物館をはじめ、大高の建築作品にはシンプルかつ力強く印象的な傾斜屋根を持った建築が多い。大高は日本の風土に根差した伝統的な屋根を再解釈することで、「素朴な生活用具および芸術品」を探求したのである。

しかし、大高は建築を「Art & Architecture」の枠にとどめるのをよしとしなかった。大高の仕事の全体像が槇をはじめとする同時代の他の建築家と異なっている点は、「A」と同時に「P」と「U」を探求し続けたことがである。「P」＝生産システムについては、千葉県立図書館や栃木県庁舎議会棟のプレキャストコンクリートの部材に代表されるように、大高は当初は「工業化」の推進に力を注いだ。しかし、大高の生産システムへの関心は、単に「工業化」に収まらない、より広い文脈、意味に基づいて解釈されるべきである。例えば、大高の最も著名な二つの仕事、坂出人工土地と広島基町アパートは、ともに住宅地区改良法に基づく再開発プロジェクトであった。坂出人工土地において、大高は土地の権利問題を人工土地という革新的な方法で解き、公営住宅の建設を超えた公益的な街区を生み出すことを試みた。広島基町アパートは、当時は先例のなかった高層の公営住宅を、居住環境としての大地性の欠如を補うことに腐心しながら、コストをコントロールして実現させたプロジェクトである。つまり、いずれも再開発の制度、システム自体に対する新しい提案と試みを含んでいた。また、大高の初期の作品の多くを占める農協建築も、そのねらいは、なし崩し的な都市化に代わる新しい農村コミュニティとその将来空間像を、農業協同組

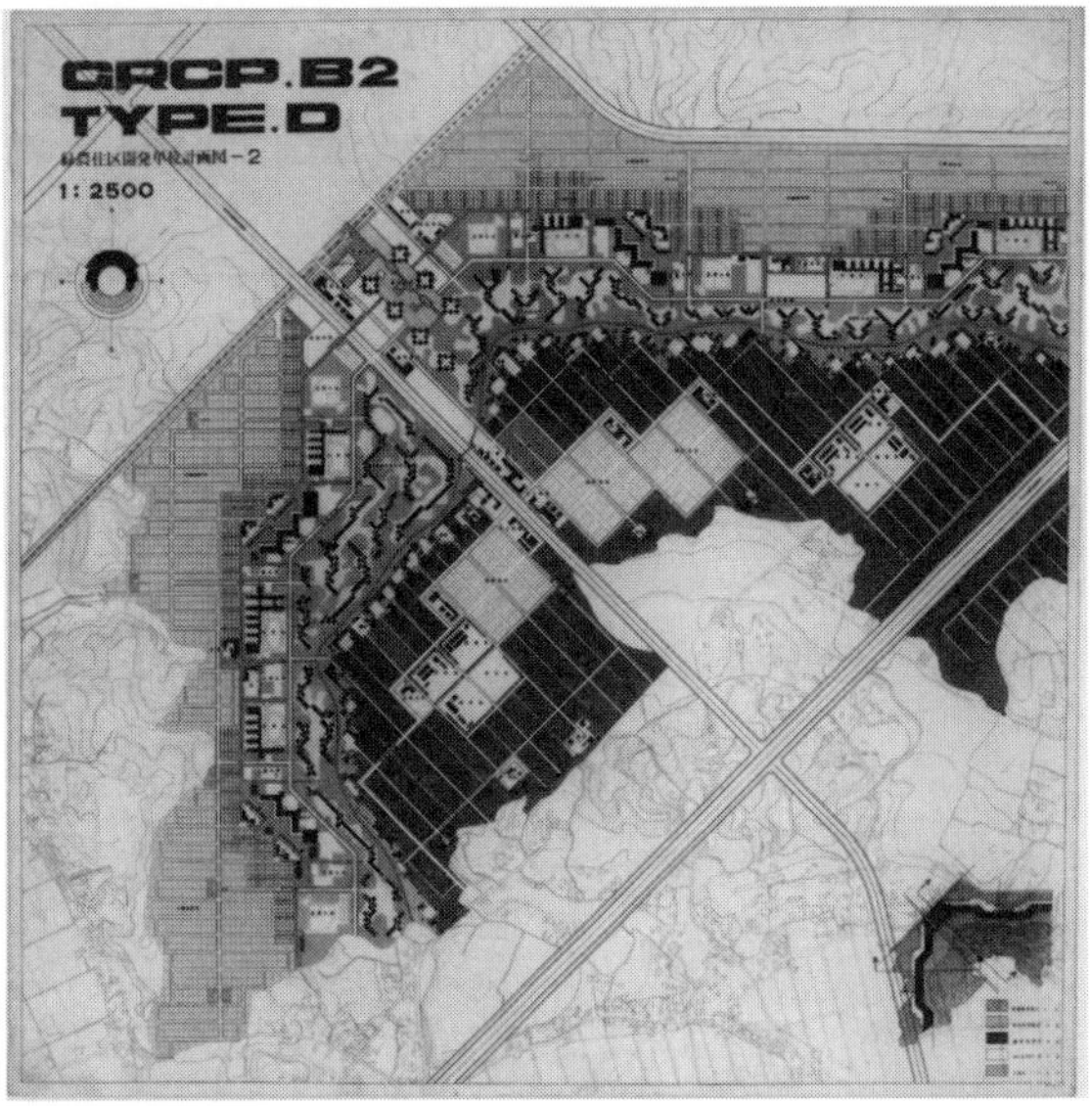

図6　緑農住区開発計画（1970年）（文化庁近現代建築資料館所蔵）

合という地域社会システムに基づいて考えていこうとするものであった。大高の「P」は、そうした建築物の背景にあるシステム全般まで含めた関心であり、それはもう一つの「U」とは表裏一体の関係にあったことが理解されるのである。

一九七〇年代の半ば以降、結果として大高の仕事を先導したのは「U」「都市および建築群をとりあげて、ひろく社会的な現実から見てゆく方法」であった。大高は当初より上野計画、群造形、坂出人工土地、広島基町アパートといった仕事で都市と向き合っていたが、一九六〇年代半ばに日本住宅公団からの依頼を受けて取り組んだ南多摩ニュータウン（現多摩ニュータウン）の「自然地形案」が、仕事を大きく広げることになった。「自然地形案」は、やみくもに自然環境を改変した上に新たな居住環境をつくり上げていく当時のニュータウン開発の対局として、居住環境の最も大事な基礎として自然環境を明確に位置づけ、その自然環境の中に居住環境を丁寧に構築していく提案であった。

『建築』の一九七四年一月号は、「最近の10の設計」というタイトルで、一九六〇年代末以降の大高建築設計事務所の作品を紹介している。紹介されている一〇の作品のうち九作品は建築設計というよりは、都市計画の仕事である。大高は「最近の10の設計」に寄せた一文において、大量の建築が生み出される一方で、街や村が荒れていく状況を嘆いた。そして、①海岸や山といった日本の故郷が荒れている。このままあきらめるわけにはいかない、②第二の故郷、都市もどうしようもない。起死回生の妙案を講ずる他はない、③造形の意味を学ぶとともに、近代都市に情緒を挿入したい、乾いた都市を市民が見直すチャンスになる、④島国に住む我々の財産である海岸線を食いつぶすことなく、上手に使いたいと、都市の仕事へ重点を移していった動機を説明している[2]。

大高の都市計画の仕事は、この自然地形案や大都市縁辺部において農地を維持しながら市街化を受け止める地域経営像を検討した緑農住区構想など、当時のスプロールないし開発一辺倒の都市化に対抗する仕事、坂出や基町から続く低質な既成市街地の再開発という社会性の高い仕事、新市街地の中心となる歩行者専用空間や水際のオープンスペースなど人間のための都市空間の創出の仕事など、いくつかの系譜に分けられる。いずれも、公団や自治体の技術者たちと密につき合い、彼らの思考の発展や技術の向上を促しながら進めた取り組みである。この展示企画では、従来あまり知られることのなかったそうした都市計画の仕事の特質を伝えるために、設計図面だけでなく、都市や地域の調査図面、報告書、論文なども展示に加えられた。

3　大高の故郷、三春へ

展示会場では、中央に配された円形テーブルとケースの周りに、大高の各プロジェクトの図面が時系列で展示されていた。一周することで大高の仕事の全貌をたどることができる円環型の構成となっていたが、展示の最初と最後は必然的に繋がる。その最初と最後を実際に接合しているのは、大高の故郷である福島県三春での仕事に関する展示である。大高は三春で生まれた。東京に出て建築家となり、五〇代半ば頃に三春との仕事の縁が生まれ、その後、継続的に三春でいくつかの建築物の設計を行うとともに、三春の都市計画顧問として、まちづくりを見守り続けた。そして、最後の作品も三春に遺した。

大高は三春に対して、次のような指導・助言を行ったという。

①「まちづくり」というが、古くて貴重なものを保存することが先決、自然環境・街並み景観・歴史的建造物は、一旦壊されれば復元は難しい。
②新しいものを造ることの怖さ・難しさの自覚を。いまの時代は品格を欠いた安っぽいものができてしまう危険が大きい。
③他所（外国や東京など）の真似は駄目。町固有の伝統と地域特性を良く考えて、それに磨きをかけることが基本。
④見栄を張ったり、背伸びをしたりしてはいけない。小さな町には、身の丈に合ったものを。しかし、小さくても本物を造る心構えを。
⑤時間や金が無いからといって、安物を造ってはいけない。良いものを造るコツは、充分に時間をかけること。仕

事を頼む人を厳選すること。
⑥単年度で出来なければ2年、2年でできなければ5年かけてでもしっかりした計画や事業を。
⑦行政だけでできることには限度がある。良い街づくりを実現するためには、住民の理解と協力が必要。住民参加の街づくりが肝要。
⑧町だけの力で出来る事には限界がある。国・県の支援も必要だが、かといって政治的な力に頼ってはいけない。町に高い志と立派な計画があれば、国・県は動く(3)。

会期中の二〇一六年一二月一〇日、大高の遺作である三春交流館まほらホールを会場として、シンポジウム「大高正人と三春のまちづくり」が開催された。「大高正人が三春に遺したものは何か」「それをどのように継承していけるのか」をテーマとして設定したが、大高とともにまちづくりを進めてきたパネリストたちは皆、大高のまちづくりの哲学として、協同・協働の思想を強調した。大高は様々な専門家たちを三春に紹介した。大高が紹介した専門家たちは、専門分野での能力はもちろんのこと、町の職員たち、地域の人たちとじっくり膝を突き合わせることを厭わない、人間性溢れる人たちであった。気づけば、内発的なまちづくりの精神が育っていた。したがって、三春での大高の仕事を通じて見えてきたのは、三春町自身が主体的に育んできたまちづくりの歩みそのものであった。一方で、大高の建築についても興味深い発言があった。大高は、「A」のみならず、「P」と「U」によって建築と社会を結びつけることを目指したがゆえに、その作品は時にやや生真面目で硬く、厳しい表情を見せることがあった。しかし、三春で大高が遺した建築たちはいずれも優しい表情をしているという。それは故郷で見せた大高のもう一つの顔なのである。大高という建築家を理解するためには、三春という小さな城下町の風景、環境、風土を知る必要がある。三春のまちを歩くことで、大高の建築と社会を結びつけるということの意味を体感できるだろう。

湯島での企画展示の会期は二月初旬までであった。しかし引き続き、二〇一七年四月から六月にかけて、大高が設計した三春町歴史民俗資料館にて、今回の企画展示の展示物の一部と、新たに福島県内や三春での仕事を取り上げて、三春が生んだ建築家・大高正人に関する企画展が開催された。国立近現代建築資料館での企画展示や関連のシンポジウムを通じて芽生えた「大髙が遺したもの」への関心を、現在、そして将来のまちづくりへと繋げていくためのささやかな一歩が三春で踏み出されたのではないだろうか。

注

（1）大髙正人「『東京文化会館』以後」『新建築』第三六巻第六号、一九六一年、七五ページ
（2）大髙正人「最近の10の設計」『建築』第一六〇号、一九七四年、五六―五七ページ
（3）伊藤寛『大髙による三春町への指導・助言』（文化庁近現代建築資料館所蔵）

13 「三春町建築賞」による地域の建築文化向上の試み

1 まちづくりの出発点としての三春町建築賞

福島県三春町は戦国時代にルーツを持つ旧城下町で、人口一万八三〇四人（二〇一五年国勢調査）の地方小都市である。この小さなまちで一九八二年に創設された三春町建築賞は、一九九一年度までは毎年、以降は隔年での募集を続け、直近の二〇一七年度で二三回を数えている。賞の対象は住宅や商店を中心とした町内の新築・改築建築物で、建築主、設計者、施工者の三者を表彰する制度である。応募数は累計で三五三件、受賞建築物数は一一五件にも上る。

三春町建築賞創設の原点は、伊藤寛（前三春町長：在任期間一九八〇年―二〇〇三年）が助役に就任してすぐの一九七六年に企画したまちづくり講演会に遡る。講師を務めたのは三春町出身の建築家・大高正人であった。この講演が故郷での初仕事であった大高は「風格のあった三春町というものを見直す必要がある」[1]ことを力説した。「広い歩道に沿って街路樹や花壇が並び、ロータリーの噴水の周りには鳩が群がっている」と未来のまちの姿を語る伊藤らに対して、「都会の真似事は駄目だ」「町民みんなで考えて、自分たちが納得できるまちづくりをすることが大事」と諭した。[2]まちづくり講演会は、行政のみならず、地元青年会や建設関連業者たちの地域おこし、まちづくりの機運を大いに刺激した。大高はこの講演会を機に三春町でいくつかの公共建築の設計に携わることになるとともに、伊藤が一九八〇年に町長に就任して以降、都市計画顧問として三春のまちづくりへの助言を続けていくことになった。

三春町建築賞はそうしたまちづくりの出発点において、「行政というのは規制をしたがるけれども、良いものを町民みんなで褒め合うということのほうがずっと大事であり効果があるのではないか」[3]という伊藤らの思いのもと、三春の建築文化の向上を目的として誕生した。初代選考委員長には建築史家の村松貞次郎が就任した。大高と村松とは東京大学第二工学部建築学科の同窓であった（村松が後輩にあたる）。ただし村松が選考委員長を引き受けることになった経緯は、単に大高の推薦があったからということではない。今でも地元の人々は村松を三春に引き込んだある夜のエピソードを楽しく語ってくれる[4]。

当時、プライベートで全国の桜を見て回ることを楽しんでいた村松夫妻に、大高が三春名物の滝桜を紹介したのが村松と三春の最初の縁であった。そして、まちづくりに取り組み始めていた青年会メンバーが桜の鑑賞を目的に来訪した村松夫妻を案内した。その晩には夫妻の宿泊先の山荘に板金屋、左官屋などの地元の職人たちを集めて、酒宴を催した。宴は大変盛り上がった。村松は三春の人々と打ち解け、彼らの建築やまちづくりへの思いに共鳴し、「三春のために一役買うから、何でも言ってきなさい」と約束した。その後、建築賞の話が具体化していく中で、この言質と大高の了解のもと、村松に選考委員長を依頼したというのである。

2　村松貞次郎と三春町建築賞

村松は三春町建築賞をどのような賞だと考えていたのだろうか。村松以外の選考委員は地元の各種団体から選出された三春の町民が名を連ねた。村松の三春町建築賞に対する思いを表すエピソードが一つ伝わっている[5]。第一回の選考を終えた後、残念ながら受賞に至らなかった作品の関係者から不平の声が上がった。そこで、三春町としては賞の選定にもう少し権威を持たせるべく、村松以外にも外部の建築専門家を審査員に追加しようと伊藤が村松のもとに相談しにいったところ、村松が烈火のごとく怒り出したというのである。「あなた方は自分たちが何をやっているかぜんぜんご承知ないんですね」と。「私は町民みんなで、素人が集まって審査をするという心意気に打たれてご協力しようと引き受けたのであって、あなたが言うように専門家の視点で建築賞をやるんだったら、世の中にごまんとあります。私はそういうことに関わる気はまったくありません。辞めさせてもらいます」——怒られはしたものの、伊藤はいたく感動した。

現在に至るまで、選考委員長以外は皆、地元関係者が選考委員を務めている。[6] 特徴としては、第一に応募者も選考委員も地元ということで、自分たちで自分たちの仕事を評価する仕組みとなっている点である。また、もう一つの特徴は一九八九年度の第八回以降、地元女性団体から複数名が選考委員として加わっていることである。村松は建築賞の評価において、生活に密着した女性の視点、とりわけ「使い勝手」を重視した。

村松の三春町建築賞への期待、そして手応えは、毎年の講評文に見て取れる。村松は第一回の講評文の中で、「1新しい街づくりへの貢献度　2建築物の美しさ　3建築物の機能性　4建築の技術　5その他」[7]の五点を総合的に評価すると選考基準を提示した。そして、毎年の講評文を通じて、三春町建築賞で何を重視するのかを説き続けた。「応募作品にやたらにお金をかけたものが多くなることを心配していたが、今年の入選作は、むしろ低価格ではあるが、設計と施工で十分にそのハンディキャップを埋めて、堅実な成果をあげたものが多かったことは喜ばしい」（第三回）[8]、「容れものとしての建築だけでなく内部の生活文化の充実と向上、およびその生活を反映したものとしての外部空間の充足が図られることを期待します。容れものだけが立派になってもそれは借り物の美しさにすぎません」（第六回）[9]、「〝らしさ〟というものは過去にすでにできていたパターンではなく、これからの三春をつくって行く、その行き方、考え方、その働き、流れの中に、ある特色、傾向として形成されてくるものが〝三春らしさ〟ではないだろうか。〝らしさ〟青い鳥ではなくて、それを追い求め、探し続ける私たちの軌跡が〝らしい〟を形成する」（第一一回）[10]といったように。

村松は一つひとつの受賞作についても、愛情のこもった選評を書いた。村松が急逝したのを受けて、一九九七年度（第一三回）にピンチヒッターとして選考委員長を務めた大高は、それらの過去の選評を読み、村松の無限の優しさに涙したという。「一つの名建築を選ぶための賞ではない」[11]三春町建築賞が定着していく過程において、「建築賞というものは速効性を期待するものではありません。潮が満ちてくるように、ゆるやかにしかも根底から生活と建築文化の向上を目指すものです」（第八回）[12]という考えで三春を見守り続けた村松の果たした役割は大きい。

3　三春町建築賞の現在

選考委員長は、一九九九年度の第一四回から建築史家の谷川正己が引き継いだ。かつて嘱託として村松研究室に在籍していた経験を持つ谷川は、大髙、村松の両名の意図を引き継ぎ、独断的に選考を取り仕切るのではなく、地元の選考委員たちの自発的な意見を何よりも尊重した。谷川は選考委員会について「建築を専門とする委員と、専門としない委員が相半ばする構成が良く、互いに気づかない視点を披露して、議論し建物とは何か、住まいとは何かという本質に迫ります。これは実に素晴らしい勉強会ではないかと思いました」（第一七回）[13]と書いている。

賞への応募件数自体は、二〇〇〇年頃を境に減少傾向が続き、ここ五回は毎回一〇件程度となっている。応募者も熱心な地元工務店数社に限定されてきている。その背景には、三春町での大規模な宅地造成などが一段落したことに加え、東日本大震災後は復興住宅等の仕事に地元建設関連業者も集中せざるを得ないという状況がある。また地元業者同士の相互評価になじめない、すでに暮らし始めている建築主から現地視察等に関する協力が得られないといった、制度的な課題も指摘されている。しかしそれはまた、三春の建築文化の向上の試みが、四半世紀を経過してもなお途上である、時間のかかる息の長い取り組みであることの証左でもある。

一方で、三春町建築賞が三春のまちに本当の意味で根づいていることは、第二二回の選考会（二〇一五年一〇月八日—九日）のエピソードからもうかがえる[14]。谷川が当日に急遽欠席するというアクシデントがあり、選考委員長不在のまま選考を進めなくてはならなくなった。当日集まった選考委員たちは、まず選考方法について、前回までの書類選考による選抜を経ての現地視察というプロセスを廃し、全作品の現地審査を実施することを決めた。そして過去の回と同様に一つひとつの建物を丁寧に見て、様々な意見を交わしながら選考を行ったのである。つまり、三春町建築賞は地元関係者の手だけでしっかりと運営された。

大髙は賞を漠然としたものにしないためにも選考委員長の人選が大事であると考えていた一方で、町民自らの手でまちづくりを進めることが肝要であるということを繰り返し伝えていた。村松は選考委員会の晩には、必ず地元の選考委員たちと一夜反省会を開き、委員の目を高める努力をしていたという。三春町建築賞を通じた地方小都市における建築文化の向上の試みとは、三春らしい建築の生成とともに、建築を巡る三春らしい自治的な場の涵養そのものだったのである。

注

(1) まちづくり講演会
(2) 伊藤寛・内藤忠（元三春町商工会長）他へのインタビュー（二〇一六年七月三日、文化庁近現代建築資料館所蔵の大高正人資料関係オーラルヒストリー）
(3) 同右
(4) 同右
(5) 同右
(6) 選考委員会委員（二〇一五年度、第二二回）は、学識経験者一名（谷川正己）、三春町都市計画審議会一名、三春町商工会一名、福島県建築士田村支部一名、三春建築大工業組合一名、三春町磐青の会一名、三春町更生保護女性会一名、三春町婦人会一名、三春経営塾一名、福島県県中建設事務所一名の計一〇名である。第二三回から谷川に代わり長澤悟が選考委員長を務めている。
(7)『三春町建築賞30周年記念誌　入賞作品集』三春町、二〇一三年
(8) 同右
(9) 同右
(10) 同右
(11) 同右
(12) 同右
(13) 同右

(14)　三春町建設課担当者へのヒアリング（二〇一七年三月一七日）

第3部　東京の場所性と都市計画

14　東京　多様なアーバニズムのアリーナ

1　都市計画家にとっての東京

東京というまちに向き合った都市計画家たちは、いかなる都市計画観に到達したのだろうか。

東京の戦災復興都市計画の立案責任者であり、東京都建設局長としてその実現に全力を注いだ石川栄耀が最終的にたどり着いた境地は、「生態都市計画」であった。石川は主著『新訂　都市計画及び国土計画』（一九五四年）の序で、「「都市計画」は「計画者が都市に創意を加えるべきものではなくして」それは都市に内在する「自然」に従い、その「自然」が矛盾なく流れ得るよう、手を貸す仕事である」[1]と「生態都市計画」を説明している。こうした考えを決定的にしたのは、石川が晩年に敢行した全国の都市巡りであった。しかし、その原点は東京の戦災復興都市計画の経験にある。東京の周囲に衛星都市を配することで、都区部の人口を三五〇万人に抑えるという目標を立て、全面積の三〇パーセント以上の広大な緑地地域を設定したものの、都区部への人口流入、緑地地域での市街化を制御するすべもなく、なし崩し的にそのプランを放棄せざるをえなかった、という経験である。石川は、都市は規範や計画に導かれるのではない、都市が内包する都市の消長を決める力に抗することはできない、むしろその力を把握し、寄り添いながら、もし必要であれば修正を試みる、という謙虚な都市計画観に達したのである。

都市計画学の確立に尽力し、戦後は東京オリンピックの施設計画などの、数々のビッグプロジェクトを指導した高山英華は晩年は都市の面白さは「プランナーとかデザイナーの及ばない範囲のところで成り立っている」[2]といった趣旨の発言を残している。例えば、「東京がいま、世界的に面白いと認められるのは、江戸からの古いものをずっと引きずりながら発展してきたため、何かどろどろした、計画者の考えが及ばない複雑怪奇なところがあるからなんだ。スラムなんかも、一種の自然発生的な町づくりで、学ぶべきところもある(3)」と。高山は、不燃化、そして都市防災を理念に掲げた再開発事業により、「何かどろどろした」既存の都市空間を新しい都市空間につくり変えることに力を注いだ世代である。また、急激な人口増加に対応した、高蔵寺ニュータウン、筑波研究学園都市などのニュータウン・新都市建設にも関わってきた。しかし、高山や彼のもとで実務に取り組んだ者たちは、一つの事業、一つの計画を終えるたびに、「これは都市ではない。都市たる何かを欠いている」と自己批判を繰り返してきていた(4)。高山は、都市が都市たるゆえんの「都市」的なるものを生み出す手立てが、近代都市計画の掌中にないことを痛感していた。

石川がたどり着いた都市計画観は、日本の都市計画の基本的な性格である、都市の成長（規模の拡大）を決して妨げることのなかった弱い計画や緩い規制と関係がある。一方、高山の晩年の発言は、近代都市計画、ないし近代都市に対するより普遍的な問いかけを含んでいる。

ここで、東京という都市と近代都市計画という主題に対して、二つの論点を設定できる。一つは、かつての成長型社会の都市計画と現代の東京の姿との関係、そしてもう一つはこの現代の東京の姿と近代都市計画の限界の乗り越えとの関係である。

2　成長期社会の都市計画制度と現在の東京の姿

日本の都市計画制度の祖型は、一九一九年に施行された旧都市計画法にある。先進工業国であった欧米諸国で二〇世紀初頭のほぼ同時期に誕生した近代都市計画が、工業化の途上にあったわが国にも導入されたのである。先進諸国の大都市が、すでに一九世紀中盤より近代都市に相応しいインフラストラクチャーの導入に踏み切り、街区と建物の配置を規定する一般建築条例等を制定し、最低限の居住環境を担保した上で、都市の土地利用コントロールの確立を主眼とした近代都市計画制度を離陸させたのに対して、わが国では、そうした前提条件は存在せず、これから急激な人口集中が予想されるという段階での導入であった。

欧米先進国やアジア諸国との比較都市計画の構図の中で、日本型都市計画の定位を試みた西山康雄によれば、貧困期社会、成長期社会、成熟期社会、衰退期社会という社会類型に応じた都市計画像があり、欧米先進国の模範的とされる近代都市計画制度を成熟期社会の都市計画とすれば、わが国の都市計画制度は成長期社会の都市計画である。(5) 成長期社会の都市計画である日本の都市計画制度の仕組みは、市街化に先駆けて計画的に十分な基盤整備を行うのではなく、市街化の進行と並行して、次第に都市に蓄積してくる富をもとにそこそこの暫定的な基盤整備を行う、というものであった。つまり、土地区画整理事業に代表されるように、地価の上昇を前提とした基盤整備、「都市化を財源化する」仕組みであった。

しかし、これらの基盤整備事業が市街地の全面にわたって実施されたわけではなく、市街化は基盤整備の有無とは関係なく許容された。既成市街地はおろか、郊外の新規開発においても、四メートル道路に接してさえいれば（一九三八年以前は九尺（二・七メートル））、合法的な市街地として認められたのであった。欧米諸国の近代都市計画の標準からすると、これらはいわゆる基盤未整備の市街地開発にあたる。日本の都市計画制度はインフォーマルな市街化を許容したということに他ならない。

こうした日本の都市計画制度やその運用を支えていた都市像ははっきりしない。石川も高山も、東京をはじめとするわが国の都市は巨大な村落に過ぎない、都市像が見えない、と指摘していた。ただし制度の背景には、漠然としていたものの「国家経済に資する工業都市」「広大な郊外を有する拡張都市」「骨格となる道路中心の近代都市」と表現される、互いに関連し合うコンセプトはあったと考えられる。(6) 成長期社会においては、成長の動力である工業化を最大限に推し進める必要があり、都市もその工業生産の主戦場として期待されたこと、工業化がもたらす都市人口の増加に対して、最も簡便な方法でその居住地を確保するために、郊外の拡張の自由度を確保し、さらにそうした工業都市や広大な郊外の活動を支えるための基盤としての骨格的な交通網を重点的に建設することが重要である、といった考えに基づいて都市計画が進められていった。

成長期社会の都市計画制度は、都市像が不明瞭なまま、自存的に機能することになった。特に建築形態規制としては、一九六〇年代に当初の絶対高さ制限が外れて以降、用途地域と前面道路幅員とを連動させた大ざっぱな容積率の縛りで、都市のマクロな構造とミクロな都市環境を制御していくことになった。そこに積極的に実現すべき都市空間の姿は見えづらかった。こうした建築規制は、その後、敷地の規模と公共貢献を根拠として次々と創設されていった特例緩和型制度（特定街区、再開発地区計画、高度利用地区、総合設計など）によって、スポット的にさらに緩和された。そして、周囲の市街地とは異なる大きなボリュームを持った沢山の「島」が生み出されていった。

以上の結果として、基盤整備済み地区と基盤未整備地区とが混合し、建築の自由に基礎づけられた街並みの各所に「島」的なプロジェクトが混入してくる、ただしこれらを骨格として機能する交通網が結びつけているという、現代の東京が生み出された。成長期社会の都市計画は、都市像の不在という事態に対して、ある意味割り切りを持って臨み、悩み立ち止まることをせず、そこそこの基盤整備を行った。このことが結果として、各地域の多様で遍在的なコンテクストの形成を担保した(7)。成長期社会の都市計画制度が都市の生態に抗して無理にコントロールするようなものではなかったがゆえに、近代のパラダイムからすれば複雑怪奇と思える要素を消し去ることがなかった、ということなのである。

3　多様なアーバニズムのアリーナ

こうして生まれた現代の東京は、確固たる歴史的都心と計画的な郊外といった欧州的な古典的都市モデルやアメリカ的な自動車依存型の都市構造とも異なる姿をしている。時にそうした姿が、近代都市計画批判から生まれた現代のアーバニズムのひとつの理想を体現しているといわれることがある。アメリカで一九九〇年代に脱自動車依存型都市を目指して提唱され、現在では都市デザイン実務のメインストリームとして定着した「ニュー・アーバニズム」が推進する公共交通志向型開発は、東京の拡大する郊外を支えた鉄道沿線開発や、都心部での高密度の地下鉄道網そのものである。

しかし、東京の都市としての特色は、単に「ニュー・アーバニズム」の理想にかなうかどうかという点にあるわけではない。

アメリカ議会図書館の検索エンジンを利用した調査によれば、近年、“Urban Design”ないし“Urbanism”をキーワードとした書籍、特に都市計画分野でのそれが急増している。(8) そして、アーバニズム＝「望むべき居住地のヴィジョンとその実現への探求」(9) そのものが多様化してきており、その多様なアーバニズムたちをいくつかにカテゴライズし、それらを俯瞰し、相違点を際立たせてみることで、都市の将来を巡る議論を活発化させようとする試みが見られる。例えば、ハリソン・フレッカー（カリフォルニア大学バークレイ校環境デザイン学部教授）は六つのアーバンデザインのモードを同定した（表1）。それは、日常生活に新しい意味を付与しようとしたアンリ・ルフェーブルらの著作を理論的ルーツに持ち、フォーマルな公共空間ではない日常空間に変革の可能性を見出す「エブリデイ・アーバニズム」、自動車依存型郊外モデル批判から始まった、もはや説明不要ともいえる「ニュー・アーバニズム」、ともにジャック・デリダらのポスト構造主義にルーツを持つ、レム・コールハースのグローバルな資本と消費の力を逆説的に支持する「ジェネリック・アーバニズム／ハイパー・モダニティ」とネザー・アルサイードが主張する伝統でもモダンでもない〝第三の場〟を志向する「ハイブリッド・アーバニズム」、さらにはジェーン・ジェイコブズ、ケヴィン・リンチ、コーリン・ロウらの仕事に深く根差した、既存の都市のパターンの経験的分析への信頼、既存のタイプに対する漸進的な改善や改良の実施といった特徴を持つ「トランスフォマティヴ・アーバン・モーフォロジー」、モダニティの抽象性を否定し、身体、自然、場所の蘇生を求める、イアン・マクハーグの思考に代表される「アーバン・エコロジカル・リコンストラクション」である。(10)

こうした俯瞰的解説が示すのは、個々のアーバニズムのパラダイムの相違と同時に、現代のアーバニズムの全体としてのありようでもある。かつて、近代都市計画を支えた規範に対して、その乗り越えを目指して「アーバンデザイン」という ディシプリンが登場した。理論的には、ジェイコブズ、リンチ、クリストファー・アレグザンダーといった論客たちが、プランナーやデザイナーに独占されていたパラダイムを、都市に暮らす人々の認識、認知の方へとシフトさせ

6つのアーバンデザインのモード

New Urbanism	Transformative Urban Morphology	Urban Ecological Reconstruction
ニュー・アーバニズム	トランスフォマティヴ・アーバン・モーフォロジー	アーバン・エコロジカル・リコンストラクション
・支配的な自動車依存，単機能ゾーニングの郊外モデルに反対 ・19世紀的な歩行者中心で，公共交通にアクセスできる都市開発が都市生活を支えるモデルと信じている ・デザインの適切な焦点は，歩ける「近隣」で，街路や街区，建物タイプの「語彙集」（または階層的な「トランセクト」）を伴う。「田園」から都市の歩道，公園，広場までの，公共オープンスペースの伝統的な様々なタイプを含む。 ・歴史的な先例の現代的変容や地域らしさの創造的・批判的適用を信奉する。	・既存の都市パターンの経験的分析を信奉し，漸進的改善や既存タイプの改訂を肯定する。 ・都市の物的，社会的両面の分析を行い，多元的な読み方や意味の解釈を試みる。	・チャーリーン・スプレットナクが人間の生存にとって極めて重大だとして記述した「ポストモダン・エコロジカル・ビジョン」を提唱 ・モダニティの抽象性に対する拒絶としての身体，自然，場所の再生を要求する
・チーム10，ジェーン・ジェイコブズ，20世紀初頭の都市計画，ヴィンセント・スカーリー，ロバート・M・スタン，ケネス・フランプトンの「批判的地域主義」 ・啓蒙主義者の成果の良い側面（理性的分析や批判）を促進する	・ヒューマニズムと科学のどちらかを選ぶことを拒否し，両者の良き成果を保全する（活用する）ことで，啓蒙主義とポストモダンの知的な和解を主張する。 ・アメリカの「プラグマティズム」にルーツを持つ。現象学と構造主義の複雑な混合。チーム10のCIAMへの批判を出発点とし，ジェーン・ジェイコブズ，ケヴィン・リンチ，ドナルド・アプリヤード，ロバート・ヴェンチューリ／デニス・スコット・ブラウン，ケネス・フランプトンの「批判的地域主義」，時にコーリン・ロウの「コラージュ・シティ」などの系統を含む。	・科学のより人間的な適用という啓蒙主義的関心に由来する ・イアン・マグハーグを継承し，支援を支配したり搾取するのではなく，人間と自然の複雑な相互依存関係を理解し，マネージメントしようとする。
・図／地の分析，建物とランドスケープのタイプを表現した平面図，建物タイプのアクソメ，用途混合の建物タイプの「コード」	・活動や動きのダイアグラム，“認知”地図，図と地分析，自然システムのダイアグラム，タイポロジー分析，経験的手法，三次元表現，シミュレーション	・二次元，三次元のレイヤー地図 ・地理情報システム ・生態系システムの不等角投影のレイヤー・ダイアグラム。地形，土壌，下水，上水システム，植物相，動物相，生態的遷移，気候プロセスを含む
・分析的統合の古典的なデザインスタジオモデルの採用 ・地域性も含めた歴史的な先例や類型の分析 ・適切な規定コードの探索 ・近隣から地域までのプログラムの幅	・対話形式の批判的分析・統合の伝統的なスタジオモデルの踏襲 ・学生は，クライアントや関連機関が研究や開発の対象としている現実の問題に通常，取り組む ・特定のインフィル型プロジェクトからインフラのデザイン，近隣や地区，広域までのスケールの幅	・人間の利用と自然のシステムを統合した持続可能性の地図，潜在的な回復可能性を発見するための歴史的状態や生態的遷移の地図 ・他の再開発における物的なアメニティとしての生態系の回復（例えば，Design Center for American Urban Landscape Center） ・街路や公園などの都市のオープンスペースの「緑化」を目指すスタジオなど。機能的，美的なデザインを生み出すものとしての生態系プロセス。
・専門的分析家，統合家 ・クライアントの教育者（とりわけ，ニュー・アーバニズム会議の宣言の有効性についての）	・デザイナーは分析の専門家として位置づけられ，デザインのオルタナティブを展開させること，経験的な根拠と美的な洞察，判断に基づき，特定の提案に対する議論を構築することが期待されている。	・分析の専門家，デザインや開発可能性としての生態系の回復を説明する
・広域マスタープラン，マスタープラン，敷地分割プラン，近隣プラン ・DPZ，カルソープ事務所，その他ニュー・アーバニズム会議の会員の仕事によって最もよく知られているが，都市デザインの実践の支配的なモードの一つとなっている。	・より典型的な都市デザインの実践を表現する ・専門家が，インフィル提案，エリアの計画，戦略的マスタープラン，インフラのデザイン，広域計画，デザインガイドラインを生み出す。	・生態系の回復と環境計画はランドスケープの実践の重要な部分となった（EDAW，SWA, Hargreaves, Pogenpoll などの仕事を見よ）
・ディベロッパー，都市計画委員会，市議会，近隣，広域機関	・市町村ないし広域の計画機関，市，協会，企業，市民グループなど	・大規模な公共機関，広域もしくは市町村の公園委員会，都市計画部局，公共事業，ディベロッパー，大規模な協会，よく組織された住民グループ
・カルソープ『次世代のアメリカの都市づくり』 ・Duany et al., Suburban Nation ・Congress of the New Urbanism, Charter for the New Urbanism ・Kelbaugh, Common Place ・Kelbaugh, Pedestrian Pocket Book	・スミッソン『チーム10の思想』 ・ジェイコブズ『アメリカ大都市の死と生』 ・リンチ『都市のイメージ』『居住環境の計画』 ・Brown, Urban Concept ・ロウ・コッター『コラージュ・シティ』 ・Kostf, The City Assembled ・Bosselmen, Representation of Places	・マグハーグ『デザイン・ウィズ・ネーチャー』 ・Spirn, Language of Landscape ・Nassaure, Placing Nature ・Morrish, Civilizing Terrains

表1　ハリソン・フレッカーによる

	Everyday Urbanism	Generic Urbanism / Hyper-Modernity	Hybrid Urbanism
	エブリデイ・アーバニズム	ジェネリック・アーバニズム／ハイパーモダニティ	ハイブリッド・アーバニズム
前提	・公共的活動の日常的空間，コモン・プレイスに焦点を合わせる。 ・創造的な抵抗，振り子の力の場としてみなすことで，現代文化の重要なアリーナとしての地位上的存在のおおよそ無視されてきた側面を明らかにする。 ・都市はなによりも社会的プロダクトである。目標は生活から仕事を生み出すこと。 ・空間的であることと同じく時間的であることが重要。 ・都市の「適切な」場を疑う。抵抗的実践で構成される。その戦術は「弱者の技」。強力な場への侵入。	・秩序や全能性に関する伝統的な考え方の否定。 ・「不確実性の舞台」の創造を目指す。 ・隠されたプロセスを受け入れる「許可の場」または枠組みの探索。 ・「有益な混合」の発見。 ・グローバル資本と消費の流れで満ちた都市化の圧倒的な力における「困惑させられるほどの没頭」の認識。 ・「新しい新しさ」の主張。	・「伝統的」な都市や「現代的な」都市のようなものは存在しないと考える ・前提となっている二元性を引き裂き，「合成の論理」（「それだけでなく，これも」）を導入する。サード・プレイス。 ・新しい「アイデンティティ」または「他者」によって標準を拒否し，支配的なマジョリティのヘゲモニーに挑戦する
理論的ルーツ	・アンリ・ルフェーブル，ギー・ドゥボール，ミシェル・ド・セルトー，フレドリック・ジェイムスンらの著作の参照。これらの著者は皆，理論と「日常生活の新たな意味」の提供のための社会的実践を結び付けた。	・デリダ，ボードリヤール，フーコー，ジェイムソン，ルフェーブルらポストモダン，ポスト構造主義者の著作 ・モダニストのプロジェクトの要素の回復をねらった批判的「抵当」を投げ入れる	・デリダ，フーコーらポストモダン，ポスト構造主義者たちの著作 ・コロニアル，ポストコロニアルの状況の文化的分析
表現の方法	・活動とその継続的，循環的，線的性質のダイアグラム ・“パフォーマンス・ヴァナキュラー”を記録する日常活動の写真	・グラフィックスと物語を通じて，都市のあらゆる伝統的な要素や様式を疑い，問い詰める	・何よりも理論的な構成概念。「混成」型の建築タイプと都市の場の「アイデンティティ」の解釈を好む。 ・伝統的な建築・都市分析以上の特筆すべきビジュアルの表現を持たない。第一に物語によって表現される。従って，「絵コンテ」になるかもしれない。
教育の方法	・非公式的で，視認できるが隠されていて，未開で，時に周縁的な都市の場に着目したスタジオ問題。 ・それらの場での日常生活を学生に記録させる。 ・これらの見込みのない場の想像上の変革を学生に提案させる。	・伝統的なスタジオ形式を利用し，後期資本社会の都市，例えば超高層，箱型商業，オフィスパークなどの生成プログラムの探求 ・プログラムは都市の触媒としての「XL」建築物	・カルチュラルスタディーズの一部。「都市デザイン」教育というかたちをとらない ・基本的に解釈的。生成的ではない。
デザイナーの役割	・職業的専門家から一般人への権力の移行によるデザインの急進的な再配置。 ・日常生活の上位にいたり，そこから逃れたりするのではなく，そこに浸る。 ・オルタナティヴを説明し，構成員に好ましい解決に向けた議論を構築させる。	・後期資本主義的都市化の好奇心の強い美的観察者（もしかしたら「ooyear」）としての立場をとる ・都市のカオスや八進法に美的な存在感を付与することを試みる「ショッピングモールとしての都市のハイパーモダン・ディストピア」	・都市や建築形態についての「混合」の言語をつくりたがる。伝統的でも現代的でもなく，第三の形態。
実践	・主流である必要はない。プロジェクトはコミュニティに根差す。 ・知られていなかった先行活動への着目。 ・批判的で学術的な支援の実践・チームにしばしば導かれる。戦略よりも戦術。	・レム・コールハースのOMAによる実践が最も代表的 ・「XL」建築プロジェクトにおける，街路のような都市の社会的構成要素を包含する	・グローバルな課題と多文化的な実践
構成員	・剝奪された周縁の集団，コミュニティ，近隣組織，スポンサーなき活動	・大規模な世界企業，大規模な組織，大規模なディベロッパー	・デザイナー自身。なぜなら概念的なアプローチであり，解釈の問題であるから。多文化的なクライアントかもしれない。目立ったアイデンティティを探す企業
重要なテキスト	・Chase, Crawford, Kaliski, Everyday Urbanism ・Hood, Urban Diaries ・アレグザンダー『パタン・ランゲージ』 ・Scott-Brown, Urban Concept	・コールハース『S, M, L, XL』 ・Dear, The Postmodern Urban condition ・Sorkin, Wiggle	・AlSayyad, Hybrid Urbanism ・AlSayyad, traditional Dwellings and Settlements Review, the journal of the International Association for the Study of traditonal Environments ・バーバー，『文化の場所』

出典：Harrison Fracker, Where is the Urban Design Discourse, *Places*, 19(3), 2007, pp.62-63.

図1　アル・フォースター「それぞれの力場に関する立場に依存した「良き」都市の眺め」
出典：Harrison Fracker, Where is the Urban Design Discourse, *Places*, 19(3), 2007, p.61.

ることに貢献した。しかし、現代においては、そうした時代を決定づける一つの方向性を持つパラダイムではなく、いくつものアプローチ、態度、規範が共存、重層している。フレッカーが、例えばジェイコブズの同じテキストが、「ニュー・アーバニズム」でも、「エブリデイ・アーバニズム」でも、「トランスフォマティヴ・アーバン・モーフォロジー」でも理論的ルーツとして扱われていると指摘しているように、近代都市計画批判としての「アーバンデザイン」は、その後実に多様に分化し、展開していったのである。

東京という都市の特色は、こうした現代のアーバニズムに対する様々なアプローチのいずれからも評価されうる都市である、という点にある。「ニュー・アーバニズム」については先に言及した通りだが、下北沢のような多機能混合の、徒歩による回遊を促す界隈は「トランスフォマティヴ・アーバン・モーフォロジー」が、多摩地域に見られる農地が市街地に有機的に混合した市街地は「アーバン・エコロジカル・リコンストラクション」が目指す都市の姿の一つといえよう。また、レム・コールハースにとってみれば、「ジェネリック・アーバニズム」としかいいようがない姿が東京であろうし、江戸と東京が基盤からして混交し、伝統もモダニズムも徹底しない街並みは「ハイブリッド・アーバニズム」の目にもかなう。そして、東京各地での、例えばアーティストたちの日常的空間創出への関与、いやもっと普通の多くのまちづくり的実践には、「エブリデイ・アーバニズム」と響き合うところがある。

フレッカーは、建築イラストレーターのアル・フォースターの描いた「それぞれの力場に関する立場に依存した「良き」都市の眺め」というドローイング（図1）を示しながら、「しかしながら、このイマジナリーな眺めは、異なる種類の都市形態が、どうやってより大きな公共の会話に参加できるのか、を教えてくれる(11)」と注釈を加えている。そのドローイングには、大きな公園とその傍らの歴史的建築、それらを取り囲むハイパーモダンな建築、その脇に低層の住宅が描かれている。これは、既視感がある。そう、この絵は、現代の東京そのものではないだろうか。成長型社会の都市計画が生み出した東京とは、都市の将来をそれぞれに見定め、導こうとしている多様なアーバニズムの混成であり、アリーナである。

当然のことだが、東京は、フラッカーが俯瞰したようなアングロスフィアなアーバニズム群とは大きく異なる、わが国の、あるいはアジアならではのアーバニズムへの姿勢やアプローチによってこそ評価されるべきだと考える人も多いだろう。重要なのは、東京は、何か一つのアーバニズムによって説明されたり、方向づけられたりしているのではなく、日本的、アジア的としかいいようのないものも大いに含めて、多様なアーバニズムが集い、会話を行っている場であるという認識である。そして、常に問われるのは、全体として競争的かつ協調的な、つまり、そこで暮らす人、訪れる人を生き生きとさせるアリーナとなっているかどうか、である。都市としての多様な価値を包含し、多主体が日常会話を楽しみながら自ずから多元的にマネジメントしている。それが成長期社会に結果として築かれた都市の基層の上に展開する、成熟期社会東京が世界に提示することになる都市像である。

注

（1）石川栄耀『新訂　都市計画及び国土計画』産業図書株式会社、一九五四年、序四ページ

（2）高山英華・両角光男「パートナーシップとリーダーシップと」『建築雑誌』第一〇八巻第一三四四号、一九九三年、一五ページ

（3）同右、一五ページ

（4）中島直人「この人、この一冊　高山英華編『高蔵寺ニュータウン計画』」『すまいろん』第九六号、二〇一〇年、四四―四五ページ

（5）西山康雄『日本型都市計画とはなにか』学芸出版社、二〇〇二年

（6）本書第2章参照のこと

（7）そして、そうした多様性、遍在性、あるいは都市計画制度の土地利用コントロールの不十分性が、逆説的ではあるが、ボトムアップの「まちづくり」の花を各地に咲かせる土壌となったのである。

（8）Mark C. Childs, A Spectrum of Urban Design Roles, *Journal of Urban Design*, 15(1), 2010, pp.1-19.

（9）Emily Talen, *New Urbanism and American Planning: The Conflict of Cultures*, Routledge, 2005, p.2.

（10）Harrison Fracker, Where is the Urban Design Discourse, *Places*, 19(3), 2007, pp.61-63.

（11）Ibid., p.61.

15　浅草「昭和の地図」の想像力

1　新しく書き変えられた「昭和の地図」

私も諸君の前に――大正地震の後の区画整理で、新しく書き変えられた「昭和の地図」を拡げよう。さて、上野の鶯谷から言問橋へアスファルトの道を、浅草乗合自動車が通っている。その浅草観音裏の停留場を北へ入ると、右は馬道町、左は千束町、それを少し行って、左側に象潟署、右側に富士尋常小学校、そこで浅間神社に突き当って四辻だ。社の石崖に沿うて進むと公設市場。それから吉原土手の掘割の紙洗橋だが、橋まで行かずに、とある路地を――いやしかし「とある路地」とは、余りに古臭い小説の書き出しだ。彼等はなにも死刑になる程の――それどころか、浅草に巣食う人力車夫程の、罪悪も犯していないのだから、いどころをはっきり書いてもいいのだ。(1)

川端康成の小説『浅草紅団』は、一九二九年一二月一二日から翌一九三〇年二月一六日まで、『東京朝日新聞』夕刊に連載され好評を博し、連載終了後に単行本として出版された。変幻自在の変装で作者を煙に巻く不良少女・弓子を中心として、都市の漠然とした不安、喧噪を描き出した小説である。舞台は浅草。関東大震災を経て、帝都復興区画整理で一新された当時の浅草の風景が描写されている。冒頭の「昭和の地図」は、作者が断髪の美しい娘でピアノを弾いていた弓子を一目見るために向かった「とある路地」への道筋を説明したものである。「とある路地」は、当時の住所でいえばおそらく浅草区田町一丁目、一九三四年九月一日の町名改正では浅草区象潟三丁目となった。現在の台東区浅草五丁目である。

川端が説明する「昭和の地図」を現在の視点から少し補足していこう。最初のアスファルトの道は現在の言問通りである。本郷通りの弥生交差点を起点として、東京大学の本郷キャンパスと弥生キャンパスの間を切り通しで根津方面へ抜け、谷中、鶯谷、入谷を経て、隅田川にかかる言問橋に至る幹線道路である。浅草ではちょうど浅草寺の裏側を通る。明治四（一八七一）年、浅草寺境内地、寺有地合わせて一一万四五〇九坪は上地を命じられ、さらに明治六（一八七三）年にわが国で最初の公園、いわゆる太政官布達公園として、浅草公園に指定された。後に言問通りがこの浅草公園指定地を横切ることになったが、実質的な賑わいの中心である観音堂、花屋敷、瓢箪池、六区は全て言問通りの南側にあった。浅草公園、つまり観光客で賑わう浅草の北限の境界線という言問通りの位置づけは現在も変わらない。雷門・仲見世・観音堂あたりの雰囲気は、この言問通りで一度シャットダウンされ、その北側には表の浅草とは異なる、落ち着いた「奥の浅草」が広がっている。

言問通りの北側、浅草寺＝観音堂の裏にあたる付近は「観音裏」と呼ばれている一帯である。かつての町名でいえば千束、馬道そして象潟である。一九二九年六月に発行された『全国花街めぐり』によれば「浅草公園裏手から馬道二三丁目の各一部及び千束町二丁目にわたる一帯、可なりひろい区域で、芸妓屋・待合はもっぱら千束町二丁目の公園寄に集中している」(2)とある。浅草の花街の案内である。観音裏はもともとは浅草田圃と呼ばれた寂しい田園地帯であったが、明治初期の公園指定後、徐々に花街として発展していき、関東大震災後には「一躍、数に於て第一位を占めるに至った」(3)のである（ただし、「内容、実質に就てはしばらく問題外に措く」(4)とある。浅草はいつの時代も「大衆的歓楽境」(5)であった）。浅草紅団が暗躍した時代は、この花街の最盛期でもあった。戦後、花街は次第に勢いを失っていったが、現在でも見番は健在で、時折、芸妓が艶やかに道を往く姿に出会うことができる。

川端はこの言問通りを北に折れて、富士浅間神社に突きあたる道を案内する。現在は富士通りと呼ばれているこの道の歴史はかなり古い(6)。少なくとも寛文一一年（一六七一年）の江戸絵図には観音堂の裏手からまっすぐ北へ延び、「富士」

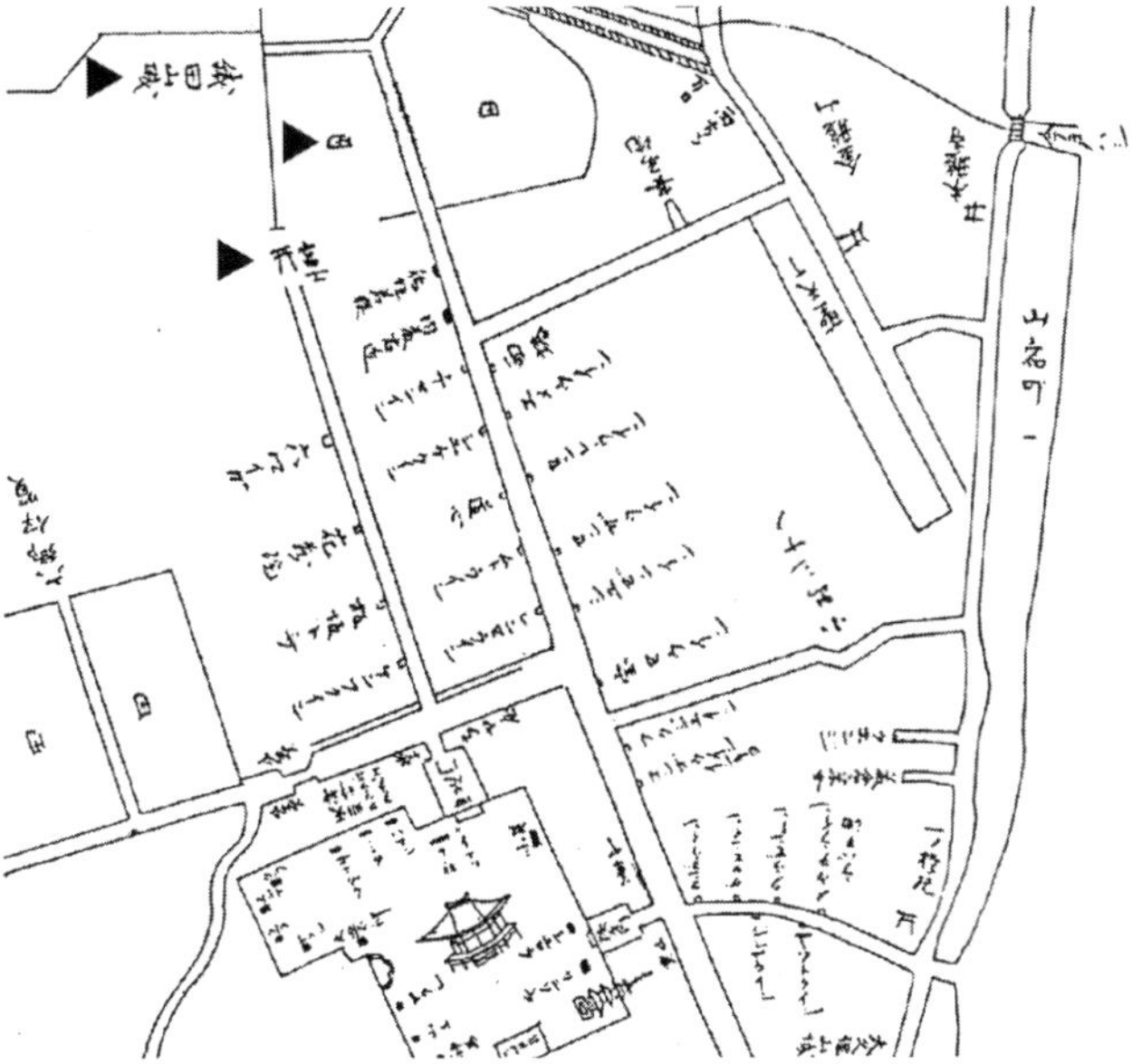

図1　寛文11（1671）年新版江戸絵図
出典：『浅草浅間神社平成修営誌』31ページ
富士浅草浅間神社（「富士」と記載）とその周辺の様子がわかる。後の田町1丁目は「田」となっており，裏手に「織田山城」という表現で織田氏別邸が描かれている。浅間神社の門前には，数多くの寺院の名前が記載されている。

と書かれた社に突きあたる道が描かれている（図1）。この富士浅間神社への参道ともいえる富士通りとその東に併走する馬道通りとに挟まれた一帯および馬道通りの東側は、かつて「北谷」と呼ばれ、浅草寺の子院が建ち並ぶ寺町であった。しかし、明治初頭の上地令で公有地化された後、明治末までにはほぼ全ての寺院が移転していき、市街化していった。一方で富士通りの西側は、仲見世脇にあった「南谷」の子院群が浅草田町大火の前までに移転してきており、やはり寺町を形成していた。ただし、関東大震災後に集団で浅草寺裏手に移転したので、今ではその面影はない。富士通りの突きあたり、少し小高い丘に、木花咲耶比売（姫）命（このはなさくやひめのみこと）を祭る富士浅草浅間神社（図2）が鎮座しており、それを囲うように富士小学校、そして浅草警察署（旧象潟警察署）が通りを挟んで並んでいる。川端はここを「四辻」と表現しているが、現在の少し広場のようになった膨らみは、後述する浅草田町大火後の復興区画整理によるものである。富士通りが、

図2　現在の富士浅草浅間神社
出典：筆者撮影
この左手の道を北へ抜けていくと紙洗橋に出る。

富士浅間神社から「社の石崖」の横を北へ抜けるようになってから、まだ一〇〇年も経っていない。

四辻から北へ抜けてしばらく歩くと紙洗橋交差点に出る。紙洗橋とは、かつて隅田川から吉原へ向かう船で賑わった山谷堀川にかかっていた橋の名称である。山谷堀川は戦後、暗渠化され、現在は山谷堀公園となっている。紙洗橋はわずかにかつての欄干のみを残している。おおよそこの山谷堀川が浅草の北限といってよい。

川端はこの一帯を「大正地震の後の区画整理で、新しく書き変えられた」地域として紹介した。しかし、言問通りを北に折れてから、紙洗橋に到達する経路の周辺は、一九二三年九月一日の昼前に発生した関東大震災によって壊滅的な被害を受けることになる。しかし、実はその二年半前に、すでに一度、焼け野原になっていた。一九二一年四月六日の朝八時半、浅草区田町一丁目三〇番地の中村富右エ門方での七輪の残火の不始末により発生した火災が、時の風速一〇メートルを超える北西風に煽られて、東南方向に向かって六時間ほど燃え続け、あたり一帯を焼け野原にした。焼失面積二万五〇〇〇坪、焼失一二一四戸。関東大震災を除けば、東京では大正期最大の被害を出した火災であった。この火災は言問通りでようやく止まり、浅草寺の観音堂は無事であった。時の東京市長・後藤新平は、火災当日の午後四時には浅草区役所に駆けつけ、その後、現地へ向かった。後藤は、消火のための放水で泥々になった道をズボンの裾を捲って歩き、富士浅間神社の丘から周囲一帯の焼け跡を眺めた後、被災者が避難していた向かいの富士尋常小学校を訪問した。多忙の市長自身が火災当日に視察、見舞いに訪れるほどの、甚大な災害であった(7)。

この大火のちょうど二年前の一九一九年三月の帝国議会では、都市計画法案が審議され、同年、公布・施行されていた。都市計画の実施にあたっては各種調査が必要なため、法制定後二年間は都市計画法に基づく事業は実施されていなかった。しかし、この浅草田町大火後の復興事業として、わが国で初めての都市計画事業が実施されるのである。

2　浅草田町大火後の復興区画整理と帝都復興区画整理

関東大震災後の帝都復興事業では、都内で一〇〇を超える鉄筋コンクリート造の小学校が建設された。しかし東京市内で最初の鉄筋コンクリート造の小学校は関東大震災前に完成していた。それが浅草田町大火で校舎を焼失した後に再建された富士尋常小学校校舎であった。その経緯に関しては、吉川仁が、火災当日の夕方の後藤新平市長による視察が決定的な経験であったことを明らかにしている(8)。富士小学校は一九二二年七月に着工し、一九二三年六月三〇日には完成していたが、夏休みであったので、生徒たちが初めて足を踏み入れたのは関東大震災当日の九月一日であった。開校式を催した後、教師は生徒たちにこの校舎を案内してみせた。この日、授業はなく、明日からの新校舎での学びを楽しみにして生徒たちが下校した後の一一時五八分、東京は激震に襲われた。鉄筋コンクリートの校舎は地震に対しては無事であったが、その後に浅草公園方面からの火流がこの一帯を飲み込み、新校舎は外郭だけを残して焼け落ちてしまったのである(9)。

二年半のうちに二度の大災害を受けた不幸な富士尋常小学校であったが、その周囲の街も同様の経験をしていた。一九二一年の浅草田町大火後、関東大震災前までに、わが国で最初の土地区画整理事業がこの地で実施されていたのである。一九一九年の都市計画法制定以降、一九二三年九月一日の関東大震災までの間に、東京は三回の大規模な火災を出している。一九二〇年一二月三〇日の早稲田鶴巻町の火災（焼失面積二六〇〇坪）、一九二一年三月二六日の四谷区新宿二・三丁目の大火（焼失面積二万坪）、そして一九二一年四月六日の浅草区田町の大火であった。これらの被災地はいずれも明治期以降の東京への人口集中によって生み出された縁辺部の密集市街地であり、都市計画法と同時に施行されていた市街地建築物法下では、接道義務の関係で従前の姿のままに復旧することはできなかった。そこで、建築線指定によって道路を開設し、宅地、街区を再編することが試みられた。都市計画法を通して国家が介入し、旧状への復旧を許さず、従前の市街地の課題を解決することを目論むいわゆる「近代的な復興」の先駆けの地となったのである。このうち、規模が大きく、権利関係が錯綜していた新宿と浅草では、わが国で最初の都市計画事業としての土地区画整理事業が実施されたのである。

区画整理を担当したのは、警視庁技師の伊部貞吉であった。この後の帝都復興区画整理での経験を踏まえて、わが国の土地区画整理技術の基礎的な理論を最初に構築した人物である。その伊部が、浅草田町大火後の復興区画整理の設計方針や実現過程について詳しく書き残している。[10]

区画整理採用の理由

・火災直後は建築線の指定によって街路だけ設定すれば、後は土地権利者同士の協議で再建が可能だと考えていたが、土地の所有区分が不規則、乱雑で、新たな街路の開設に伴って、土地の交換・分合が必要であることが判明した。焼失区域の南半分（馬道町七丁目）は市有地がほとんどで、権利関係の調整は容易だと考えられたが、北半分（田町一丁目）は「私有地に属し、しかも一人の無理解なる大地主に属する土地が多かった関係上[11]」、土地の交換・分合に関する協定が成立せず、建築線指定にも反対が多かった。そうした事情を鑑み、街廊の改善を目的とした街路の新設・改廃のために区画整理を採用した。土地の交換・分合は土地所有者の協定に任せた。

換地設計の方針

・計画中であった都市計画路線（現馬道通り）を一九二一年五月一三日に都市計画決定し、さらに浅草公園裏から富士小学校までの府道（現富士通り）を拡幅するとともに、北に延長し日本堤まで到達させた。さらに象潟警察署前の既存道路（現一葉桜小松橋通り）を拡幅した。

・馬道通りと富士道通りを基準として、これに平行する二本の街路を設けて、街区を構成した。

・街区の奥行は馬道通りと富士道通りに面しては一五ないし一八間、その他の街路は一五間前後を標準としたが、建築線指定街路については例外的に一〇間とした。

・馬道町七丁目については、待合指定地に編入された土地があった関係で借地権の整理が困難となり、その解決のために標準を外れる細長い借地が生まれた。

一九二一年五月五日には内閣の認可を得て、土地区画整理事業が実施され、浅草田町大火の罹災地は、「馬道町の中部を南北に通ずる街路、浅草公園観世音堂裏より北へ象潟警察署前を得て日本橋に至る街路は商業の繁栄之［千束通り：

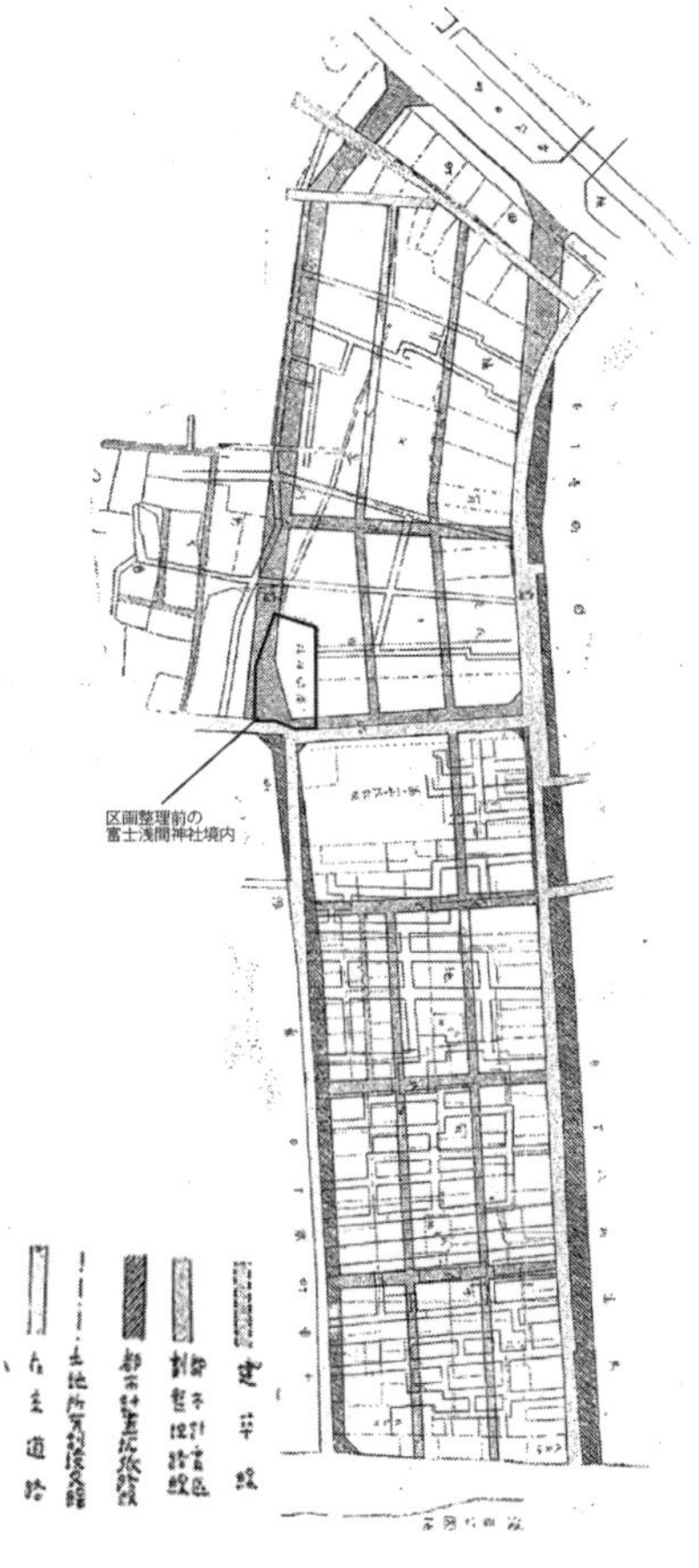

図3　浅草田町大火後の区画整理設計図
出典：伊部貞吉「土地區劃整理論（三）」『建築雑誌』第43巻第527号，1929年，15ページ

図 4　帝都復興区画整理事業第四十地区の事業前現形図（上）と換地位置決定図（下）

出典：東京市役所『帝都復興区画整理誌第三編各説第三巻』1929 年，666, 667 ページ

引用者注」に次げり」[12]といわれるまでに復興を遂げていたのである。浅草田町大火後の区画整理設計図（図3）と関東大震災後の帝都復興区画整理事業実施前の現形図（図4）とを比べてみると、街路網としては、田町一丁目、馬道町七丁目とも当初の区画整理設計通りに区画街路が完成しており、残すは馬道通りそのものの線形変更のみという状態まで復興していた様子が見て取れる。しかし、一九二三年九月一日の関東大震災によって、「復興した新成の市街地も、再び大震火災に遭遇して、無残に壊滅[13]」してしまったのである。

関東大震災後の帝都復興事業では、浅草田町大火の罹災地も第四〇地区区画整理地区に組み込まれた。「一度完成した街廊の現状に変更を加えざる方針[14]」であったが、新たに現馬道通りが従前の都市計画路線に代わる幹線路線（幅員二二メートル）に指定され、路線形状も変更が加えられたため、結果的には、再度、区画街路の拡幅、新設が行われた。こうして、この地区全体が短期間での二度にわたる被災を経て、一旦復興となったまちを再度復興し直すという特異な歴史を重ねて、「昭和の地図」への書き変えがなされたのである。

3　大正・昭和の地籍図に見る二度の復興による変化

続けて、当時の地籍台帳・地籍地図を用いて、「昭和の地図」への書き変えプロセスに何が起きたのか、この地域に土地を持っていた人々の動向をより深く見ていくことにしたい。昭和初期の地籍図・地籍台帳（内山模型製図社刊、一九三一年—一九三五年。以下、昭和版地籍図と略す）と、明治末・大正元年の地籍図・地籍台帳（東京市区調査会刊、『東京市及接続郡部地籍台帳』『東京市及接続郡部地籍地図』一九一二年。以下、大正版地籍図と略す）の二つを比べてみることで、二度の災害を挟んだ、三〇年間の変化を明らかにできる（図5）。

大正版地籍図に見る浅草田町大火罹災地

浅草田町大火で焼失する被災地は、大正元年時点では、田町一丁目、千束三丁目、象潟町、馬道町七丁目にまたがる

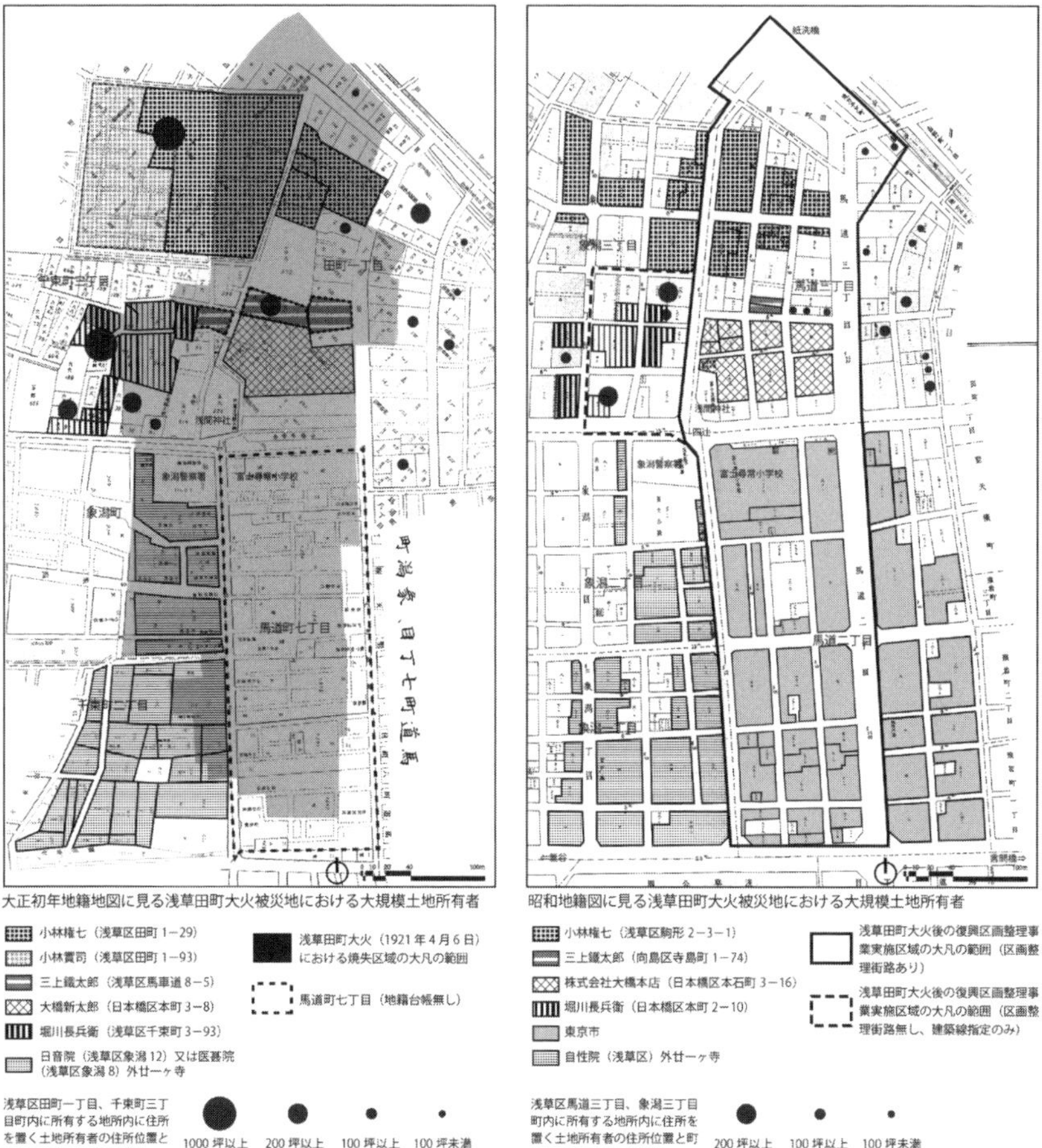

図5　浅草田町大火の罹災地周辺における大正版地籍図・昭和版地籍図に見る土地所有状況

地域であった。

浅草田町大火の火元となった田町一丁目は、寛文四（一六六四）年頃から現馬道通り沿道に自然発生的に建ち並んだ町屋を起点として開かれた町人地に、明治五（一八七二）年に向かい合わせにあった浅草山川町、そしてその翌明治六（一八七三）年に旧織田氏別邸を併合して町域をなしていた。

地籍台帳によれば、この田町一丁目の最大の地主は同町一ノ二九に屋敷を構えていた小林権七で、織田氏別邸跡の大半を含む地所を所有していたと考えられる。(15) 当時の『人事興信録』によれば、小林権七は安政四（一八五七）年生まれ、石坂屋という屋号で質商を営む豪商であった。(16) 同じ小林性の小林實司（田町一ノ九三）の所有する地所と合わせると、かつての旧織田氏別邸の区画がそのまま分割されることなく大地主に所有され続けていることが見て取れる。しかし、同時に地籍地図からは、すでにその西側の部分で計画的な区割りがなされ、細かい地番への分割が始まっている様子が伝わってくる。浅草田町大火はこれらの織田家別邸跡を開発した地所の住民の七輪の不始末が原因であった。

その後、焼失することになる区域において、小林の他に比較的大きな土地を所有していたのは、大橋新太郎（日本橋区本町三ノ八）、三上鐵太郎（馬道町八ノ五）らである。ともに現馬道通りに間口を持つ、東西に奥行きの深い旧町人地の土地を所有していたが、地籍地図からはそれらの地所内にも路地が引き込まれている様子が見て取れる。つまり、すでにここも宅地開発がなされていたのであろう。なお、大橋は日本橋区で商いを営む不在地主であったが、三上は、地籍地図によれば田町一ノ四に自邸を構えていた。(17)

富士浅間神社より西側の地所の一部も浅草田町大火で罹災することになる。当時の千束町三丁目の東端にあたり、伊部によれば「細民住宅の密集地であって、著しく不衛生なる状態を呈して居った(18)」地区である。地籍地図からは、街路、地割りとも入り組んでいる様子がわかる。ここでは、堀川長兵衛（千束町三ノ九三）が一番の地主であった。

浅間神社より南、馬道町七丁目に関しては、地籍台帳が公刊されていない。伊部が「馬道七丁目の一帯、罹災地の約二分の一の面積を占むる土地は、市有地に属して居った(19)」と指摘している通り、馬道町七丁目は全面的に東京市が所有しており、公刊される地籍台帳に収録する必要がなかったのであろう。地籍地図では、現馬道通りと現富士通りとの間を結ぶ何本もの路地で細かく地所が分割され、土地利用されている様子が描かれている。

一方で、象潟警察署を含む象潟町の北東の角も罹災した。象潟町のこの一角には浅草寺の子院が並んでいたが、この一角だけではなく、その南の千束町二丁目も含めて浅草公園に至る一帯は、浅草寺の子院二十一ヶ寺院が共同で所有している広大な地所であり、その一部が芝居小屋（宮古座）や待合が並ぶ花街となっていたのである。

昭和版地籍図に見る浅草田町大火罹災地

関東大震災後の帝都復興区画整理で大きく街区が改変された東京の市街地では、昭和九（一九三四）年に町名の再編がなされた。浅草田町大火の罹災地でも、かつての田町一丁目は、馬道通り側が新たに馬道三丁目に、西側の一部は新たに象潟三丁目に、馬道町七丁目は新たに馬道二丁目に、千束町三丁目の一部は新たに象潟三丁目、象潟町の角は新たに象潟二丁目に組み込まれた。しかし、浅草田町大火後の復興区画整理で街路を新設した区域は、馬道三丁目、馬道二丁目のみであり、象潟三丁目となった富士浅間神社の西、旧千束町三丁目の罹災地では建築線指定のみ、象潟二丁目となった象潟警察署周辺では区画整理も建築線指定も行われなかった。

旧田町一丁目の罹災地は、馬道三丁目と象潟三丁目に分割されたが、その境界は富士浅間神社から北の紙洗橋方面に延びる新設された府道であった。この府道はかつての織田氏別邸の敷地を縦断するものであった。大正元年時点でこの付近の最大の地主であった小林権七はすでに亡くなっており、大正九（一九二〇）年に次男・眞二が家督を継ぎ、先代の名を襲名していた。しかし、家督を継いでまもなく、自らの地所内を火元として浅草田町大火が起き、所有地の大半を焼け野原にしてしまったのである。昭和版地籍図からは、二度の区画整理後も、小林権七が先代から引き継いだ土地の多くを所有し続けていたことがわかる。かつて織田氏別邸の区画でまとまっていた地所は、浅草田町大火後の復興区画整理では、府道とそれに平行する南北方向の二本の区画整理街路を引き入れるにとどまったが、帝都復興区画整理によって周囲とともにグリッド状に細かく分割され、土地区画のまとまりは失われた。同時に、土地所有も分散化してきている様子が見て取れる。小林権七自身も、すでに自邸を田町から浅草区駒形に移しており、家業である質商も廃し、

「資産家」(『人事興信録』昭和九年版[20])、「地主」(『日本紳士録』昭和一一年版[21])となった。

大正元年時に比較的大きな地所を持っていた大橋新太郎の所有地は、そのまま株式会社大橋本店に引き継がれている。また、そのすぐ北の土地を所有し、その一部に邸宅も構えていたと推定される三上鐵太郎の所有地は、すでに複数の小規模地主に転売・分散されている。三上はわずかな土地だけを手元に残し、居を向島区寺町に移してしまっている。また、浅間神社の西側の旧千束町三丁目の堀川長兵衛が所有していた地所は、区画整理後もほぼ同様の位置に残され、堀川が所有し続けていたが、堀川自身は日本橋区に転出してしまっている。先述したように、このあたりの地所はもともと不衛生な細民住宅の密集地であったが、その複雑な土地所有、利用の権利関係ゆえか、浅草田町大火後の土地区画整理事業は実施されず、建築線の指定のみにとどまっていた。しかし、帝都復興区画整理によって、ようやく周囲と一帯となって区画街路網が構築された。

かつての馬道町七丁目は馬道二丁目の西半分となったが、ここではほとんどの土地が東京市の所有となっていることがわかる。この状況は大正元年から変わっていなかったのであろう。また、象潟二丁目にあたる象潟警察署付近も、土地所有形態は変わらず、浅草寺の子院群が所有し続けている。この近辺が浅草田町大火で罹災しながらも、土地区画整理事業区域に編入されなかったのは、その独特の土地所有形態と関係があったのであろう。

大規模土地所有者たちの転出

以上のように、三〇年の間に大きく街区形状が変更となった浅草田町大火の罹災地であるが、土地所有の観点では、分散化の傾向は見られるものの、所有者自体は、多くの場合、連続性が見出される。しかし、ここで見たように、小林、三上、堀川というかつては居を構えながら周囲の地所で土地経営をしていた大規模土地所有者が、この地から転出してしまっていた。大正版地籍図と昭和版地籍図とでは、自らが所有している土地に住所を置く土地所有者自体の数は実は大きくは変わらない。しかし、その土地所有者が住所と同じ町内に所有する土地面積規模で土地所有者の属性を分けてみると(図5)、かつてはそうした土地所有者は、同町内に三〇〇〇坪近くの土地を所有していた小林権七に代表されるような一〇〇〇坪以上の所有者が半数を占め、また一〇〇坪以下の所有者は極めて例外的であったのが、二度の区画整理後には、むしろ一〇〇坪以下の土地所有者が大半を占めるようになっており、一〇〇〇坪以上の所有者は姿を消してしまった。このような傾向が、果たして浅草田町大火の罹災地のみの話なのか、帝都復興区画整理実施地域にある程度共通した話なのかはここでは判断できないが、少なくともこの地域において、自らこの地域で生活しつつ、その周囲で多くの土地を持ち、経営していた（そして、小林権七に代表させるとすると、質屋というかたちでおそらくその土地の借地人、借家人たちの日常生活にまで深く関わっていた）ような、いわば「顔の見える大地主」がこの三〇年間の間に姿を消していったのである。減歩による公共インフラの整備を目的とした土地区画整理事業で書き変えられつつあったのは、単に街区の形態や街並みだけではなかった。わが国で最初の区画整理事業と、その後の帝都復興区画整理は、土地所有単位（土地利用単位ではない）の細分化、地主たちの地域経営から土地経営への転換、その結果としての地域コミュニティの再編への契機となっていった可能性がある。大正版地籍図から見て取れる江戸の名残、つまり織田家別邸の区画や旧町人地や寺町の街区割り、通り・筋のかたちが大きく書き変えられ、消えていくとともに、そこでの住まい方、地域の運営体制も確実に変化していっていた。その「近代化」と呼ぶしかない現象を、都市計画事業が後押ししていった様子を、昭和版地籍図からも知ることができる。

4　富士浅間神社前の「四辻」を中心としたミクロコスモス

浅草田町大火の罹災地において、その復興過程で大きく姿を変えたのは、地域の中心にあった富士浅間神社であった。地籍台帳によれば、土地面積を三二〇坪（千束三丁目五九）から二〇二・九八坪（馬道三丁目一七ノ三）へと大きく減少させている。「太い樹が多くあり後方にこんもりとした森があった」[22]という富士浅間神社の姿は、昭和版地籍図からは想像できない。富士浅間神社に至る旧来からの参道である府道を北へ延ばす際に、神社本堂の位置だけは動かせなかったのか、本堂をよけるように、しかし交差点として食い違いの出ないような線形を考慮した結果として、富士浅間神社の境内は大きく縮小した。しかし、その代わり、通常の交差点とは違い、少し膨らみのある広場のような雰囲気の都市空間が門前に生まれた。社の森を失い、広場を手に入れたのである。深い闇が消えて、明るい光が指したということであろうか。それもまた「近代化」の諸相であろう。

数多い交差点の中で、わざわざ「四辻」と呼ばれるのはそれなりの理由があるし、その場はその名に相応しいものであろうとするものである。浅草田町大火で焼け落ちた後、関東大震災の半年前の一九二三年三月三一日に竣工した鉄筋コンクリート造の象潟警察署庁舎は、この四辻の隅切りに面して正面玄関を設けた。また、先に述べたように東京市内で最初の鉄筋コンクリート造の校舎として一九二三年六月三〇日に竣工した富士尋常小学校校舎は、やはり富士通り沿い、「四辻」近くに玄関を設けた。浅草田町大火の後の復興区画整理が生み出したのは、この富士浅間神社を中心として、当時としては先進的であった鉄筋コンクリートの建物が取り囲む一つの広場的空間であった。そして、府道を北へ抜けさせるために小高い丘を削ってできたのが「社の石崖」であった。その先の神社の裏手、かつて「こんもりとした森」があったあたりに設けられたという「公設市場」は、昭和版地籍図にも「東京市設富士市場」として記載されている。

ただし川端は、書き変えられた「昭和の地図」のフォーカスポイントである「四辻」を通り過ぎるだけであった。目指したのは、紙洗橋まで行かずに途中で左に折れた袋路地の先にある二階建ての長屋であった。そこは、決して新しく書き変えられた「昭和の地図」を特徴づけるような場所ではない。むしろ、書き変えられる前の古い浅草の一角のようであった。

関東大震災、戦災を経験しても「四辻」の広場的空間構成だけは変わらなかった。富士尋常小学校校舎は戦災で焼失したが、終戦後、新校舎が建設され、さらに一九七一年に現在の校舎に建て替えられた。この現校舎の玄関は、しっかり「四辻」に面している。しかし、向かいの象潟警察署庁舎（後に浅草警察署庁舎）は一九七七年に取り壊され、その三年後に完成した現在の庁舎は、四辻に対しての表情を完全に失ってしまっている。浅草田町大火後の復興区画整理が発していた、街路と建物が一体となって生み出す近代的な四辻の広場の構想力は、現時点では充分には活かされていないのである。[23] 一方で、杜を失った富士浅間神社は哀愁を漂わせている。門前の明るい広場の魅力は、浅間神社の吸い込まれそうな深い闇の再生によってさらに引き出されるはずだと考えるのは、今、私たちが生きているのが、地図を書き変えてきた近代を相対化して眺めることができる現代だからであろう。

なお、浅草田町大火の火元である「浅草区田町一丁目三十番地」は、まさに浅草紅団の首領・弓子が赤い洋装でピアノを弾いていた「とある路地」付近にあたる。「四辻」の先にあって、今では姿を消してしまったその路地こそ、都市の近代化がもたらす漠然とした不安、喧騒を描写した物語の始まりの地であるとともに、都市の近代化の推進力となった都市計画事業物語の始まりの地なのである。

注

(1) 川端康成『浅草紅団・浅草祭』講談社文芸文庫、一九九六年、一〇―一一ページ。なお初版は一九三〇年である。
(2) 松川二郎『全国花街めぐり』誠文堂、一九二九年、六一ページ
(3) 同右、六三ページ
(4) 同右、六三ページ
(5) 同右、六二ページ
(6)『浅草浅間神社平成修営誌』浅草神社奉賛会、一九九九年に富士浅間神社創設に関しての諸見解が詳しく解説されている。
(7) 当日の後藤新平の行動については、吉川仁「帝都復興区画整理及び復興小学校の成立過程に関する研究――3つの大火の焼け跡区画整理と富士小学校再建問題」『都市問題』第九九巻第八号、二〇〇八年、九二―一〇五ページに詳しい。
(8) 吉川仁「帝都復興区画整理及び復興小学校の成立過程に関する研究――3つの大火の焼け跡区画整理と富士小学校再建」『都市問題』第九九巻第八号、二〇〇八年
(9) 台東区立富士小学校・台東区立富士幼稚園『創立九十周年・四十周年記念誌』一九九一年に、当時、生徒として関東大震災を経験した人の回想が掲載されている。
(10) 浅草田町大火後の復興区画整理について説明した文献としては、伊部貞吉「早稲田新宿淺草大火跡土地区劃整理ニ就テ」『建築雑誌』第三五巻第四二二号、一九二一年、七―一六ページ、および伊部貞吉「土地區劃整理論(三)」『建築雑誌』第四三巻第

五二七号、一九二九年、一二六七―一三三七ページがある。

(11)伊部貞吉「土地區劃整理論（三）」『建築雑誌』第四三巻第五二七号、一九二九年、一二七五ページ。なお、ここで田町一丁目にいた「一人の無理解なる大地主」とは誰のことであろうか。後述するように、田町一丁目の最大の地主は小林権七であった。家督を継いだ直後に、自らの地所内から火災を出したのであるが、その後の復興においてどのような役割を果たしたのであろうか。浅草田町大火後の復興区画整理では、小林の地所内に南北の街路は引き入れられたが、東西方向の区画街路は構築されず、南部（馬道町七丁目）に比べて基盤整備が遅れていることがわかる。また、図4からも見て取れるように、当初の区画整理の設計では現馬道通りを直線道路として構築することになっていたが、実際には旧状のままであった。この直線道路を建設するためには、小林権七の地所を大きく削り取る必要があった。

(12)東京市役所『帝都復興区画整理誌第三編各説第三巻』一九二九年、六六七ページ

(13)伊部貞吉「土地區劃整理論（三）」『建築雑誌』第四三巻第五二七号、一九二九年、一二七七ページ

(14)同右、一二七七ページ

(15)大正版地籍図の地籍台帳と地籍地図とを照合すると、地籍台帳にのみ記載があるのは、地番一二、一三、および二〇―三一、八四―九五、一〇二ノ一、一〇六である。一方で、地籍地図のみに掲載がある地番は、一一ノ一―一一ノ五である。地籍台帳のみに記載がある地番のうち、一二、一三、二〇―三一、八四―九三、一〇二ノ一は小林権七の所有地、九四、九五、一〇六は小林實司の所有地である。小林権七は地籍台帳では地番一一の所有者であり、小林實司は九六、九七の所有者であり、かつその住所は小林権七の所有地内であることを鑑み、その土地のまとまりから推定するに、地籍台帳のみに記載がある地番は、地籍台帳の一一ノ一―一一ノ五にあたると考えられる。地籍台帳の一一ノ一―一一ノ五に、小林實司所有の九六、九七を加えた土地が、かつての織田氏別邸の区画となる。

(16)『人事興信録』三版、人事興信所、一九一一年、乙二四ページ

(17)地籍台帳では、三上鐵太郎の住所は「馬道町八ノ五」となっている。

(18)伊部貞吉「土地區劃整理論（三）」『建築雑誌』第四三巻第五二七号、一九二九年、一二七五ページ

(19)同右、一二七五ページ

(20)人事興信所編『人事興信録』上巻、一九三四年、コ四六ページ

(21)交詢社編『日本紳士録』四〇版、一九三六年、二二五ページ

(22) 台東区立富士小学校・富士幼稚園『創立九十周年・四十周年記念誌』一九九一年、二四ページ。なお、これは大正二年卒の柴田善一氏の回想であるので、浅草田町大火直前の様子とは異なるかもしれない。

(23) とはいえ、三社祭の際には各町会の御神輿が勢ぞろいする場となり、墨田川花火の日には、花火を楽しむ格好の場となっている。

16 「湯立坂の景観」の共有範囲

図1 湯立坂（東京都文京区）
出典：筆者撮影

1 「湯立坂の景観」の評価

東京の文京区小石川に湯立坂という坂道がある（図1）。小石川では、未開通の環状三号線の一部である広幅員街路・播磨坂が桜の名所として、あるいは都市計画遺産として知られている。湯立坂は播磨坂と同じく小石川台地を北東方向に下る坂道である。そして本章で主題とする「湯立坂の景観」とは、その湯立坂を上り下りする際に展開される眺めのシークエンス（連続する体験）であると同時に、例えば小石川植物園外周の東端（簸川神社手前、網干坂起点）等の周囲から眺めることができる湯立坂とその周囲の土地の状態（緑、建造物）が一体となって生み出す姿のことである。

この「湯立坂の景観」は、二〇〇八年度の「第7回文の京都市景観賞」において、「身近に親しまれ「心のふるさと」として呼べるもの」を対象とする「ふるさと景観賞」に選定されている。湯立坂の景観の特徴としては、その豊かな緑の多くを占めている屋敷林が、単独としてではなく、それを意味づける屋敷である「銅御殿」(国指定重要文化財)とともにあるという点が重要である。近年、歴史的都市景観の評価において全体性(integrity)という概念が重視されるようになってきているが、湯立坂の景観は、屋敷と屋敷林、そしてそれが面する坂のそれぞれが互いの関係性も含めて何一つ欠けることなく維持されており、極めて価値が高いといえる。

本章では、こうした価値のある「湯立坂の景観」を享受しているといえるのはどのような範囲の人々であるのか、つまり「湯立坂の景観」の共有範囲を地理的に同定する際の考え方について論じていく。そして、その中で都市計画史が果たす役割についても言及する。

2　景観の共有範囲の考え方

景観とは何か。景観工学の創始者である中村良夫の「景観とは人間をとりまく環境のながめに他ならない。しかし、それは単なるながめではなく、環境に対する人間の評価と本質的な関わりがある」[1]という定義が、景観の本質が客体と主体の関係性にあることを示唆するとしてよく使われている。都市計画・まちづくり分野で景観論を探求してきた後藤春彦は、「景観は地域的概念(地域単元)と視覚的概念(可視的形象)からなるが、客体としての可視的形象に対して、それを観察する主体としての人間(集団)が存在する。すなわち、主体と客体のかかわりにより、客体は主体にとっての環境となり、主体の経験から形成される心象が視覚に重ねあわせられることにより、景観は認識される」[2]と、より明確にその特質を指摘している。この後藤の景観の特質の理解に基づくと、ある景観の共有範囲を地理的に決定する考え方は以下の四つに整理できる。

①景観特性(景域の共有)

景観は総合的、統合的な存在であり、要素還元論的な見方や構造論的な見方で全てを説明できるものではないが、一方で、景観を特徴づける要素や構造は確実に存在している。ある地域の景観特性とは、ある一定の広がりにおいて共通して見られる景観要素や景観構造として理解される。景観特性は、その地域の基盤となる地形（例：坂道が多い、基壇が目立つ）や事業の履歴（例：区画整理事業によって一定の幅員の街路となっている、街路の段階的構成が明確である）、あるいは基盤の上に展開される建物（例：建物の様式や年代に統一感がある）や緑のあり方（例：庭の取り方、広さが一定である）として表現される。景観は一つひとつのシーンというだけでなく、こうした要素や構造を媒介として面的に捉えられるという考え方の前提には、人々が景観を経験として共有し、心象化しているという理解がある。シーンという視覚的概念に経験・心象という地域的概念を重ね合わせることを強調して、「景域」と表現することがある。そうした景域がどの程度のまとまりを持つのかは、個別具体に検討しなければならない。

②行動実態（経験の共有）

景観は単に視覚の対象、つまり客体として存在しているのではなく、それを「眺める」主体の集団の経験とともにある。したがって、「景域」の前提となっていた経験や心象といった側面により重点を置き、シーンとしての景観ではなく、むしろ人々の行動に着目し、景観に接する頻度や強度から、共有の範囲を見出すという考え方がある。特に住宅地においては、商業地区や観光地で支配的な不特定多数の多様な行動に比して、その景観を主として享受する居住者の行動は定期性が高いので、こうした考え方が有効である。「湯立坂の景観」のように、街路に沿って展開する景観の場合は、具体的にはその街路が日常の「動線」となっているかどうかが重要である。通勤・通学行動や買い物行動の際の主要動線については、駅勢圏や街路ネットワークによって、ある程度、推定することが可能である。

③歴史的経緯（記憶の共有）

景観は経験に基づく心象の共有であるという考え方を進めていくと、時間という要素を考慮に入れざるをえなくなってくる。つまり、景観は記憶として蓄積されていくので、どのくらい長い期間、そのような景観特性や行動実態が存在していたのかが、共有の度合いを測る指標となるという考え方である。また、歴史的繋がりは、必ずしも現在の景観特性や行動特性に規定されるものではない。例えば、かつて現在よりも明確な景観特性を持っていたという事実自体が、現在では見えにくくなっている人々の心象や記憶の共有度合いを掘り起こす可能性を有している。したがって、景観の共有範囲を求めるためには、特にその景観をとりまく地域の形成史を踏まえて、考察していく必要がある。

④主体的意志（意志の共有）

さらに、景観の共有といっても、その度合い、つまり景観に対する個々人の思い入れには違いがあると考えられる。そうした度合いの強さを、規制の受忍や保全の行動の履歴によって判断するという考え方がある。そうした人々同士の繋がり、つまり地域のコミュニティの存在形態から、景観の共有の地理的範囲を見出すこともできるだろう。

それぞれの地域の状況に合わせて、これらの四つの観点を組み合わせながら、その共有の範囲を見出していくこと自体が、景観まちづくりの要諦である。

3　「湯立坂の景観」の共有範囲

続いて、2節で整理した①から④の考え方に沿って、「湯立坂の景観」について具体的にその共有範囲を検討していきたい。

①「湯立坂の景観」の景観特性

「湯立坂の景観」の景観特性は、線的な特性Aと面的な特性Bから捉えることができる。

A　湯立坂と小石川植物園とが一体となった緑の景観

「湯立坂の景観」は、春日通りとの交差点から千川通りとの交差点までの線状の「湯立坂」沿いに展開されている。その特徴は、「緑のトンネル」といわれるように、窪町東公園という線状の公園とその対岸の銅御殿とともにある屋敷林が生み出す樹木を主体とした景観であり、坂道の勾配線と同じ方向へと連続性している点にある。特に、坂を下る方向では、緑のトンネルの先に小石川植物園の緑が重なり、両者は一体となって緑豊かな景観を生み出している。加えて、小石川植物園内の東京大学総合博物館小石川分館（旧東京医学校本館）がアイストップとなり、その一体感を強固なものにしている。「湯立坂の景観」は、そうした線状に延びる一体感に基づく景域をなしているといえる（図2）。

B　周囲の広々とした住宅地景観の中の景観

緑豊かな湯立坂の景観は、その周囲のまちの景観と無関係ではない。この一帯は多くが住居系用途地域となっており、

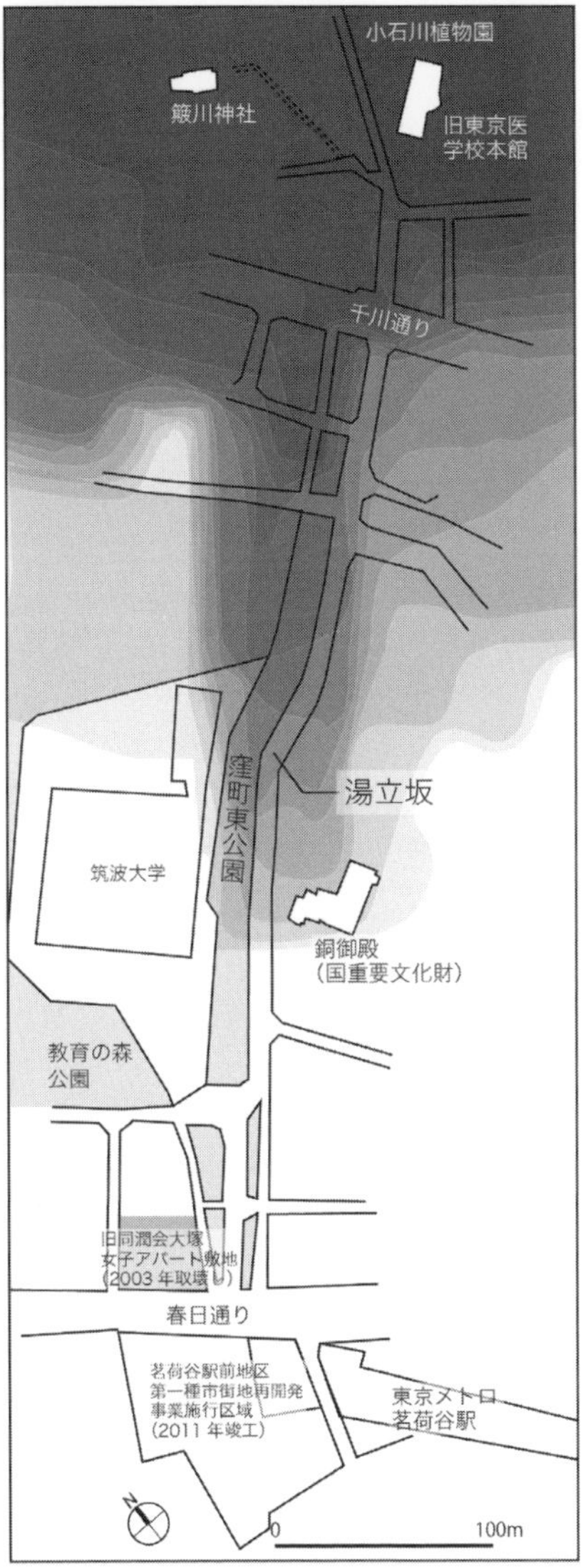

図 2　湯立坂とその周辺環境

比較的緑被率の高い住宅地景観が広がっている。その特徴は、十分な幅員を有する街路網としっかりと取られた隅切りを持つ交差点が生み出す広がりのある街路景観である。湯立坂はその中心にあり、開放感のある周囲の景観と対照的な緑のトンネルとしての景観となっており、そのコントラストが強い印象を残す。また、湯立坂の周辺一帯は、全体的に北東方向へ下る斜面となっており、住宅地内の各所で、北側に接する小石川植物園への眺望が得られ、その眺望がまた、「湯立坂の景観」を含めて、共通の景観要素となっている。これらの組み合わせで、湯立坂とその周辺の良好な住宅地の景観が形成されている。「湯立坂の景観」は、周囲の広がりのある住宅地景観と一体となって、一つの景域をなしているといえる。

以上の線的な特性と面的な特性をかけ合わせると、小石川一帯かつ植物園付近に及ぶ広い範囲にわたる「湯立坂の景観」の共有範囲が見えてくると考えられる。

②主要動線となっている湯立坂

「湯立坂の景観」について重要なのは、その周囲の土地利用である。教育の森公園は多くの区民に利用されている。とりわけ文京スポーツセンターは区内の広い範囲から利用者を集めている施設である。それらへのアクセス経路において、「湯立坂の景観」の経験は広く区民に共有されていると考えられる。しかし、住宅地でより重要なのは、日常的な通勤行動や買い物行動において、最も影響力が大きい地下鉄駅の利用経路である。駅勢圏で見る限り、茗荷谷駅の圏域は(他の駅との関係を考慮すると)、東方向については、湯立坂のある大塚三丁目のみならず、小石川四丁目、五丁目、さらには簸川神社のある千石二丁目付近まで広がっていると推測される。そして、付近の街路ネットワークから は、これらの地域から茗荷谷駅に直接向かう主要な街路の一つとして湯立坂があることがわかる。つまり、湯立坂は日常的な地域内移動の主要動線を担っている。このようにして推定される行動特性を前提とすれば、「湯立坂の景観」は、上記で述べた駅の圏域に近い広い範囲の人々に共有されていると見られる。(3)

図3　氷川明神社　聖問庵旧跡　祇園橋
出典：『江戸名所図会』

③「湯立坂の景観」の形成経緯

「湯立坂の景観」の形成経緯については、おおよそ湯立坂の周囲に武家屋敷や町人地が確かに見られるようになる江戸期以降の経緯Aと、この付近一帯の都市構造を決定づけた戦災復興の土地区画整理事業以降Bとに分けて、見ていきたい。

A　簸川神社方面との連続性の中で育まれた「湯立坂の景観」

江戸後期の庶民に親しまれていた風景を集め、紹介した『江戸名所図会』には、「氷川明神社　聖問庵旧跡　祇園橋」という挿絵があることが知られている（図3）。本絵は、現在の千川通り沿いに広がっていた氷川田圃および現簸川神社付近の風景を描いたものであるが、その構図は、湯立坂方面から眺めたものとなっている。そもそも、「湯立坂」の名称に関して、一八世紀後期の書である『江戸志』に「往古は此坂下大河入江にて。氷川明神へは川を隔て渡ることを得ず。故に此処の氏子此坂にて湯花を奉るより坂の名とす」[4]という謂れが残っているように、湯立坂は氷川神社へと下る坂道として意識され、その景観は湯立坂から『江戸名所図会』に収録された「氷川明神社　聖問庵旧跡　祇園橋」の風景までがシークエンスとして捉えられていた可能性が高い。また、江戸期を通じて、大塚・小日向方面から小石川村方面に直接下る坂道は限られており、

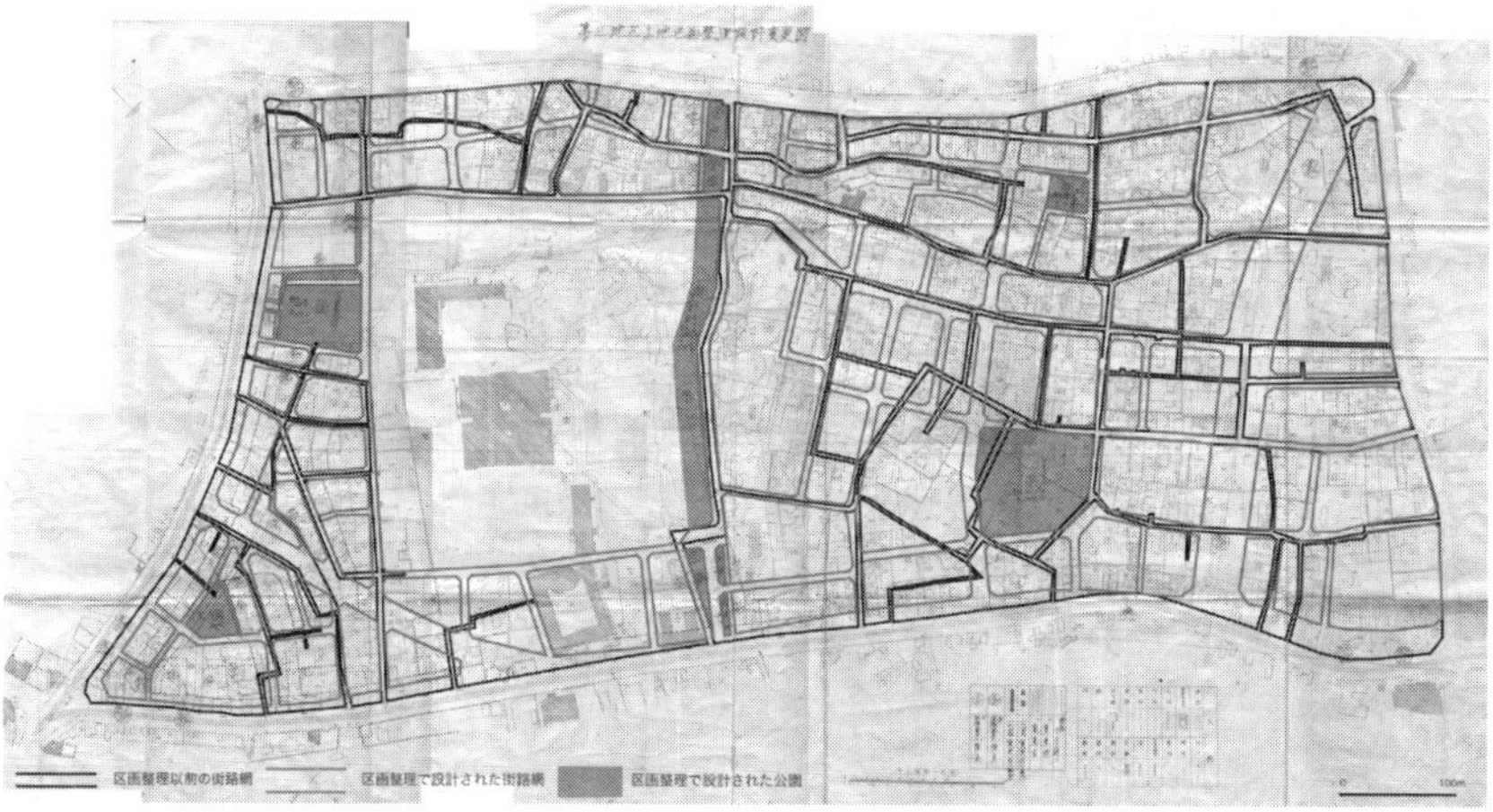

図4　東京戦災復興　第三地区区画整理設計変更図（資料提供：東京都都市整備局）

現在の不忍通りと共同印刷本館前に出る吹上坂との間では、松平陸奥守と松平播磨守の両松平家の屋敷の間をぬって走っていた湯立坂が唯一であった。その状態は戦後の戦災復興土地区画整理事業が実施される前まで続いたことを考えると、江戸期のシークエンス景観は、かなりの長い間、この地域において際立つ軸線での経験となっていたといえよう。つまり、湯立坂から簸川神社前、現在の小石川植物園の東の角付近に至るまでの範囲が、このシークエンスを歴史的に包含してきた共有範囲であると考えられる。

B　土地区画整理事業による景観の継承と創造

一方で、現在の「湯立坂の景観」の骨格は、戦後の戦災復興土地区画整理事業（一九四六年四月二五日都市計画決定、一九四八年六月三日都市計画事業決定、一九八三年一〇月一日換地処分）によるところが大きい（図4）。特に「湯立坂の景観」に見る連続性の要素は、線状の窪町東公園と銅御殿を含む東側敷地の屋敷林、そして小石川植物公園とが実際に緑の軸として連続しているところからくるものであるが、中でも、線状の窪町東公園は、この周囲一帯の戦災復興土地区画整理事業で造成されたものである。土地区画整理事業の事業計画書では、「谷地の斜面地を利用して巾員二十米の緑道を設け小石川植物園に至る遊歩道たらしめんとす[5]」とあり、湯立坂と小石川植物園との連続性を明確に意識して設計した旨が記されている。また、この時の土地区画整理事業では、湯立坂そのものは、屈曲部分を含め、通常の区画整理に見られるような合理的な街区への再編への影響をほとんど受けず、ほぼ江戸期からの線形のままで残された。特に銅御殿の建つ敷地についていえば、湯立坂沿いを含む敷地形状を維持したのみならず、屋敷林、そして屋敷そのものも維持されたことは、景観の連続性という点から極めて重要であった。さらに言えば、湯立坂の両端、春日通りと千川通りとの接続部に公園・広場を新設することで、歴史的な湯立坂に近代的な都市デザインを付与し、新たな景観の創造に成功している。

また、この一帯の住宅地としての景観特性を特徴づけている要素の多くも、この戦災復興土地区画整理事業によって生み出されたものである。街路網の設計方針は、幹線道路を地区の周囲に回すことで、地区内部の通過交通量を減らし、区画街路については、やはり土地区画整理事業の事業計画書によれば「地形の関係上等高線にとれるものを多く、勾配線のものを少なくすること(6)」に重点を置き、かつ、費用の面から既存の道路の線形をなるべく利用するというものであった。その結果として生み出された街路網は、地形に沿うことで逆に勾配線とされた街路の方向が揃い、それらの多くから小石川植物園の緑陰を望むことができるという景観特性を生み出した。さらに、東京都の土地区画整理設計標準に基づく区画街路の交差点の大きな隅切りが、地区全体の余裕のある街路景観の特徴的な要素となった。

以上のように、湯立坂は面的に実施された土地区画整理事業の地理的な中心、かつ、緑道、遊歩道としての機能的な中心として、周囲の住宅地とともにデザインされたのである。

このことを踏まえれば、「湯立坂の景観」の共有範囲は、湯立坂から小石川植物園方面への線的な連続性と、土地区画整理事業実施地区という面的広がりにおいて見出すというのが自然であろう。

④「湯立坂の景観」の共有度合い

「湯立坂の景観」の改変に対して、近隣住民によって訴訟が起こされ、マンションの建設・入居開始後もその訴訟が継続したという事実自体が、「湯立坂の景観」に対する蓄積されてきた強い思い入れの存在とその周辺への広がりを傍証している。

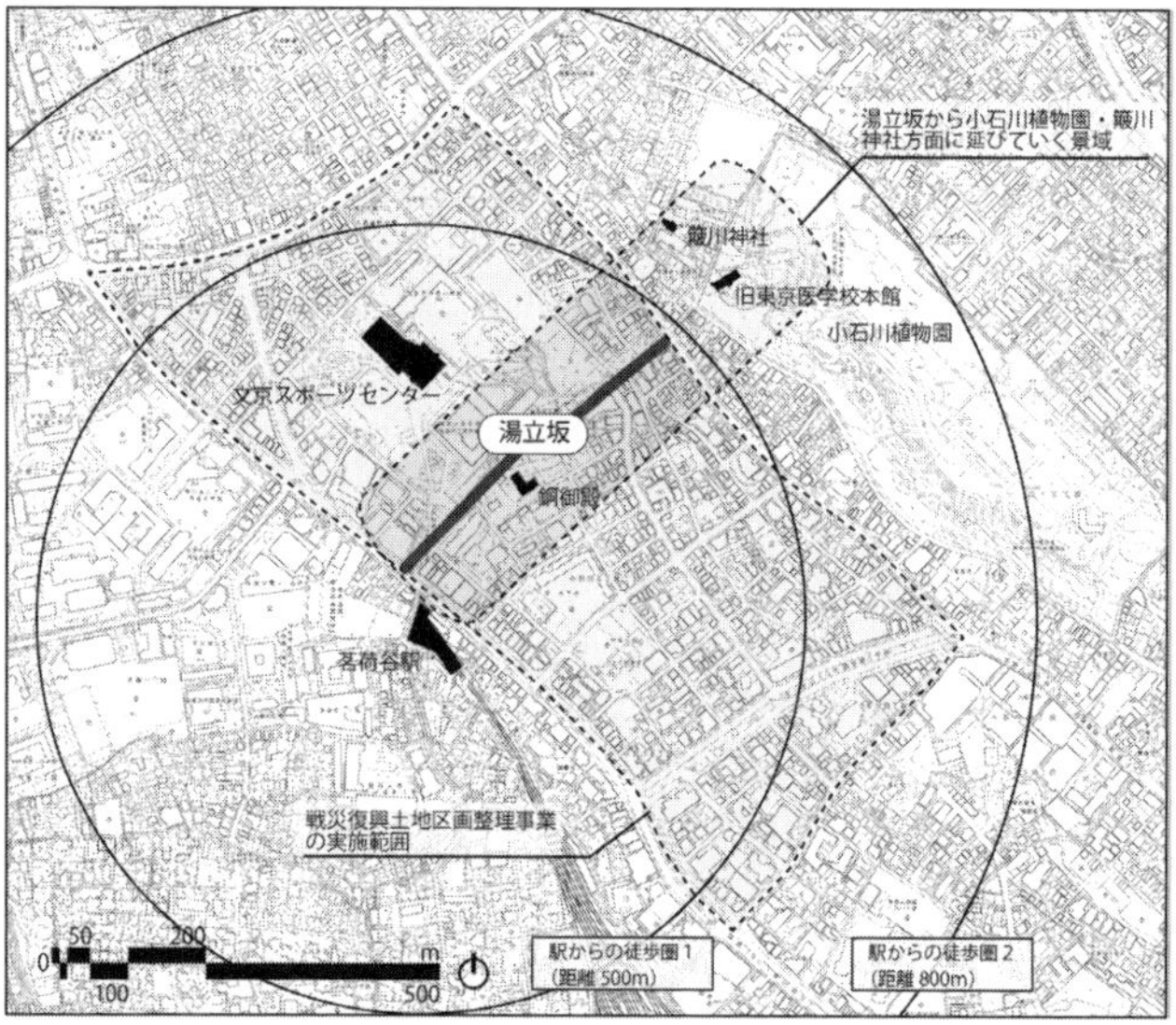

図5　「湯立坂の景観」の共有範囲
出典：筆者作成

4　おわりに

以上、「湯立坂の景観」の共有範囲について検討を行った。「湯立坂の景観」の共有範囲は、決して湯立坂の沿道に限定されるものではなく、かといって、機械的に「湯立坂の周囲の五—一〇ヘクタールの範囲」と決められるものでもない。それは、個別具体の事情を精査して初めて、決められるものである。本章では「湯立坂の景観」の共有範囲は、面的には戦災復興土地区画整理事業実施範囲を中心に周囲の住宅地に広がり、線的には小石川植物園、簸川神社前方面にも延びていくという考えを示した（図5）。こうした認識に基づいて、良好な景観の保全や形成をリードし、支援する責任を持つ文京区や、本湯立坂沿道に重要文化財を指定し、その保全をリードし、支援する責任を持つべき文化庁といった各主体が、景観の保全や形成に主体的に取り組もうとしている地域の住民とともに、「湯立坂の景観」の共有範囲を議論の起点とした景観まちづくりを協働して推進していくことが期待されている。(7)

注

（1）中村良夫『景観論（土木工学大系13）』彰国社、一九七七年、二ページ
（2）後藤春彦『景観まちづくり論』学芸出版社、二〇〇七年、五一ページ
（3）筆者は、直接、この地域の人々の行動を記録したデータを持ち合わせていないため、推定的な言及にとどめる。
（4）宮尾しげを監修『東京名所図会・小石川区』睦書房、一九六九年、一七七ページ（原本は一九〇七年発行）
（5）建設局区画整理部編『東京都市計画復興土地区画整理事業　第三地区事業計画書』東京都都市整備局所蔵
（6）同右
（7）本章は湯立坂マンション訴訟の際に東京高等裁判所に提出した意見書を加筆修正している。意見書のもととなった論考に以下の二つがある。中島直人・野原卓・中島伸「東京都区部の戦災復興区画整理地区の景観特性の把握――一般市街地での住環境向上施策としての景観計画立案に向けて」『住宅総合研究財団研究論文集』第三五号、二〇〇九年、七一―八二ページ、中島直人「都市デザイン遺産としての坂道の構想力」『建築雑誌』第一二四巻第一五九五号、二〇〇九年、一四ページ

17　都市計画事業家・根岸情治と池袋駅東口地下街

1　はじめに

池袋駅東口の駅前広場下に展開する地下街・池袋ショッピングパークは、一九六〇年八月に地下道および地下駐車場として都市計画事業決定がなされ、翌年五月に池袋地下道駐車場株式会社が執行免許を取得し、一九六四年九月に開業させたものである。この会社の事務職員として、事業の準備段階から関与した小笠原正巳は、竣工時に発表した論考にて、「ともあれ竣工を果し得たのは、都市計画事業家の先輩であり、かつ、故石川栄耀博士の姻戚関係にある、根岸情治氏を始め、その他の方々に強力な御支援と御鞭撻のあったことと、佐藤武夫設計事務所並に藤田組の関係者の皆さんの熱心な御協力をして下さった方々に負うところが、多大であった(1)」と謝辞を捧げた。佐藤武夫は地下街の設計者、藤田組は施工業者である。小笠原はこの論考中で彼らの設計・施工上の創意工夫は説明しているが、ここで聞きなれない「都市計画事業家」と紹介された根岸情治なる人物の具体的な貢献については説明していない。そもそも小笠原もその一人であるという「都市計画事業家」とは、一体何者だろうか。

都市計画史研究における人物史アプローチは、制度史アプローチと相互補完しながら、実際の都市空間、あるいは様々な計画や設計の歴史的な意味や位置づけ（都市計画史的意義）を、その背景にある都市計画家個人の思想や履歴にまで遡及して明らかにしてきた。しかし、計画や設計が実際の都市空間として現出する過程、つまり事業化に際しては、計画者や設計者、施工業者といった技術者のみならず、事務担当者、地権者をはじめとする多くの関係者の関与、努力、創意がある。そう考えると、都市計画史的意義の導出に関して、人物史アプローチを採用するとしても、従来以上に広い視野からの検証が求められるのである。そこで本章では、かつて小笠原が自称した「都市計画事業家」を、技術者と権利関係者との間を繋ぐ役割を担う人物と措定し、新たに人物史アプローチの対象とすることで、事業化における個人の貢献までを収める視野を獲得したい。つまり、根岸情治という人物の履歴と業績を通覧し、「都市計画事業家」の実質的内容を歴史的に考察することとする。

都市計画事業に関する歴史的研究は多数あるが、先に措定した「都市計画事業家」に着目して論じた研究は見あたらない。都市計画史研究における人物史アプローチは、都市計画法制度の立案に携わる官僚や計画・設計面で具体的な貢献をした都市計画技術者、あるいは都市計画運動の主唱者たちを対象としてきたが、「都市計画事業家」が注目されることはなかった。根岸情治については、石川栄耀に関する研究書『都市計画家石川栄耀――都市探求の軌跡』(2)（二〇〇九年）の中で履歴について簡単な言及があり、戦前期の朝鮮の都市計画を俯瞰した研究書『日本統治下朝鮮都市計画史研究』(3)（二〇〇四年）でも言説が引用されているが、その履歴、業績の全貌は明らかになっていない。本章では、根岸自身の著書や論説を主要な史料として記述を進める。(4)次節で根岸のキャリア形成を通覧した後、池袋駅東口地下街の建設における根岸の仕事を詳細に検証していく。

2　根岸情治の都市計画遍歴

根岸情治の仕事の時代区分

根岸情治は晩年、「直接都市計画の仕事をしていたのが前後約二十五年、友人の都市計画民間事業に関係したのを加えると、なんと三十五年のながきにおよんでいる」(5)とそのキャリアを振り返っている。根岸の履歴と業績を概観すると、表1のようになる。「直接都市計画の仕事をしていた」時期は、その活動拠点や所属組織に基づくと、愛知時代、函館時代、京城時代、東京（商工会議所）時代、東京（日本都市建設）時代に分けることができる。以下、本章では、それぞ

表 1　根岸情治の履歴と業績に関する年譜

年		年齢	
1897	明治 30 年	0	青森県に生まれる
1920	大正 9 年	23	日本橋三越勤務
1921	大正 10 年	24	都市計画名古屋地方委員会勤務
1923	大正 12 年	26	愛知県庁都市計画課勤務
1924	大正 13 年	27	東京にて，薬問屋業，東京毎夕新聞記者，『人性』主筆，『金の船』編集，児童劇団主宰等，職業を転々とする（～ 1928 年まで）
1928	昭和 3 年	31	名古屋にて，新屋敷土地区画整理事業組合，小碓土地区画整理事業組合，昭和土地区画整理事業組合の事務を担当（～ 1935 年まで）
1932	昭和 7 年	35	一宮市都市計画係主任，都市計画街路事業に従事
1934	昭和 9 年	37	北海道庁書記，函館の復興区画整理事業に従事
1936	昭和 11 年	39	京城府土木課都市計画係，区画整理事業に従事
1942	昭和 17 年	45	東京商工会議所調査部，国土計画に関する調査に従事（後に調査部長代理）
1946	昭和 21 年	49	日本都市建設株式会社常務取締役，復興区画整理事業に従事（後に三代目社長に就任）
1952	昭和 27 年	55	池袋駅東口広場に地下道設置許可申請（池袋地下街株式会社創立事務所）
1953	昭和 28 年	56	日本都市建設株式会社解散
1956	昭和 31 年	59	『都市に生きる　石川栄耀縦横記』（作品社）出版
1959	昭和 34 年	62	池袋地下道駐車場株式会社相談役
1964	昭和 39 年	67	池袋ショッピングパーク開業
1969	昭和 44 年	72	『旧婚旅行』（青年社）出版
1971	昭和 46 年	74	永眠

れの時代における、都市計画事業との関わり方に着目しながら、根岸の履歴と業績を詳述していく。

愛知県における区画整理と都市計画街路事業

根岸情治は明治三〇（一八九七）年、青森県の尻内で生まれた。根岸の養父・根岸鉄三郎と石川栄耀の実父・根岸文夫、養父の石川銀次郎は実の兄弟であり、根岸情治と石川栄耀は従兄弟の関係であった。根岸情治は目白中学、明治大学予科を経て、日本橋三越に就職したが、体調を崩し、二年ほどで退職した。その後、療養生活を送っていたところ、先に内務省都市計画名古屋地方委員会に技師として赴任していた石川に誘われ、都市計画名古屋地方委員会に職を得た。根岸は二〇代半ばの四年間ほどを、地方委員会および愛知県庁都市計画課で過ごした。それまで特に都市計画と縁のなかった根岸がいかなる仕事を担当していたのかは明らかではないが、自宅も近かった石川や黒谷了太郎ら、都市計画分野の先達の薫陶を受け、私生活でも親しくつき合った。

根岸は二七歳からの五年間、東京に戻り、友人との共同事業や童話雑誌の編集、新劇団体の主宰等の都市計画とは関係のない仕事を転々とした後、再び「彼［石川：引用者注］の居候的[6]」な状態で名古屋に復帰し、都市計画と関わるようになる。

名古屋に復帰してからの根岸は、新屋敷土地区画整理事業組合（一九二七年一二月一日事業認可）勤務を振り出しに、小碓土地区画整理事業組合（一九二九年一二月二一日事業認可）、昭和土地区画整理事業組合（一九三一年四月一〇日事業認可）を渡り歩いた。新屋敷組合に赴任当初は、区画整理関係の事務については全くの素人であったが、前任者の辞任という事態を受けて庶務主任という立場で現場に入った関係上、必要に迫られて区画整理の勉強に専心し、換地設計の手伝いをしながら、一通りの知識を身につけた。小碓組合では、設立認可が下りたばかりの組合の全ての事務をたった一人で担当し、銀行、県庁、市役所、組合員との交渉、連絡に走り回り、「一生一代の一生懸命さ[7]」で、短期間のうちに起債認可、資金の借入等の事業立ち上げ期の事務をやり遂げた。岐阜の大地主・渡辺甚吉の一人施行であった昭和土地組合では、事務主任として事務整理、関係官庁との折衝、協議等をこなした。つまり、短期間で現場を渡り歩きながら、着実に区画整理実務を身につけていったのだ。

昭和土地の区画整理は買収予定地の小作農の立退き交渉に失敗し、事業は頓挫し、根岸も失業したが、すぐに愛知県庁の斡旋で一宮市に採用された。ここでも都市計画係主任という責任ある立場で、一九三二年一〇月に事業決定されたばかりの都市計画街路の事業実現の仕事を任された。根岸は今回も赴任時には街路事業に関する知識は全く持ち合わせていなかったが、受益者負担や用地買収の仕事を、地主との実際の交渉現場で覚えていき、事業を予定通りに進めることに成功した。また、これまでの経験を活かし、石川をはじめとする県庁や地方委員会の技師たちの応援を得て、一宮での初の区画整理の実施を企画し、有力な地主の説得を試みるなど、独自の都市計画事業立ち上げにも奔走した。

函館の復興区画整理

一九三四年三月二一日に函館で大火が発生し、全市街の三分の一を焼失した。四月六日には、内務省、北海道庁の関係者が集まり、復興計画案大綱を決定し、区画整理事業の断行が第一に掲げられた。これを受けて、北海道庁の神尾守次技師は全国に呼びかけて、区画整理実務に通じた人物を招聘した。根岸は、神尾の依頼に応じて、大火発生から一カ月に満たない四月中には函館に渡り、北海道庁書記に任ぜられた。後に道庁と函館市は職員の大増員を行い、臨時復興部は合計五〇〇名の大組織となり、その中には、帝都復興の経験者として特に期待されて道庁に招聘された大栗丹波や高木春太郎らがいた。根岸の仕事は、大栗や高木ら復興経験者が来函するよりもかなり早く函館入りし、区画整理事業の立ち上げの段取りを整えることであった。大火で焼失した土地台帳の再生から始めて、名古屋の小碓組合での業務経験を活かして、組合設立、換地設計前の準備全般を担った。そして、組合運営や換地設計を担当する他の区画整理経験者の来函が遅れている間に、講演、放送、パンフレット、ポスター、区画整理映画大会など、あらゆる手段を使って、市民に向けての区画整理の意義の啓蒙、浸透を図った。一方で、組合同意書を迅速に取るために、自らの判断で説明会の出口に机を並べて半ば強制的に判を押させるなど、硬軟の姿勢を織り交ぜ、機転を利かせて仕事に取り組んだ。

函館の区画整理では、当時の移転係長が換地に伴う移転補償金を予算に見積もるのを忘れ、急遽、換地の協議変更や換地後の敷地境界をまたがる建築物の据え置きを土地所有者と建物所有者の間で協定を結ばせることで必要な補償金を削減することになった。当時、すでに根岸の能力が評価されていたことは、前任者の後を継いで移転係長も兼務した大悪換地係長や新設の協定係長に就任した高木のもとで、この協定係員に真っ先に選ばれたことからもわかる。協定締結には外交的な能力が必要とされたが、根岸は日参を重ねる戦術で、次々と協定を実現させ、補償金をほぼなしにすることに成功した。根岸は一係員として、換地事務と異なり対外的関係がある移転事務の中でも最も骨の折れる仕事を担当し、その成功に貢献したのである。

京城の府施行区画整理

朝鮮では、日本本土と満州国との経済的な輸送路の朝鮮半島側の拠点港湾都市として、羅津の計画的な市街地造成が必要とされていた。この要請に応えるかたちで、一九三四年六月二〇日付で朝鮮市街地計画令が制定発布され、同七月二七日には同令施行規則も発布された。そしてすぐに羅津で同法が適用された後、一九三六年三月二六日になって、京城でも計画区域が告示され、いよいよ朝鮮の都市計画が実施に移されようとしていた。限られた予算の中で都市計画を実施するため、その主力は市街地計画令の中に規定が盛り込まれた土地区画整理事業であった。市街地計画令制定作業では、名古屋の区画整理の指導者であった岡崎早太郎が招聘されたが、その後も、朝鮮における区画整理の実施にあたって、名古屋の土地区画整理事業の実務に関わった者が次々と総督府や京城府に招聘された。そして、根岸も函館において協定係としての任務を果たした後、一九三六年九月に海を渡った。

根岸は京城府土木課都市計画係として、京城府施行の区画整理事業に従事した。朝鮮市街地計画令の規定では民間組合施行の区画整理は事実上認められておらず、全て京城府による半ば強制的な区画整理となった。市街地計画令適用からわずかな期間に約一五〇〇万坪もの区画整理区域を指定し、実際に順次実施し始めた。そうした環境の中で、根岸は「一線の実務者」「中枢的な立場」(8)で活躍したのである。

根岸は京城の区画整理についての報告を個人名で当時の雑誌に発表している。根岸は朝鮮の区画整理の特徴である、徹底的な行政庁主導の仕組みについて、土地所有者との交渉の手間が省けてやりやすいという当時の技術者たちが抱きがちであった評価を「土地所有者の鼻息をうかがうと、うかがわぬとに拘わらず、土地所有者の立場になって、仕事をしてやらなければならない事に論はない」[9]「民意のない事業などと云うものは、結局、お伽話にしか過ぎないではないか」[10]と批判的に捉えていた。愛知での組合区画整理での経験がこのような都市計画事業における民意の重要性への意識を醸成したと考えられるし、それは、その後の根岸の仕事においても維持されていく姿勢、態度であった。

根岸は京城勤務の間に、いくつかの新しい試みに関わっている。京城では区画整理に伴う負担金や清算金等への理解がないまま、区画整理施行中から土地が不安定な価格で売買され、混乱をきたしていた。京城府はこうした事態を問題視し、土地の適正な利用、円滑な処分を目的とした土地相談所を設置した。また、併せて土地所有者に土地分譲組合を設立させ、適正な公表価格での売買を義務づけさせたのである。根岸はこうした相談所や組合の規約の立案、運営を担った。さらに、土地の売買を進めるためのパンフレット、ポスター、立看板、新聞広告、電車内広告、展覧会開催、紙芝居、講演会（石川栄耀）、出張宣伝等、巷間の不動産会社に負けないほどの京城府としての様々な宣伝事業も担当した。中でも一九四〇年四月の京城府都市計画課主催都市計画展覧会にて好評を博した、区画整理宣伝用の紙芝居「区画整理物語　大地は微笑む」は、劇団時代の経験を活かし、後に韓国を代表する画家となる朴得錞との共作で、相当苦心してつくり上げた、根岸独自の新しい試みであった。

東京商工会議所での国土計画調査

一九四〇年九月に「国土計画設定要綱」が閣議決定されたのを受けて、東京商工会議所でも一九四一年一月に国土計画調査委員会を設置し、同年九月には関東地方基本計画試案を策定した。この試案に基づき、関東諸県の商工会議所と関東地方商工会議所国土計画協議会を立ち上げ、関東地方諸都市工業立地条件基礎調査を開始することになった。東京商工会議所の参与としてこれらの会に関わっていた石川栄耀は、その調査担当者として根岸情治を推薦したのである。

一九四二年三月に帰京した根岸は、東京商工会議所調査部員として、戦時体制下の工場分散のための工場適地調査を担当し、月の三分の二以上を関東諸都市への出張にあて、調査報告や論考を通して精力的に工場分散の意義と可能性を説いた。さらに一九四三年八月に東京商工会議所と東京市政調査会が共同で設置した国土計画整備会の運営を担当する幹事に就き、翌年に「関東地方国土計画整備要項」を取りまとめた。

根岸が都市計画事業の実務から離れてこうした調査業務に従事した理由は、「十五年に近い区画整理実務家としての経験は、あっちに躓き、こっちに躓き乍らも、門前の小僧の何とやらで、区画整理に対する一応の概念は心得ましたものの、さて、時代の大きな変転に直面して、国家の経済的動向の革新から、それに伴う将来の土地政策の見透を考えてみますと、これ迄の貧しい経験がはたしてどれ程のお役に立つ事やら、少々疑わしくも考えられるのであります[11]」という思いからであった。根岸は土地の価格の増進によって民間開発利益を確保しつつ、公益も満たすという論理に立ったわが国独自の都市計画事業である区画整理の成立基盤に自覚的であった。また、商工会議所での経験は、結果として、例えば会頭の藤山愛一郎や各調査地での知己を得るなどの新たな人脈の構築も含めて、区画整理実務家の領域を超える仕事の基盤をつくったのである。

東京都の組合施行の戦災復興区画整理

終戦後、根岸は引き続き東京商工経済会（戦時中に東京商工会議所が改組）調査部員として、石川が発案した「帝都復興計画図案懸賞」の企画を担当し、最終的には調査部長代理として、残存の工場調査や経済調査等を指揮したが、会内の労働運動激化の責任をとり、辞職することになった。

その後、一時、全国の観光道路建設を目的に設立された観光事業協会の創立事務に参画したものの、うまく進まず、結局、日本都市建設株式会社に常務取締役として参画することになった。日本都市建設株式会社は、復興院の積極的な支援のもと、民間による復興事業の遂行を目的とし、一九四六年七月に社長に益田信世（元小田原市長、三井物産の益田孝の次男）を迎えて設立された。当初より、戦災復興土地区画整理事業の実施を目的と定め、その方面で実務経験の豊富な根岸が、全国から、特に朝鮮や台湾等で活躍していた専門技術者一五〇名を召喚したのである。そして当時、石川栄耀が都市計画課長を務めていた東京都と連携し、組合施行の区画整理事業を興すべく宣伝啓蒙活動を担い、実際に都内の四つの土地区画整理事業組合と事業の代行契約を結んだ。しかし当初、事業費の八割と見込んでいた国庫補助が緊縮財政の影響で削減され、資金繰りに困難が生じた。業務が滞り、役員の辞任が続く中で、根岸は益田、平野眞三に続く三代目社長に就任し、個人的な借入まで行い、第一期事業を完成させた。その後、根岸は建設省と東京都に清算助成金の支払いを申請したが、手続きは遅延し、最終的には都知事に行政訴訟を起こすまでになった。結局、石川が建設局長を退いた後に都からの助成金支出が決まり、それを受け取って会社は解散となった。しかし、銀行からの借入金返済、元職員たちへの賃金支払い等のトラブルで、根岸は一九五三年の年末から正月にかけては一時身を隠さねばならないほどの状況に追い込まれた。苦労を重ねた根岸は、会社の清算後、表向きは仕事の第一線から退くことにした。

3　池袋駅東口地下街の建設における根岸情治の仕事

池袋駅東口地下街の特徴と『池袋風雲録——池袋地下街の出来るまで』

一九六四年九月に開業した池袋駅東口地下街は、地下一階に二本の公共通路とその両脇に多様な個店が並び、地下二階が一七〇台近く収容する駐車場となっている（図1）。この地下街の設計は、駅前広場にバスおよびトロリーバスの路線が集中しており、地下一階に店舗を入れ、駐車場は地下二階とするという厳しい条件のもとで、佐藤武夫が入出車路の面積を極力少なく、地下一階の店舗面積を最大限に確保し、駐車場の入出口を近づけ、管理を容易にする複式ラセン型車路を開発した。また、藤田組は、工事中の駅前交通への影響を最小限にする、仮設工事が少なく路面開放も容易なフローティングアイランド工法を研究の上、採用した。

根岸は日本都市建設株式会社の業務と並行して、池袋駅東口地下街の構想段階から事業に参画し、会社を清算した後もその建設、運営段階まで継続的に関与した。そして、竣工と同時に『池袋風雲録——池袋地下街の出来るまで』（一九六四年）を著し、経緯を書き残した。以下、主に『池袋風雲録』に基づいて、根岸の具体的な仕事を明らかにする。

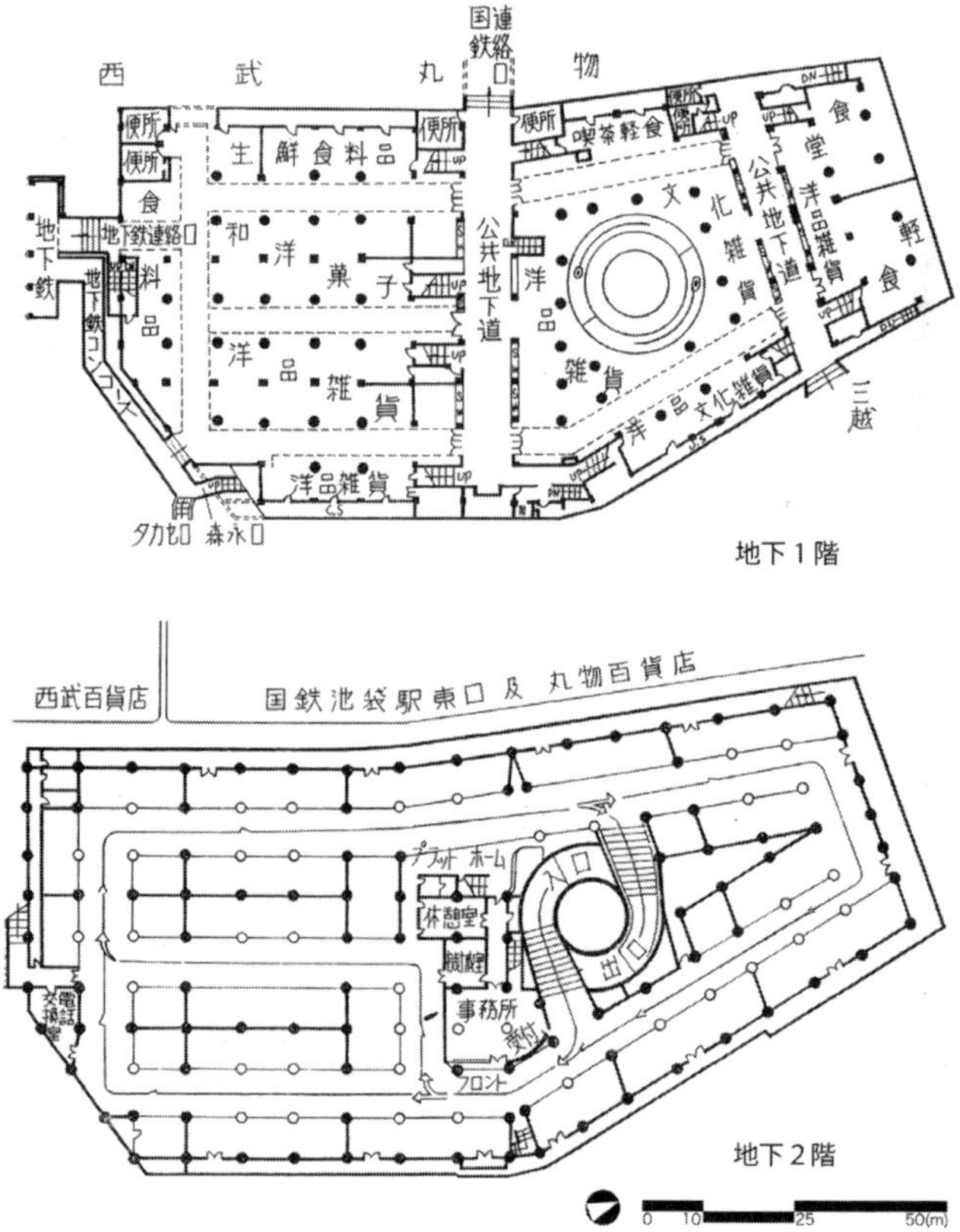

図 1　池袋駅東口地下街の竣工時の平面図

出典：小笠原正巳「都市計画事業と特許会社　池袋地下道駐車場事業の概要」『新都市』第 18 巻第 10 号，1964 年，30 ページ

石川および地元の要請と地下街構想の原案作成支援

根岸が池袋地下街に関与することになるきっかけは、一九四八年九月の区画整理の都市計画事業決定後、未だ事業が着工されず、池袋駅東口駅前に闇市が軒を並べていた時期に、石川栄耀から持ちかけられた相談事であった。戦災復興区画整理で創出される駅前広場の地下に商店街を設置し、地上の交通動線を整理することで、駅前に「美しく楽しい市民広場」を生み出そうと、自ら設計を始めていた石川に根岸も協力することになった。当時、わが国には本格的な地下商店街はなく、設計・施工上の慎重な研究が必要と判断した根岸は、商店街復興のために組織した商店街研究会のメンバーである建築家の佐藤武夫に協力を求めるとともに、建設業界にも声をかけ、藤田組副社長の藤田一暁の参画を得て、石川を中心とした検討会を一年ほど続けた。

この検討の最中に、根岸は池袋の地元関係者からも、池袋鉄道会館と地下街建設への協力を求められた。中学の同級生で親友、池袋の大地主、鉄道会館重役であった岩崎賢吉は根岸に二つのことを期待した。鉄道会館への百貨店誘致に関しては藤山愛一郎らとの人脈を生かした協力を、鉄道会館が申請予定であった地下街建設に関してはより具体的な助言を求めた。

石川と岩崎ももともとよく知った仲であり、石川を中心とした検討と地元有志による地下街建設申請活動とは自然と連動することになった。一九五二年三月二六日には、地元関係者を準備委員とした池袋地下街株式会社創立事務所名で、都知事に「池袋駅東口広場に地下道建設許可申請」を提出し、国鉄と帝都高速度交通営団にも同種の請願をした。その請願書によれば、地下街建設事業は、広場の動線整理を主眼としつつ、池袋地区の商業的繁栄も目指したものであった。都施行の戦災復興区画整理において、地権者たちが大幅な減歩を受け入れ、広大な駅前広場の創出に協力したことに対する見返りの要求という側面もあったと考えられる。

競争者との調整と東京都の認可に向けた折衝

しかし、請願後、岩崎ら地元関係者の他に三者が地下街建設を目指していることが発覚した。一九五四年八月には東

図2　竣工10年後の池袋駅東口地下街
出典：池袋地下道駐車場株式会社『社史10年の記録』1969年

京都の方針で、競願者間での調整の上での一本化が許可の条件とされた。石川がその人脈を活かして仲介役を買って出たが、根岸も競争相手との直接交渉、特に手切れ金等の裏側の交渉を実際に担当し、競願者間の調整を成功させ、最終的な一本化を達成した。そして、一九五五年二月には、元競争相手も発起人に追加して、改めて、池袋地下街株式会社創立事務所として「池袋東口駅前広場における地下街設置についての認可申請」を提出したのである。

許可申請書提出後、東京都からの認可はなかなか下りなかった。根岸は何度も東京都や建設省、国鉄、その他金融機関などをかけめぐり、認可における諸般の準備に専念した。根岸や岩崎が以前から親しくつき合っていた徳川義親に、安井東京都知事への直接の認可要請を行ってもらうなど、様々な手段を尽くし、当時の角田建設局長から認可の内意をもらうところまでいったが、角田局長の急病、退職という不測の事態もあり、話が頓挫してしまった。

根岸は山田正男都市計画部長に面会し、事業認可を求める交渉を重ねる中で、東京都は都内の交通事情の悪化を背景として、単なる地下商店街ではなく、都市計画事業としての地下駐車場の建設を検討していることを察知した。建設省も一九五七年二月の第二六回国会での通過を目指して、都市における駐車場整備を促進する駐車場法案の用意を進めていた。都内では、東京駅近辺での都直営や道路公団経営の地下駐車場に加えて、新宿、池袋でも地下駐車場を設置する計画で、特に池袋では民間からの地下街設置の申請があるため、民間に地下道と地下駐車場を設置させ、その附帯事業として店舗敷設を認めるという方針が決定された。

根岸はこうした東京都の方針を踏まえて、「思い切って「地下商店街」の考え方を変えて、駐車場法に基く地下駐車場の設置と店舗併設の申請に、その内容をきりかえるべきである」(12)と判断し、岩崎や徳川らを説得し、方向転換を承認させた。そして、急遽新たな申請書の作成を開始した。わが国で初めての民間駐車場建設事業であったため、経営計画、建設費、収支予算等の算定等に相当の苦労と時間がかかった。一九五六年七月には山田部長に「池袋駅地下二階自動車駐車場建設について」という声明とともに関係書類を提出した。この時点では、駐車場整備への協力の意思表明はしたものの、地下商店街建設が優先で、補助金によって駐車場も同時に整備するという内容であった。また、都との交渉に加えて、東京商工会議所に協力を求め、商工会議所からの「駐車場整備に関する要望」(一九五六年七月一九日)として、駐車場整備を民間が代行する場合の、固定資産税免除や道路占有料減免、建設資金の長期低利金融の斡旋等を請願したのである。

特許の出願と競合者との交渉

しかし都内の交通事情は悪化する一方であり、東京都が他地区で駐車場建設を開始した段階で、発起人たちは駐車場建設を主眼とする方向へと完全に舵を切ることにした。一民間事業ではなく、都市計画事業という公共性の強い事業の代行を目指すことを明確にし、一九五七年七月に池袋地下道駐車場株式会社創立事務所として正式に「池袋東口駅前広場における地下道並に地下駐車場設置許可申請」を都知事に提出した。翌八月の地下駐車場の都市計画事業決定を受けて、九月にはその事業の特許を申請するに至った。

根岸は特許を申請する段階で出願人に名を連ねることになった。申請書類に添付された「出願者略歴書」では、地元発起人や参議院議員と並ぶ根岸の略歴は、「東京、北海道、愛知県、朝鮮に於て都市計画事業担当　元日本都市建設株式会社々長」(13)と説明された。都市計画事業代行の特許申請の際に、根岸の経歴は会社の信用力を増すものであった。

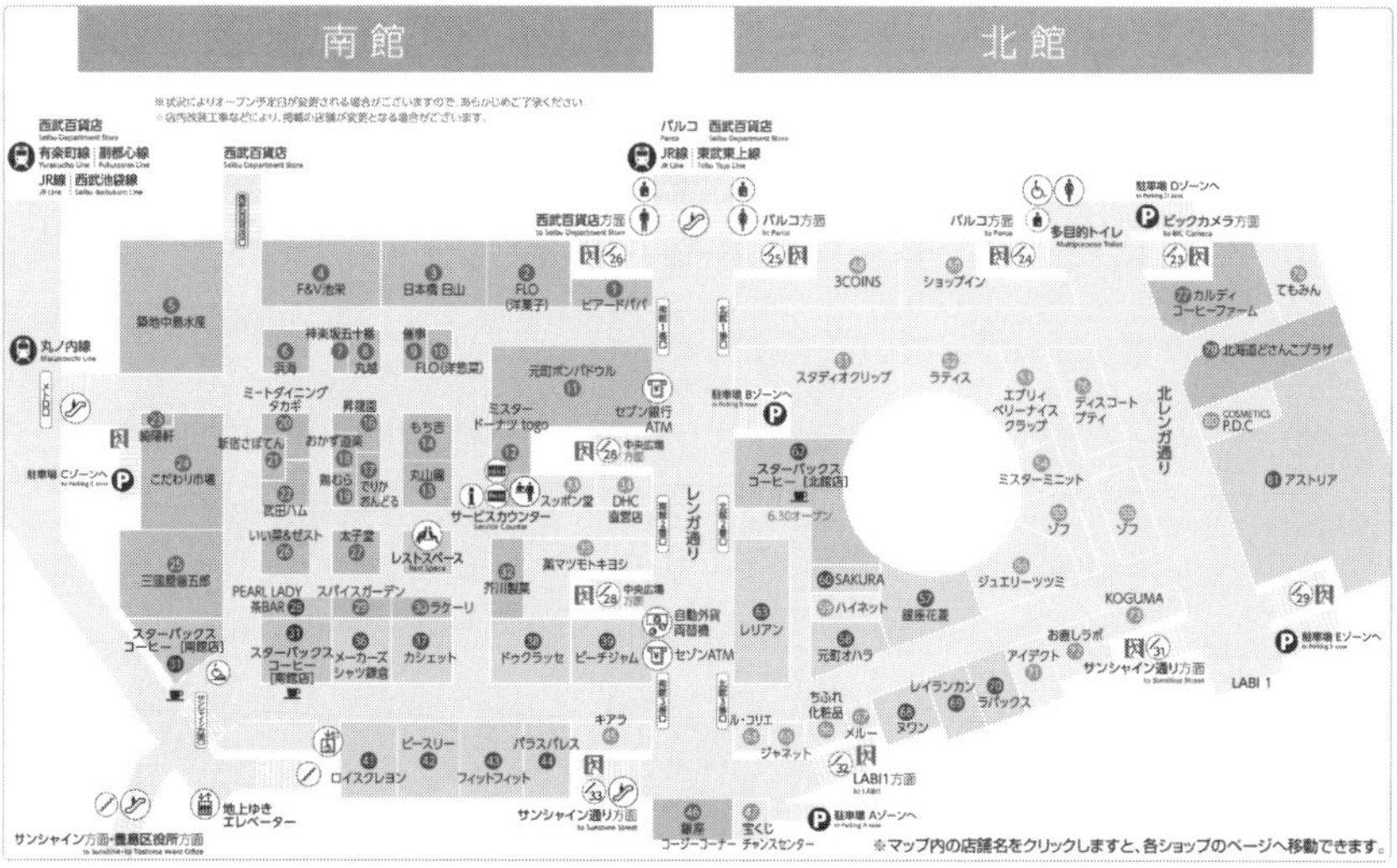

図 3　現在の池袋ショッピングパークのフロア案内図
出典：http://www.web-isp.co.jp/floorguide/index.html

また、特許申請段階となり、外部折衝や企画書、設計書作成等の業務が一気に増加したため、根岸は、一九五七年中にかつて日本都市建設株式会社で業務部長をしていた小笠原正巳を事務局に招聘した。根岸は戦災復興での区画整理事業の代行経験を、池袋地下道駐車場株式会社で活かすことを目論んだ。そして実際に、小笠原は根岸に「奮闘は察するに余りがあり」(14)といわしめる活躍を見せたのである。

しかし、特許はすぐには下りなかった。実は特許申請を行った段階で、またもや競願者として西武鉄道が現れ、調整が必要とされたからである。西武側は地下二階分の駐車場のみの建設を申請しており、地下一階を店舗、地下二階を駐車場とする池袋地下道駐車場株式会社創立事務所の計画よりも都市計画事業の趣旨に沿うものであったため、創立事務所側は厳しい立場に置かれることになった。そこで、主に根岸と小笠原が実質的な申請者であった堤清二率いる西武百貨店との折衝を担当し、一年以上にわたる三〇回以上の会合を経て、西武を創立事務所側の事業に参画させることに成功したのである。

特許獲得の目途がついた一九五九年九月になって、池袋地下道駐車場株式会社がようやく設立され、根岸は相談役に就任した。その後、東京都からの役員構成に関する指導等への対応を経て、一九六一年五月に、都市計画法第五条第二項および同法施行令第七条に基づく特許を獲得したのである。

実施設計の書類作成と社内調整、記録整理

池袋地下道駐車場株式会社は、特許を受けてすぐに、実施設計を佐藤武夫率いる佐藤設計事務所に依頼し、施行業者として藤田一暁が副社長を務めていた藤田組を選出した。根岸が一〇年前に声をかけた専門家たちが、これまでにない商店街併設型の地下駐車場の建設に対して惜しみなくアイデアを出し、優れた都市空間の創造に協力したのである。一九六二年三月には確認申請がおり、即時、着工された。

この最終的な局面において、根岸は、「会社事務担当者は小笠原一名だけであった為、役員会の委嘱を受けて、私が之に参画し、私はまた専門の仲間数人を動員して、大蔵に及ぶ図書及書類の作成に努力した」[15]のである。さらにその後、開業までの間に、池袋地下道駐車場株式会社内では、役員人事や店舗部分の権利関係の配分を巡って、重役間の対立が表面化し、分裂の危機を迎えたが、初代社長の岩崎や、初代会長から二代目社長となった徳川を支えるかたちで、根岸は社内の調整役として機敏に動き続けた。

根岸は開業直前の一九六四年八月に、事業の発端から竣工に至るまでの経緯、特に「長期間に亘る推移の中から、さまざまにゆがめられつくした不幸な出来ごとに対し、せめて、一つの筋道を明かにしておき度い」[16]という考えで、『池袋風雲録』を書き上げた。『池袋風雲録』には、経緯の客観的な記録とともに、根岸から見た様々な人物評や、長い経緯の中で生じた齟齬や誤解に基づく対立の背景、要因に関する考察等が「第三者な冷徹さをもって」[17]書き連ねられている。根岸が、都市計画事業を遂行するという仕事において何に気を配っていたのかが、人間描写や人間関係の考察に力点を置いた筆致から理解される。

■池袋駅東口地下街の建設までの経緯

1946年4月　池袋東口地区の復興土地区画整理事業都市計画決定
1948年9月　同事業計画決定，同年施行開始

1951年2月　秀島乾「池袋地下街構想」

石川栄耀が発案者となり，地下商店街の設計案を作成

1952年3月
池袋地下街株式会社創立事務所
「池袋駅東口広場に地下道建設許可申請」

1953年9月　東京都より競争三者の存在通知，資格調査のための書類提出の要求

1954年8月　東京都より出願者一本化という認可条件の提示

1954年9月　池袋地下街株式会社創立事務所
「三者一本化の報告」

1955年2月　池袋地下街株式会社創立事務所
「池袋東口駅前広場における地下街設置についての許可申請」

1955年10月　徳川義親，安井知事を訪問し，認可要請
1956年3月　徳川義親「東京都知事宛　許可の促進方の要請書」

1956年7月　東京商工会議所「駐車場整備に関する要望」

1956年7月　池袋地下街株式会社創立事務所
「地下自動車駐車場並地下街設置に関し御願い」

1957年7月　池袋地下道駐車場株式会社創立事務所
「池袋東口駅前広場における地下道並に地下駐車場設置許可申請」

1957年8月　東京都都市計画地方審議会にて，「池袋公共地下道並に地下自動車駐車場建設事業」都市計画事業決定

1957年9月　池袋地下道駐車場株式会社創立事務所
「都市計画事業（池袋駅東口地下道駐車場設置）執行の特許許可について」

1959年9月　池袋地下道駐車場株式会社創立

1960年5月　西武鉄道株式会社申請取り下げ，事業に協力

1960年8月　東京都都市計画地方審議会　東京都都市計画街路（池袋駅附近地下道）及び東京都市計画自動車駐車場（池袋）事業の都市計画事業決定を可決

1961年5月　池袋地下道駐車場株式会社に都市計画事業執行の許可

1962年3月7日　建築確認（設計：佐藤設計事務所）
1962年3月20日　道路占有許可

1962年3月22日　起工式（施行：藤田組）

1964年8月　根岸情治『池袋風雲録』執筆

1964年9月　池袋ショッピングパーク開業

■根岸情治の役割・業務
（『池袋風雲録』より）

□原案作成
- 石川栄耀からの相談を受け，建築家・佐藤武夫，藤田組・藤田一暁らを集め，日本最初の地下街建設に向けた検討を実施。
- 池袋地下街株式会社創立準備委員の一人，旧友岩崎賢吉からの相談を受け，都市計画の観点から，設計及び経営企画の立案に関する事務の面での協力を行うとともに，東京都の認可に関しての政治的な活動を展開。

□競争三者一本化の交渉
- 調停者側の人間として，競争者との交渉に同席。調停者に対して，東京都知事への一本化報告を要請。
- 競争者の背後の支持企業と競争者との因果関係や支持企業の事業に対する考え方を調査。
- 創立事務所の代弁者として，競争者との交渉（金銭的解決）を担当。3時間余りの会談の結果，相手の承認を得，後日，根岸宅にて金銭受け渡し。

□認可に向けた折衝
- 東京都や建設省，国鉄，その他金融機関との折衝を重ね，認可に向けて奔走。
- 徳川義親の側近という立場で，安井知事との会談に随行。安井知事に経緯説明。
- 山田正男都市計画部長等に面会し，経緯を説明し，特別な考慮を要請。

□方針転換の先導
- 東京都の方針を勘案し，従来の「地下商店街」の考え方を改めて，駐車場法に基づく地下駐車場の設置と店舗併設の申請に切り替えることを発起人たちに説明し，説得。
- 新たな申請書類を作成。
- 事務担当として旧知の小笠原正巳を招聘。
- 池袋地下道駐車場株式会社創立事務所に出願人として参画。

□特許申請と西武百貨店との交渉
- 競合者である西武百貨店との30回あまりに及ぶ交渉を担当
- 池袋地下道駐車場株式会社の相談役に就任。

□実施設計段階での図面・書類整理
- 役員会の委嘱を受け，専門の仲間数人を動員し，実施設計や道路占有許可に関する図面及び書類の整理を担当。

□会社内の人事調整・対立調停
- 池袋地下道駐車場株式会社社長の命を受け，専務候補に面談し，会社の内容，役員の構成，事業の性質等を説明し，早期の入社を要請。
- 池袋地下道駐車場株式会社会長，社長の命を受け，重役間の対立を解決すべく，該当役員をたびたび訪問し，交渉。
- 池袋地下道駐車場株式会社の監査役に就任。

図４　池袋駅東口地下街の建設経緯と根岸情治の仕事

4　おわりに

以上、根岸情治の履歴と業績を明らかにしてきた。区画整理の現場を渡り歩き、人数の少ない組合ではもとより主任的立場で、その場その場で実務を身につけていくというキャリア形成の過程が確認できた。また、行政庁のような大きな組織で一職員として働く場合でも、その仕事内容は、単なる事務仕事では片づけられない、地権者との交渉、様々なメディアを駆使した啓蒙・宣伝、事業後の土地販売等の支援にまでわたっており、中には根岸情治という人格が反映された創意工夫も見られた。また、池袋駅東口地下街建設での根岸の役割は、根岸自身の言葉を借りると、「都市計画より見た、地上、地下の設計と、経営企画の立案[18]」や事務仕事にとどまらない、持てる人脈を活かした「認可に対する政治的活動[19]」をも含む、特定の組織での固定した職務を持たない立場からの状況に柔軟に適応した行動であった。少なくとも根岸を通して見えてくる「都市計画事業家」は、幅のある、対人的、創造的活動を展開する人々で、組織内だけでなく個人の自由な立場からも事業に関与した者であると考えられる。また、根岸が従事してきた組合施行の区画整理や都市計画事業の民間代行は、都市計画の実現を公共による強力な土地利用規制や事業ではなく、民間の地権者の意思と資金による共同事業に委ねるというわが国の都市計画の特徴が端的に発現する場であった。「都市計画事業家」の存在は、そうした日本の都市計画の根本的な性格と深く関係していたし、少なくとも根岸はその点に自覚的であった。

石川栄耀という強力な後ろ盾があった根岸のように、区画整理の事務に終わらずに、仕事内容としても立場としても個人を確立していった「都市計画事業家」がどの程度いたのかは今後検証が必要である。しかし、根岸が示す「都市計画事業家」像からは、都市計画家が表舞台に立ち、公的立場でプランニングするという王道的な都市計画史とは異なる、技術者と地権者との間を巧みに繋ぐ、一見匿名的だが実際には個々の人格を仕事に反映させた「都市計画事業家」が手綱を握る都市計画史の存在が示唆される。そうしたもう一つの都市計画史が描かれたとき、例えば池袋駅東口地下街も、「都市計画事業家」根岸の代表作として、都市計画史的意義を帯び始めるのである。

注

(1) 小笠原正巳「都市計画事業と特許会社――池袋地下道駐車場事業の概要」『新都市』第一八巻第一〇号、一九六四年、二六ページ
(2) 中島直人・西成典久・初田香成・佐野浩祥・津々見崇『都市計画家石川栄耀――都市探求の軌跡』鹿島出版会、二〇〇九年
(3) 孫禎睦『日本統治下朝鮮都市計画史研究』西垣安比古・市岡実幸・李終姫訳、柏書房、二〇〇四年
(4) 根岸情治は自分の仕事の記録を著作として丹念に残した点で、「都市計画事業家」としてはおそらく例外的な人物である。従兄・石川栄耀の評伝『都市に生きる――石川栄耀縦横記』青年社、一九五六年は、根岸自身の自伝的内容を多く含む。愛知時代から京城時代までの区画整理実務関係については、一九三九年から一九四二年にかけて、『区画整理』誌に葱青公の筆名で「区画整理遍路記」を連載している。京城時代については、同誌に「京城の区画整理と土地の処分　土地相談所と土地分譲組合」を二回に分けて発表している。東京商工会議所時代の仕事についても、同誌に葱青公の筆名で「都市風土記　関東地方都市めぐり」を一九四二年から一九四三年にかけて連載している。池袋駅東口地下街の建設については、本文でも言及した通り、『池袋風雲録――池袋地下街の出来るまで』作品社、一九六四年がある。本章では、これらの著作における履歴と業績に関する断片的な情報を再編集する手法を採用している。根岸自身による取捨選択を経た記録に依拠しているため、抜け落ちが懸念される一方で、「都市計画事業家」が自分の仕事をどのように認識していたのか、という視点を折り込んだ上での履歴と業績の全体像として、意味を持っている。
(5) 根岸情治『旧婚旅行――青公薗随筆』青年社、一九六九年、一四九ページ
(6) 根岸情治『都市に生きる――石川栄耀縦横記』作品社、一九五六年、九一ページ
(7) 葱青公「区画整理遍路記　其の一　名古屋の巻」『区画整理』第五巻第一号、一九三九年、五五ページ
(8) 孫禎睦『日本統治下朝鮮都市計画史研究』西垣安比古・市岡実幸・李終姫訳、柏書房、二〇〇四年、二二二ページ、二四七ページ
(9) 葱青公「区画整理遍路記　其の四　京城の巻」『区画整理』第五巻第九号、一九三九年、七二ページ
(10) 同右、七二ページ
(11) 根岸情治「蚤の糞　区画整理遍路記終篇」『区画整理』第八巻第四号、一九四二年、三三ページ
(12) 根岸情治『池袋風雲録――池袋地下街の出来るまで』私家版、一九六四年、二六ページ

(13) 池袋地下道駐車場株式会社『経緯書』(会社設立まで)、株式会社池袋ショッピングパーク所蔵、作成年不明
(14) 根岸情治『池袋風雲録――池袋地下街の出来るまで』私家版、一九六四年、三四ページ
(15) 同右、四九ページ
(16) 同右、一ページ
(17) 同右、一ページ
(18) 同右、一三ページ
(19) 同右、一三ページ

18　新宿駅西口広場の問いかけ

1　「穴」が生み出した「光と緑の広場」

ル・コルビュジエから「ユルバニズム」の精神を受け継いだ坂倉準三の設計で一九六六年に完成した新宿駅西口広場は、地上および地下二層の立体都市空間である。坂倉渾身の建築的ソリューションは、楕円形の大きな「穴」を中央に開けた点であった。この「穴」によって、地下広場に地上の光が注ぎ込むようになった。

新宿駅西口広場の敷地自体は一九四六年五月に戦災復興土地区画整理事業の一環として確定していた。しかし、一九五八年七月に首都圏整備委員会において淀橋浄水場の移転とその跡地の再開発による新宿副都心の建設の方針が正式に決まったことで、想定していた将来交通量は飛躍的に増大し、戦災復興で生み出された敷地面積では到底収まらなくなった。一九六〇年六月には新宿副都心建設計画として都市計画街路と広場事業区域が決定された。都市計画街路のレベルは淀橋浄水場の濾過池の底面＝地下に合わせることになった。新宿副都心の玄関口である新宿駅西口の広場事業区域では、地上レベルの道路と浄水場跡地の再開発街区から地下レベルでくる都市計画街路をどう取りつけるかが新たな課題として設定された。

広場事業区域の設定とともに、小田急、京王、国鉄、地下鉄の四社で協定が結ばれ、各者が広場を取り囲むように新たに駅ビルを建設し、地下一階レベルで歩行者動線を揃えた総合ターミナルとすることが決定された。新たに建設される駅ビルには駐車場法に基づく駐車場設置義務が課されたが、建物の地下は線路およびホームであったので、協議の結果、駅前広場の地下に代替としての公共駐車場を設けることになった。

ほぼ身動きの取れないこうした難しい計画設計条件のもとでの坂倉渾身の「穴」は、そもそも地階の換気方法の検討から生まれたアイデアであった。地下に自動車が降りてくることで生じる排気ガスをどう地上に放出するのか。採用されたのは、換気は給気のみとし、広場全体を正圧に保ち、中央に開口を開けて自然排気させる、というものであった。この「穴」の内側には噴水も設置され、「水と光の広場」としてデザインされた。世界一の乗降客数を誇る巨大ターミナル駅の膨大で複雑な交通動線を、限定された空間に収めるべく巧みに処理しつつ、新宿副都心の玄関に相応しい都市スケールのシンボリックな「穴」を備えたこの立体都市空間には、全国各地からの視察者が後を絶たなかった。鉄道と駅の文化を高度に発達させてきた東京の一つの極が、この「穴」を穿たれた新宿駅西口広場なのである。

2　「透明な空間」が映し出してきたもの

もちろん、新宿駅西口広場を特徴づけているのは「穴」だけではない。竣工当時、東京大学工学部都市工学科丹下研究室に在籍していた佐々木隆文は、「全体の中での位置は分からない。分かる必要はまったくないのです[1]」「上に登るにあたっても、地下を歩くにしても、明確なシステムによって、それを知らせるストラクチャーはもうなくて、ルーズなストラクチャーを適当に区切って使った[2]」とその空間の特徴を評した。そこでは「不安は人間の内部で解決してもらわなければならない。しかし、そうすると、人間は西口広場にいながら、自分の内側や、友人、恋人といった西口広場という空間の特殊性とは関連のないものによりかからなければならなくなってしまう[3]」と指摘していた。同じようなことを、芝浦工業大学講師の藤井博巳は「設計者がこの膨大な空間を、あるいは人の流れを、分析し、計画することを放棄してしまったかのように、階段が、エレベーターが、壁が、空間が、ただそこにあるだけのように感じられる[4]」「人と空間の膨大な量と激しい動きによって希薄になった空間がある[5]」「そこには表情をもたないノッペラボウな空間がある[6]」と評した。

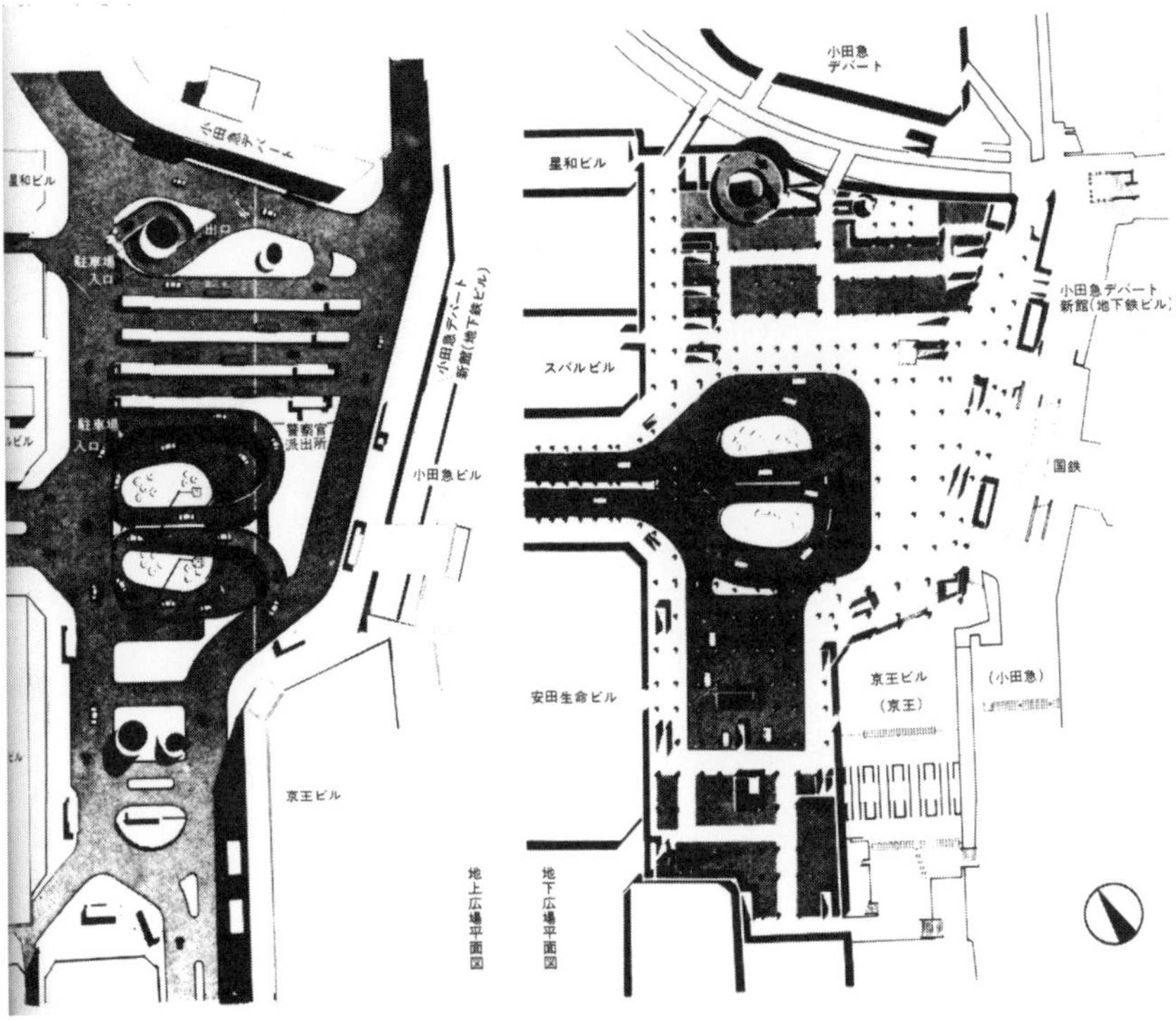

図 1　新宿駅西口広場平面図
出典：藤井博巳「解放された地下空間」『現代日本建築家全集 11　坂倉準三　山口文象と RIA』三一書房，1971 年，86 ページ

確かに、俯瞰的視野ではなく、歩行者の視点でこの広場を認識しようとしても、空間的なオリエンテーションがなかなか見出せない。「穴」でさえも、この広場では背景に過ぎず、目に入ってくるのは迫力ある人の流れだけである。坂倉準三のもとで実際にこの広場の設計を担当した東孝光は「人々の動きを強制せずに自由に泳がせてしかも混乱させないようなスペース」[7]という意味で「透明な空間」を目指したと解説している。しかし、その「透明な空間」は、坂倉ではなく、そこに集った人々によって、色を塗られていく。

新宿駅西口広場に刻まれた最も古い、しかし最も強烈な記憶は反戦フォークソングゲリラの姿であろう。完成からしばらくすると、新宿駅西口広場には三々五々、討論集会の輪ができるようになり、やがて反戦フォークソングを歌う若者たちで溢れるようになった。一九六九年の夏には五〇〇〇人もの若者が広場に集い、反戦歌を合唱した。一部過激派の学生たちが起こした暴動を抑えるため、機動隊が出動した。そして七月一八日、「西口地下広場」は突如「西口地下通路」に名称変更され、「ここは通路です。立ち止まらないで下さい」とアナウンスされることになった。あの時代、なぜ人々はこの広場に集まったのか。〃豊かさ〃に向かう戦後日本で増幅されていった漠然とした不安が「透明な空間」に凝集し、爆発した。結果としては、〃広場〃から〃通路〃へ、自由空間から管理空間への遷移が進んだ。

一九八〇年に地上のバスターミナルで起きた痛ましい新宿西口バス放火事件も、新宿駅西口広場の忘れられない記憶である。一九四二年に現在の北九州市に五人兄弟の五男として生まれたMは、家庭環境に恵まれず、義務教育さえも満足に受けられなかった。成年になり、建設現場の作業員として全国を転々とし、途中、家庭を持ったがすぐに崩壊した。都会の〃まなざしの地獄〃に晒されながら何とかたどり着いたのが、新宿駅西口広場であった。地下広場に通じる階段に座って、一人で酒を飲んでいたMに、誰かが「邪魔だ」と罵声を浴びせた。この日の夜、Mはバスの後部座席にガソリンと火のついた新聞紙を放り込んだ。新宿駅から中野車庫に向かうバスには、Mは得ることができなかった安定した仕事と幸せな家庭を持った人々が乗っているように見えた。賑わいを見せる夜の新宿駅西口広場の大衆の前での大惨事となった。新宿駅西口広場にいたMとは誰だったのか〃豊かさ〃からこぼれ落ちて一人、地下広場へ続く階段からも追いやられそうになったとき、Mが次に向かう場所はどこにあったのだろうか。

一九九〇年代初頭、新宿駅西口広場に増え始めたのがホームレスたちの段ボールハウスであった。当初主に都庁へ向かう地下通路に居を構えていた彼らは、動く歩道と〃オブジェ〃という名の突起物の設置によってその場を追われると、地下広場へと流れてきた。地下広場は、少なくない数の人たちの日常生活の場として〃生きられる〃ことになった。当事者であるホームレスの人たちのみならず（いや、というよりは）、警察や近隣組織、あるいは支援組織、ボランティアなどの各アクターが続けた抵抗と排除の攻防は、公共空間は誰のものか、その自由と管理はどうあるべきか、という問いを発信し続けた。しかし、一九九八年二月の早朝に段ボールハウスの一角から火が出て、死者を出す惨事となり、彼らは自主退去することになった。こうした九〇年代の新宿駅西口広場の生きられ方を巡る攻防は、その後、全国各地の同様の攻防の原型となった。

「透明な空間」であったがゆえの新宿駅西口広場での〝事件〟たち。佐々木は「不安は人間の内部で解決しなければならない」という新宿駅西口広場の特性を指摘したが、透明でそれ自体色を持たない空間は、その時々の社会や人々の内面、不安や矛盾、衝動を時に激しく映し出す鏡となった。そして、新宿駅西口広場は常に自問自答し続けてきた。一体、広場とは何だろうかと。

注

(1) 佐々木隆文「新しい都市空間の形成——新宿駅西口の意味するもの」『新建築』第四三巻第三号、一九六八年、一八六ページ
(2) 同右、一八六ページ
(3) 同右、一八七ページ
(4) 藤井博巳「解放された地下空間」『現代日本建築家全集11　坂倉準三、山口文象とＲＩＡ』三一書房、一九七一年、八七ページ
(5) 同右、八七ページ
(6) 同右、八七ページ
(7) 東孝光「地下空間の発見」『建築』第七九号、一九六七年、六六ページ

19　東京臨海地域の歴史的文脈

1　オリンピック／パラリンピックのレガシーとは？

『どのようにしてニューヨーク市はオリンピックを勝ち取ったのか』という不思議なタイトルの報告書がある。何が不思議かといえば、ニューヨーク市でオリンピック大会が開催されたことはないからだ。ニューヨーク市は二〇〇八年大会と二〇一二年大会の開催を目指して招致運動を行ったが、成功しなかった。つまり、ニューヨーク市は少なくともオリンピック招待合戦に敗北したはずである。

実はこの報告書は、「2012年のオリンピック招致合戦に敗北したニューヨーク市は、オリンピックゲームを開催することなく、その開催プランであった「NYC2012」の全ての重要な内容を実現」させ、「大胆で、明確なビジョンをもった「NYC2012」プランは、市全体にわたって地域を活性化させ、長らく放置され、使われていなかった工業地帯への新たな公共投資、民間投資を呼び起こした[1]」ことを、具体的なプロジェクトごとに検証し、明らかにしたものである。つまり、ここではオリンピックは都市空間再編戦略の契機であり、手段であるということが大前提にあり、さらにその再編戦略が動き出すのであれば、オリンピック開催そのものは必須ではないし、オリンピック開催の費用をかけることなしにすませられるのであればその方がよいという考えもあることを示している。

この報告書ではさらに、「「NYC2012」のレガシーは、一つのプロジェクト、一つの区、一つのコミュニティに限定されるものではなかった[2]」としている。オリンピック招致運動は、ウォーターフロントに集中していたかつての産業用地を主とした会場候補地の開発を導いただけではない。「NYC2012」の策定にあたった都市計画家のアレックス・ガーヴィンは、オリンピック招致運動を通じて、市民の間で「都市計画、都市開発に対するポジティブなイメージの醸成」という心理的変化がもたらされたと指摘している。(3) マイケル・ブルームバーグ市長時代（二〇〇二―二〇一三年）に展開された、豊かな公共空間の創造を中心とした都市政策の土台には市民の心理的な支持があった。こうした心理的変化こそが、最大のオリンピック・レガシーであった。優れた都市デザインの実績を表彰するリー・クワン・ユー世界都市賞をニューヨーク市が二〇一二年に受賞した際の受賞理由の中に、「この都市は自分自身を再編成、統合し、住民や観光客の都市の将来に対する信頼と楽観を新たに与えた(4)」とある。そのような「信頼と楽観」の原点には、手段としてのオリンピックがあった。

2　東京2020と東京臨海地域のビジョン

では、二〇二〇年の東京オリンピック、パラリンピックは、都市戦略の手段となっているのだろうか。その招致と現在までの開催準備プロセスを通じて、都市計画に対するポジティブなイメージ、都市の将来に対する信頼や楽観が市民の間に萌芽してきているだろうか。新国立競技場を巡る一連の騒動が人々の関心を集め、前提条件を整理した都市計画の責任や開かれた議論なきままの外苑再開発構想の問題性が指摘されることはあっても（都市計画家はこの問題に応答しないといけない）、東京の将来に信頼を置ける、東京の将来を考えることは楽しい、といった心理は生み出されていないのではないか。

こうした状況の要因の一つは、オリンピック、パラリンピックの開催の背景にあるべき東京の都市づくりのビジョンやプランの「見えなさ」にある。東京都のオリンピック招致プランは、メイン競技場を含めて関連施設を臨海地域に集中させていた二〇一六年大会プランから、神宮外苑に新国立競技場を移し、ヘリテージゾーンと東京ベイゾーンの二つのゾーンを提案した二〇二〇年大会プラン、そして、その後の既存施設の活用を前提とした分散型開催の容認へと変化していく中で、次第にそのメッセージが読み取りづらくなっている。とはいえ、実際にオリンピック施設が集中的に建設され、変化がもたらされることが期待されている地域の一つが、東京臨海地域であることは間違いない。晴海の選手村、有明の有明アリーナ、辰巳のオリンピックアクアティクスセンターなどの新国立競技場に続く大規模な恒久施設や仮設施設の建設、既存施設の改修が予定されている。

東京臨海地域については、土地利用や基盤整備などの都市づくりの指針、東京港などの物流機能や臨海副都心をはじめとする地域整備のあり方およびこれらを実現するための仕組みづくりを提示したビジョン「東京ベイアリア21」（二〇〇一年二月策定）が基本方針としてある。目標年次は概ね二〇年―二五年後（つまりオリンピックイヤー）に設定されている。副都心として位置づけられている台場・青海、有明地区については「臨海副都心まちづくり推進計画」（一九九七年策定）、「臨海副都心まちづくりガイドライン」（一九九〇年四月策定、二〇〇七年二月改訂）が、さらに今回のオリンピック施設が立地する有明北地区については「有明北地区まちづくりマスタープラン」（一九九九年二月策定）があり、オリンピック招致運動、開催決定を受けて追加変更も行われている。そして、最高のオリンピック／パラリンピックの開催を目標の一つに掲げて、二〇一五年四月に東京都が策定した「長期ビジョン」では、こうした既存のビジョンとプランを踏まえつつ、東京臨海地域のレガシーについて「大会後もまちづくりが進み、東京の発展を象徴する国際ビジネス拠点と、ＭＩＣＥ・国際観光拠点が形成」と言及している。

オリンピック、パラリンピックを前にして、都市の将来への信頼や楽観を醸成する基盤は、このようなビジョンやプランにあるはずだが、実はその内容は二〇年ほど大きな改訂はなく、「大胆で、明確な」コンセプトが新たに打ち出されているわけではない。街づくりに継続性が大事であることは論を俟たないが、オリンピックやパラリンピックの先にある東京を考えることの切実な現在性は、残念ながらこれらのビジョンやプランから読み取ることができない。それが先述の「見えなさ」の正体である。二〇年前に構想された東京臨海地域の未来という時間は、現実に消費され通り過ぎようとしているが、その先に何があるのだろうか。

3　歴史の物語の中にある東京臨海地域

認定NPO法人日本都市計画家協会は、二〇一五年四月に『2020年東京オリンピック・パラリンピック　未来へのレガシーにするための7つの提言』という冊子をまとめた。その内容は即地的、具体的というよりは都市づくりの基本的な方針にとどまっているが、オリンピック・レガシーを軸とした議論の出発点は湾岸＝東京臨海地域であるという了解がある。その中で、従来の臨海地域のビジョンとは異なる、「エコロジカルな文化都市」＝歴史文化と自然生態系が環境の基層として確かに感じられる都市としての東京臨海地域のあり方が提言された(5)。

「エコロジカルな文化都市」は、東京都が提示する「国際ビジネス拠点と、MICE・国際観光拠点」と矛盾するものではない。現代において、エコロジカルでも文化的でもない都市に国際ビジネス拠点、国際観光拠点の形成などありえない。とりわけ、文化の根幹をなす取り替え不可能な歴史や記憶の感じられない都市空間が、国際競争力のある企業や世界各地から訪ねてくる観光客に積極的に選ばれることなど、果たしてあるのだろうか。

都市の歴史や記憶という点では、東京臨海地域でも、例えば「臨海副都心まちづくりガイドライン」において、「お台場や旧防波堤など、歴史的な資源の積極的な活用を図る(6)」という方針が明記され、実際に第六台場は保存された。旧防波堤も新設予定の有明親水海浜公園内で保全される。国際ビジネス拠点や国際観光拠点を標榜するなら、こうした特異点を最初の手がかりとして、東京臨海地域全体に歴史や記憶を顕在化させ、文化性を磨いていくことが求められる。とはいえ、そもそも「東京臨海地域に記憶や歴史などあるのか」という声も聞こえる。しかし、実際は、東京臨海地域ほど都市形成の歴史や記憶、時間を軸とした物語を人々に強く意識させてきた地域は他にない。

明治期の東京市区改正は、東京築港論を一つの起源としていた。東京市区改正条例が制定された一八八八年に発行された『東京市區改正想像圖』という地図は、市区改正事業として予定されていた道路、市街鉄道、公園、市場を当時の東京の現況図に書き加えたものであるが、その右側に「東京湾築港」図が付されているのは、市区改正と東京築港論との深い関係を表している。さらに興味深いことに，その上には「古昔江戸圖」として，太古から江戸期にかけて東京の海岸線がどのように変化し，臨海部にどのような界隈がかたちづくられてきたのかが描かれている。つまり，すでにこの時点から，東京臨海地域は，時間軸のある都市形成の物語の主要な舞台として意識されていた。

都市計画家・石川栄耀も，東京臨海地域の変遷を意識した図を残している。戦

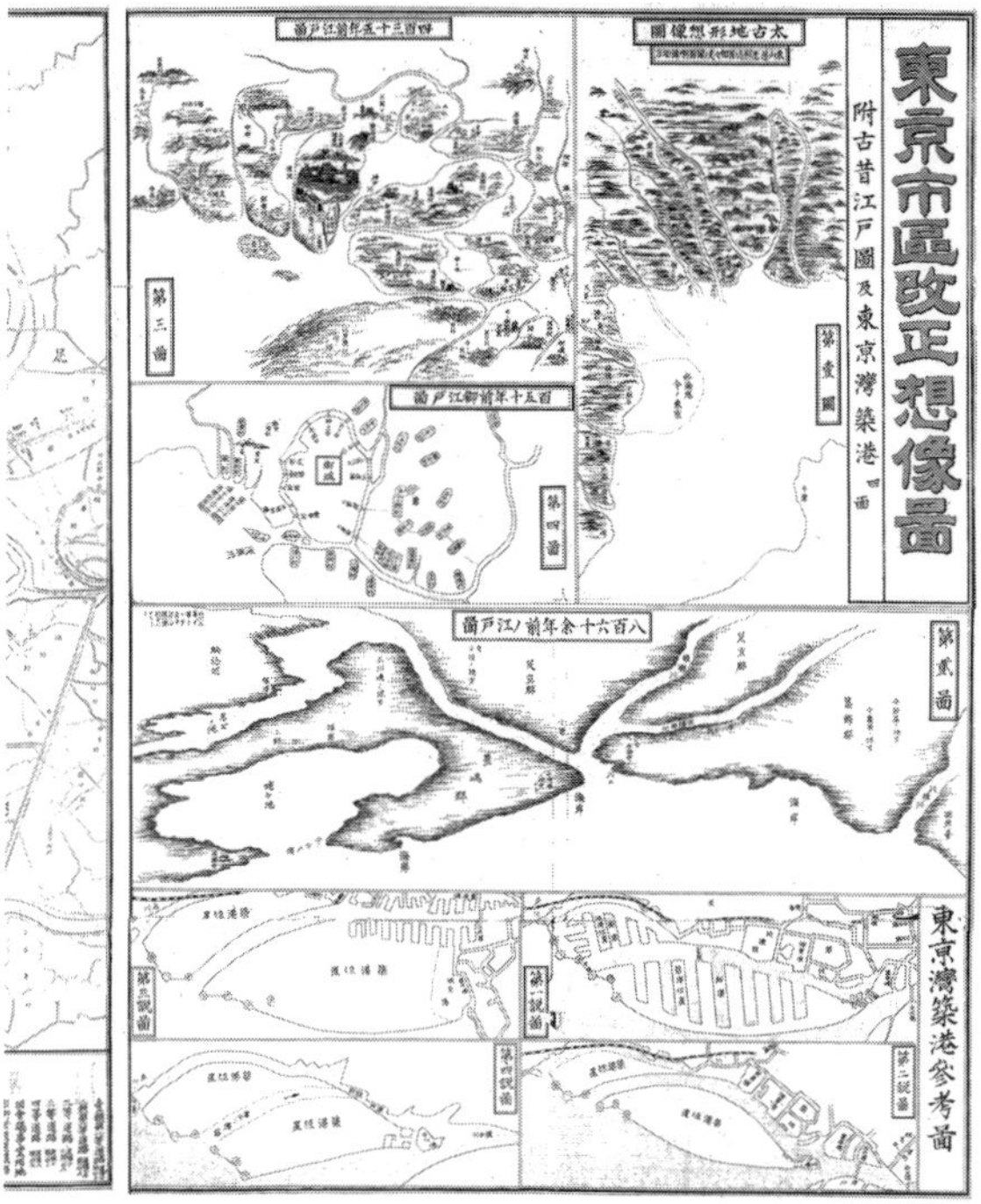

図 1　『東京市區改正想像圖』（植村茂三郎作，1888 年）の一部（国立国会図書館所蔵）

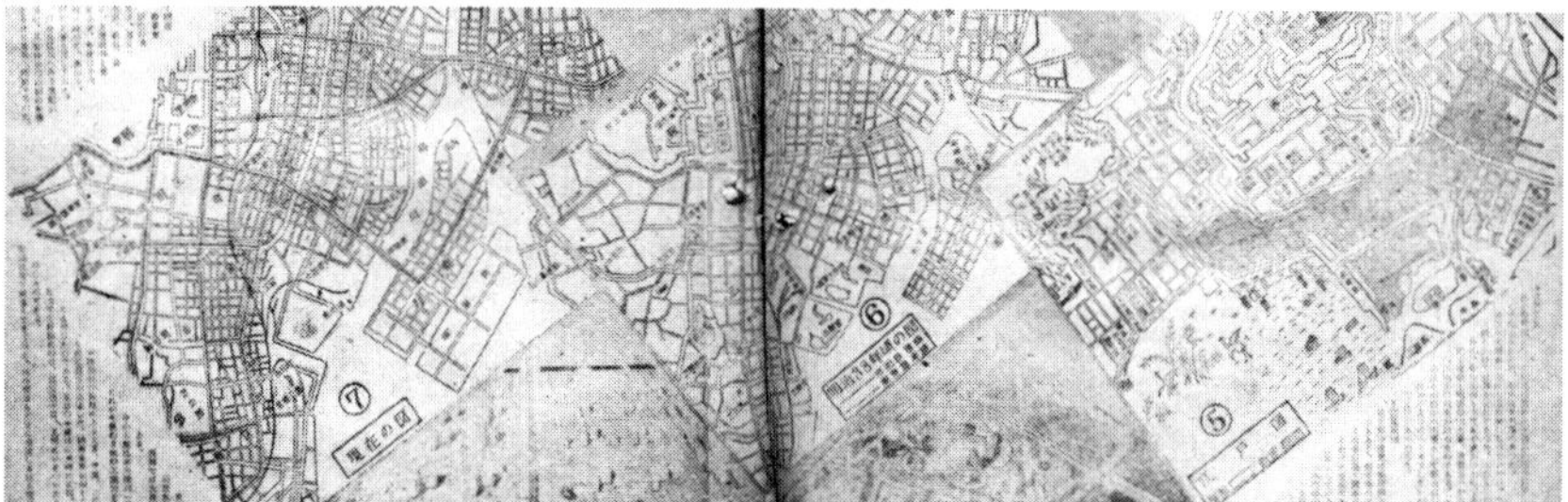

図 2　石川栄耀の記事に付された東京臨海地域の変遷図
出典：「社会見学　東京都建設局長石川栄耀先生に「都市計画」の話をきく」『私たちの社会科』第 2 巻第 1 号，1949 年，12-13 ページ

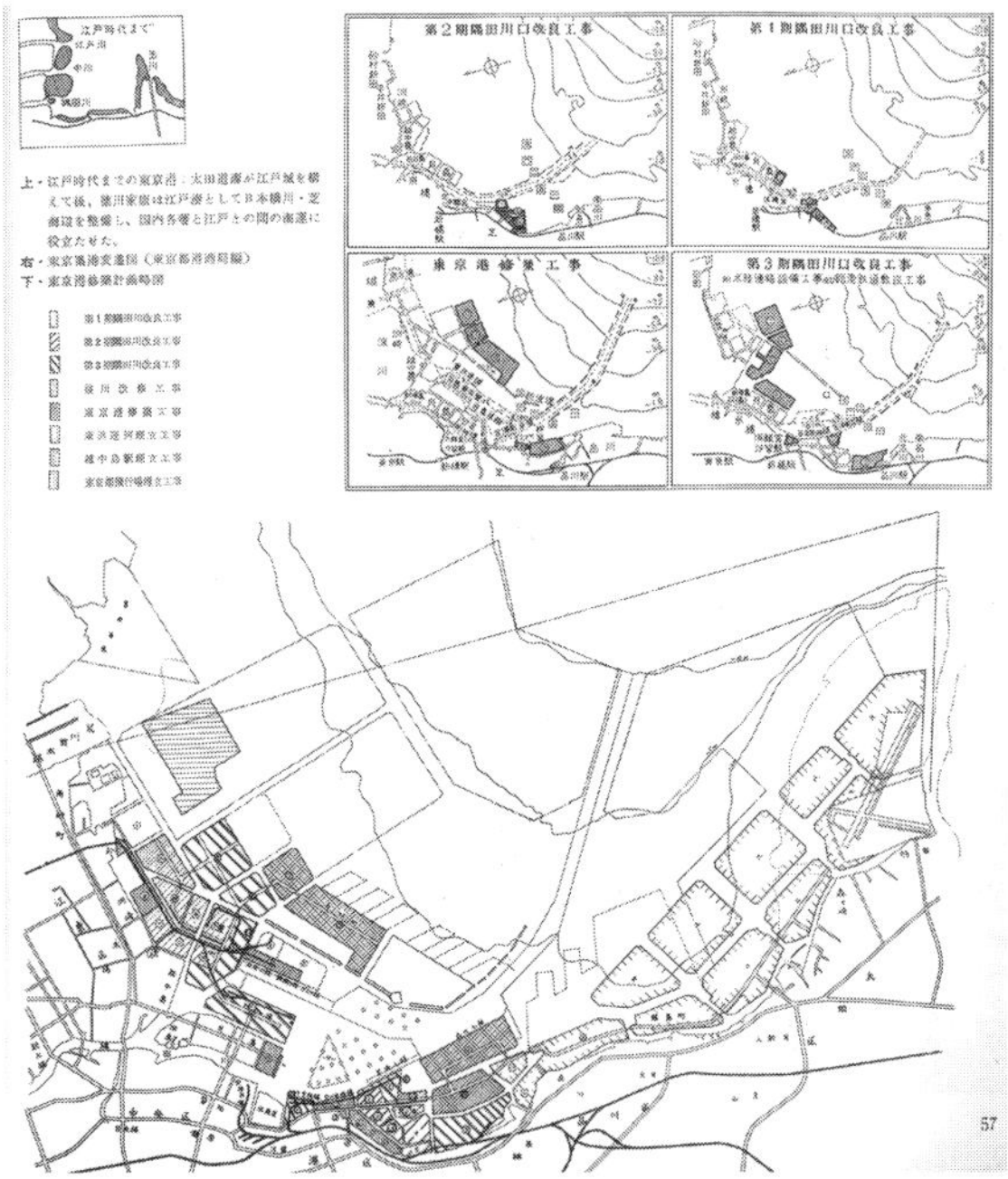

図3　川上秀光による東京臨海地域の事業史整理
出典：川上秀光「東京湾埋立事業の歴史」『国際建築』第25巻第12号，1958年，57ページ

後、石川は東京戦災復興計画に取り組みながら、次代の都市を担う小学生や中学生に対して都市計画を説くことに情熱を注いだ。一九四九年一月刊行の雑誌『私たちの社会科』に掲載された「社会見学——東京都建設局長石川栄耀先生に「都市計画」の話をきく」という記事では、いくつかのイラストを用いて、東京の商業中心の移り変わりの説明を試みている。この記事中では「江戸図」「明治38年頃の図」「現在の図」の三枚の地図が変遷を示すよう並べられている。臨海地域の海岸線の変容と内陸の界隈の変容とがセットで提示されている点が、「都市計画」にとっての重要な視点であった。

次に東京臨海地域が都市計画の焦点となるのは、高度経済成長期、特に一九五〇年代から六〇年代にかけてである。日本住宅公団の初代総裁を務めた加納久朗による東京湾の全面的な埋め立て構想や、東京大学工学部都市工学科丹下健三研究室による東京湾に新たな都市軸を延伸していく「東京計画1960」などの華々しい提案が、希望の「タブラ・ラサ」としての東京湾に注目した。しかし、この時期においても、臨海地域の歴史への着目が見い出せる。例えば加納構想を核に「海にくりだす都市」という特集を組んだ『国際建築』の一九五八年一二月号で、川上秀光は埋め立ての歴史を三期に分けて整理し、これを一枚の地図に表現している。時代時代の「新しい付け加え」の蓄積としての東京臨海部の姿である。埋め立て地が「プラス・アルファー」を脱して「ニュー・トウキョウ」へと発展していくという論旨であり、その未来予想の成否は歴史的に判断することができるが、重要なのは、ここでも東京臨海地域が埋め立て事業史という明確な時間軸を持った物語によって捉えられていることである。

「ニュー・トウキョウ」の夢が現実に着地していくのは一九八〇年代の半ば以降である。一九八六年一一月、東京都の第二次長期計画において、臨海地域は七番目の副都心に指定され、以降、バブル崩壊による立て直しを挟みつつも現在まで続く臨海副都心を中心とした街づくりが展開されていく。その原点である第二次長期計画発表の直前にとりまとめられた東京港将来像検討委員会の報告書『東京港の将来像について――21世紀に向けての東京臨海部の再生』でも、臨海部における埋め立ての歴史が整理され、時層を表現した地図が提示されている。この地図が示しているのは、東京臨海地域は、持っている時間の異なる小さな島の集合体であるということである。ひたすら前を向こうとした時代の臨海副都心のビジョンでさえも、「時間のアーキペラゴ（多島海）」という物語から書き始められる必要があった。

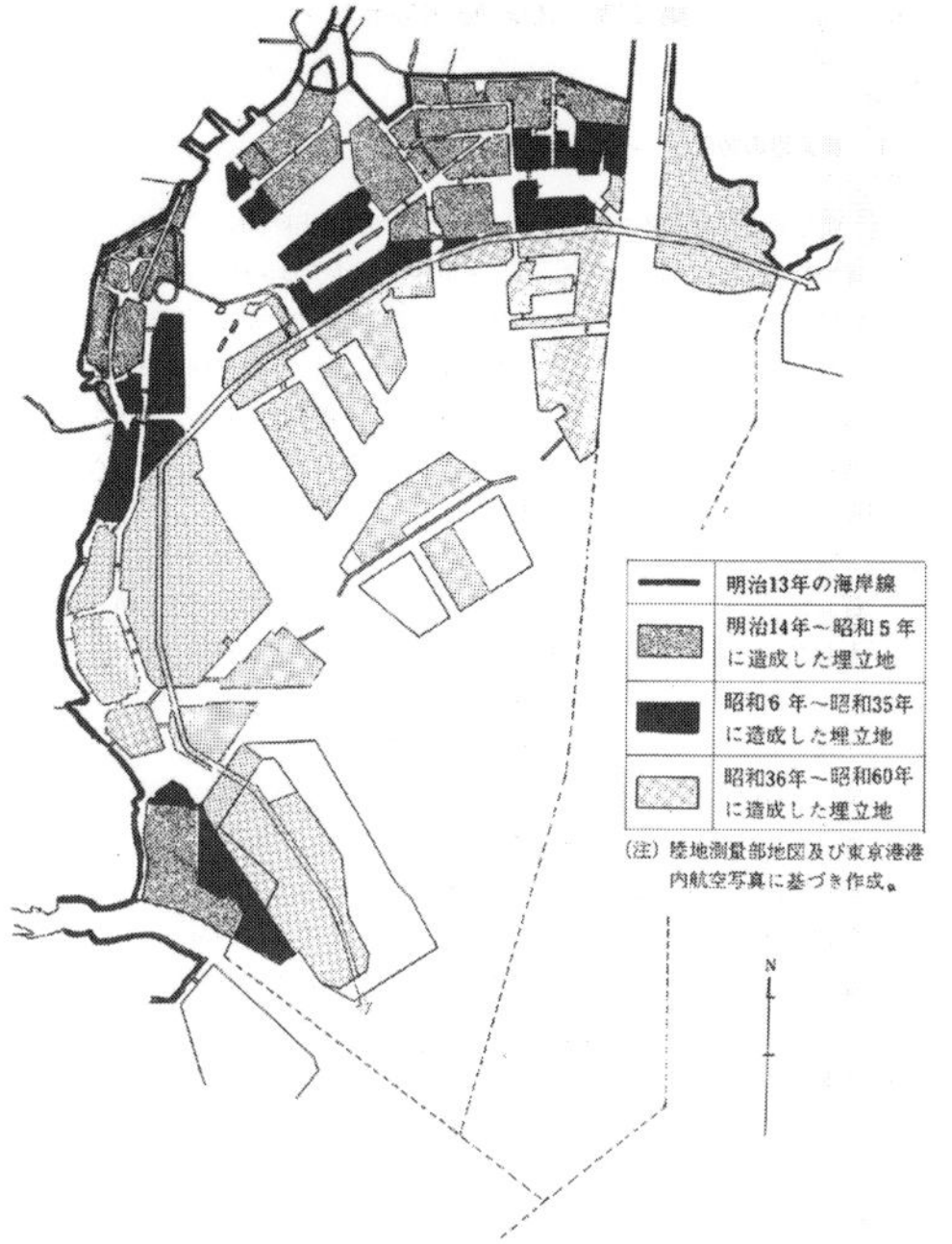

図4　『東京湾の将来像について』（1986年）に掲載された埋め立て地の造成状況図

出典：東京湾の将来像検討委員会『東京湾の将来像について』1986年，15ページ

東京臨海地域とは、形成過程の特質ゆえに、常に時間軸を意識させてきた土地である。この地域の文化性は、「時間のアーキペラゴ」という歴史の物語を共有し、顕在化させる取り組みが基礎になるのではないか。臨海副都心の青海フロンティアビルの二〇階に、この地域の形成史を一つのテーマとした「東京み

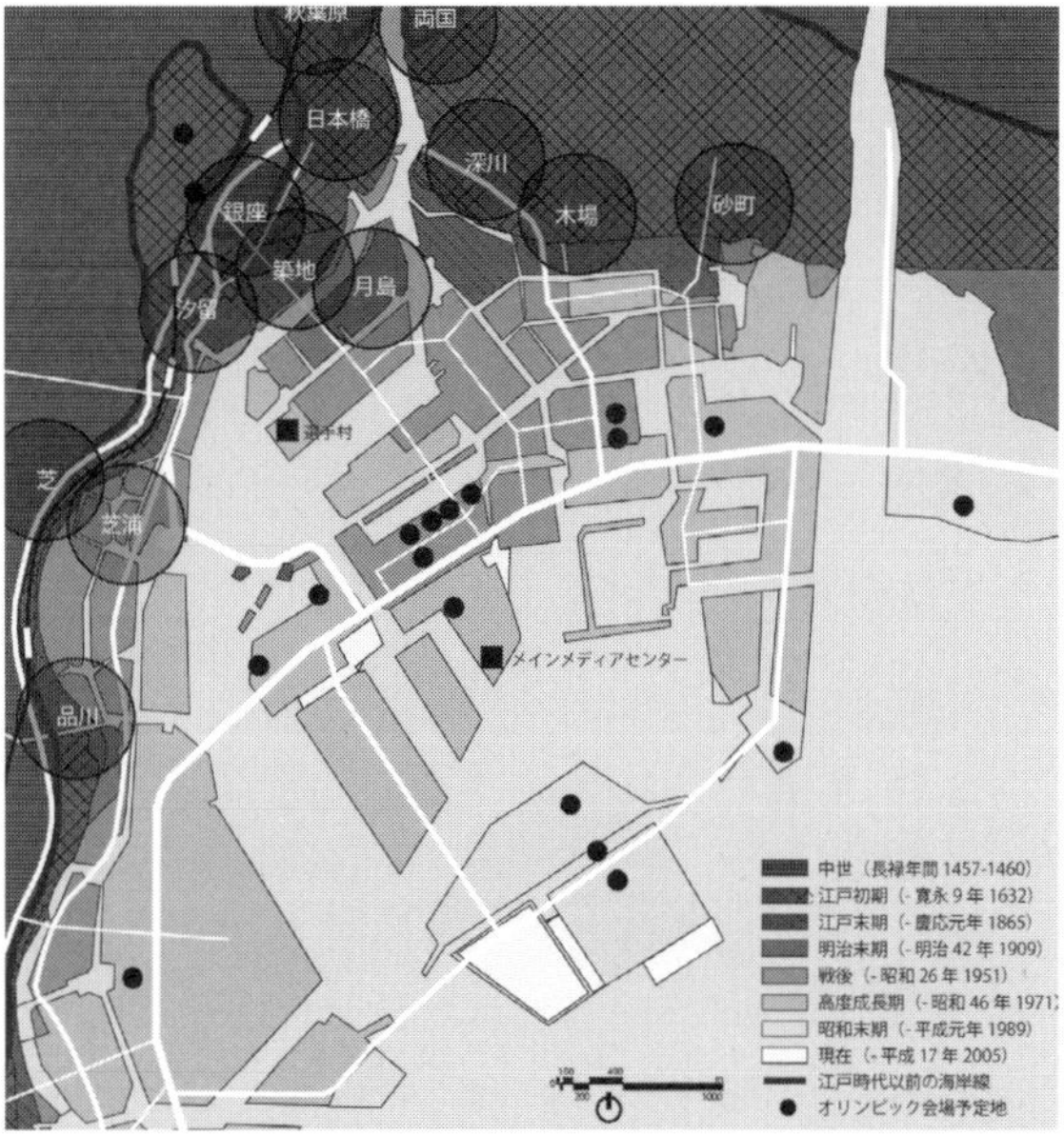

図 5　時層を有する東京臨海地域とそれを取り囲む個性的界隈
出典：オリンピック都市レガシー研究会『2020 年東京オリンピック・パラリンピック　未来へのレガシーにするための 7 つの提言』認定特定非営利活動法人日本都市計画家協会，2015 年，14 ページ一部修正

など館」という展示施設がある。この一室に閉じ込められてしまっている物語がまちに開放されたとき、そこに初めて歴史的で文化的な界隈が誕生することになる。

4　旧い湾岸の個性的な界隈との連携

東京臨海地域の歴史はまた、地理的な前進、拡大の歴史でもあった。東京の海岸線は更新され続けてきた。かつての湾岸は、フロンティアから脱した後、成熟の過程を歩んだ。そうした旧い湾岸は、現在、深い歴史性と文化性を湛えた個性豊かな界隈となっている。そして、少し視野を広げると、現在の東京臨海地域を、東京の中でも最も歴史性と文化性の豊かな個性的界隈に囲まれた地域として捉えることができる。

二〇〇一年に策定された東京臨海地域のマスタープランである「東京ベイエリア21」（二〇〇一年二月策定）では、「都心を中心とする内陸部と東京臨海地域を一体的に捉えながら、東京再生のための起爆剤としていくことが求められている」と明記されている。ここで大事なのは、内陸部という一括りではなく、かつての江戸湊のラインに展開している個々の界隈に向き合うことである。江戸湊は太田道灌時代からすでに現在の日本橋川付近に開かれていたが、徳川家康の天下普請による日比谷入江の埋め立て、小名木川の開削、明暦の大火後の焼土を利用した木槌町の埋め立て、芝・浅草での堀の開削などによって、水際都市としての江戸が形成されていった。その水際の日本橋、銀座、築地、芝、品川、深川といった歴史的、文化的な界隈が東京臨海地域を取り囲んでいる。東京都では、選手村の住宅地転用などの開発需要に対応するため、都心と臨海副都心とを結ぶBRT（バス高速輸送システム）の事業化を進めている。ルート上になる可能性の高い銀座では、BRTをその中心に呼び込み、歩行者を中心とした空間再編に繋げようと検討している。水際の個性的な界隈と臨海副都心の街づくりが、公共交通の整備を通じて確かに連結されようとしている。

こうした具体的な繋がりを増やしていくことで、オリンピック、パラリンピックがもたらす東京臨海地域へのポジティブなインパクトが周囲に波及していくと同時に、東京臨海地域自体を歴史的、文化的な蓄積、連続性の中で経験できるようになる。例えば、麻布十番あたりから歩き始めよう。武家屋敷地の街割りを継承し、歴史的建造物も数多く残る三田の台地を乗り越えると、旧町人地ならではの細やかな街並みに魅力的な小さな飲食店などが軒を連ねる芝に出る。芝の散策を楽しんだ後、JRの線路をくぐると、そこはかつての東京市埋め立て地である芝浦である。張り巡らされた運河を出発点とした親水性の高い街づくりが期待されている。そして、海岸通りの向こうに広がる日の出埠頭や芝浦埠頭から「ゆりかもめ」でもいいし、気分次第で徒歩でレインボーブリッジを渡れば（将来的には船で渡りたい）、もうお台場海浜公園で、その先に臨海副都心の街が広がる。こうした時層を自由に縦断する無数の路地が、東京臨海地域に張り巡らされていけばいい。

臨海副都心の構想に初期から関わった平本一雄は、『臨海副都心物語』（二〇〇〇年）を「新しいライフスタイルの生まれる街であり、かつ地域が蓄積してきた歴史や文化がそこはかとなく滲み出てくる場所、それが二一世紀の都市であるべきだろう(7)」と締め括っている。オリンピック、パラリンピックを契機に東京臨海地域から今世紀の世界標準を捉え直し、災害リスクへの対処や少子高齢化への対応といった課題を受け止めたその先で、都市の将来に対する「信頼と楽観」を取り戻したい。

注

（1）Mitchell Moss, *How New York City Won the Olympics*, Rudin Center for Transportation Policy and Management. New York University. November 2011 Introduction.

（2）Ibid., p.70.

（3）森記念財団都市整備研究所ニューヨーク・東京比較調査研究委員会『ニューヨークの計画志向型都市づくり――東京再生に向けて（中間のまとめ）』二〇一五年、一四ページ

（4）リー・クワン・ユー世界賞ウェブサイト（https://www.leekuanyewworldcityprize.com.sg/laureate_newyork.htm）

（5）オリンピック都市レガシー研究会『２０２０年東京オリンピック・パラリンピック――未来へのレガシーにするための７つの提言』認定特定非営利活動法人日本都市計画家協会、二〇一五年、九―一四ページ

（6）東京都港湾局臨海開発部誘致促進課『臨海副都心まちづくりガイドライン――再改定』二〇〇七年、三ページ

（7）平本一雄『臨海副都心物語』中央公論新社、二〇〇〇年、二九四ページ

第4部　記憶の継承と都市計画遺産

20　岩手の詩人計画者たち

大津浪いたりし跡のまざまざと我が眼に高き岸のさびしさ[1]

岩手県土木部長兼都市計画地方委員会幹事であった上野節夫は、昭和八年三月三日午前二時、大きな揺れに眠りから起こされるとすぐに自動車を手配し盛岡を立ち、午後二時には三陸沿岸の鵜住居村に到着した。そこで津波の惨状を前にして詠んだのが冒頭の句であった。上野らは三月一〇日までに県の復興計画案を固め、即上京し予算折衝にあたった。三月二一日、ようやく東京を離れた上野は、花巻温泉の千秋閣に一泊し、体を休めた。温泉まで訪ねてきた記者に、災害復旧ではない積極的復興計画は大蔵省に認められなかったと残念そうに語った。[2]しかし、それから上野は、官僚生活最後の仕事として、三陸復興に力を尽くした。歌を詠む異端の技師・上野は、退職後の昭和一三年、岩手富士を仰ぎながら編んだ念願の歌集『白樺』を上梓した。

ところで、上野は千秋閣の窓から花巻温泉の風景を眺めただろうか。すぐ隣の貸別荘地には宮澤賢治が設計した日時計花壇、対称花壇があったはずである。大正一五年に花巻農学校を退職し、農民芸術を志して羅須地人協会を設立する頃から、賢治は「装景術」＝風景の芸術化への関心を強め、花巻温泉大通りへの桜の苗木の植樹、各種花壇の設計と、新興の花巻温泉の風景づくりに関わり始めていた。「この国土の装景家たちはこの野の福祉のためにはまさしく身をばかけねばならぬ[3]」。賢治は、昭和八年九月二一日、花巻にて三七年の短い生涯を閉じた。

賢治が亡くなる三カ月前、昭和八年六月七日に、花巻で町長や技師たちとの座談会に臨んでいたのは、都市美協会の創設者で、植樹祭や町並み保存の先駆的提唱で知られる都市批評家・橡内吉胤であった。盛岡中学では賢治の七学年先輩であった橡内は、昭和三陸津波のあった昭和八年以降、「命のある限り永い眼で岩手の町町の将来をみてゆきたい[4]」という思いで、県内各地で都市美や都市計画に関する講演会や座談会を開催した。橡内は昭和九年の秋に再び花巻を訪ね、今度は花巻温泉まで足を延ばした。賢治の装景の実践を知ってか知らぬか、「どっかから移植してきた停車場前通りの桜並木なんかもだいぶ大きくなって[5]」と大通りの風景の成熟ぶりに感嘆の声を上げた。

盛岡中学で、橡内（明治四〇年卒）と賢治（大正三年卒）の間の学年（明治四四年卒）にいたのが、後にわが国を代表する都市計画家となる石川栄耀である。昭和三年三月二〇日の『岩手日報』夕刊の一面には、石川の来盛が報道されている。石川は、「うかがいますと都市生活研究会をおつくりになっているそうですが、この会をもっと盛んな、そして権威のあるものにして、それから、都市の実際計画にかかる事にしたいものです[6]」との言葉を残した。紙面を一枚めくると、「盛岡都市生活研究会顧問　橡内吉胤」の「先ず愛市心の根を培へ」という論説が目に入ってくる。都市生活研究会は、橡内の主唱で設立された市民版都市改良会であり、もともと市民倶楽部の重要性を主張していた石川はその活動に共感した。都市計画に生涯を捧げた石川は、晩年、昭和二六年一〇月に開催された第五回全国都市計画協議会にて、「都市を作るとゆうことは我々の住家を作るとゆうことである。人間の郷土をつくるとゆうことである。然らば郷土とは何かとゆうと、私は結局、詩であると思う[7]」と語った。翌年の四月、『新都市』にて連載が始まった石川の自伝「私の都市計画史」は、盛岡中学の先輩、石川啄木の詩から始まっている。

教室の窓より遁げてただ一人　かの城跡に寝に行きしかな

注

（1）上野節夫『白樺』常春社、一九三八年、一五六ページ
（2）『岩手日報』昭和八年三月二二日付

（3）宮沢賢治「装景手記」『【新】校本宮澤賢治全集第六巻　詩【V】本文編』筑摩書房、一九九六年、八一ページ
（4）『岩手日報』夕刊、昭和一〇年一二月二六日付
（5）『岩手日報』夕刊、昭和九年一一月一三日付
（6）『岩手日報』夕刊、昭和三年三月二〇日付
（7）石川栄耀「広義都市計画の考え方」『第五回全国都市計画協議会会議要録』愛知県土木部都市計画課内第五回全国都市計画協議会事務局、一九五二年、二八ページ

21　三陸地方の都市計画史1　計画遺産

1　計画遺産とは何か？

「計画遺産（Planning heritage）」は聞きなれない言葉だと思う。都市計画史研究の今後のありようを展望したステファン・ワードらは、「［都市計画史研究と都市計画の現代的課題や議論との接続という点で：引用者注］特筆すべき肥沃な領域は都市保全研究にあり、文字通り、計画された空間や計画のイコンを遺産の一種として認識することにある(1)」としている。都市計画が生み出した都市空間を遺産として捉える視点は、わが国でも一九九〇年代初頭の越澤明による東京に関する一連の研究を皮切りに、その後に続く様々な都市計画史研究でも意識されてきたが、今、改めて「計画遺産」を再定義し、網羅的にその把握を行うという企てが若手研究者の間で動いている。人口増加を背景とした市街地の拡大が過去のものとなり、これまでの都市計画の蓄積が無効となってしまったかのような切断的な言説も聞かれる一方で、新たなインフラの整備から既存のストックの活用へと大きく舵が切られ、眼前にある都市空間の価値や意味を知ることが次のアクションを考える前提であるということが常識化しつつある。そして、協働、共創の時代の中で、都市計画という社会技術の役割を、より広く、一般の人々に対してプレゼンテーションしていく必要が増してきていることが、こうした「計画遺産」の探求の背景として指摘できる。

「計画遺産」は、「計画」という行為そのものに由来して、人々の意思やプロセス、時間感覚を価値づけの中に織り込んでいる点と、そのスケールが様々で、完成という瞬間がなく、実空間としても変化しながら継承されていく点で特徴づけられる。しかし、こうした「計画遺産」を巡る活動が、果たして、東日本大震災からの復興に役立つようなことがあるのだろうか。

2　三陸地方の津波からの復興計画のアーカイブ

三陸地方は、この一〇〇年ほどの間だけでも、明治三陸津波（一八九六年）、昭和三陸津波（一九三三年）、そしてチリ地震津波（一九六〇年）と三度の大きな津波被害を受けている。いずれの津波でも、被害についての資料に比して、その後の復旧や復興計画についての資料は極端に少ない。

明治三陸津波後の復興計画については、まとまった資料がない。山口弥一郎の研究や後述する内務省大臣官房都市計画課の報告書の中で、高所への集団移転の企ての事例やその帰結が報告されているが、集団移転先の集落の様子についてはほとんど言及がない。とはいえ、例えば八一戸の家屋が流出し、四五二人が犠牲となった階上村明戸（現気仙沼市）では、被災後、地元出身の実業家・小野寺大三郎の指導のもと、義捐金を使って集団移転を行ったが、その際、「七間幅（一四メートル）の道路を三本、中央線の両側に間口八間（一六メートル）奥行き二〇間（約四〇メートル）の敷地を造り、被災者八四世帯が等分にはりつけされるように設計された」（『三陸鉄道史　気仙沼線ものがたり』）と伝えられている。一八八六年一〇月末に着工し、約一年で完成したというその集落は、現在でも当時の街割りをそのまま残しており、東日本大震災でも、周辺の家屋が大きな被害を受ける中、街並みは守られた（図1）。

昭和三陸津波後は、「復旧ではなく復興」という考えが強く意識され、復興計画が立てられた。特に、内務省大臣官房都市計画課と農林省水産局がともに一九三四年に刊行した報告書に、計画内容が網羅的にアーカイビングされている。当初、県が要求した復興事業のうち、国庫補助が認められたのは、高所への集団移転である住宅適地造成事業に対する低金利融資と、原地復帰の際に街路網を整える街路復旧事業に対する八割五分の国庫負担のみであった。これらの事業は市町村を事業主体とするが、設計・監理は県が行い、それを内務省が承認した。したがって内務省の報告書にはこれ

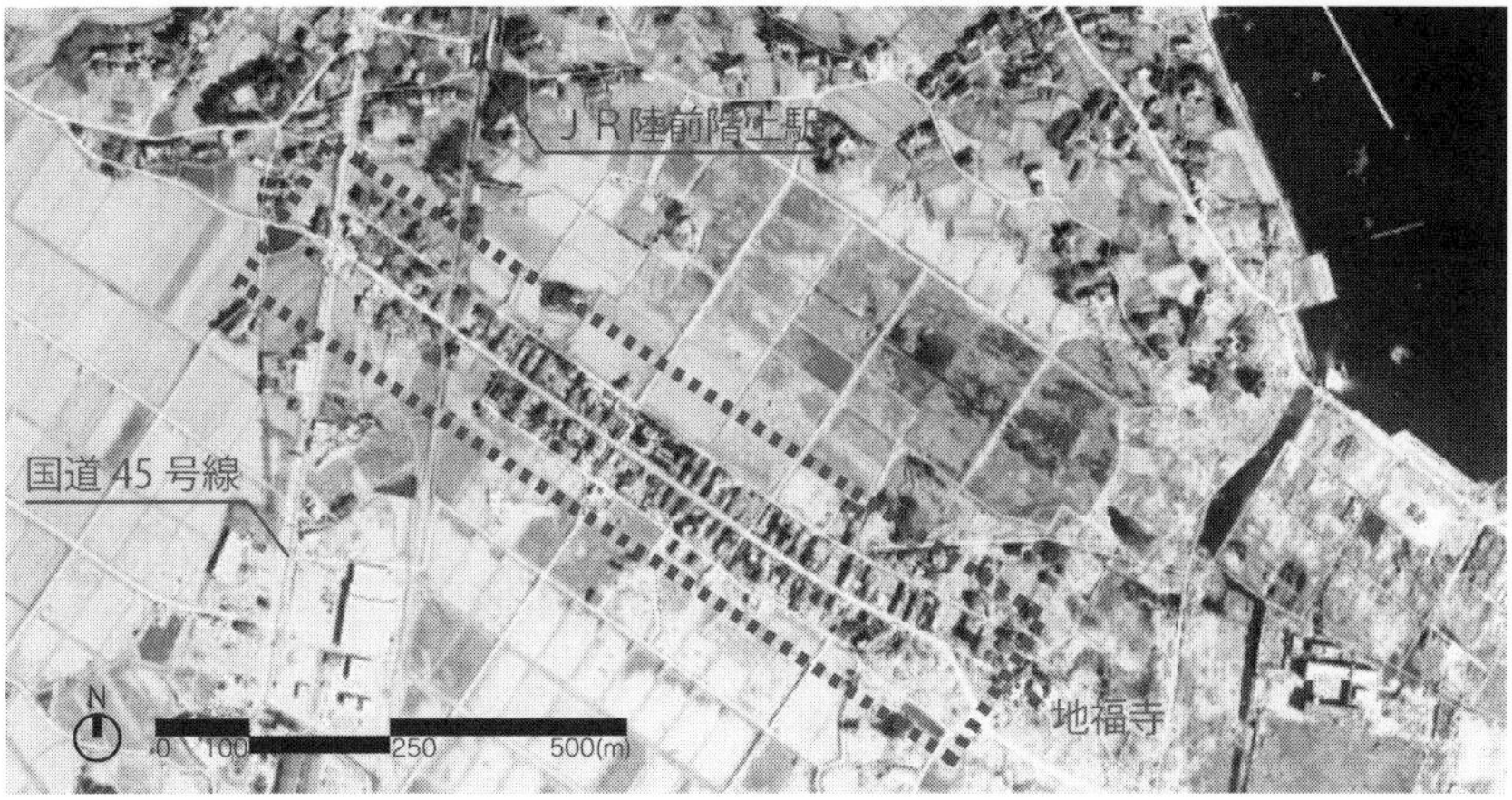

図1　明治三陸津波後の高所移転で生まれた階上村明戸（現気仙沼市）の集落（Google Earth 画像を加工）

らの事業の計画図面が多数、収録されている。一方で、農林省の報告書は、水産業の復興、漁村の復興を目標としており、防波堤等の予防施設の具体的な計画図が収録されている。

チリ地震津波の被災からの復興計画は、被害が明治三陸津波や昭和三陸津波に比して大きくなかったこともあり、高所移転は見られず、主に沿岸の防波堤の強化、港湾防波堤の整備が主流となり、一部の地域で嵩上げを目的とした土地区画整理事業を実施するにとどまった。各都市の復旧、復興計画を総覧するような報告書や記念誌は刊行されていない。

以下、計画遺産のアーカイビングが最も意識されていた昭和三陸津波からの復興計画のありようを見ていくことにしたい。

3　原地復帰に見る非日常から日常への展開

大正期の釜石湾の全景を写したといわれる一枚の絵葉書がある（図2）。港湾の賑わいもさることながら、急峻な山が迫る中、海沿いの土地と山すその間に家屋が密集している様子が見て取れる。一方で、もう一枚、吉田初三郎が描いた釜石の鳥瞰図がある（図3）。こちらは山田線開通前の一九三九年頃の姿であろう。この写真と絵の間に、釜石は昭和三陸津波を経験している。昭和三陸津波の後の釜石では、原地復帰を行うにあたって、街路の拡幅や新設、地盤の嵩上げを行う

図 2　昭和三陸津波前の釜石湾の全景（大正期頃，筆者蔵）

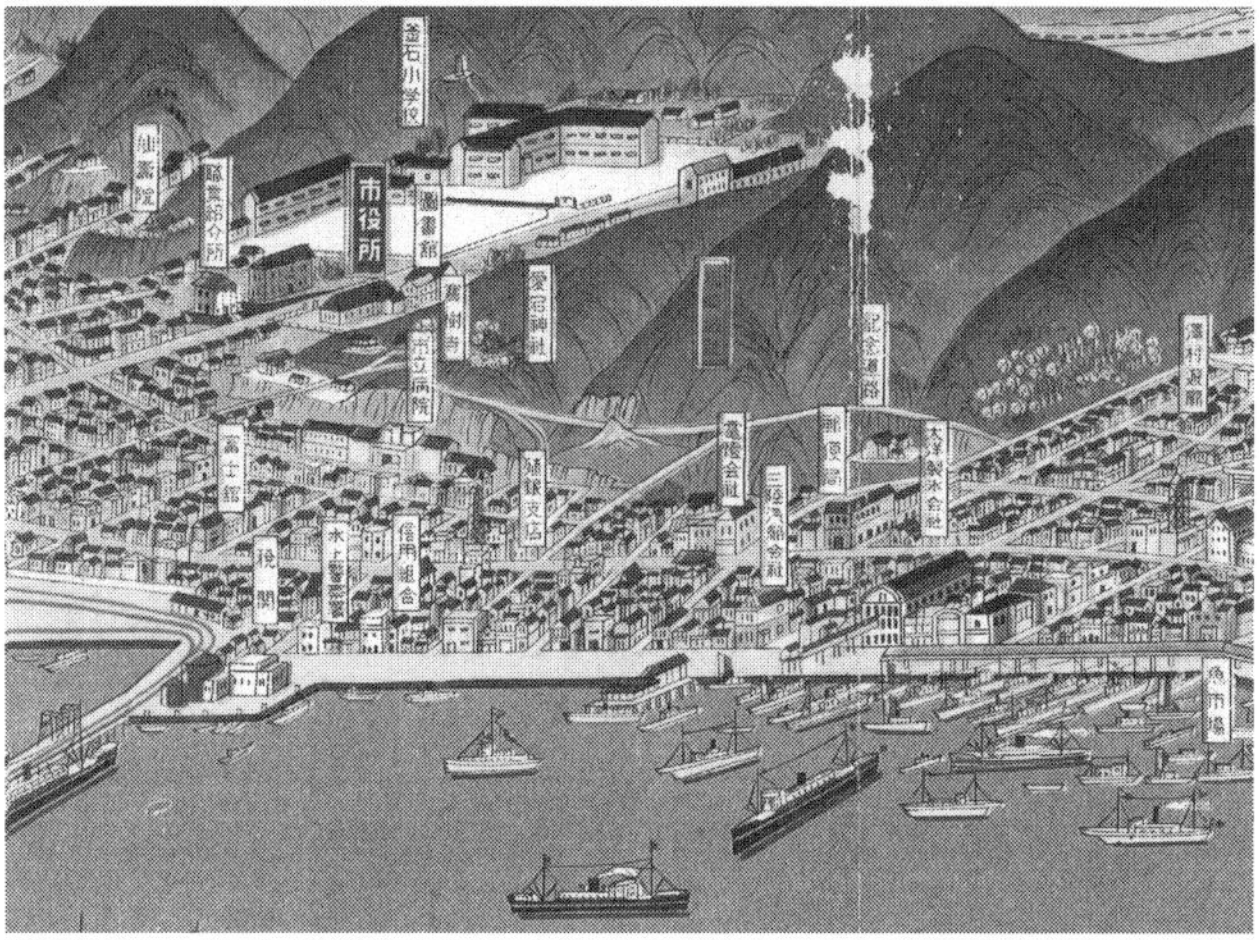

図 3　吉田初三郎が描いた釜石鳥瞰図（部分，昭和戦前期，筆者蔵）

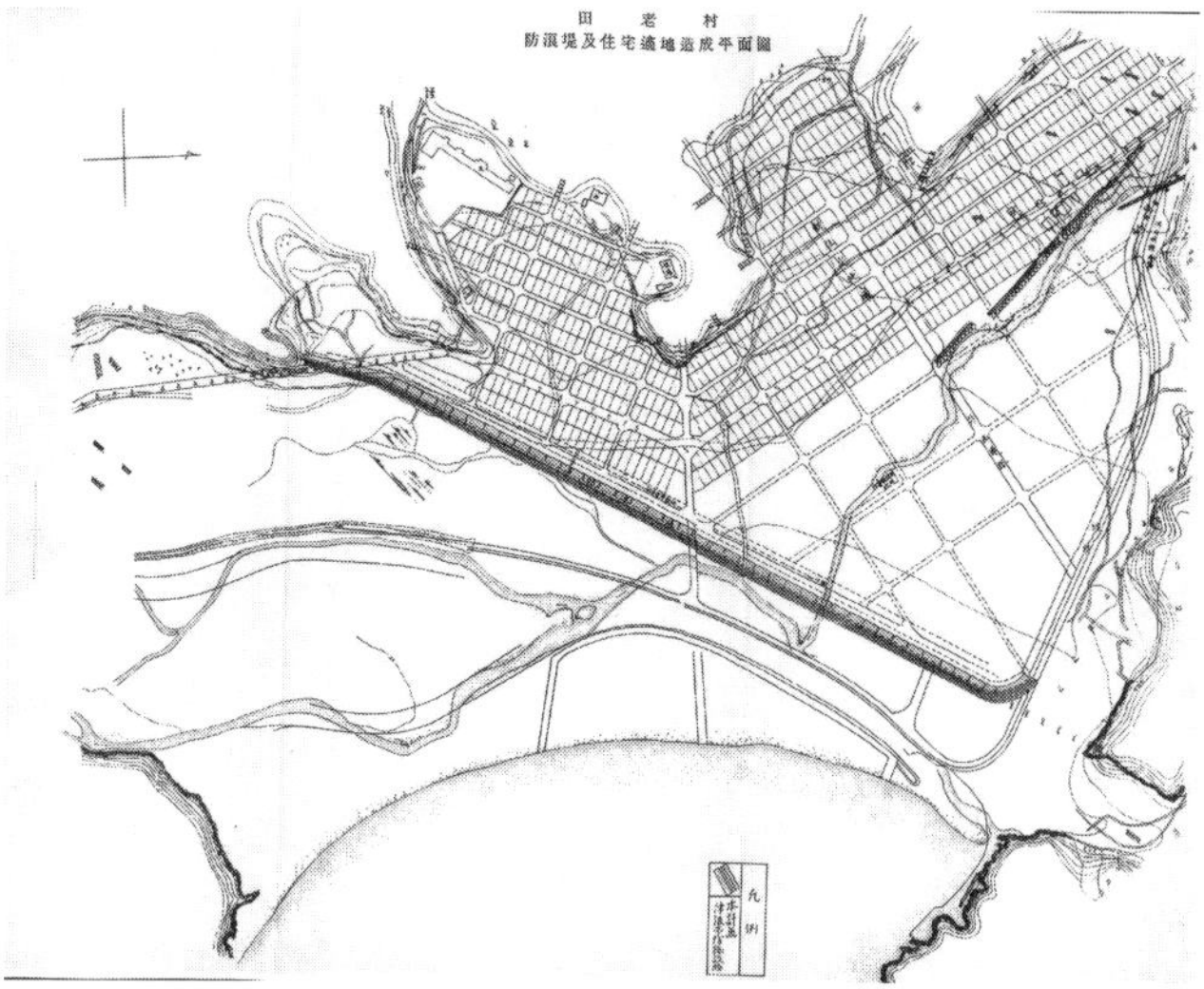

図 4　田老村防浪堤及住宅適地造成平面図
出典：農林省水産局『三陸地方津浪災害豫防調査報告書』1934 年

計画を立案した。避難路となる山すそへ向かう縦軸を拡げるのと同時に、浸水域の少し上にあたる山すその高所に、避難場所となる道路を計画した。吉田の鳥瞰図ではこれが「記念道路」として描かれている。

避難を強く意識した計画、設計思想は、同じく原地復帰を行った田老村（現宮古市）の計画図にも鮮明に見て取れる。地形上、集団での完全な高所移転が困難と判断された田老村では、耕地整理を適用し、従来よりも少し山側に新市街地を造成した。新市街地は昭和三陸津波の波高よりも低い場所であるため、併せて防波堤も計画された。農林省の報告書中の設計図（図4）からは、避難場所となる学校や役場を山すそに設置し、その山すそに向かう縦軸は他の街路よりも広い幅員が設定され、交差点も隅切りが大きく取られていることがわかる。加えて、山すそに道路が突きあたった先の階段まで描かれており、山への避難が重要なコンセプトであることが明示されている。

釜石の場合、昭和三陸津波の復興計画の計画思想は、その後に二つの意味で継承されていった。一つは、その後の法定都市計画の中での発展的な継承という意味である。釜石では、一九四三年の都市計画街路決定、一九四五年の艦砲射撃による壊滅的な被災を経て、戦災復興の土地区画整理事業におい

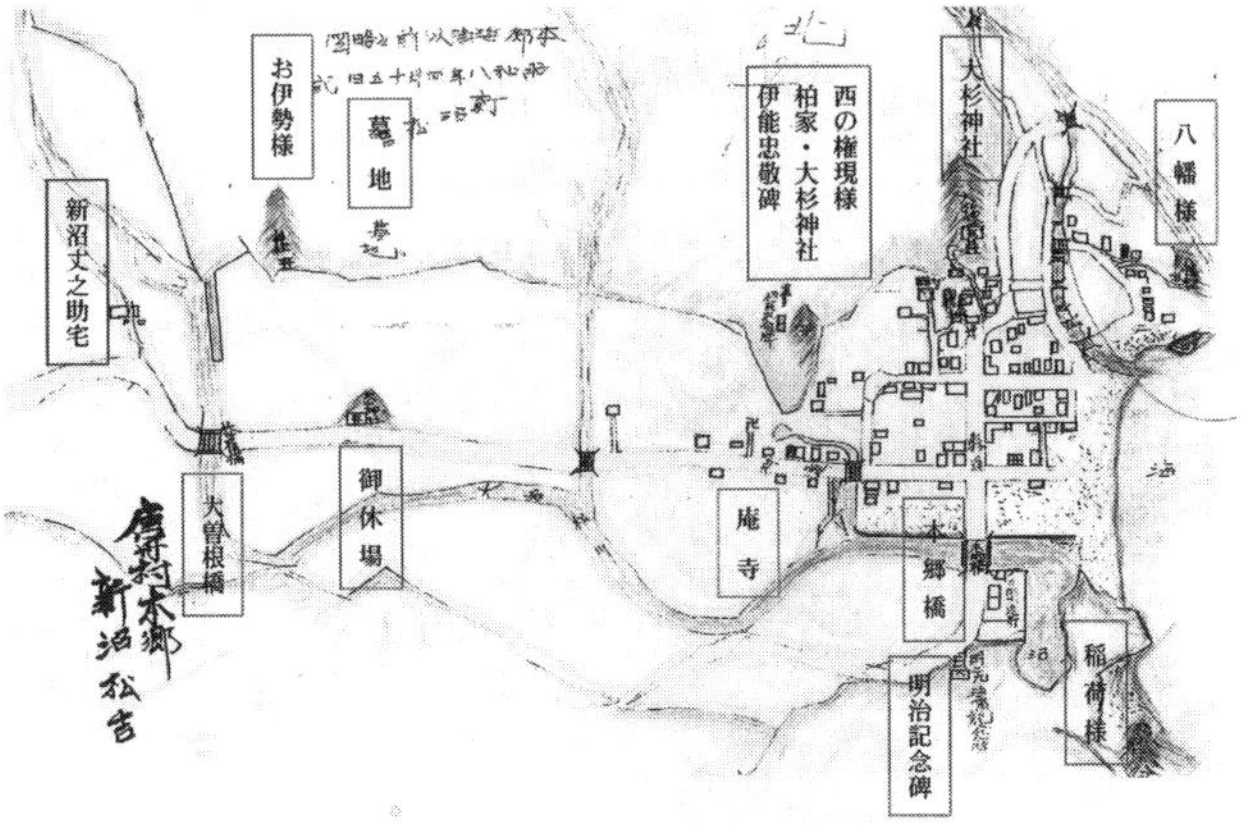

図5　唐丹村本郷の昭和三陸津波直前の住宅分布略図
出典：新沼松吉『本郷津波検証の集い』2004年

て、広幅員の縦軸を持った街路網が築造された。縦軸は、昭和三陸津波の復興計画にあった避難道路としての強調に加えて、山すその寺社や縦軸の起終点の公共施設等を意識した、参道空間、広場空間へと転化されて、計画に組み込まれた。つまり、非日常を強く意識した復興計画が、日常の都市計画のコンセプトを導いたのである。もう一つの継承は、復興計画で実際に生み出された空間が人々の日常の中で確かに生きられてきたという意味である。吉田が記念道路として描いた高台の道路は、「避難道路」という名で市民に浸透していった。釜石の市街地全体を俯瞰することのできる眺めのよい散歩道であったが、その街路の管理は地元の町会に任せられていた。人々は毎年、街路周りの手入れを自ら行い、自分たちの日常の散歩道として、非日常の避難場所に足を運び続けていたのである。

4　高所移転のデザイン

昭和三陸津波後に行われた高所移転についても、先の報告書に多数の計画図が掲載されている。山口弥一郎も、丹念な聞き取りから、いくつかの集落で移動前の集落の様子を含む移動図を作成している。

そうした中で、特に印象深い資料は、集団高所移転の代表例とされる唐丹村本郷（現釜石市）の住民であった新沼松吉が描き残した、被災前の集落の様子を再現した絵図（図5）である。被災から一カ月後

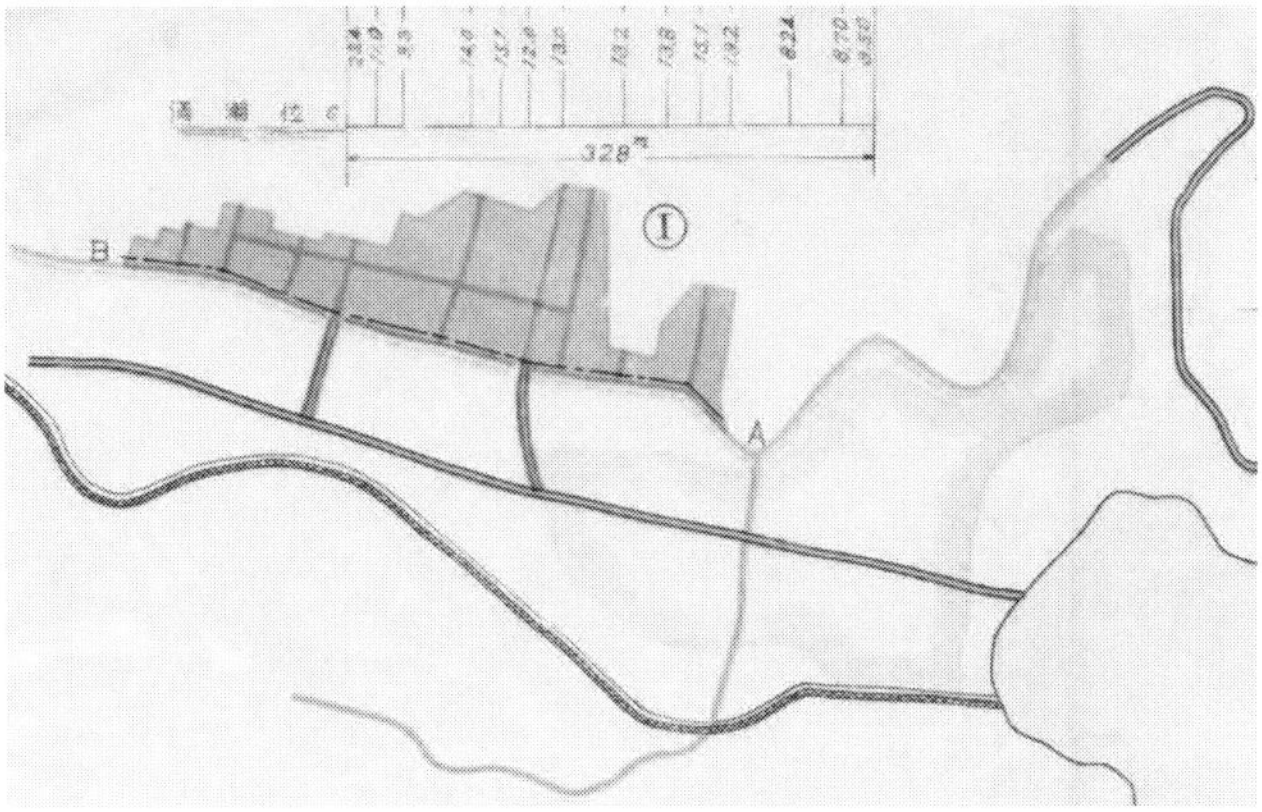

図 6　唐丹村本郷の昭和三陸津波後の復興計画図
出典：内務省大臣官房都市計画課『三陸津浪に因る被害町村の復興計画報告書』1934 年

の「昭和八年四月十五日」の日付がある。唐丹村本郷は昭和三陸津波で三〇〇名以上の犠牲者を出し、集落は壊滅状態になったが、それ以前にどのような集落環境があり、どのような生活が営まれていたのかを伝えようという強い意思が、集落の細部までを再現する筆致に感じられる。しかし、もう一枚の内務省の復興計画図（図6）が示すように、生き残った人々は、こうした集落環境とは縁を切って高所に集団で移転したのである。山口が指摘したように、旧集落への愛執が原地復帰を促し、そして再度の津波被害をもたらすということから考えると、当時の住民たちがこの絵図で描いた集落の姿を忘れることこそが肝要なのであった。そのための方策は、新たな高所移転の集落をいかに魅力的なものにするかであったと思われる。

唐丹村本郷では、南斜面を削って宅地を造成するのに合わせて、大曽根川のそばの低地を通っていた県道を高所につけ替えた。新たな県道から中央に一本、高台の避難場所へのアプローチにもなる骨格となる坂道が通り、その坂道から横に各住宅にアプローチする枝道となる街路が延びる、明快な中心性とヒエラルキーを持つ街路構成をとる。各住宅は南面に平行して並んでいるが、庭先は東西方向の共有の路地空間のようになっており、小さなまとまりが感じられる。海そのものは後に防潮林の造成によって見えなくなってしまったが、通りや玄関前からは広がりのある眺望が得られる。いつしか旧県道は「むかし県道」と呼ばれるようになり、メインは新県道に移ったが、その過程では、集落復興と皇太子

図７　唐丹町本郷の現在の街並み（中央の坂道）
出典：筆者撮影

誕生の記念を合わせて、一九三四年春に本郷を含む唐丹村全域の県道沿いで桜並木の植樹を行っている。この桜並木は健在であり、「唐丹の桜並木」として観光名所ともなるほどの美しい街路となった。唐丹村本郷では集落のまとまりとアイデンティティを持った、住み続けたくなる良好な環境が確かに育まれているのである（図７）。

つまり、高所移転については、単に「是か、非か」ではなく、そのデザインが問われている。そしてそのデザインは集落ごとに異なる。例えば、綾里村湊（現大船渡市）でも、唐丹村本郷と同じく県道のつけ替えを伴う集団高所移転が行われたが、ここではなじみの深い街村形状が、高所移転先でも継承された。唐丹村本郷も綾里村湊も、その後の低地での宅地化がなかったわけではないが、高所移転した場所は東日本大震災でも無事であり、おそらくその街並みはまだこの先、何十年も継承され、ますます成熟していくことになるだろう。津波の被害を永久に逃れるための高所移転においては、それぞれの集落が、それぞれの地形やそこに住まう人々の意向を十分に反映させたオーダーメイドの環境を生み出すことがその持続性の観点からも非常に重要なのである。

５　共同組合とコミュニティ

こうした具体の計画案や現状から、当時の計画や設計のコンセプトを各都市、集落ごとに確認していくことができるが、これらに共通する計画思想や社会背景はいかなるものであったのだろうか。

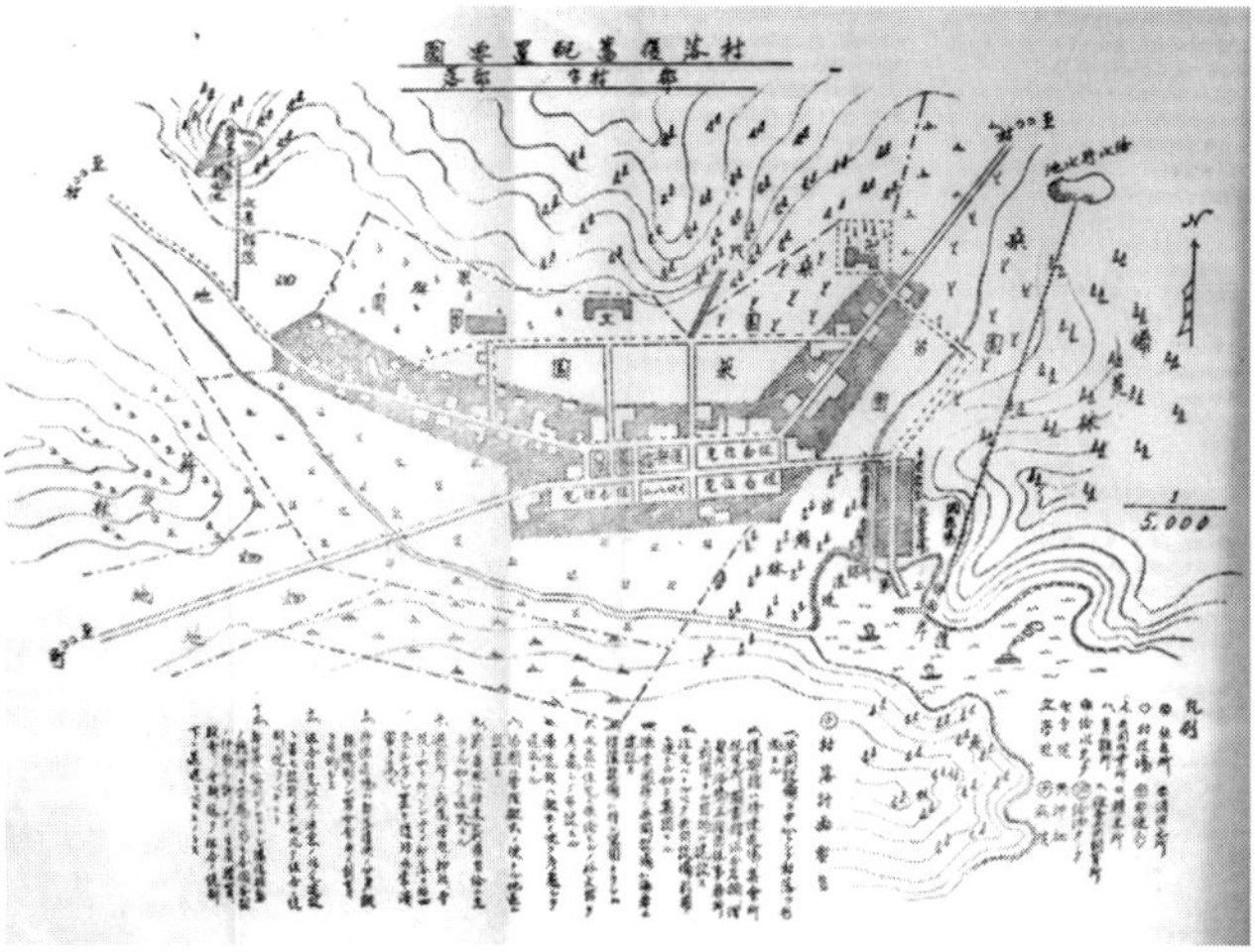

図 8　村落復興配置要図
出典：岩手県永年保存文書『昭和八年三月　津波罹災関係例規　下閉伊支庁　秘書課文書係』

岩手県庁の永久保存文書中にある「村落復興配置要図」（図8）はそうした問いに対して、興味深い示唆を与えてくれる。昭和三陸津波からの復興計画にあたって、岩手県は「複雑多岐に亙る諸般の事業を統制するため「新漁村計画」を立案し村落運営の全般を総合する基本計画となし、之を貫くに協同の精神を以てし真に幸福なる新漁村を建設せん」[2]（『岩手県災害関係行政資料』）として、産業組合を事業主体とした漁村経営を構想した。この「村落復興配置要図」では、共同組合という社会システムを基盤とした新たな漁村の空間像が描かれている（なお、共同組合による運営の詳細については、もう一枚「新漁村経営計画要綱」というチャート図が残されている）。防浪堤や避難所となる高台の病院、学校、神社、寺院などの防災的観点からの施設設計や配置にとどまらず、復興館と名づけられたコミュニティ施設や組合住宅が従来の街村的な集落の中心に設置された密な市街地が海岸沿いの漁業施設と連携しているのに加えて、田圃、畑地に苗園、備荒林、薪炭林といった人の手が加わる自然環境も取り込んだ空間計画が展開されている。集落の環境の全体を捉え、かつ、その運営の方式までを対象とした当時の構想力は、現在においても学ぶところはある。

宮城県でこうした計画が存在したかどうかは明らかではないが、震災一年後に、義捐金を使って、県内の各集落に震嘯災記ムないしコミュニティのありようとは密接に結びつけて議論され、施策が展開されていたのである。

6　復興計画史から計画遺産への展開

以上のように、過去の復興計画を見ていくことで、私たちは東日本大震災で大きな被害を受けて、「何もかもなくなってしまった」ように思える都市や集落も、やはりこれまでの様々な計画、様々な人々の意図、意思、判断が蓄積されてきた空間、場所であるとの認識を持つことができる。実験のきかない都市計画において、先例に込められた意図とその成果を冷静に分析して、教訓を今後の復興に活かすということは、ごく基本的な行動であろう。ただ、そうした行動を今回の復興計画の立案体制の中や計画立案のプロセスの一時点にとどめるのではなく、普段から、一般の人々にも意識してもらうこと、そのために「計画遺産」を顕彰することを提案したい。普段、生活の場として何気なく接している都市空間が、津波に対するいかなる知見のもとで計画設計されたものなのか、その現場においてー目でわかるような情報の継続的な提供が望まれる。一方で、そうした「計画遺産」を日常空間として最大限に魅力的にしていくことにも力を注いでいくべきであろう。釜石では、当初の避難経路のコンセプトを発展させて山への縦軸を広場空間として整備するようになった。特に戦災復興によって生まれた青葉通りは釜石のシンボルロードとして整備され、手づくり郷土賞を受賞し、震災前年の秋には再整備されるなど、常にまちの中心として重視されてきた。震災後、ここにボランティアの方々や商店街の方々がいち早く復興のためのワークショップや仮設店舗などを設置したのも、この意図が重ねられてきた「計画遺産」がとても魅力的であったからである（図９）。そして、復興の過程でのボトムアップによる「空間使い」のありようには、復興後のこの空間をさらに魅力的にするためのヒントがつまっている。「計画遺産」は、まずその認識から始めなければならないが、認識の段階を超えて、創造的な段階へと踏み込んだときに初めて、本当の意味で、東日本大震災からの復興の役に立つといえるだろう。

7　復興計画史が見落としているもの

しかし、ここまでで取り上げてきたような復興計画という枠組みからこぼれ落ちるものにも注意を向けないといけない。

一つは、復興計画とは一度きりのインフラ整備ではなくて、その後の持続的な手入れも含む、継続的な時間を有するという考えに立つことで見えてくるものである。それは近隣の住民の要請で、あるいは住民が自ら設置した山すそから上る小さな階段や、避難道路の最も眺めの開けた場所にいつのまにか設置されていた小さなベンチなどの身近なスモールインフラへのまなざしであろう（図10、図11）。それぞれの都市や集落で、図面には現れないこうした取り組みの蓄積を丹念に拾い上げてアーカイビングし、今後に活かしていく必要があろう。

そして、もう一つは、復興計画ではない、日常の都市計画の批判的検証である。津波とその後の火災で、気仙沼市内でも最も大きな被害を受けた鹿折という地区がある。もともとは塩田地帯であり、大正期に耕地整理がなされ、沃田となった地区である。一九二九年の気仙沼の中心部の大火後、水産加工の工場などが次々と移転してきて、職工たちの住居が建ち並ぶようになり、戦後、土地区画整理事業が実施されて、完全に宅地化された。この地区は、幸い、明治三陸津波でも昭

図9　震災後のイベントで賑わう釜石の青葉通り
出典：遠藤新氏撮影

図10　山すそに新たに設置された階段（気仙沼市）
出典：筆者撮影

図11　避難道路に設置されたベンチ（釜石市）
出典：筆者撮影

和三陸津波でも、大きな被害はなかった。しかし、一九六〇年のチリ地震津波では市街地の大部分が浸水してしまった。チリ地震津波後、一九七〇年時点の都市計画図（図12）では、当時完成になったばかりの土地区画整理事業の範囲とそれにより形成される街路網に、都市計画街路が重ねられている。この図から、鹿折ではちょうど一期の土地区画整理事業が終わった年にチリ地震津波での浸水を経験したが、特に計画の変更はなく、引き続きその四年後から二期事業が開始されたことが見て取れる。そして、かつて昭和三陸津波後の釜石や田老の街路復旧計画で見られたような、山や高台への避難を意識したような街路網の特徴、つまり、山へ向かう軸の強調（広幅員化）などは見られず、あくまで駅へ向

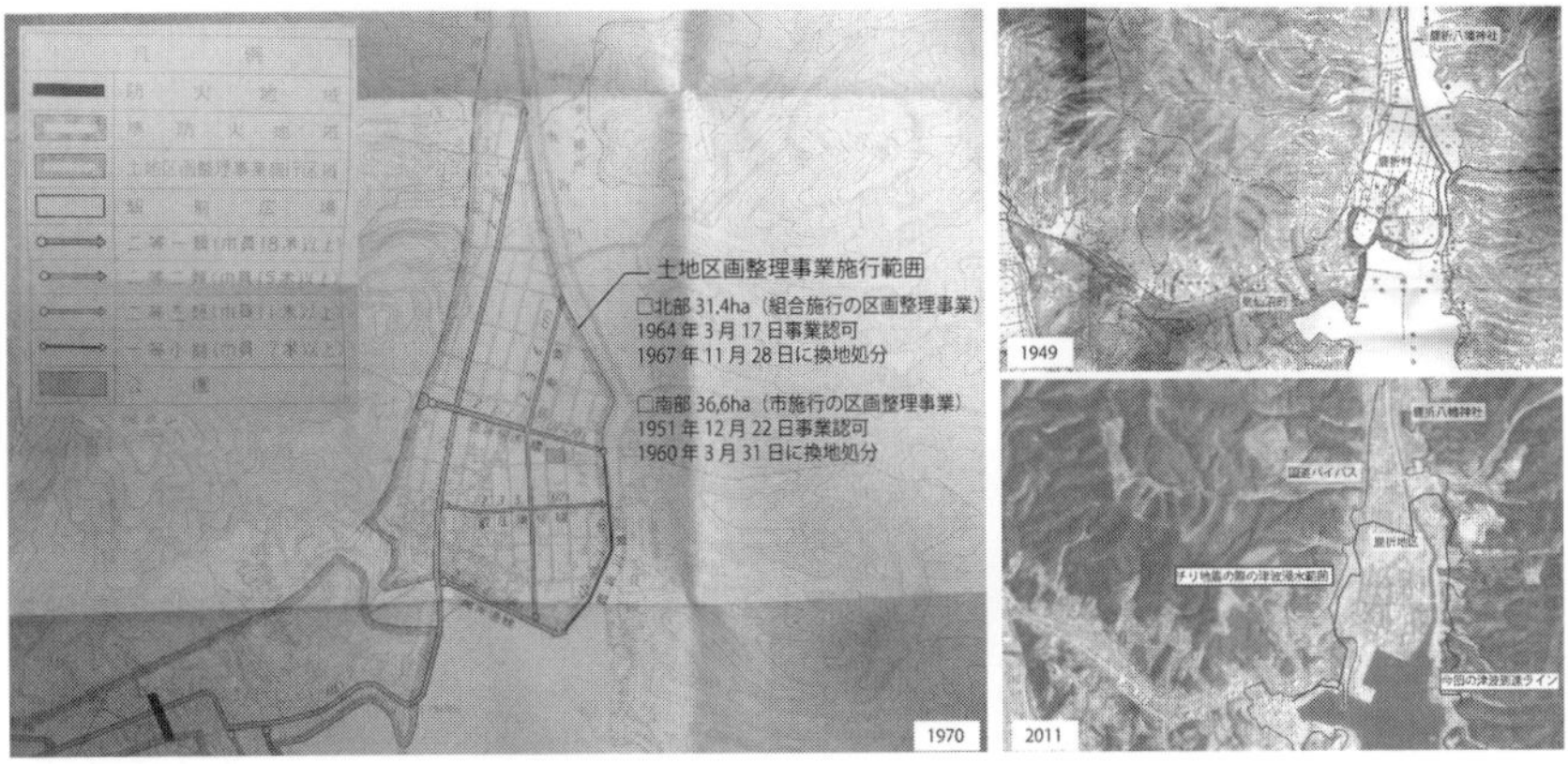

図12　鹿折地区の都市形成と都市計画　左：1970年の都市計画図（国立公文書館所蔵），右上：1949年の気仙沼町図（国立国会図書館所蔵），右下：現在の鹿折地区と過去の津波被害（慶應義塾大学厳研究室作成，国土交通省東北地方整備局まちづくりサポートマップにより加筆）

から中央の街路と山とは並行する通りばかりが目立つのである。

チリ地震津波後、土木技術の向上や高度経済成長による国家財政の拡大を受けて、防波堤による完全防衛主義的な津波対策が主流となった。以降、特に戦後に産業立地が進み、従来にない人口増加を経験した比較的規模の大きな都市を中心に、非日常の津波への対策よりも宅地供給が至上命題とされ、市街化が促進されてきた経緯がある。この経緯については、人口減少時代の都市や地域のあり方、特に東日本大震災からの復興過程にある都市や地域のあり方を考える際には理解しておく必要がある。同時に、復興計画を日常時の都市計画と切り離すのではなく、日常時の都市計画の基層として継承するということを忘れてはならない。

今回の東日本大震災からの復興計画において問われているのは、戦後の都市形成史と計画との関係を跡づけながら検証し、その上で人口減少社会に適応した持続可能な都市や地域のあり方を、そこでの社会システム、コミュニティのあり方とともに構想していく姿勢であろう。「計画遺産」のアーカイビングは、少なくともそうした姿勢をとる契機を提供してくれている。

※なお、本章は、都市計画遺産研究会（日本都市計画学会研究交流組織）が担当した「過去の津波被害からの復興計画史調査」（二〇一一年七月—九月）の成果を活用したものである。調査を担当したメンバーは、浅野

純一郎（豊橋技術科学大学）、大沢昌玄（日本大学）、岡村祐（首都大学東京）、加嶋章博（摂南大学）、佐野浩祥（立教大学）、清野隆（立教大学）、田中暁子（東京市政調査会）、津々見崇（東京工業大学）、土井良浩（世田谷トラストまちづくり）、中島伸（練馬まちづくりセンター）、中島直人（慶應義塾大学）、中野茂夫（島根大学）、西成典久（香川大学）、初田香成（東京大学）、松原康介（筑波大学）、村上暁信（筑波大学）である。所属はいずれも調査当時のものである。

注

（１）Stephen V. Ward, Robert Freestone and Christopher Silver, The ‘new’ planning history Reflections, issues and directions, *Town Planning Review*, 82(3), 2011, Liverpool University Press, pp.232-262.

（２）災害関係資料等整備調査委員会編『岩手県災害関係行政資料』一九八四年、二〇五ページ

22　三陸地方の都市計画史２　記憶と意図

1　はじめに

三・一一東日本大震災は、少なくとも都市計画にとって、一つの歴史的な不連続点となった可能性がある。もともと一九九〇年代には、二〇世紀型の成長型都市計画からの脱却、成熟時代の手入れを中心とした都市計画への転換が求められるようになっていた。三・一一からの復興過程では、そうした転換をソフトランディングではないかたちで達成することが要請された。東日本大震災で大きな被災を受けた地域の多くは、震災前から経済産業の衰退と人口減少を経験してきていたが、そうした傾向が震災で一気に加速し、まだ先だと思っていた未来が目の前にきてしまったのである。「成長」が見込めない中での「復興」とはいかなるものなのか。復興と同時に、成熟へ向けて歩み出せるようなことがありえるのだろうか。私たちが獲得しかけていた成熟の方法の一つは、地域の文脈を掘り起こし、過去との連続性に留意しながら持続可能な未来を創造していくこと、あるいは既存の空間ストックを可能な限り手入れし、使いこなしながら生活を豊かにしていく方法であった。しかし、津波によって何もかもが全面的に流されてしまい、そこに確かにあったはずの記憶の多くもなくなってしまったかのように見える三陸沿岸の都市や集落において、果たして過去との連続とは何なのだろうか。既存のストックとは何なのだろうか。本章では、そのような問いに対して、計画史という視点から、解答を試みたいと考えている。

世界でも有数の災害国であるわが国において、都市計画が目に見えて環境形成に影響を与える機会は、災害からの復興時であった。特に津波常襲地域である三陸沿岸の都市、集落では、津波による被害とそこからの復興を何度も繰り返す中で、現在の都市や集落の空間がかたちづくられてきたことは容易に想像されよう。津波の被害を受けて、いたずらに元の状態に戻すのではなく、被害前の市街地や集落のあり方に省察を加え、将来、再度発生するであろう津波を想定し、市街地や集落に何らかの改良や改造を加えようとする計画行為のことを復興計画と呼ぶとすれば、そうした復興計画の積み重ねられた姿こそ、三陸沿岸の都市や集落の現在である。そうした行為は、常にプロセスの中にあり、現在も一つの断面に過ぎない。これまでにその地に生きた人々の過去の反省に基づく未来への投企という、人間ならではの「意図」の蓄積が、現在という断面に記憶されながら、未来を生み出していくのである。

2　三陸沿岸都市の過去の復興の記録

計画意図に関する資料と物証

復興計画に込められた人間の意図を知るには、第一にその意図を書き残した記録にあたらねばならない（口承もあるかもしれない）。三陸沿岸では、東日本大震災との関係でクローズアップされた八六九年の貞観の大津波もさることながら、近世以降も、大規模なところでは一六一一年の慶長津波、一八九六年の明治三陸津波、一九三三年の昭和三陸津波、さらには一九六〇年のチリ地震津波に襲われ、大きな被害を出し、そのたびに復興を繰り返している。その他にも中規模の津波はかなり頻繁に起こっている。また、津波のみならず、例えば、一九一五年と一九二九年の気仙沼大火、一九四三年の大船渡大火のように、そう遠くない過去において、たびたび市街地を焼け野原にする大火が発生し、人々はそれを新たな街並みの生成の契機としてきた。また、太平洋戦争末期には、三陸沿岸の軍需産業拠点が徹底した艦砲射撃による被害を受けた。戦後、釜石、宮古、塩竈が戦災都市に指定され、戦災復興事業を実施している。

しかし、こうした災害からの復興計画の記録をたどる作業を進めてすぐに突きあたるのは、資料の少なさである。近代以前の災害だけでなく、近代以降の災害に関しても、被害そのものについての記録が比較的残っているのに対して、復興計画についての記録は少ない。そうした場合、むしろ現在の都市空間そのものから過去の復興計画の意図を読み取ることが必要になる。つまり、結果として生み出され、継承されてきた都市空間こそが人々の意図の物証であるという考え方である。都市空間の中に織り込まれ、積層された意図を、あたかも共同の意思のように読み解いていく視点が求められる。

以上のように、記録と物証の両方から意図を探っていくことが必要である。本節では、比較的資料が充実し、かつ直近の復興であり、現在の都市空間に対して大きな影響を与えていると思われる明治三陸津波（一八九六年）、昭和三陸津波（一九三三年）、チリ地震津波（一九六〇年）の三つの津波被害からの復興計画について、各津波と復興計画の概要と関連史料を整理しておく。

明治三陸津波後の復興計画

一八九六年の明治三陸津波は、六月一五日の午後七時三二分に発生した地震によって引き起こされ、二万人を超す犠牲者を出した。この大津波の被害からの復興計画については、残された記録が少ない。被災した市町村の復興計画を網羅的に集めたような資料はない。とはいえ、数多くの集落で高所移転が実施されたことが知られている。後述する昭和三陸津波後に内務省大臣官房都市計画課がまとめた『三陸津浪に因る被害町村の復興計画報告書』（一九三四年）や、地理学者・山口弥一郎の『津浪と村』（恒春閣書房、一九四三年）、さらには同じく山口の「津波常習地三陸海岸地域の集落移動」（『亜細亜大学諸学紀要』第一一号―第一四号、『亜細亜大学教養部紀要』第一号、一九六四年―一九六六年）といった一連の研究において、現地での聞き取り調査が実施されており、高所移転の履歴が整理されている。なお、この山口の一連の研究に関しては、明治大学理工学部建築学科建築史・建築論研究室による「三陸海岸の集落　災害と再生――1896、1933、1960」で集落別の再整理がなされた他、これらを用いて、二〇一一年七月一〇日に開催された中央防災会議「第5回東北地方太平洋沖地震を教訓とした地震・津波対策に関する専門調査会」の会議資料として、明治三陸津波、昭和三陸津波後の高所移転の実績と東日本大震災による津波被害との関係もまとめられた。明治三陸津波後の高所移転地の中には、その後の昭和三陸津波、そして東日本大震災による津波でも被害を受けず、現在も物証として確認することができる集落もある。

また、明治三陸津波からの復興計画において、原地復帰のかたちで復興計画を立て、実施した例もいくつか知られていている。釜石町釜石（現釜石市）と越喜来村崎浜（現大船渡市）では、街路の拡幅や街区の整形が実施された。田老村田老（現宮古市）や十五濱村雄勝（現石巻市）では土盛りを行った上で街区が再建されている。しかし、いずれの都市・集落も昭和三陸津波で再び大きな被害を受け、再度、街区が再編されているので、復興計画の痕跡を現地にて見出すには事前調査が必要とされる。

昭和三陸津波後の復興計画

一九三三年の昭和三陸津波は、三月三日の午前二時三〇分に発生した地震によって引き起こされ、一五〇〇名以上の犠牲者を出した。この津波からの復興計画の特徴は、明治三陸津波の際とは異なり、内務省都市計画課が主管して、宮城県下で一五カ町村六〇部落、岩手県下で二〇カ町村四二部落を対象とした復興計画を立案したことである。内務省都市計画課は、各県の担当課が立案した復興計画を承認する立場を取ったが、それは、都市計画事業としてわが国で初めての国庫補助を、低利資金融資の住宅適地造成事業（高所移転）というかたちで実現したことが前提としてある。さらに建築・土地利用規制（宮城県海嘯罹災地建築取締規則＝ただし実際の運用、効果は不明）、街路・区画の整理（岩手県街路復旧事業、八割五分の国庫補助）など、当時の都市計画技術が援用された。駅から海岸に向かう広幅員街路を中心とした直交座標系の街路復旧事業と防浪壁建設による原地復興（山田町）や、避難・防波のための街路拡幅・新設（街路復旧事業）と地盤嵩上げ・高架道路・防浪建築の組み合わせ（釜石町）などでは、こうした都市計画的な復興の取り組みと海岸沿いの土木構造物の建設とを組み合わせた多重防御とも呼ぶべき計画が見られた。これらの多くは、現在の都市空間の中で最も色濃く刻まれている。

また住宅適地造成事業と並行して、岩手県は産業組合を主体とする村落復興を目指し「新漁村建設計画」を策定し、組合に低利資金融資を行い、住宅と共同施設の建設を進めた。宮城県では、全国から寄せられた義捐金をもとに、日常時は共同作業場やコミュニティ事業に使用され、災害時には避難場所となる施設としての震嘯災記念館を各集落に建設したという。そうした意図は現在では物証としては把握しづらいが、例えばモデル集落であった吉里吉里（大槌町）では、施設配置等に現在でもその意図を読み取ることができる。

都市的集落では原地復帰、漁村的集落では高所移転を基本とした。内務省都市計画課が承認した各地の復興計画は、『三陸津浪に因る被害町村の復興計画報告書』（一九三四年）にまとめられている。また、その後、岩手県においては、岩手県土木部『震浪災害土木誌』（一九三六年）が刊行されており、復旧事業を含む岩手県の復興計画の全体的枠組みや進捗状況を把握することができる。宮城県については、同趣旨の記念誌は刊行されていないが、宮城県『宮城県昭和震嘯誌』（一九三五年）の中に、宅地造成や街路復旧の実績が記録されている。高所移転については、一八九六年の明治三陸津波と同じく、山口の一連の研究が網羅的な記録となっている。なお、当時被害がないわけではなかった青森県や宮城県の中部、南部、福島県の沿岸地域では、まとまった資料はない。

農林省も、青森県から宮城県までの三陸海岸沿岸の漁村集落を対象として、津浪災害豫防調査を実施し、住宅適地造成事業を念頭に、荷揚場や船溜などの漁業関係の共同施設と各漁村の復興計画を立案した。それらは、農林省水産局『三陸地方津浪災害豫防調査報告書』（一九三四年）に収録されている。この報告書に記述された対策（復興計画）の実際の都市空間への影響については、不明な点も残っている。

チリ地震津波後の復興計画

一九六〇年五月二二日一五時一一分（現地時間）にチリ沖を震源地とした地震により発生した津波は、五月二四日未明に三陸海岸沿岸を中心に日本にも到達し、一四二名の犠牲者を出した。チリ地震津波の被災からの復興計画は、被害が明治三陸津波や昭和三陸津波に比して大きくなかったこともあり、高所移転は見られず、主に沿岸沿いの防波堤の強化、港湾防波堤の整備が主流となり、一部の地域で嵩上げを目的とした土地区画整理事業を実施するにとどまった。各都市の復旧、復興を総覧するような報告書や記念誌は刊行されておらず、各都市が独自に刊行した報告書や記念誌が主な史料となる。

3　釜石の都市形成と復興計画

釜石地区の概要

三陸沿岸都市や集落の地域文脈とは何かを探っていく際、気をつけないといけないのは、三陸沿岸と一つに括れるような共通性も確かにあるが、それ以上にそれぞれの地域にはそれぞれの地域固有の歴史、文脈があるということである。大まかにいっても都市と集落によって様相が異なるのは当然であるし、湾形によって都市や集落の形態、過去の災害履歴も大きく異なっている。それぞれの地域において、丁寧に文脈を読み解くことが求められているのであって、共通解を見つけることが目標ではない。本節では、そうした意識のもと、具体的に釜石市中心部（釜石市は「東部地区」と呼んでいるが、ここでは便宜的に釜石地区と呼ぶことにする）を対象として、過去の復興計画を中心に、意図の蓄積、地域文脈の形成について具体的に見ていきたい。

岩手県釜石市は「鉄の都」として知られた三陸沿岸で有数の工業都市であった。最盛期には人口は一〇万人目前まで到達していたが、その後、主要産業である鉄鋼業の業態変化と縮小によって人口減少が続き、震災直前の二〇一一年二月の時点で四万人を割っていた。人口動態だけを見れば、釜石市は他の三陸沿岸都市に先駆けた衰退先進都市ということになる。

釜石地区は、市街地に迫る急峻な丘陵と内湾に挟まれた狭小な平地部に発展してきた地区である。釜石の近代を支えた製鉄業は、この釜石地区外に工場や社宅街を展開させていったので、釜石地区自体は天然の良港として栄えた釜石港を中心とした漁業、水産加工業と、広大な商業地、そしてその後背の住宅地からなる。ただし後述するように、湾と市街地との間の河口付近の広大な潟は、近代を通じて製鉄企業により、主に物流・保管空間として独占的に使用されてき

表１　釜石地区の災害による被害

災害名	当時の釜石地区の人口	津波・砲撃による死者・行方不明者
明治三陸津波（1896年）	5274人	死者　3323人
昭和三陸津波（1933年）	23946人	死者・行方不明者　30人
艦砲射撃（1945年7月14日，8月9日）	—	死者　516人
チリ地震津波（1960年）	—	0人
東日本大震災	6971人	死者・行方不明者　229人

※釜石市市誌編纂委員会『釜石市誌　通史』（釜石市，1977年）および釜石市『釜石市復興まちづくり基本計画　スクラムかまいし復興プラン』（釜石市，2011年）から作成

ており、地区のかなりの部分が市街地に組み込まれない区域として残されてきた。

釜石地区は、過去、明治三陸津波、昭和三陸津波、艦砲射撃、そして今回の東日本大震災と、何度も壊滅的ともいえる被害を受け、そのたびに復興を遂げてきた（表1）。おそらく、三陸沿岸の都市や集落の中では、最も頻繁に、そして大規模な災害を受けてきた都市といえよう。その意味では、三陸沿岸の都市・集落の中でも、復興の意図、意思が最も強く都市空間形成を導いてきた地区として位置づけられる。つまり、災害自体が地域の文脈をなしてきた代表例である。

近世の釜石の集落的形態

近世、江戸時代に入って、主に紀州方面の漁民により開始された三陸の漁場の開発は、後背地の市場の未発達によって遅れていた。しかし、一六七〇年に江戸への東廻り航路が開通し、「江戸登せ海運」が急速に発展すると、もともと三陸沿岸では水稲生産力が低かったこともあり、海産物の商品化が急速に進められるようになった。釜石はそうした三陸全体の趨勢の中で、海産物商として成功した佐野家の活躍もあり、有力な漁港を有する地域として発展していった。

この近代以前の釜石の市街地の姿を知る貴重な資料に、石応禅寺に伝わる、幕末頃の釜石を描いたとされる「釜石湊絵図」（釜石市指定文化財）がある（図1）。そこには、東の高台（地名は「台村」）に海産物の課税を担当する南部藩の拾分一役場があり、西には承応年間（一六五二—五五年）に創立された石応禅寺が境内を構えている様子が見て取れる。そして、海岸に沿った通りと、急峻な山に挟まれた沢（地名は「沢村」）方向に延びる通りの沿道に、民家が建ち並ぶ、街村形態をとっていたこともわかる。

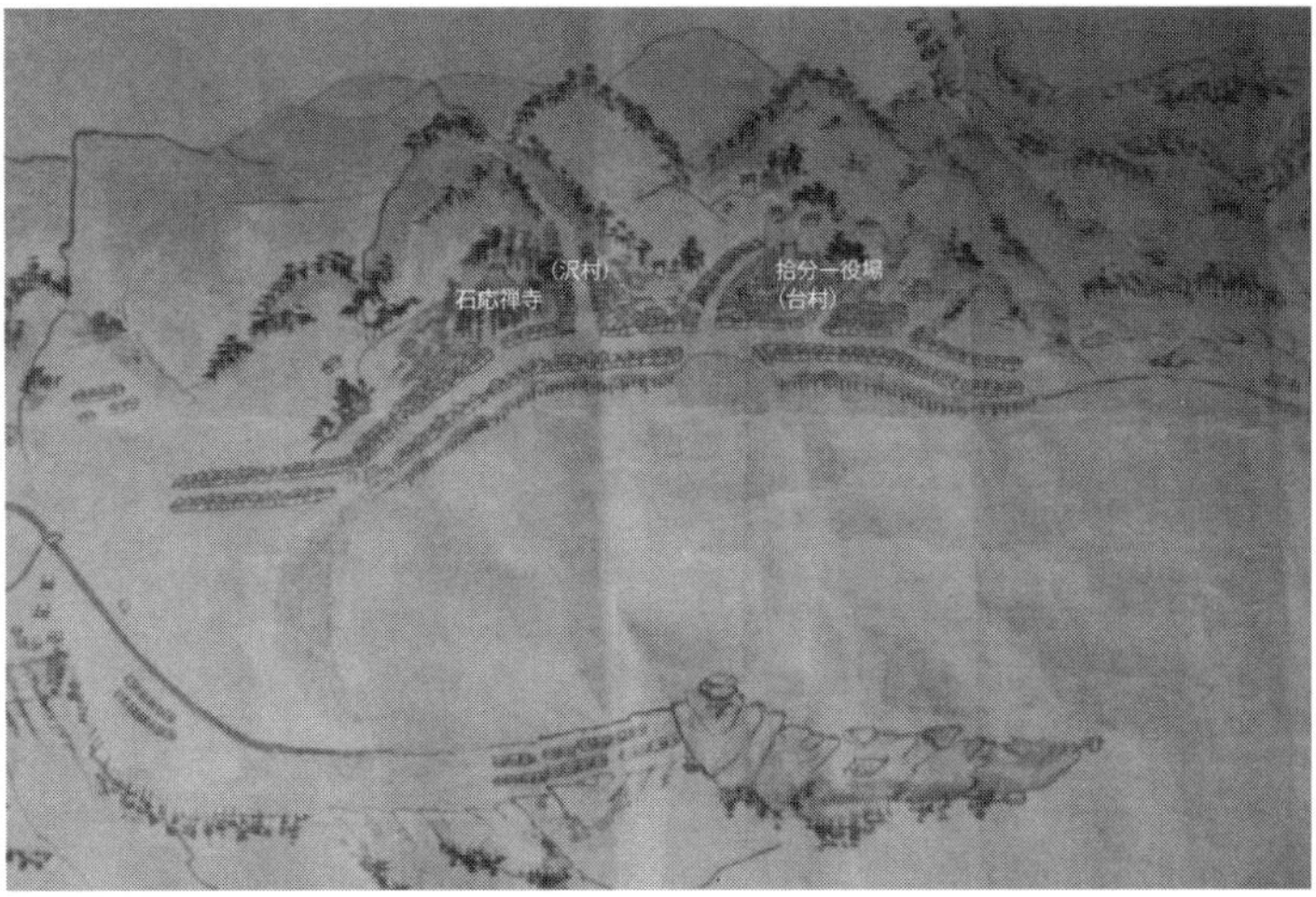

図 1　釜石湊絵図（釜石市指定文化財，石応禅寺所蔵）
出典：筆者撮影，加工

特に釜石は、南部藩の城府盛岡と沿岸地域を遠野経由で結ぶ釜石街道と、三陸沿岸の集落を結び、南は仙台藩の街道に接続する浜街道との結節点で、陸上交通の要所でもあった。「釜石湊絵図」に描かれた通りも浜街道の一部であり、沢を登っていき、難所である鳥谷坂を越えて大槌方面に繋がっていた。この沢の入り口には高札場があり、そこから沢村遊郭が広がり、その遊郭の通りと平行して走る石応禅寺の前の参道は「もんぜんまえ」と呼ばれ、賑わっていた。また、尾崎神社の拝殿（里宮）はこの街道沿い、海岸寄りに一六九九年に設けられた。明治以降、石応禅寺も役場も西方へと移転していくが、この近世の広域の街道を組み込んだ街路の骨格は、現在まで継承されている。一方で西方には、一七八六年に再建されたという薬師堂が山腹に鎮座しているだけで、市街化はしていなかった。甲子川の河口付近の潟（中番庫）は特に利用されておらず、浜街道からのルートも、これを迂回して大渡で川を渡るか、渡し舟で須賀に上陸するかの二通りあった（図 1）。

明治以降の都市化の様相と明治三陸津波

釜石の近代は鉄とともに始まった。大島高任が甲子川の上流、大橋に洋式高炉を建設したのは、幕末の一八五七年である。その後も南部藩による積極的な銑鉄生産の振興が図られ、明治維新後は莫大な国費を投じた製鉄所が一八八〇年から操業を開始したが、鉱床の含有量や燃料となる木炭不足等から思うような生産が上げられず、わずかな期間で廃止となった。民間に払い下げられ、その処分が託された。しかし、その後、明治二〇年代後半、つまり一八九〇年頃に製鉄所が再興され、国内での鉄需要の伸びとともに、全国でも有数の製鉄所として発展し、釜石の町も急激に人口が増加した。また、水産業も、新興の三陸漁場の中央に位置する良港として、有力な漁業基地となり、水産加工工場、廻船問屋が軒を連ねた。

こうした明治以降、釜石の産業の発展、それによる人口の増加が都市形成に大きな影響を及ぼすことになるが、特にもともとの市街地の過密化と度重なる大火が、市街地の西方への拡大をもたらしたことが重要であった。釜石の賑わいの中心にあった石応禅寺は火災による焼失を機に、一八八七年に地区西方の大只越に移転した。また、一八七三年に石応禅寺の一部を借用するかたちで開校された釜石尋常小学校も、一八八三年の中心部の大火災で焼失し、一時近くに移転したものの、最終的には一八九六年に地区西方へ移転した。これらの移転が契機となって、西方の市街化が促進された。石応禅寺と釜石小学校および町役場は、沢筋の奥まったところで、自然と高台となっている敷地に移転したが、明治末期には、日蓮宗の仙寿院（一九〇七年移転建立）、浄土真宗の宝樹寺（一九〇七年建立）がそれぞれやはり山の岬部分の高台に建立された。西方で早くから立地していた薬師堂や、もともとの石応禅寺がそうであったように、沢の奥（「沢村」的）や山の岬部分（「台村」的）などの海に向かって開けた場所に、民家よりも先にこうした宗教施設や公共施設が立地し、その後の低地部開発を促進していくというのが、この時期の市街化であった。

では、その市街地の様相はどうであったか。釜石は一八九六年に明治三陸津波で、当時の地区の人口の六割の人命を失うという甚大な被害を受けた。その原因の一つが、海岸から山手まで人家が密集し、街路も狭く、避難が困難であった点であるとされた。そこで、復興にあたっては、海岸通り、中央の通り、山手通りという海岸線に平行する通りを三本明確に設定し、海岸通りと山手通りは幅二間（三・六メートル）、中央の通りは幅六間（一一メートル程度）に拡幅し、さらにこの中央の通りを横断し、海岸通りと山手通りを結ぶ道を設けるという復興事業が実施されたという。中央の通りと山手通りは、もともとの地区の中心地から石応禅寺のある大只越までを整備するとされた。その後、実際にどのような市街地が形成されたのかは不明な点も多いが、昭和三陸津波以前のいくつかの地図や絵葉書からは、しっかりとし

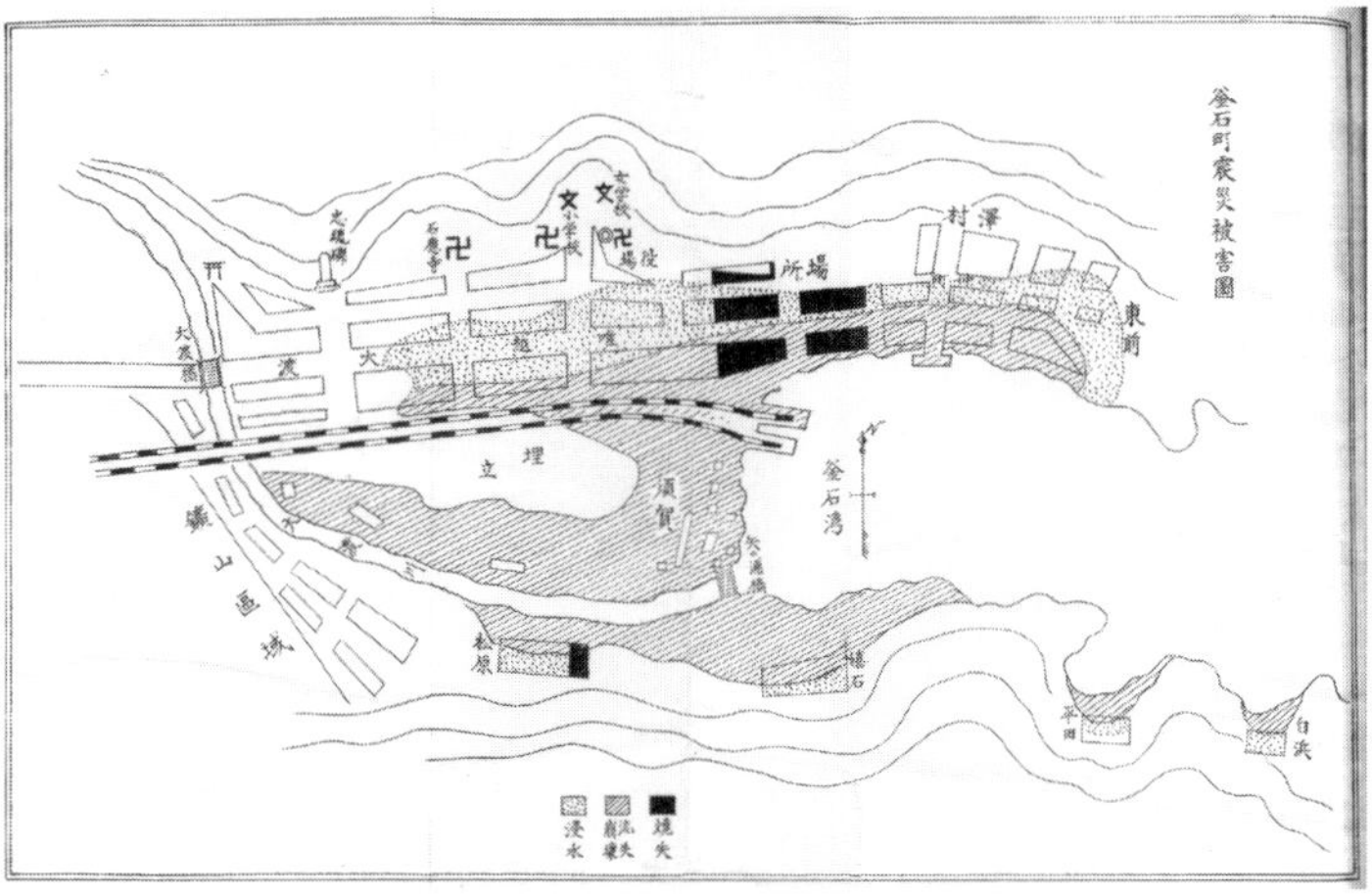

図2　昭和三陸津波の被害図に示された明治三陸津波後の釜石の都市構造
出典：大垣春吉編『三陸沿岸大海嘯印象記』校友会，1933年

た骨格となった中央の通りや海岸通りの存在が見て取れる。山手通りに関しては、一部存在が確認できないところもあるが、概ねそれにあたると思われる街路が見出せる。これらを結ぶ縦軸も同様である。つまり、海岸に平行する一本の筋と沢方向に向かっていく通りからなる街村的な市街地が、その後の人口増を背景に過密化ないしはスプロール的拡張を経験していったが、明治三陸津波はそうした市街化の課題を浮き彫りにしたのである。その復興過程において、一集落ではない、より大きな人口を抱える町場として必要なインフラ＝街路網の整備が行われたのである（図2）。

ただし、おそらく明治三陸津波で完全に流されたと推測される尾崎神社拝殿は、被災前と同じ地に再建された。この拝殿が津波の難を避けるように高所移転するのは、次の昭和三陸津波で再度、完全に流された後であった。寺社、ないし小学校のような公共施設は津波から避けるよう高所にという立地の考えがあったかどうか。明治三陸津波前に移転した石応禅寺や小学校は確かに平地部よりも高い位置であったが、明治三陸津波では浸水域と非浸水域のちょうど境目あたりに過ぎず、必ずしも津波から完全に逃れることを意識した立地ではなかった。しかし、明治三陸津波後に立地した仙寿院や宝樹寺は、周囲より明らかに高い場所を選んでおり、明治三陸津波の経験がそうした立地に影響を与えた可能性がある。また、寺社や公共施設の移転のみならず、もともとの中心部でより大きかった明治三陸津波の被害が、商店街や市街地の西進を促進したのは当然である（図2）。

一九二六年に釜石町役場が発行した『釜石案内』には釜石八景の一つとして、「石応寺の晩鐘」が紹介されているが、そこでは「石応禅寺は明峰山を背後に擁して寺門湾口に向かって開き七堂伽藍荘厳を極め殊に鐘楼山間に於て輪喚の美をつりばむ[1]」と、寺社の立地が生み出す風景が描写されている。同じ時期に内務省土木局が発行した『日本の港湾　第1、2巻』に掲載された市街地の地図には、西方の石応禅寺と薬師堂に向かう縦軸が表現されている。西方へ拡大していく市街地では、明治三陸津波後の復興で明確に設定された横軸とともに、寺社へ、山へ向かう縦軸も骨格として意識され始めていたのであろう。

昭和三陸津波と近代都市計画

一九三三年の昭和三陸津波により釜石は再び大きな被害を受けた。津波自体の規模は明治三陸津波よりも小さかったこともあり、死者数こそ少なかったが、人口は五二七四人（明治）から二万三九四六人（昭和）と大きく増えており、被害戸数は多大なものとなった。そして、その復興過程では、内務省都市計画課の主導で、本格的な復興計画が立てられたのである（図3、図4）。

釜石の復興計画は、内務省の報告書によれば、「釜石港は釜石灣内に於てU字形をなし、波高、及衝撃力共比較的小なるも、港灣に直接する大都市にして津浪に際し火災を併發したる爲、罹災額三陸地方第一に上り、被害戸數1623戸に及ぶ。然れ共本町經濟的活動は港灣機能と分離し得ざるを以て、其の復興計畫は現地復興の外なし、即街路組織の整理擴充を計り、家屋の流失戸數區域に於ては直ちに街路復舊事業を施行し、海岸に接するを要せざる住宅は之を後方山の造成敷地へ移轉せしめ、港灣地帯には防浪建築を築造せしむる方針とす、南方築港工事中に屬する部分の後方地帯はQ－R斷面に示す如き地盤を形成せしめ、舊市街部分との連絡は幅員9米程度の高架道路に依る。從て釜石灣に正面する地帯は高き地盤並に高架道路構造に依り津浪を防ぎ、舊市街部分は防浪建築に依り後方家屋の被害を減少せしめ得るものとす。後方高台に於ける敷地造成面積合計4032坪にして94戸を収容す[2]」というもので原地復帰が基本であっ

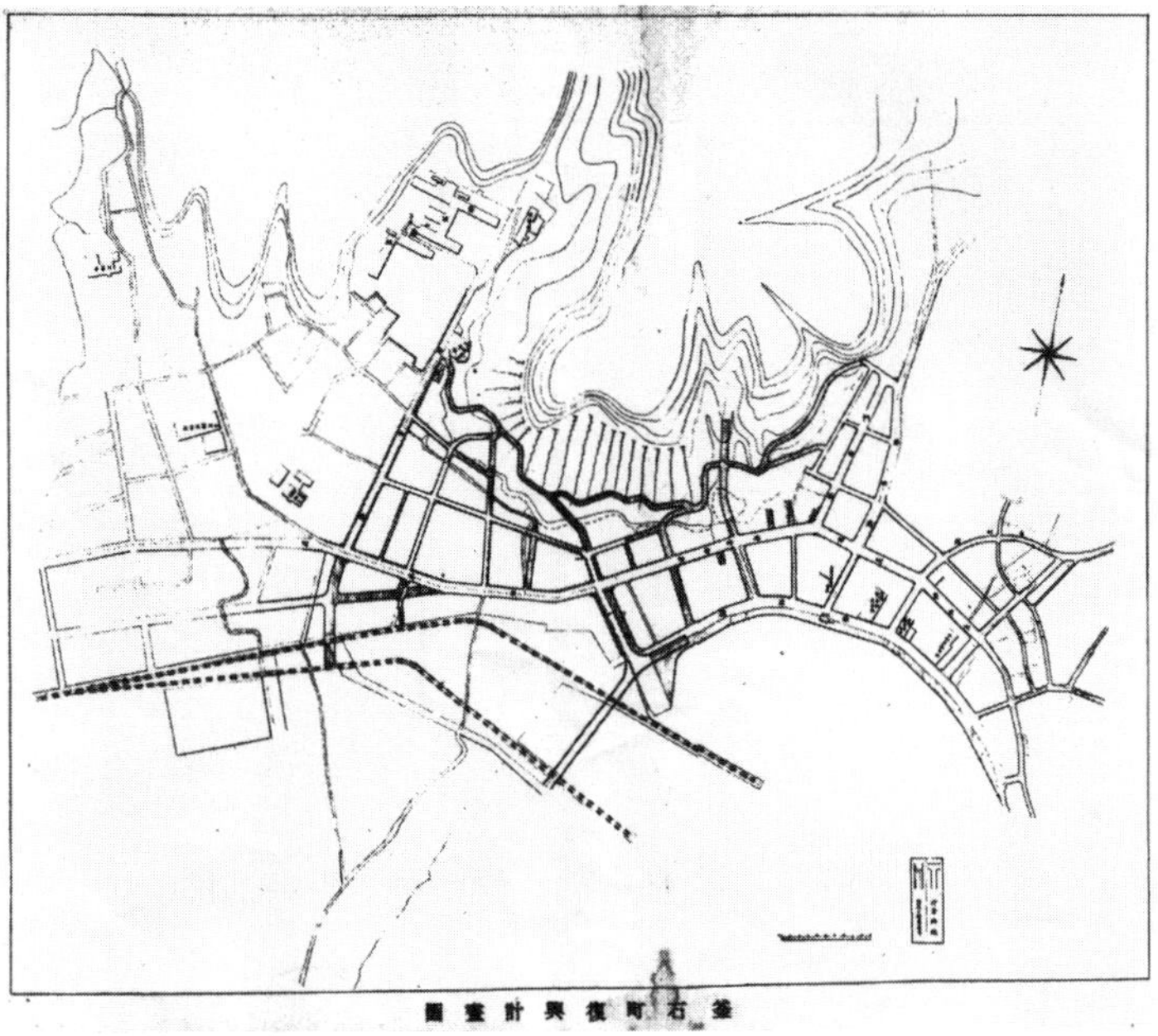

図 3　釜石町復興計画図

出典：内務大臣官房都市計画課『三陸津浪に因る被害町村の復興計画報告』1934 年

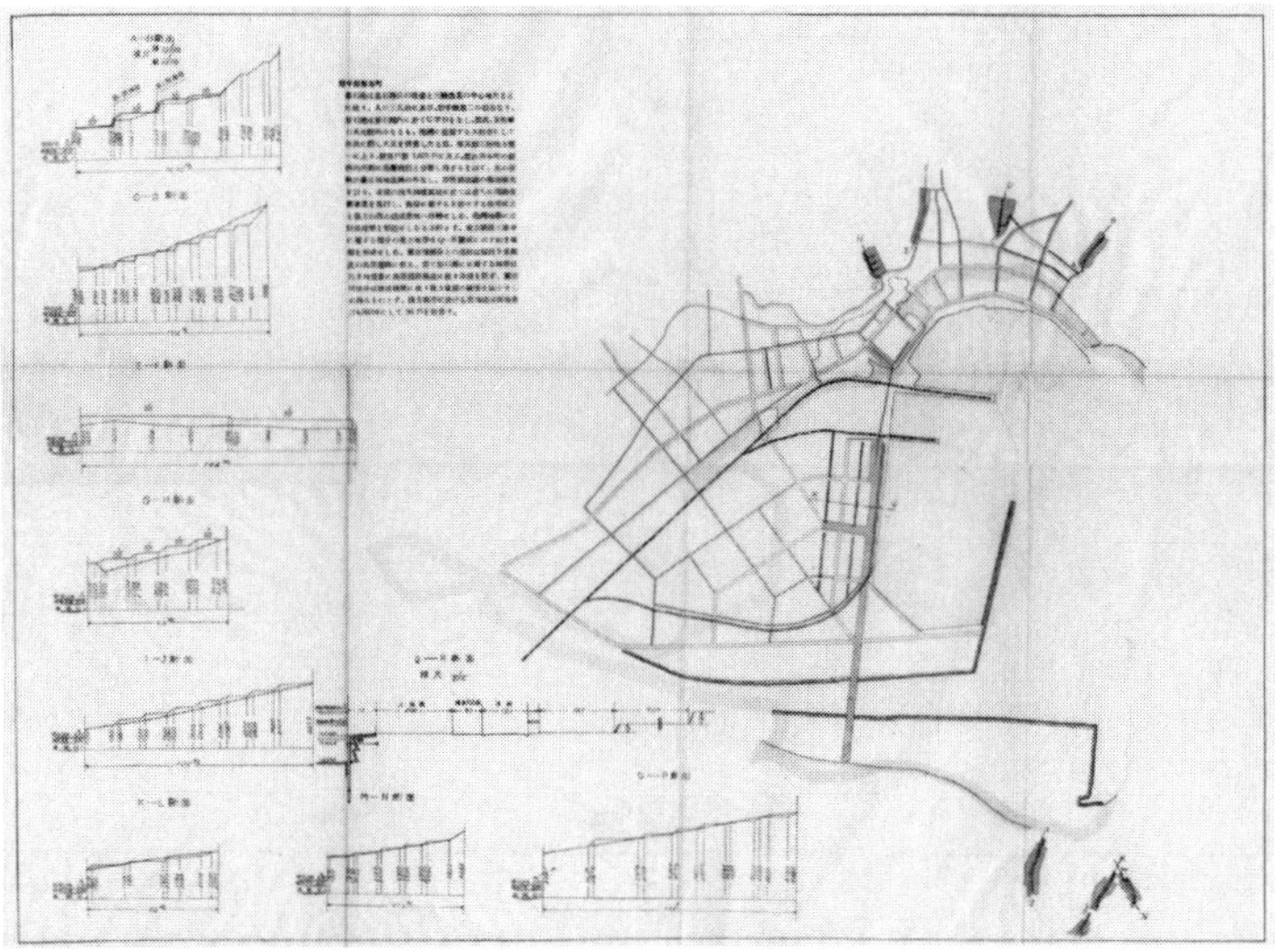

図 4　釜石町復興都市計画図（街路、高所移転）

出典：内務大臣官房都市計画課『三陸津浪に因る被害町村の復興計画報告』1934 年

た。

街路復旧事業では、既存の街路の拡幅あるいは新設により、山方向への縦軸が重視されていたことがわかる。特に場所前と呼ばれる、尾崎神社の拝殿が面していた街路は、二〇メートルという釜石内で最も広い幅員が設定された。

一九三三年一〇月に当時の釜石町長は、岩手県知事宛に「防火地帯建築物補助□資金融通乃請願」を提出しているが、そこでは、由来、中心部にて火災が多く、甚大な被害を生じており、今回の津波からの復興の区画整理（正確には建築線指定による街路網のあぶり出し）において、三つの防火地帯を設定し、耐火建築の建設を促進したいという趣旨が説明されている。三つの防火地帯とは、場所前の幅員二〇メートルの縦軸の他、幅員一二メートル、幅員八メートルの二本のやはり縦軸で、どちらも中央の通りを越えて山手通りに至るまでの区間であり、沿道からさらに幅九メートルを防火地帯としようというものであった。このことからもわかるように、縦軸は山手方面への避難経路であると同時に、津波時だけでなく、火災時の防火帯としても機能することが期待されていたのである。津波からの復興を機会として、懸案であった都市計画的な課題を解こうとする意図があった。

また、明治三陸津波時に山手通りの築造が唱えられながら、実際には山が市街地の傍まで迫り、そうした通りがつくれなかった浜町には、緊急時の避難場所として、急峻な山腹の高台に新たに街路を築造した。吉田初三郎が描いた復興後の釜石の鳥瞰図には、この新設の街路が「記念道路」という名で描かれている。建築線が指定され、拡幅や新設が予定されていた縦軸も、この街路に接続されるように計画されていた。後に、この街路は「避難道路」と呼ばれるようになり、東日本大震災でも多くの人の命を救った。

住宅の高所移転も計画された。釜石の中心部では四カ所が候補地として設定され、実際に三カ所では宅地造成がなされた（なお、現在ではそのうち二カ所には家屋はなく、空地となっている）。また、中央の高幡山と呼ばれる山地の突端部分については、宅地としての利用ではなく、海岸沿いで被災した尾崎神社の移転先となった。こうした住宅、そして神社の計画的な高所移転は、昭和三陸津波後が初めてであったと思われる。しかし、先にも言及したように、昭和三陸津波以前に新たに市街化した地区西方では、寺社はこうした高台に立地するようになっており、むしろそうした先例が復興計画にも影響を与えたのであろう。また、中番庫方面でも盛り土と高架道路が計画され、これらを堤防とするかたちでこちらにも一部市街化が計画された。さらに、方針レベルでは防浪建築の建設もうたわれたが、どの程度、実現されたかは不明である。

昭和三陸津波後の復興計画において、実際に建築線が指定され、街路の拡幅や新設がなされたのは、各種計画図の存在から、西方は小学校や町役場のある学校前通りまでであったと推定される。しかし、復興計画としては、それより西側の市街地についても計画街路網が描かれている。釜石において、市街地全体を捉えた初めての街路網計画となっている。明治三陸津波後の復興で掲げられた海岸、中央、山手の三本の平行する通りが西方にも援用され（実際には中番庫を挟むので、海岸通りとはならない）、さらに縦軸としては、学校通りの他、石応禅寺の門前、薬師堂の門前の三つの通りが骨格として重視された。こうした街路によって、系統的な街路網を構築する計画であり、もともとの中心部である東方で先に実際に採用されていた市街地形成の原理を、西方にも適応しようということであった。なお、この計画では、さらに中番庫へも計画路線が延ばされ、その市街化も想定されていたことがわかる（図3）。

その後、釜石では一九四三年になって都市計画法に基づく最初の都市計画道路の計画が立案され、昭和三陸津波後の復興計画の実現が図られるが、戦時中であり、事業化される前に戦災で市街地が再び壊滅することになる。また、中番庫については、一九三四年に発足した国策会社の日本製鉄による、保管場所としての独占使用が続くことになり、上記の計画が実現に移されることはなかった。

戦災復興における復興計画の完遂

釜石は、一九四五年七月一四日、八月九日の二度にわたり、徹底的な艦砲射撃を受け、またしても焼け野原になった。釜石地区全域で戦災復興の区画整理事業が実施された（図5、図6）。昭和三陸津波後の復興計画では実現しなかった西方の街路の整理とともに、東方においても再度の街路網の再構築がなされた。街路網の特徴としては、昭和三陸津波後の復興計画で拡幅されていた場所前の通りをさらに拡幅したのに加えて、石応禅寺前の通りを青葉通りという復興のシ

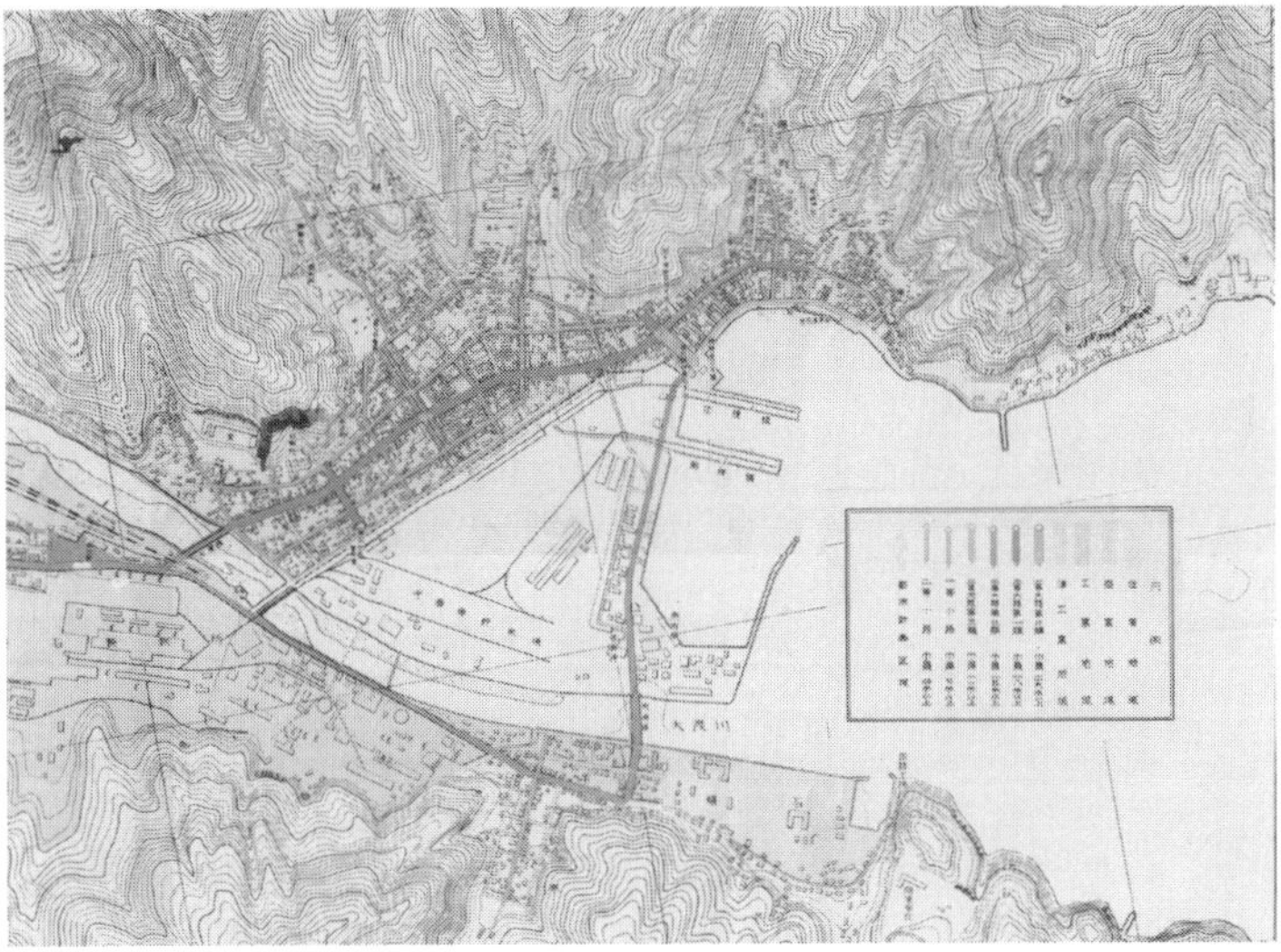

図 5　戦災復興期（1951 年）の釜石都市計画図（国立国会図書館蔵）

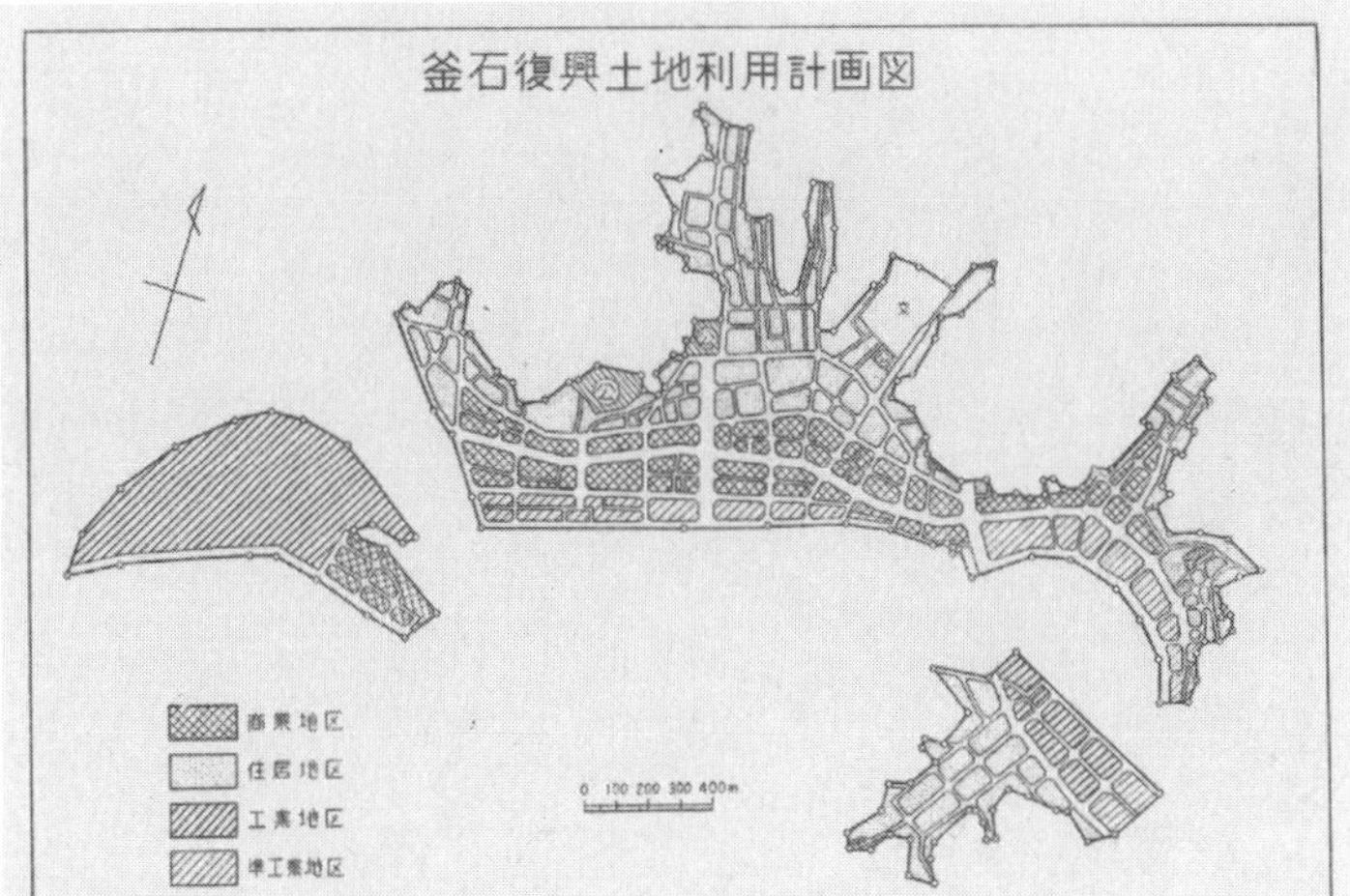

図 6　釜石復興土地利用計画図
出典：建設省編『戦災復興誌　5 巻　都市編 2』1957 年

ンボルとなる公園街路として整備したことである。この二本の街路に、薬師堂前の通りを加えた三本の縦軸の通りが、幅員二九メートルを超える一等大路とされた。また、石応禅寺門前、薬師堂のある高台、それにかつて拾分一役場があったとされる台村の高台が公園として計画され（小中学校に隣接した天神公園も区画整理で生み出された）、昭和三陸津波後に海岸沿いから移転した尾崎神社が、さらに沢の奥の高台へと再移転し、その跡地の高台は尾崎公園となった。

明治三陸津波、そして昭和三陸津波後の復興計画において、津波からの避難や通常の火災に対する防災の観点から望まれた縦軸の強化が、戦災復興によって実現し、かつ沢の奥高所の土地利用に関して、社寺や公共施設に加えて、公園という都市施設が新たに登場したのである（図４）。

以降、釜石の中心部では、港湾部の海岸通り沿いの埋め立てとＲＣ造での漁業関連施設の建設、青葉通り近辺への公共・文化・宿泊施設の集積、商店街の隆盛と衰退、中番庫と市街地との境界部分における長大な工場施設の建設などによる市街地の変容を経験した。しかし、その風景の基盤は、この戦災復興によって完遂された、近代以降の「集落から都市へ」の変化に対応した環境整備がかたちづくっていったのである。

釜石地区の風景から読み取る地域文脈

以上のように、釜石の中心部はたび重なる大火で何度も焼失し、そして、明治三陸津波、昭和三陸津波、戦災とわずか六〇年程度の間に三度もの壊滅的な被害を受けてきた。そのたびに、家屋は流失、焼失してきたのである。そして、木造建築が耐火建築化し、ＲＣ造のビルも建ち並ぶようになり、街並みは個別の事情の中で、つまり個別の意図を持って再生を遂げてきた（そこでは、土地所有や敷地形態自体があたかも意図を持っているかのようにふるまい、環境の継承に影響を与えていったという情況が予想されるが、ここではその点の調査ができておらず、言及を保留したい）。しかし一方で、まちのインフラストラクチャーについては、一環した意図のもとで構築、再編がなされていった。その意図とは、近世までの集落的形態の、近代以降の人口増を背景とする市街化（稠密化と市街地の拡張）によって生じた都市的課題を解決するということであり、その焦点は火災や津波に対する「防災」を意識した街路網であった。

街路網の具体的な特徴は何であったのか、東日本大震災直前まで釜石のまちなかに掲示されていた避難マップに描かれた矢印が、それを端的に説明している。つまり、山方向への避難のための縦軸の強調である。そして、この縦軸と明治以降に顕著になった、山を背景に従えて沢の奥や山すその高所に立地するランドマークとなる社寺や公共施設群とが相俟って、釜石らしい山並みへの眺めが生み出された。そして同時に、高所自体も、社寺や公共施設ないしは街路（避難道路）や公園として、近代において一貫して市民の日常生活の中に公共的空間として取り入れられ、眺めのよい、親しみやすい場所となっていった。そうした高所からの眺めもまた、釜石の大きな風景の特徴となっていったのである。

現在、釜石市が指定している津波災害一次避難場所を見れば理解できるように、明治期に立地した仙寿院、宝樹院の境内や小学校・中学校の跡地（なお、石応禅寺境内も東日本大震災前まで一次避難場所に指定されていたが、今回の津波で浸水被害が出たことで解除された）、昭和三陸津波からの復興で生み出された浜町避難道路や高所移転地として造営された東前樋ヶ沢、一九三五年に開校した旧釜石第二小学校（後の大渡小学校、現在の釜石小学校）、戦災復興およびその時期の整備事業で生み出された薬師公園、台村公園、尾崎公園、尾崎神社境内など、それらのほとんどは近代以降に生み出された場所であり、かつ、都市計画によって立地が選定されてきた空間が多い（図5）。明治三陸津波と東日本大震災を比較することは発生状況も異なるので適切ではないかもしれないが、そして、三月一一日にお亡くなりになった人々の命は一つひとつが重く、尊いものであるが、明治三陸津波を超える今回の未曾有の津波に対して、人的被害が人数にしても人口に対する割合としても明治のそれと比べて一〇分の一以下であったこと、それは少なからず、ここで見てきた過去の復興の成果であり、津波を経験し、その反省から未来に投企を行った人々の意図や意思の集積の力を借りたものであった。

縦軸と高所が生み出す風景は、釜石の風景の骨格であり、それは災害、特に津波の経験が生み出してきた、人々の意図や意志の産物であった。都市が都市たる最低条件であり、全ての都市計画の基本目標でもある「人々の生を育み守る」ことを満たすべく積み重ねられてきた努力の成果が眼前の都市であろう。私たちは現在、不連続点に立っているとしても、近代に獲得してきたものや、近代的な思考を全否定することが求められているわけではない。この一五〇年をかけて土地に刻んできたものは、そう簡単に捨て去ったり、忘れ去ったりできるものではないし、そうすべきでもない。今後の復興計画においても、都市の目標が変わらないとすると、こうしたこれまでの蓄積、すなわちそれは釜石の風景そのものの正確な理解とその評価がまず大前提としてあり、人々を取り巻く環境の連続性を考慮しながら、そこに新たな施策を加えていくということになるのだろう。人々の意識の中に存在するそうした流れのことを地域文脈と呼ぶ（もちろん、ここで問題となるのは、人々の意図という際の「人々」とは一体誰のことなのか、である。そこに次の議論の起点がある）。

一方で、釜石の復興の歴史を規定してきた一つの大きな条件である、中番庫と呼ばれる、もともと河口付近の潟の存在についても評価がなされるべきであろう。長く製鉄企業により、流通および保管場所として独占的に使用されてきた土地であり、復興計画において、市街化が企図されたこともあったが、結局手をつけることができなかった広大な土地である。近年でも、釜石地区の地盤沈下に抗する提案として、この中番庫の開発が取り上げられてきた。しかし、実は釜石にとってこの中番庫とは、それが市街化されなかったことで（ただし海岸沿いで一部市街化したエリア（港町）はあった）、意図せざる重要な役割を担ってきたともいえる。つまり、第一に釜石地区の西方に津波が直撃する前の緩衝地帯として機能してきたという点、そして第二に海岸に接するこの一帯が昼間、夜間とも極めて人口密度の小さなエリアであり続けたことが被害総量を軽減させたという点においてである。そのことは、三陸沿岸の他の都市、例えば気仙沼や大船渡と比べてみると理解される。つまり、気仙沼や大船渡では、河口付近の潟や塩田といったもともと低未利用の土地を戦後埋め立て、区画整理を実施し、工業地ないしは住工混在の市街地としていったのである。そうした地区が東日本大震災で極めて大きな被害を受けたのである。中番庫については、今一度、その果たしてきた役割を歴史的に検証する必要があり、そのことが今回の東日本大震災で生じるこうした低未利用地のあり方に何らかの示唆を与えうるかもしれないと考える(3)。

4　津波の記憶と復興の意図の環境的継承へ

環境リテラシーを育む環境

以上、釜石を事例として、過去の人々の意図の蓄積のありようを、具体的な環境形成に着目して明らかにしてきた（図7）。こうした作業が、長い時間のかかる復興の過程で、都市レベルや集落レベルでこれからも繰り返し行われて、その都度、復興や環境再生の方向づけがなされていくことが重要であろう。また、意図を知ることは、実際にはその前提となる条件を把握することであり、ある空間の技術的、思想的な限界を知ることである。その理解こそが緊急時には個々人の判断の基準となる。

しかし、先にも紹介したように、人々の意図の記録は充実しているわけではない。多くは環境自体から読み解いていくことが求められる。日々の暮らしの中で過去の意図を自然と感じ取れることが理想であろう。そういう意味では、近年、言及されることが多くなっている一人ひとりの環境リテラシーが問われるのである。しかし、一方で、人々の環境リテラシーを高めていくような環境のあり方というものもあるだろう。環境を読み取る手がかりは都市空間にある。特に、環境や空間、場所に込められた過去の意図、時間という問題系においては、そうした手がかりが重要である。かつてケヴィン・リンチは、「この時間の方向づけに関する感覚は、多くの人びとにとって、場所の方向づけに関する共通的な感覚よりもずっと重要のようである。しかも、時間に対する内的な表象は、場所に対するそれよりも貧弱なので、われわれは、自分を時間的に方向づけるためには、外的な手段に、より多く依存しているのである」[4]と指摘していた。

例えば、先に言及した釜石地区で指定されている一次避難場所の中に、佐々木家稲荷神社がある。東日本大震災直前まで、海岸通り沿いにある建物の脇に付属する外階段を指して、避難誘導サインが掲げられていた。このサインの指示通り外階段を登ると民家の前庭のような空間に出て、さらにその先に見えるサインにしたがって、小さな屋外の階段をたどっていくと、裏山（小浜山という）の山道があり、その山道を進んだ先に小さな一次避難場所がある（図8、図9）。

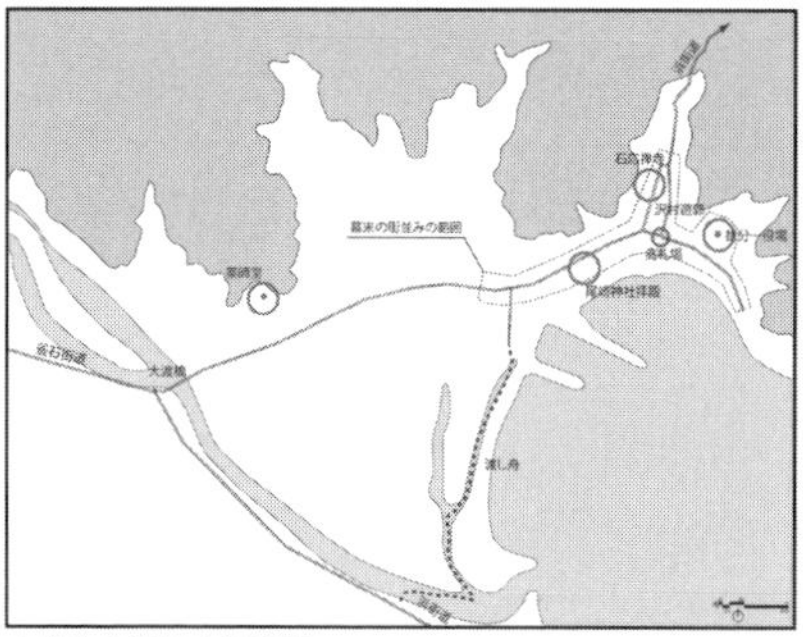

1 幕末の釜石中心地区

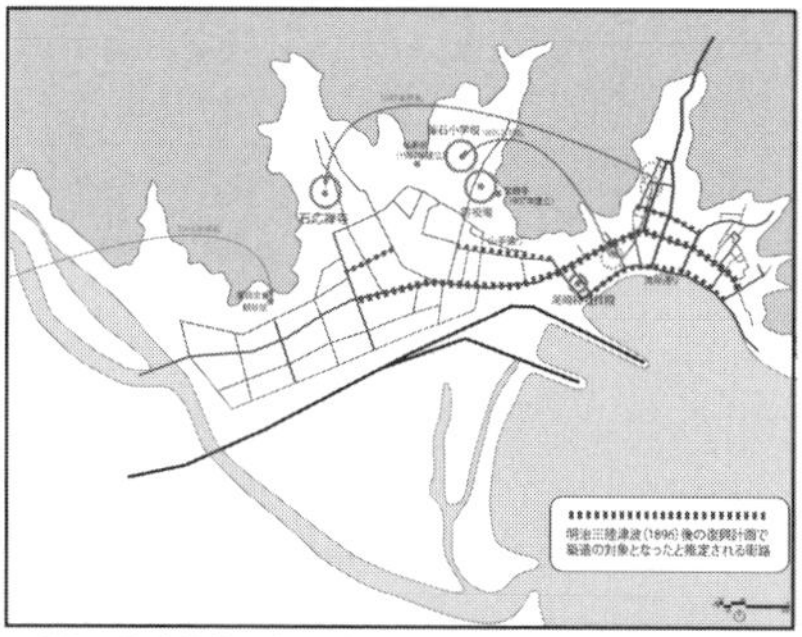

2 明治三陸津波後の復興計画と昭和初期の釜石地区

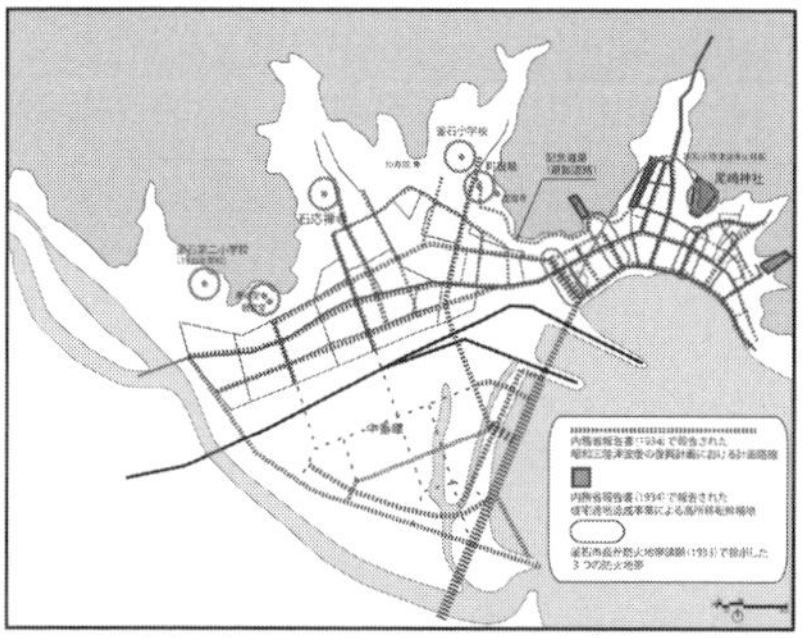

3 昭和三陸津波後の復興計画

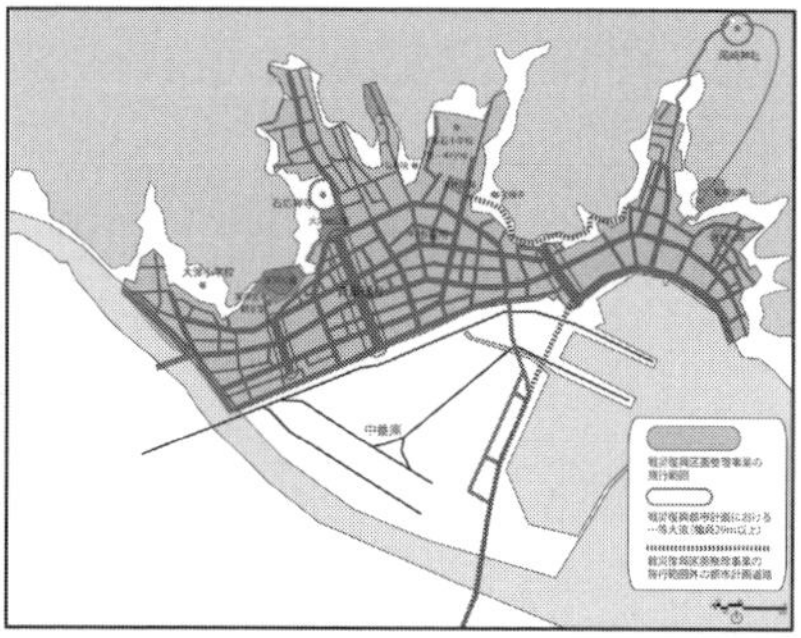

4 戦災復興計画

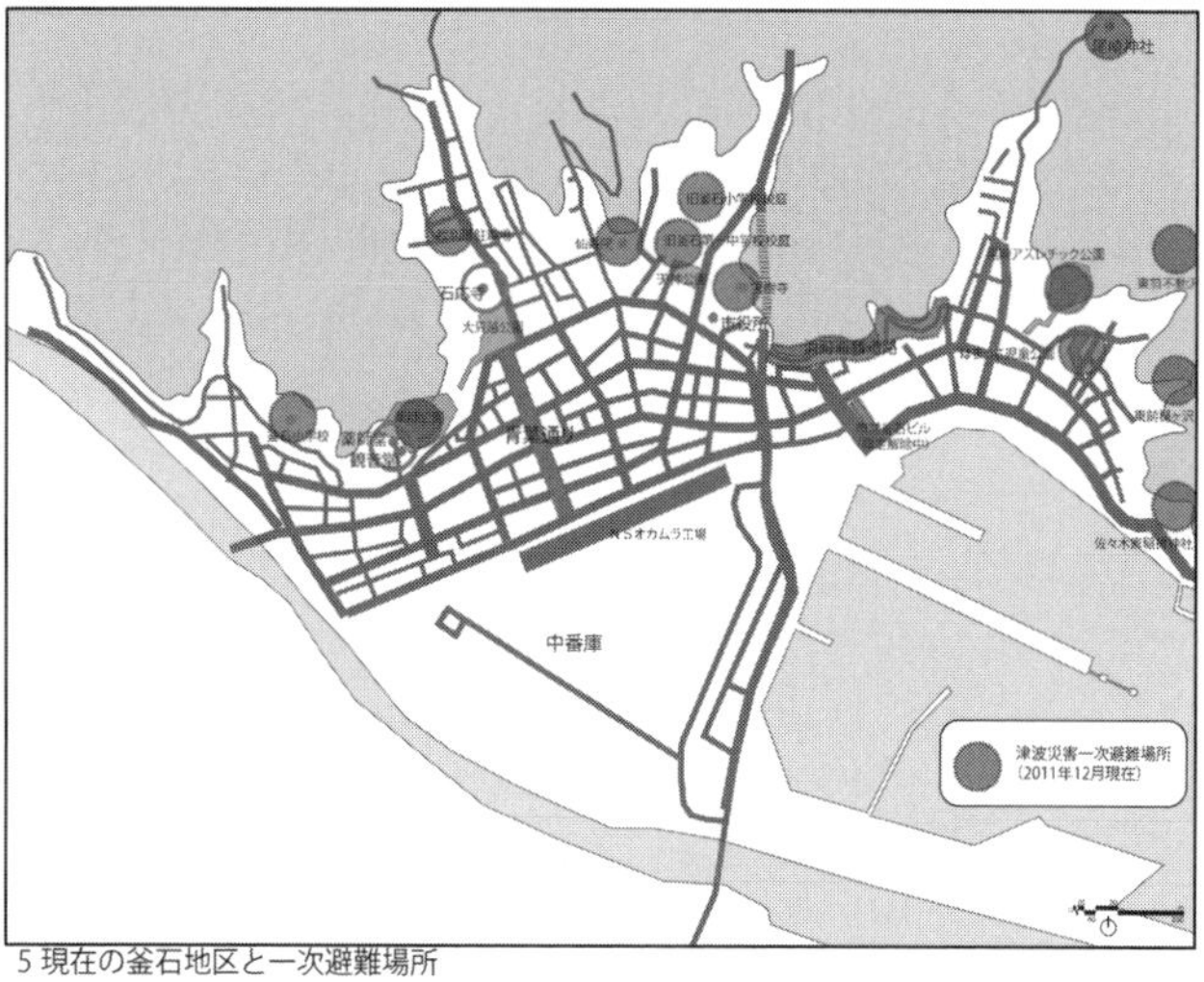

5 現在の釜石地区と一次避難場所

図 7　釜石地区の都市形成

図 8　東日本大震災前の佐々木家稲荷神社へのアプローチ（2009 年 3 月撮影）

図 9　東日本大震災後の佐々木家稲荷神社へのアプローチ（2012 年 1 月撮影）

図 10　佐々木家稲荷（2012 年 1 月撮影）

図 11　佐々木家稲荷の由緒を伝える説明板（2012 年 1 月撮影）

その脇の少し入ったところに、朱色に塗られたこれも小さな祠＝稲荷神社が鎮座している（図10）。通常の避難場所と違って、街路ではなく民地の中を通り抜けていくという避難経路自体が珍しく、その場所の何らかの物語性を示唆しているが、前節で見てきたような都市スケールの復興計画の中ではこのようなスモールインフラストラクチャーは出てこないのである。この場所の意図の蓄積を教えてくれるのは、稲荷神社の前に掲げられた、佐々木氏が一九九六年に建てた小さな案内板である（図11）。東日本大震災後、津波の被害を受けたのか、一部欠損してしまったが、そこには、文久二年に佐々木家の先祖がこの山を譲り受けたときから鎮座していたこと、この文章を書いている当主の父親であり、廻船問屋として成功を収めた佐々木正兵衛氏が氏神として大切にしてきたこと、そして「先人達は数度の三陸大津波、昭和二十年（破損）の艦砲射撃等幾多の災害も此の地に於て難を逃（れた：破損部）」とある。この場所の持つ意味や、そこへアクセスするための経路を民地内に通した人々の意図も、この説明から十分に理解される。

おそらく、何度も災害を克服してきた三陸沿岸の都市や集落は、こうした継承すべき場所の記憶、計画の意図に溢れているはずである。そうした記憶にアクセスするための手がかりが、人々の環境への関心を高め、環境リテラシーを育むのであろう。

環境における津波の記憶の継承

復興の意図の前提として、津波の被害をどのように後世に伝えるのかという課題がある。三陸地方には、よく知られているように、津波にまつわる沢山の記念碑がある。それらは津波の記憶を教えてくれる。しかし、石碑に込められた教訓や追悼の思いを頭で理解することはできても、実際の津波を想像することは容易ではない。また、防災教育の一貫として、例えば釜石では青いテープを高所から垂らして津波を再現し、その大きさを体感させるような試みも東日本大震災前から行われてきていたし、気仙沼市唐桑には、津波の威力を体感させるような施設もある。しかし、場所と関係なく、環境から津波だけを切り離してしまうことで、個々人の記憶の中にある津波とは異質なものとなってしまう懸念がある。また、ネット上には夥しい数の津波の映像がアップされており、これらは将来、東日本大震災の津波の状況を伝える貴重な資料となるだろう。しかし、関心のある人が自らアクセスするか、防災教育という機会で触れることはあったとしても、日常的に津波を意識させるものではないし、具体的な映像は、逆に人々の想像力や洞察力を刺激するところが少ない。

つまり、それぞれの長短がある中で、一つ重要な試みとしては、現地や現場で、過去の津波を意識させるための環境的な手がかりを設けることで、津波の記憶を継承していくということが考えられる。震災直後に被災地を訪ねた際には、例えば立ち枯れしている樹木相や、脇の石積みに残された到達ラインの痕跡などから津波の存在を意識化することができたが、それらのサインはいつのまにか消えてしまった。そうした中、例えばチリ地震津波で大きな被害を受けた大船渡市では、東日本大震災以前からチリ地震津波の到達高さを示すプレートを市内各所に掲示することで、記憶の継承を試み、防災意識を高めてきたが、東日本大震災後、同様のプレートをいち早く設置した。また、他の市町村の多くも東日本大震災時の津波の到達ラインを示すサインを掲げるようになった。

また、礼拝堂内に津波が押し寄せて大きな被害を受けた釜石地区のある教会では、その礼拝堂の内装の修繕の際に、内壁を二色に塗り分けた。その色の境界ラインが押し寄せた津波の高さを示しているという。教会の牧師は、修復によって津波をなかったことにするのではなくて、津波の記憶を次の何かに繋げたいという思いから、実際に効果があるか自分でもわからなかったが、とにかくそうした塗り分けを行ったという。

気仙沼市では津波後の火災で壊滅的な被害を受けた鹿折の地区の一部を震災記念公園として整備する計画の中で、その中心に津波に乗せられて流れ着いた大きな漁船の保存を巡って賛否両論、様々な議論が重ねられ、最終的には撤去された。市民からは家々を押しつぶしていった船舶をモニュメント化するのは耐え難いという切実な思いが聞かれた。重要なのは、津波の記憶をこうした都市全体のモニュメントとしてセンセーショナルに残すだけではなく、むしろ日常的なそれぞれの生活環境の中に、津波の記憶を継承する何らかのきっかけや手がかりが埋め込まれていること、ないしはトップダウンではなく、津波の記憶を環境として残したいという一人ひとりの漠然とした思いにかたちを与え、そのボトムアップの主体的な取り組みとして支援していくことなのであろう。

復興の意図の環境的継承

では、復興の意図はどのように手がかりとして埋め込まれていくのだろうか。陸前高田市の只出は、昭和三陸津波時に大きな被害を受け、高所移転を経験した。その高所移転した先の高台にある住宅地の港方面を見下ろす見晴らしのよい場所に、「大津波記念」と刻まれた防災用の釣鐘が設置してある。これはチリ地震津波を記念したものであるが、今回の津波の際も、すぐそばの防災無線ではなく、この鐘の音で皆、避難を行ったという。無線の操作場所が港近くにあり、危険で使えず、むしろこちらの鐘が警報として利いたのである。津波の記念が抽象的な鎮魂の鐘で終わらず、実用的な防災上の役割も持っている。このような設えは、復興という意思を、環境として継承していく手がかりにはなるだろう。

しかし、被害の記憶の継承に比して、復興の意図そのものをストレートに環境的に継承しようという事例は少ない。

釜石市の唐丹町本郷は、昭和三陸津波後に、住民全員で高所移転した集落として専門家の間では知られている。集落移転に合わせて、低地を走っていたもともとの県道も高所側につけ替えを行った。高所移転した箇所は今回の津波の被害を受けず、成熟した様子を見せており、その下を走る県道には見事な桜並木が植わっている。この「唐丹の桜並木」として、観光名所にもなっている桜は、昭和三陸津波から一年後の一九三四年春に、津波からの復興と皇太子の誕生とを記念し、旧唐丹村内の県道沿いにソメイヨシノを二〇〇〇本、河川沿いにも八〇〇本の桜を植えたものである。並木自体が新たな県道を魅力的に際立たせ、旧県道に引導を渡す（しばらくして、旧県道は「むかし県道」と呼ばれ、使われなくなった）役割を果たした。桜並木自体が復興の意図を説明する物証となっているが、さらに本郷の集落の外れには、津波の経験と桜並木の由来を説明した案内板も設置されている。高所移転の意図そのものは並木や案内板だけでは十分には伝わらないが、その意図に関心を持たせるには、これらのしかけで十分である。ただし、その案内板は集落の外れ、人通りがほとんどない場所にあり、集落の人の認知は高くない。

何も現地に案内板を立てることが、意図の環境的継承の唯一の手段といいたいわけではない。手軽にできるウェブ上でのアーカイブ等を充実させながら、少なくともまずは東日本大震災である程度役割を果たしたようなかつての高所移転地や、迅速な避難を可能にした街路網や避難場所などについて、その意図を確認していくようなイベントやまちあるきを展開し、防災教育や復興ツーリズムに繋げていくことが考えられよう。この意図の発見や環境的継承（プレゼンテーション）自体に関する議論が、地域の人たちによる地域の再発見の活動である。持続的な復興まちづくりは、そこから始めるべきであろう。

5　おわりに

東日本大震災からの復興にあたって、すでに様々な判断が積み重ねられ、様々な意図が空間に刻まれようとしている。その際、そうした意図をアーカイブしていくこと、特にそれを環境の中で感じられるよう、様々な手がかりを意識的に組み込んでいく試みについても、検討をしていく必要性がある。記憶は確かに人々に属するものであるが、こと都市や集落に関しては、環境こそが記憶装置として生き続けるということがある。例え世代が変わり、あるいは移動によって人が変わっても、環境から様々な過去の履歴情報を引き出すことができ、環境自体がそれを発信し続けていれば、その都市や集落は成熟へ向かうことができる。

意図や意思を、現在の人々とだけではなく、その地に過去に生きた人々や将来生きる人々と共有するという意識のもとで、これからも復興が進められていくべきであろう。そうした意識において初めて、地域文脈というものが、実体的に生き生きとした姿で環境をかたちづくっていく力になる。記憶力豊かな環境の形成が復興における一つの目標となる、と言い換えることもできる。

注

（1）『釜石案内』釜石町役場、一九二六年

(2) 内務省大臣官房都市計画課『三陸津浪に因る被害町村の復興計画報告書』一九三四年

(3) 釜石地区の中番庫には、二〇一四年三月にイオンタウン釜石がオープンした。

(4) ケヴィン・リンチ『居住環境の計画――すぐれた都市形態の理論』三村翰弘訳、彰国社、一九八四年、一三二ページ

23　三陸地方の都市計画史3　デジタル・アーカイブ

1　「三陸海岸都市の都市計画／復興計画史アーカイブ」

「三陸海岸都市の都市計画／復興計画史アーカイブ」は、日本都市計画学会の共同研究組織である都市計画遺産研究会が作成した、ウィキ（Wiki）を利用したシンプルなスタイルのデジタル・アーカイブである。都市計画の図面・地図を中心に収集した史料のうち、著作権上の問題がないと判断した史料をスキャナーで取り込み、サーバーにアップし、市町村別にページを分けてリンクを並べている。また、関連アーカイブへのリンクや、国土交通省発注の「東日本大震災被災現況調査総括管理・分析業務」の一環として都市計画遺産研究会が担当した「過去の津波被害からの復興計画に関する調査」に基づく市町村別のカルテも掲載している。

このアーカイブ構築の発想は、震災直後の都市計画遺産研究会幹事間でのメールのやりとりがきっかけであった。その最初の一報は、二〇一一年三月一四日付であった。そこで、私は次のように書いていた。

　岩手の沿岸都市は特に昭和戦前期の三陸津波の甚大な被害を受けて、当時の内務省主導で復興計画を実施しています。釜石では、津波がまちを襲う映像が何度もテレビで流されていましたが、あの撮影場所は、当時の復興計画で山裾に造られた避難道路でした。戦災復興の際にも、海から山へ向かう方向の街路の何本かを意図的に幅員を広くしていますが、これは日常の交通ネットワークではなく、緊急避難時の避難用道路としての機能確保が目的でし

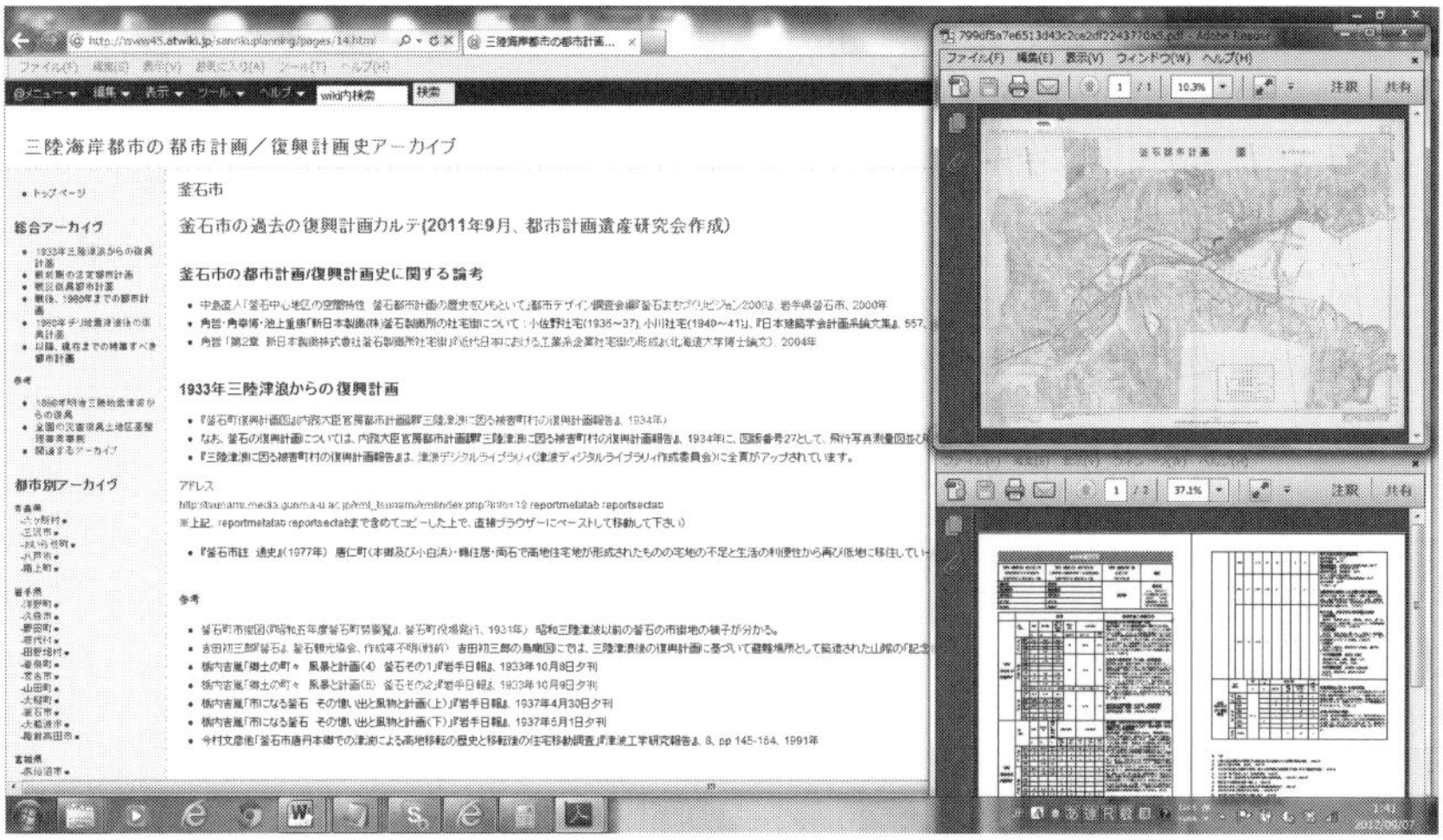

図1　「三陸海岸都市の都市計画／復興計画史アーカイブ」の画面
出典：http://www45.atwiki.jp/sanrikuplanning/pages/1.html

た。また、2年前訪れた際に3人で感嘆したのは、市街地各所にRC造の避難ビルがあり、避難所への案内サインも徹底しており、ソフトな面での避難訓練もしっかり行っていたことです。こうしたことを、都市計画遺産との関連で語ることができますが、今回の災害を前にすると、大きな無力感がつきまといます。（二〇一一年三月一四日一三時〇〇分発信）

しかし、都市計画遺産という観点は本当に無力なのか。復旧、復興にあたって、貢献ができることはないか、という議論が始まった。震災直後の一、二週間、用事が軒並みキャンセルになったこともあり、図書館等を巡り（ただし、震災の影響で閲覧中止になっている史料も多かった）作業を進め、三月末にはアーカイブの公開にこぎ着けた。公開直後には、国土交通省都市計画課の職員から問い合わせもあった。この段階では、一九三三年の昭和三陸津波からの復興計画の内容は、国でも把握できていなかったのである。

その後、アーカイブの中身を徐々に充実させつつ、このアーカイブから何が見えてくるのか、実際に何度も被災地を訪ね、研究会有志と議論を重ね、いくつかの論考で報告させていただいた。過去に何度も津波に襲われてきた三陸沿岸の都市において、これまでにどのような考え方で復興計画が立案されてきたのか、そうして採用された復興計画の成果が東日本大震災の発生時においてどのような効果を発揮したのか、発揮しなかったのか、ということを実証的に考えようとした。効果があった、なかったという観点は、詳細な被害調査や避難実態調査を必要とするので私たちにはまだ判断ができなかったが、少なくとも昭和三陸津波後に現状復帰を行った地域では、「避難」を前提とした空間形成が目指されたこと、高所移転を行った地域では、高所移転した先での住宅地のデザインに様々な工夫がなされたことなどが見えてきた。高所移転後の低地復帰や、戦後の海岸沿いの低地の埋め立てによる工業地形成や住宅地開発が、東日本大震災で被害の大きかった地域にあたっていること、「逃げる」ことを前提とした思考は、戦後の都市計画からは消えてしまい、むしろ巨大な防潮堤を主軸とした「守る」インフラ整備が進められていったことも見えてきた。

しかし、これらの知見が東日本大震災からの復興に具体的に役立ったのかどうかと尋ねられると、心許ない。正直にいえば、研究者仲間からは様々な評価をもらったが、実際に復興の現場で仕事をしている方から「アーカイブが役に立った」といったような話を直接うかがったことはない。震災から時間が経過した現時点で、アーカイブ作成者として、このアーカイブの意義を改めて考えてみたい。

2　アーカイブは何の役に立つのか

防災・復興技術を知るためのアーカイブ

都市は実験室の中にはない。都市計画の研究の関心の中心は、実際の都市ですでに起きたこと、起こっていることの実態を把握し、原因を検証し、原因と現象との間の関係性や法則性を見出し、都市に働きかける方法を磨くことにある。モデル化を行ってシミュレーションまで持っていくことができる場合もあるが、実際の都市は時代と地域の差異を反映して多様であり、その変異に影響する変数も無数にあるので、働きかけの方法、それを技術と呼ぶとして、その技術は常に手探りに近いともいえる。一〇〇パーセントの結果を保証できないし、そのようなことは求められていない。

都市災害、特に都市計画というレベルで対応する必要がある甚大な災害は、日常的に起こる現象ではない。したがって、ひとたび災害が起きれば、全力で被害を調べ、原因を検証し、復興過程での取り組みを詳細に記録し、反省を導き出し、そしてその成果を都市計画の制度なり都市空間の設計なりにフィードバックしようと努めるのである。災害を未然に防ぐ（減災も含む）、起きてしまった後に復興させる、いずれにおいても事例研究がベースとなる。少ない特殊事例から次なる災害に対しての教訓を導き出さないといけない。

したがって、災害が起きるたびに、災害史または災害復興史が編纂されてきたし、より包括的に過去の災害事例について整理するという取り組みもすでに行われており、東日本大震災が起きる以前から有用なアーカイブが構築されていた。例えば、中央防災会議は、二〇〇三年に「災害教訓の継承に関する専門調査会」を設置し、様々な災害からの教訓を計画的・体系的に整理して公開していた。また、津波に関しては、津波ディジタルライブラリィ作成委員会が津波に関する重要な歴史的文献を網羅して「津波ディジタルライブラリィ」を整備していた。これらのアーカイブの目的や利用方法は限定されないが、過去の災害の実態や復興の経験から得られる教訓を広く伝えるということが一番の動機であっただろう。都市計画の立場からすれば、これからの災害を予防し、減災を達成し、そして望ましい復興を行うための技術的知見を導き出すことが主要な関心となろう。

ところで、三陸沿岸都市に限ってみると、一九三三年の昭和三陸津波はすでに八〇年近く前のできごとであり、一八九六年の明治三陸津波に至っては一一〇年近く前である。東日本大震災で大きな被害を受けた地域のうち、小さな集落については実は当時とあまり変わらない規模や空間構成を保っていたところもあったが、ある程度の規模の市街地、都市部に関していえば、当時とは社会状況も大きく違えば、都市計画や公共事業の仕組み・主体も大きく違っていた。このことが「三陸海岸都市の都市計画／復興計画史アーカイブ」が実務で使われたという話を聞かない一つの原因であったと思われる。実際に現場で復興の教訓として役に立っていたのは、より近年の災害、つまり阪神・淡路大震災（一九九五年）後の復興の経験であり、北海道南西沖地震（一九九三年）、中越地震（二〇〇四年）等での復興の経験があったのではないか。復興にあたっての技術的な知見という範疇では、史料の制約から一九三三年の昭和三陸津波後の復興計画が中心となった「三陸海岸都市の都市計画／復興計画史アーカイブ」を直接的に復興のリソースとする機会は少なかったはずである。しかし、後述するように、個別技術という観点を離れると、別の活かし方、知見の導き方も見えてくるのではないか。

被災した都市や地域を知るためのアーカイブ

アーカイブのもう一つの大きな目的は、被災した都市や地域そのものを知ることにある。アーカイブに記録されているのは過去である。しかし、その過去は、「過ぎ去っていってしまった」のではなく、都市空間に蓄積されている。その積層を見出したり、意味づけたりするために、こうしたアーカイブが使われる可能性がある。

津波や火災で多くの建物が失われ、視野には広大な空地としてしか映らなくなってしまった被災地において、アーカイブの史料はそのまちの被災前の姿を知る際に有用であろう。しかし、そもそもまちは本当に失われてしまったのだろうか。例え建物を失っても、その地面には人々が様々な意図や意思でつくり上げてきた街路や広場があり、また土地の境界が刻まれている。そして、何よりもまちは災害をくぐり抜けた人々の心の中に、地域の共有物として生きている。そう考えると、アーカイブが顕在させようとするのは、失われてしまったものではなく、現在、見えなくなってしまっている何かである。脈は途切れていない。

これだけの被害を受けてなお、地域の「文脈」に着目すべきなのは、そうした文脈の中にこそ地域のこれからを見出すヒントがあるからである。何を継承していくのか、何を変えていくのか、という議論は、それ以前のまちがどのようなもので、いかなる意図、意志ないしは前提条件ででき上がってきたものなのかを、地域の事情に即して（一般論ではなく）理解し、評価してから、なのである。

東日本大震災後に明治大学理工学部建築学科建築史・建築論研究室が作成したデジタル・アーカイブ「三陸海岸の集落　災害と再生――1896、1933、1960」は、三陸沿岸の被災地の小集落ごとの変遷を、主に航空写真と先駆者の山口弥一郎の調査結果を使ってまとめたものである。東北の三陸海岸沿いの小集落が歴史的に培ってきた個性を把握することができる。このアーカイブに加えて、都市計画史の観点で作成されるアーカイブが提供すべきなのは、より重層的に計画や事業が展開され、変貌を遂げた都市部や市街地の「文脈」を理解するための史料であり、集落も含めて、そこでの変容の原因となった事業や計画の意図を知るための史料である。

しかし、「都市や地域を知る」ためのアーカイブであることを望めば、それを誰が作成するのか、それをどのようなかたちで見せるのか、といったことを考え直さないといけなくなる。「都市や地域を知る」ための素材はその都市や地域にあるので、こうした俯瞰的な作業は必要ないのではないかという疑問や、「都市や地域」を知りたいのは、いや知るべきなのは、一体誰なのか、ということである。

3　これからのアーカイブ構築に向けて

私たちが作成した「三陸海岸都市の都市計画／復興計画史アーカイブ」は未熟な点が多く、真に復興の役に立つものにするためには、様々な改良を加えていかねばならない。また、アーカイブ構築の経験を活かして、これからの防災や都市計画にどのような貢献ができるかも問われている。「防災・復興技術を知る」「被災した都市や地域を知る」の両方の観点から、今後の課題と展望を述べておきたい。

現状を相対化するための視点の設定と提供

防災や復興技術を知るという観点では、八〇年前の災害や一〇〇年前の災害の史料は直接使うことはできないかもしれない。しかし、個別技術ではなく、総体として防災や復興がいかなるシステムのもとで成り立っていたのか、という観点で見たときにアーカイブはまた別の示唆を与えてくれる。一九三三年の昭和三陸津波からの復興にあたっては、当時の内務省大臣官房都市計画課が調査立案にあたり、わが国の復興事業および都市計画関連事業として初めて直接の国庫補助が出た。以降、函館大火からの復興、そして戦災復興へとこうした復興における国家の役割が大きくなっていく。昭和三陸津波の史料が一括して残っているのは、国家の関与が大きかったからであり、一方でその三〇年前とはいえ、明治三陸津波からの復興に関して史料が少ないのは、そうした国家の役割がなかったからである。現在、東日本大震災からの復興は、この「国家による救済」というフェーズの延長線上にある。しかし、各地域や自治体の経営という観点は薄く、過大な復興がなされている懸念がある。右肩上がりの成長時代を終え、人口減少時代に突入し、さらに今後の次なる災害も危惧されている現在、そうしたフェーズや枠組みそのものの再検討が迫られている。そのために現状を相対化する必要があるが、その力は歴史が持っている。そうした観点から、アーカイブの内容を整えていく必要がある。図面だけでなく、法制度、財政、人、そして計画外の復興実態等についても、アーカイブの対象となる。

全国都市計画履歴データーベースの構築

「都市や地域を知る」という観点からいえば、アーカイブ作成は各地域で手がけるのがよい。しかし、都市計画や復興計画の歴史をたどるための史料は地元に集まっているわけではない。例えば、市町村史の多くは、被害については記述を行っているが、復興について詳しく述べたものはなく、都市計画そのものに割かれるページも少ない。それはそもそも史料が現地にないからである。都市計画に関する史料は、特に戦前のものであれば国立公文書館に集中して保管されているし、戦後も市町村ではなく県庁や県の公文書館の公文書類の中に分散して綴じてあったりする。また、専門雑誌や新聞等の記事も有力な史料である。そう考えると、「都市や地域を知る」ためのアーカイブの構築は、その都市や地域だけでできるわけではない。都市計画史研究者はこの包括的な史料収集のノウハウを持っている。しかし、災害後に初めてその能力を発揮するのでは遅い。都市計画史関係の史料の総合的なアーカイブの構築を始めることができないか。GISベースで、これまでの都市計画の履歴が整理された全国都市計画履歴データーベースが構築できていれば、災害等の有事の際に迅速に情報を提供できる。

アーカイブの地域還元による「環境知」育成

「都市や地域を知る」べきは誰なのか。アーカイブは誰のためにつくるのか。復興計画の立案にあたるプロフェッショナルに必要とされるべきであると同時に、その都市や地域に住む人々にとって、都市計画のアーカイブが身近であることも重要である。身の回りの環境がいかなる意志、意図、前提条件でつくられてきたものなのかを知ること、そうした関心を持つことが、防災という面でも重要だと考えている。三陸沿岸に限らず、漁村では漁師たちが海のことを隅々まで知っている。自然のサインを見逃さず、自分たちの安全を守ってきた。都市や市街地においても、どうしてそうであってはいけないのか。身の回りの環境に関する知見を蓄えて、冷静に判断を下せる、そのための「環境知」を育てていくことにアーカイブを活用できないだろうか。都市や市街地に生きる人それぞれが、環境へのアタッチメントを回復することがいわゆるレジリエンスを支える。

単なるインターフェースの問題ではない。都市計画遺産研究会で取り組んでいる「都市計画遺産（Planning heritage）」は、都市計画の社会的プレゼンテーションの試みの一つである。都市計画がいかなる場所をつくってきたのか、実例をもとに広く伝えることが大きな目的である。また、デジタル・アーカイブを、もう一度、現実の都市空間に還元し、各都市、地域の現場にて都市計画の歴史や履歴がわかるようなしかけづくりを、「復興の意図の環境的継承」という概念で捉えて、支援していきたいと考えている。「三陸海岸都市の都市計画／復興計画史アーカイブ」を、都市計画の歴史という観点から復興や防災に何が提供できるかという問いの「答え」ではなく、その探求の「始まり」としていきたい。

24 戦後都市計画史における藤沢391街区

1 半世紀を生きてきた防災建築街区

防災建築街区造成法は一九六一年六月に公布施行され、その八年後の一九六九年六月の都市再開発法の施行に伴って廃止された。都市の不燃化を目指した耐火建築促進法（一九五二年五月公布）と土地利用の転換と高度化を目指した現行の都市再開発法への過渡期に全国で広く活用され、法律廃止後の経過措置期間の竣工も含めると、全国で八二四の街区が造成されたという実績を持つ。法制定から五〇年以上が経過し、本法に基づいて建設された再開発ビルの多くはすでに建て替え時期を迎えており、実際に再々開発された事例も多数、出始めている。(1) しかし、建て替えの検討の際、これらの再開発ビルの歴史的価値に関する議論はほとんど行われていないのが実情である。防災建築街区造成法時代の再開発ビルの多くは駅前などの比較的目につきやすい立地で、地域の人々に長年親しまれてきたものである。しかし、建築意匠・技術の先進性や著名建築家による設計といった点での特徴があまり見られない商業建築であり、近現代建築史において言及されることもほとんどない。

ＪＲ藤沢駅南口駅前広場に面する通称「391街区」(2) も、一九六二年三月に防災建築街区造成法に基づき藤沢駅南口駅前に指定された防災建築街区のうち、その後実際に防災建築物が建設された街区の一つ（藤沢駅前南部第一防災建築街区）である。内部で連結した三棟の再開発ビルとそれらに囲まれた方形の中庭（はぜの木広場）から構成される整形中庭型街区という特徴的な形態を有している（図1）。地下一階、地上六―七階の三棟のビルには、現在も食料品スーパー、大型書

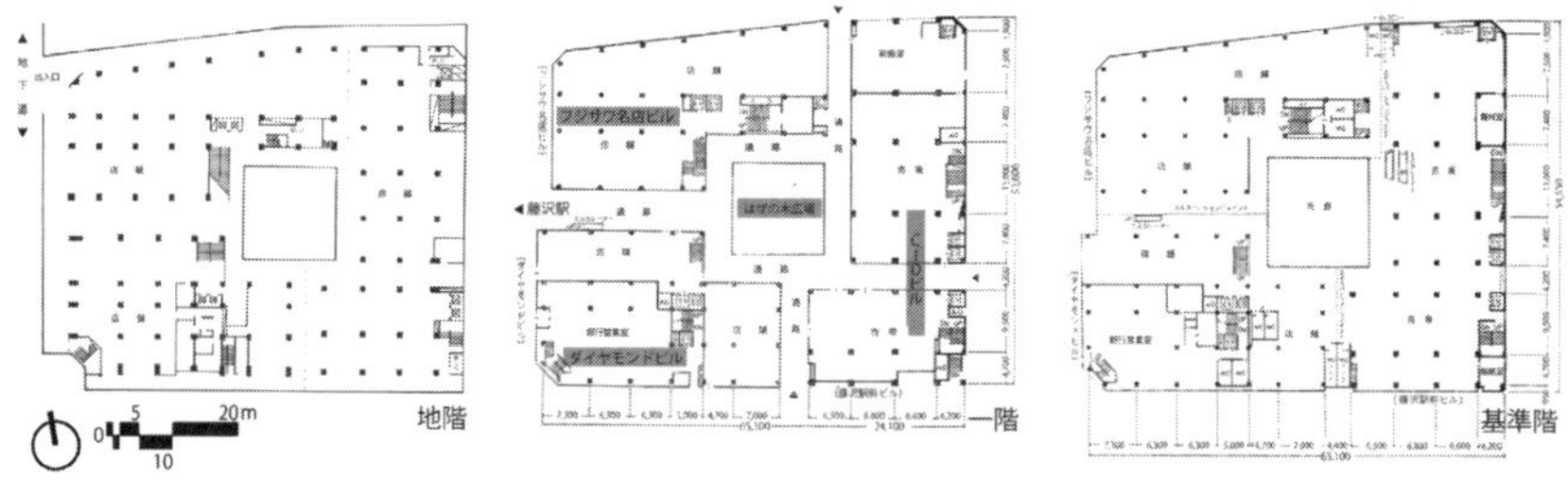

図 1　藤沢駅前南部第一防災建築街区の地階・一階・基準階平面図（現状とは若干の相違点あり）
出典：地階は藤沢市建設局編『藤沢市防災建築街区造成事業』同発行，1975 年頃所収，一階・基準階は全国市街地再開発協会編『図集・市街地再開発』同発行，1970 年所収

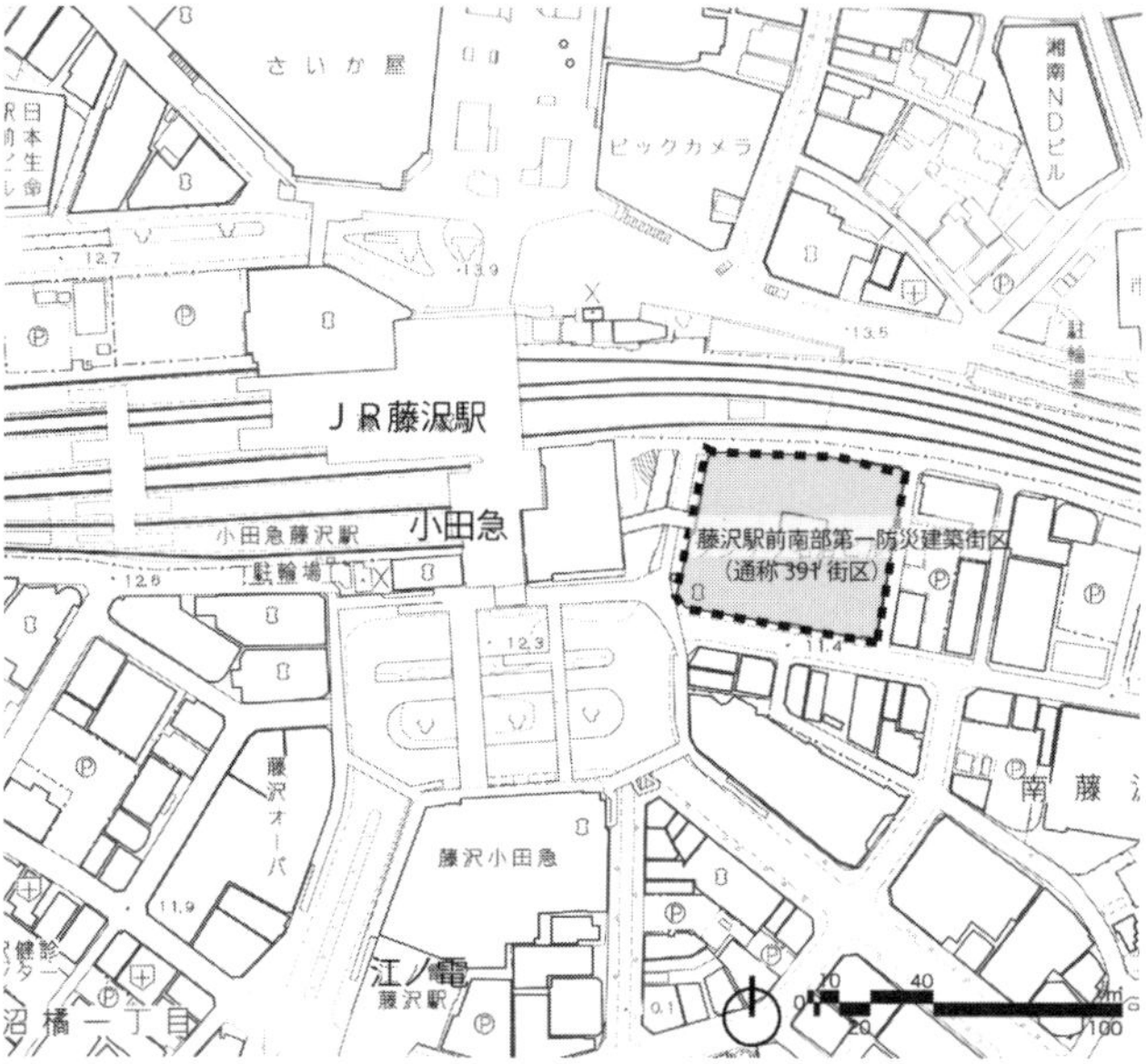

図 2　藤沢駅前南部第一防災建築街区の位置図（現在）

図3　完成直後の藤沢駅前南部第一防災建築街区
出典：『市街地再開発ニュース』第27号，全国市街地再開発協会発行，1972年，2ページより作成

表1　藤沢駅前南部第一防災建築街区の防火建築物の概要

ビル名	防災建築街区造成組合名（認可年月）	建築敷地面積	建築延床面積	階数（地上／地下）	設計者	竣工年月
フジサワ名店ビル	藤沢駅前南部第1（1963・5）	965㎡	7682㎡	7/1	日本不燃建築研究所	1965・11
ダイヤモンドビル	藤沢駅前南部第1-B（1965・11）	923㎡	7326㎡	6/1	竹中工務店	1966・12
C-Dビル	藤沢駅前（1967・12）	1233㎡	10323㎡	7/1	清水建設	1971・11

出典：藤沢市建設局編『藤沢市防災建築街区造成事業』同発行，1975年所収データより作成

店、飲食店、雑貨店等、多様な店舗が入居している。しかし、建物の耐震性能不足、商業的競争力の低下といった課題を抱えており、藤沢市の「都市再開発の方針」では要整備地区に指定され、地権者たちも長年、再々開発の検討を行ってきている(3)。しかし、この街区が有する歴史的価値の検証は行われていない。

本章では、防災建築街区造成法時代の再開発ビルを巡る再々開発の要請を背景とし、藤沢駅前南部第一防災建築街区という特徴的な形態を有する防災建築街区を具体事例として取り上げ、造成に至る過程を明らかにし、都市計画史の観点からその歴史的意義を考察することを目的とする。本街区造成の都市計画史上の意義を明らかにすることは、本街区の歴史的価値の一端を説明することになる。

防災建築街区造成事業については、法制定の背景、法の概要、事業の実績と代表的事例を紹介した千葉宏(4)、前身である耐火建築促進法時代の都市不燃化運動の全貌を主に明らかにする中で、防災建築街区の造成事業の歴史的位置づけを示した初田香成[5]などの歴史研究と、防災建築街区造成事業による建物の現状を調査した小俣元美ら[6]、再々開事業の可能性について検討した佐藤和哉ら[7]、円満隆平[8]、老朽再開発ビルの再整備を特集した『市街地再開発』二〇一〇年五月号などの再々開発を前提とした研究に分かれる。前者は、法制度・事業の歴史的位置づけを明らかにしているが、具体の防災建築街区の歴史的価値、特に街区造成の都市計画史的意義の検証にまでは踏み込めていない。後者は、個々の防災建築街区の再々開発の手法を検討しているが、歴史的価値を考慮すべきであるという観点での具体的な議論は見られない。また、藤沢市の防災建築街区造成事業については、藤沢市建設局が事業完了後に発行した事業の全容を報告した冊子[9]がある。ここに背景と経緯の説明や関係者の回想も収録されており、本章でも大いに参照されるが、あくまで事業の記録にとどまっており、都市計画史としての叙述や分析は行われていない。一方、藤沢の防災建築街区の前提となる藤沢市総合都市計画については、秋本福雄[10]の研究があり、越澤明[11]もその重要性を指摘しているが、防災建築街区への展開について実証的に明らかにしたものではない。

本章では、主に藤沢市役所所蔵の同事業および関連計画に関する一次資料と『不燃都市』『都市再開発』等の雑誌記事や新聞記事等の二次資料、関係者へのヒアリング[12]に基づき、考察を進める。

2　非戦災都市における戦後都市計画と防災建築街区

防災建築街区造成事業の制度的特色

防災建築街区造成法の特色、画期性については、法制定当時に建設省住宅局宅地開発課が出版した『防災建築街区造営法の解説』において、①街区単位の造成、②街区造成の方法、③国および地方公共団体の援助措置の三点が指摘されている。確かに、防災建築街区造成法とその前身である耐火建築促進法との最大の違いは、防火にとどまらない都市の近代化のために、従来の防火建築帯という線状の更新を超えて街区単位での再開発を目指した点であった。また、防災建築街区造成組合制度というかたちで関係権利者の自主的な取り組みに依拠した街区造成手法は、ほぼ同時期に制定された市街地改造法や住宅地区改良法とは異なる防災建築街区造成法の特徴であった。そして、耐火建築促進法で採用された建設費への直接補助ではなく、大規模共同建築物の計画的な建設を促進するために、共同附帯施設整備費、街区基本計画作成費などへの間接補助を導入した点も画期的であった。つまり、『防災建築街区造営法の解説』で指摘された三点はいずれも事業の規模の拡大や主体の強化、事業促進のため支援の拡大という面での技術的改良に関する特色、画期性の指摘であったが、その改良は事業法制内で完結する内容であった。

一方で、都市計画に代表される計画法制との接点という観点からは、千葉宏[13]も指摘しているように、防災建築街区造成法の街区基本計画という「類例を見ない画期的な制度の導入」が極めて重要な点であった。防災建築街区造成法施行令第二条第一項第一号に「防災建築物の敷地、位置、構造等に関する基本計画」として登場するもので、各市町村の申出により建設大臣が防災建築街区を指定した後、実際に事業が実施される前に、各市町村はこの基本計画を立案しなければならないという規定であった。

防災建築街区造成法制定当時、この法制度の解説や関連論考を最も精力的に発表したのは、防災建築街区造成法を主管する建設省住宅局宅地開発課にいた井上良蔵である。井上の論考の多くは、計画技術的な観点を重視したものであった。例えば、『不燃都市』第一四号に寄稿した論考では、地域経済圏の計画―都市の計画―地区の計画というスケールの異なる計画同士の有機的関連性について論じ、それが大から小へ天下るだけでなく、「各地区の最も合理的な利用計画の集積としての地域経済圏の総合計画」という可逆的な関係も持たねばならないとし、現行の都市計画は地域経済圏と無関係であるだけでなく、「各地区の合理的な利用形態の検討まで掘り下げて行われない」と批判している[14]。そして、次号でも、「現在、都市において必要なことは、単なる不燃化ではなく計画的な再開発である。即ち、個々の木造建築物の耐火建築物への建替えではなく、都市及びその地区の将来の見通しに基づいた計画に従って行なう都市更新―都市再開発であり、都市の近代化、機能の増進であり、都市不燃化から都市再開発への切換えが要請されているのである」

（第一五号）と明確に書いている。[15]

しかし、防災建築街区造成事業の実績について論じた論考では、街区基本計画が「何ら法的な強制力、規制力を持っていない」状況を問題視し、街区基本計画の実現を裏づける資金的な援助措置の欠如とともに、「都市のマスタープランの欠如」（第一七号）がそうした状況の原因であると断じている。街区基本計画が防災建築街区造成事業と都市全体のマスタープランとを関係づけ、事業の妥当性、公共性を担保すると期待されたが、そもそも都市全体のマスタープランがないので、実際には事業の妥当性、公共性の証明が困難である。[16] 街区基本計画は従来の事業法の枠を超える画期的な仕組みではあったが、むしろそれを受け止める都市計画側の問題が指摘されていたのである。

防災建築街区造成事業と都市計画の歴史的文脈

初田香成が跡づけているように、都市不燃化運動の成果として耐火建築促進法（一九五二年五月公布）に基づく防火建築帯（通常の建築物との建設費の差額の三分の一の国庫補助あり）は幹線道路脇の「線」の不燃建築化にとどまった。[17] そうした状況に対する問題意識から、不燃化のみならず、市街地の総合的な近代化を目的として、面的な「再開発」が待望されるようになり、一九六一年六月に防災建築街区造成法が公布施行された。しかし、ここまで言及したように、それは単に「線から面へ」と事業単位を拡大させたというだけでなく、街区基本計画を通して、個々の事業と都市全体の計画、つまり都市計画との接続を企図したものであった。では、防災建築街区が造成される一九六〇年代前半の都市計画は、いかなる史的文脈において捉えられるだろうか。

戦後、わが国の都市計画は、戦争の被害を大きく受けた戦災都市をいかに復興させるかに最大の関心を寄せた。しかし、次第に戦災復興のみならず、非戦災都市にも視野を広げ、近代化を目指した都市改造、つまり平時の都市計画へと移行していく。その発端は、一九五〇年の建設省都市局長通達「総合的都市計画の樹立並びに五カ年計画策定について」、一九五二年の同じく建設省都市局長通達「都市計画策定基礎調査について」「都市計画基礎調査要綱」に基づき、都市計画の経験に乏しく、総合的な計画を策定していない都市を対象として実施された都市計画基礎調査と総合都市計画

（都市計画マスタープラン）策定であった[18]。一九五一年度から一九五六年度までの間に、実際に九三都市および三地区（複数の自治体を含む）において都市計画基礎調査が実施された。また、越澤明[19]によれば、一九五二年度から一九五六年度の間に、九五都市で都市計画マスタープランが策定された。都市計画基礎調査実施の九三都市のうち、戦災都市は一九都市に過ぎず、非戦災都市がその主対象となった（表2）。

わが国の都市計画の最も基本的な事業手法である土地区画整理事業についても、戦災復興から平時への移行を明確に跡づけることができる。一九四六年の特別都市計画法に基づいて「戦災都市」に指定された全国一一五都市を対象として、当初九割の国庫負担で開始された「戦災復興土地区画整理事業」は、一九四九年以降、国庫負担が二分の一となり、最終的に一九五九年に打ち切られた。しかし、一九五一年三月の道路整備特別措置法、一九五八年三月の道路整備緊急措置法による道路整備特別会計創設という流れの中で、一九五六年に新たな国庫補助事業として、主に幹線道路の整備を目的とする都市改造土地区画整理事業が創設された。都市改造土地区画整理事業は、制度創設から一〇年後の一九六五年度までに全国一四七都市で実施された。その中には戦災都市も六六都市含まれるが、それ以外の八一都市は、戦災復興とは縁がなかった非戦災都市での事業であった（表2）。

以上のように、一九五〇年代を通して、計画と事業の両面から、都市計画は戦災都市から非戦災都市へと対象を拡大しつつあった。

藤沢駅前南部第一防災建築街区を分析する視点

特別都市計画法に基づいて指定された戦災都市、一九五〇年代の都市計画基礎調査、都市改造土地区画整理（一九六五年度まで）に、初動期の防災建築街区（一九六五年四月までに指定された街区）を加えて、実施都市を一覧にしたのが表2である。都市計画基礎調査実施の非戦災都市七四都市のうち、その四分の一にあたる一七都市において、策定後に都市改造土地区画整理事業が実施されている。また、都市改造土地区画整理事業を行った非戦災都市八一都市のうち、九都市において防災建築街区造成事業が実施されている。しかし、非戦災都市で、都市計画基礎調査、都市改造土地区画整

表 2　戦災復興の都市計画から平時の都市計画への移行状況と初動期の防災建築街区造成事業

本表では戦災都市名を全てゴシック表示としている。

	戦災都市	都市計画基礎調査 (1951-56)	都市改造事業 (1956 ～) ※1965 年度時点まで	防災建築街区指定 (1961 ～) ※1965 年 4 月時点まで
北海道	根室市			
	釧路市		釧路	釧路
	函館市		函館	函館
	本別町			
		稚内		
		美唄		
			札幌	札幌
			赤平	
			留萌	
			帯広	
			室蘭	室蘭
			北見	
			森	
				旭川
青森県	青森市		青森	
		弘前※		
		八戸	八戸	
岩手県	釜石市		釜石	
	宮古市			
	盛岡市		盛岡	
	花巻市			
		北上		
		大船渡	大船渡	
			一関	
			水沢	
			大槌	
宮城県	仙台市		仙台	仙台
	塩竈市	塩釜	塩釜	
		石巻		
		気仙沼		
			志津川	
秋田県		秋田	秋田	
		酒田		
			大館	大館
山形県			山形	山形
		鶴岡		
			天童	
			寒河江	
福島県	郡山市			
	平市	平	平	
			磐城	
			会津若松	
			来勿	
				福島
茨城県	水戸市		水戸	
	日立市			
	高萩町			
	多賀町			
	豊浦町			

	戦災都市	都市計画基礎調査 (1951-56)	都市改造事業 (1956 ～) ※1965 年度時点まで)	防災建築街区指定 (1961 ～) ※1965 年 4 月時点まで
長野県		軽井沢		
			辰野	
			飯田	
				上田
				松本
新潟県	長岡市		長岡	長岡
		新津		
		直江津	直江津	
		三条		
			新潟	
富山県	富山市		富山	富山
		高岡	高岡	
		氷見		
			魚津	
			新湊	
石川県		七尾		
				金沢
福井県	福井市		福井	福井
	敦賀市			
		大野		
			鯖江	
岐阜県	岐阜市			岐阜
	大垣市		大垣	
		多治見		多治見
		関		
			羽島	
静岡県	静岡市		静岡	静岡
	浜松市		浜松	浜松
	清水市		清水	
	沼津市		沼津	
	袖師町			
	有度村			
	飯田村			
		福田		
			焼津	
			磐田	
			島田	
			富士	
				吉原
				熱海
愛知県	名古屋市		名古屋	名古屋
	豊橋市		豊橋	豊橋
	岡崎市			
	一宮市		一宮	一宮
		刈谷	刈谷	
		挙母		
		西尾		
		安城	安城	
		蒲郡※	蒲郡	蒲郡

	戦災都市	都市計画基礎調査 (1951-56)	都市改造事業 (1956 ～) ※1965 年度時点まで)	防災建築街区指定 (1961 ～) ※1965 年 4 月時点まで
鳥取県	境町			
		倉吉		
			鳥取	
			米子	
島根県		松江		
		出雲		
		益田		
岡山県	岡山市		岡山	岡山
		倉敷	倉敷	
		玉島		
		玉野	玉野	
広島県	広島市	広島※	広島	広島
	呉市		呉	
	福山市		福山	福山
		三原		
		大竹		
			府中	
山口県	下関市		下関	
	宇部市	宇部※	宇部	
	徳山市		徳山	徳山
	岩国市			岩国
		下松	下松	
		萩		
		岩国		
			南陽	
香川県	高松市			高松
				坂出
徳島県	徳島市			徳島
		鳴門		
愛媛県	松山市		松山	松山
	宇和島市			
	今治市			今治
		西条		
		三島		
		川之江		
			新居浜	
			壬生川	
高知県	高知市		高知	
福岡県	福岡市	福岡※	福岡	
	門司市	門司	北九州	北九州
	八幡市	八幡		
	若松市	若松		
		小倉		
		戸畑		
	大牟田市	大牟田	大牟田	
	久留米市		久留米	
		山田		
佐賀県		佐賀	佐賀	
	長崎市		長崎	長崎

		下館		
			勝田	
栃木県	宇都宮市		宇都宮	
	鹿沼町			
			足利	
			小山	
群馬県	前橋市		前橋	
	高崎市	高崎※	高崎	
	伊勢崎市	伊勢崎		
		桐生		桐生
			館林	
			太田	
			渋川	
埼玉県	熊谷市		熊谷	
		行田	行田	
		秩父	秩父	
		所沢		
			浦和	
			蕨	
			大宮	大宮
千葉県	千葉市		千葉	千葉
	銚子市		銚子	
		松戸	松戸	
		柏		
		茂原		茂原
				船橋
				木更津
東京都	区部		区部	区部
	八王子市	八王子	八王子	
			立川	立川
			小金井	
			大島	
神奈川県	横浜市		横浜	横浜
	川崎市		川崎	川崎
	平塚市		平塚	平塚
	小田原市	小田原		
		厚木	厚木	厚木
		藤沢	藤沢	藤沢
山梨県	甲府市		甲府	
		富士吉田		

			春日井	
三重県	津市		津	
	四日市市	四日市	四日市	四日市
	桑名市			
	宇治山田市		伊勢	
			松阪	
滋賀県		大津		
		彦根		彦根
京都府		舞鶴		
大阪府	大阪市		大阪	大阪
	堺市			堺
	布施市		布施	布施
		富田林		
		茨木		
			吹田	
				和泉
				豊中
兵庫県	神戸市		神戸	神戸
	御影町			
	西宮市		西宮	
	姫路市		姫路	姫路
	明石市		明石	
	尼崎市		尼崎	
	芦屋市	芦屋	芦屋	
	魚崎町			
	鳴尾村			
	本山村			
	住吉村			
	本庄村			
		西脇		
		伊丹	伊丹	
			赤穂	
			加古川	
			高砂	
奈良県		大和高田		
		奈良		
			天理	
和歌山県	和歌山市		和歌山	和歌山
	海南市			
	田辺市			
	新宮市			
	勝浦町			
		橋本		

	佐世保市		佐世保	
長崎県		唐津		
			諫早	
			島原	
			福江	
熊本県	熊本市		熊本	熊本
	荒尾市	荒尾		
	水俣町	水俣		
	宇土町			
		八代		
			玉名	
大分県	大分市		大分	
		中津	中津	
		佐伯		
		坂ノ市		
			別府	
			日田	
宮崎県	宮崎市		宮崎	
	延岡市	延岡	延岡	
	都城市		都城	
	高鍋町	高鍋※		
	油津町			
		日向		
			西都	
鹿児島県	鹿児島市		鹿児島	鹿児島
	川内市			
	串木野町			
	阿久根町			
	加治木町			
	枕崎町			
	山川町			
	垂水町			
	東市来町			
	西ノ表町			
	鹿屋市			
			加世田	
			隼人	
集計	119	93	147	62
	戦災都市	19	66	36
	非戦災都市	74(a)	81(b)	26(c)
	(a)(b) 両方に含まれる都市は17，(b)(c) 両方に含まれる都市は9，(a)(c) 両方に含まれる都市は7，(a)(b)(c) 全てに含まれる都市は3。			

（薄い網掛け）都市計画基礎調査，都市改造事業，防災建築街区指定のうち，二つを満たす非戦災都市　（濃い網掛け）都市計画基礎調査，都市改造事業，防災建築街区指定の全てを満たす非戦災都市

●都市計画基礎調査については，日笠端『都市計画研究十年の歩み，新都市』第11巻第1号，33-36ページ（都市計画協会発行，1957年）の「第一表　都市計画基礎調査実施対象都市」より作成。なお，これらの94都市以外にも複数の都市を含む「常磐地区」，「湘南地区」，「西播地区」でも都市計画基礎調査が実施された。なお，越澤明「我が国における都市計画の理論と実践　1945年から1964年にかけて」『新都市』第54巻第8号，3-31ページ（都市計画協会発行，2000年）には，「表2　昭和27～31年度策定された都市計画マスタープラン」として，95都市のリストが掲載されている。日笠の「第一表」との関係でいえば，越澤の表2のリストのうち，山形，前橋，館林，十日町，湯沢，小千谷，六日町，桑名，松阪，常滑，八尾，上野，防府の13都市は日笠が提示した都市計画基礎調査実施対象都市には含まれていない。一方で，日笠の提示した都市計画基礎調査実施都市のうち，弘前，高崎，福岡，蒲郡，宇部，小倉，戸畑，若松，高鍋，七尾，大和高田，広島の12都市は越澤の表2のリストには掲載されていない（これらの都市については本表では※をつけている）。

●都市改造事業については，江藤末信・一杉喜朗「10年目を迎えた都市改造事業（1）」『区画整理』第10巻第2号，15-41ページ（日本土地区画整理協会発行，1966年）の「表2-2」より作成。

●防災建築街区指定については，石原舜介総監修『商店街再開発』（科学技術センター発行，1965年）所収のリストより作成。

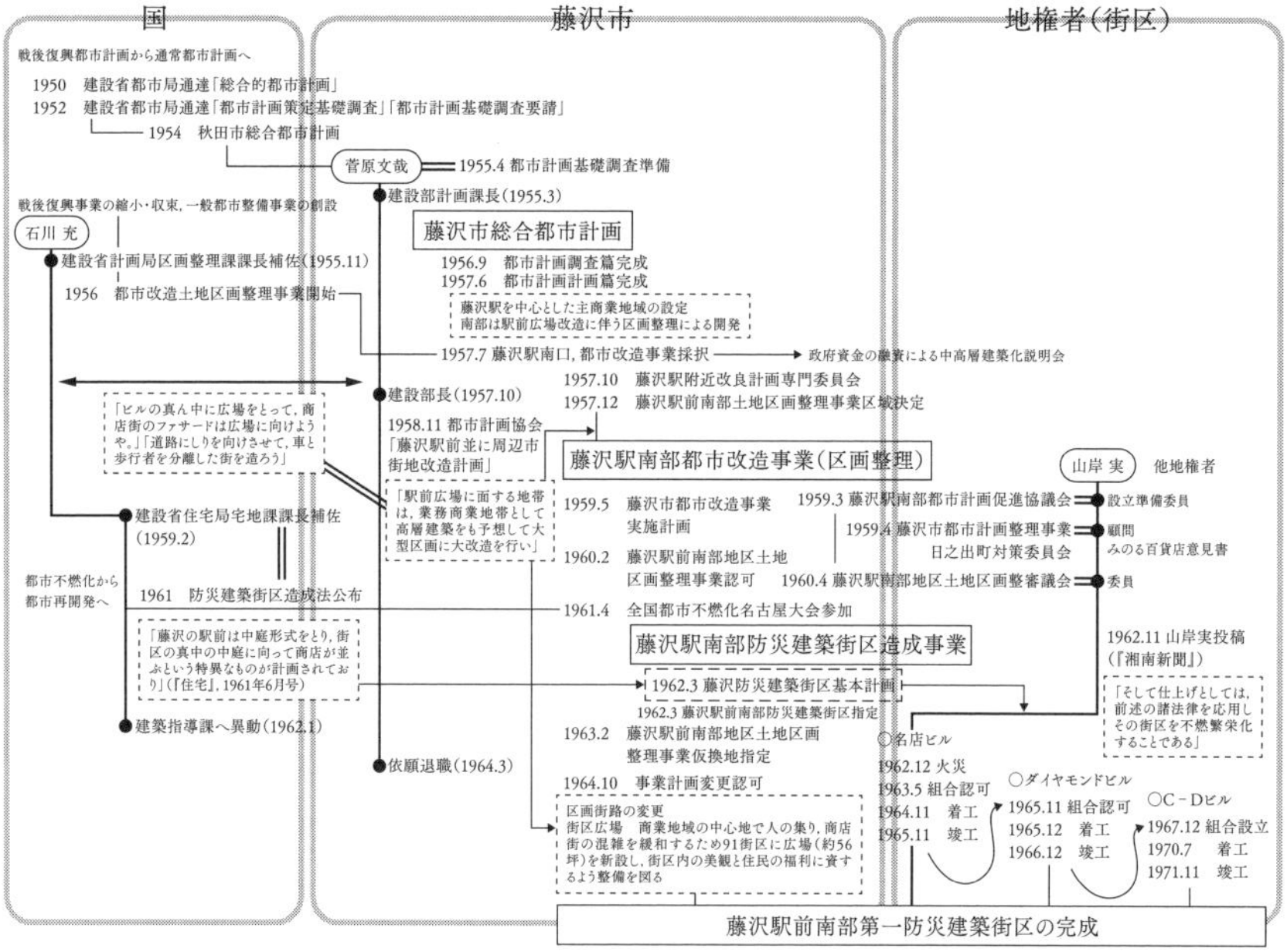

図４　藤沢駅前南部第一防災建築街区の形成過程

理事業（一九六五年度まで）を実施し、さらに初動期に防災建築街区指定を受けた自治体は、藤沢市、厚木市、蒲郡市のわずか三都市に限られている。そのうち、都市改造土地区画整理事業の施行区域に防災建築街区が造成されたのは藤沢市のみである。[20] つまり、藤沢市は、戦災復興から平時の都市計画へと移行する都市計画および非戦災都市における都市計画を先進的に実施したモデル都市と位置づけることができる。

藤沢駅前南部第一防災建築街区は、非戦災都市・藤沢市における最初の防災建築造成事業である。その都市計画史的意義を明らかにするためには、何よりも防災建築街区造成事業と、都市計画基礎調査および都市計画マスタープラン、都市改造土地区画整理事業との関係を、街区基本計画に着目しながら問わねばならない。以下、藤沢駅前南部第一防災建築街区造成のプロセスを、藤沢市の都市計画の文脈に沿って、詳細に明らかにしていきたい（図4）。

3　藤沢駅前南部第一防災建築街区の造成過程

藤沢市総合都市計画と都市改造土地区画整理事業

わが国における市町村都市計画マスタープランのルーツは、一九五〇年代の都市計画基礎調査に基づく総合都市計画である。とりわけ、その初期のモデルとなったのは一九五四年一二月に完成した秋田市総合都市計画であった。広汎な市街地調査による二〇年後の人口フレーム設定とそれに基づく総合計画、さらに事業実施二〇年計画を主な内容とする秋田市総合都市計画は、一九五四年度のＩＦＨＰ（国際住宅都市計画会議）大会に提出され、一九五七年には都市計画協会により参考例として全国各都市に配布された(21)。この秋田市総合都市計画を秋田市の都市計画課長としてまとめた技師・菅原文哉(22)は、一九五五年三月に藤沢市に招聘され、建設部計画課長に就任している。この異動は、藤沢市で最初の都市計画マスタープランである藤沢市総合都市計画の立案のためであった。

藤沢市では菅原の着任と同時に都市計画基礎調査に着手し、一九五六年九月に多岐の項目にわたる市全域の調査をまとめ、一九五七年六月にはその調査に基づく計画篇を完成させた。この総合都市計画において、藤沢駅を中心とした主商業地域が初めて都市スケールでの調査、検討に基づいて設定された（図5）(23)。藤沢駅の南部については、「駅前広場改造に伴う区画整理により開発する」と、土地区画整理事業実施の方針が盛り込まれた(24)。一九五七年の七月には、翌年度の国庫補助事業である都市改造事業の一つにこの藤沢駅前南部土地区画整理事業が採択され、事業の財源も確保されたのである。そして、一九五七年一〇月には菅原が建設部長に昇任し、自らが立案した総合都市計画の実現に、責任を持ってあたることになった。

一九五七年一〇月二三日には藤沢駅附近改良計画専門委員会が開催され、ここで、「1藤沢駅南部地区都市改造区域について　2藤沢駅前広場について　3小田急江の電軌道並に駅舎の位置について」の議論が交わされ、同年一二月七日には、藤沢駅前南部土地区画整理事業区域が決定された(25)。菅原は『区画整理』一九五八年一月号に、藤沢駅南部の都

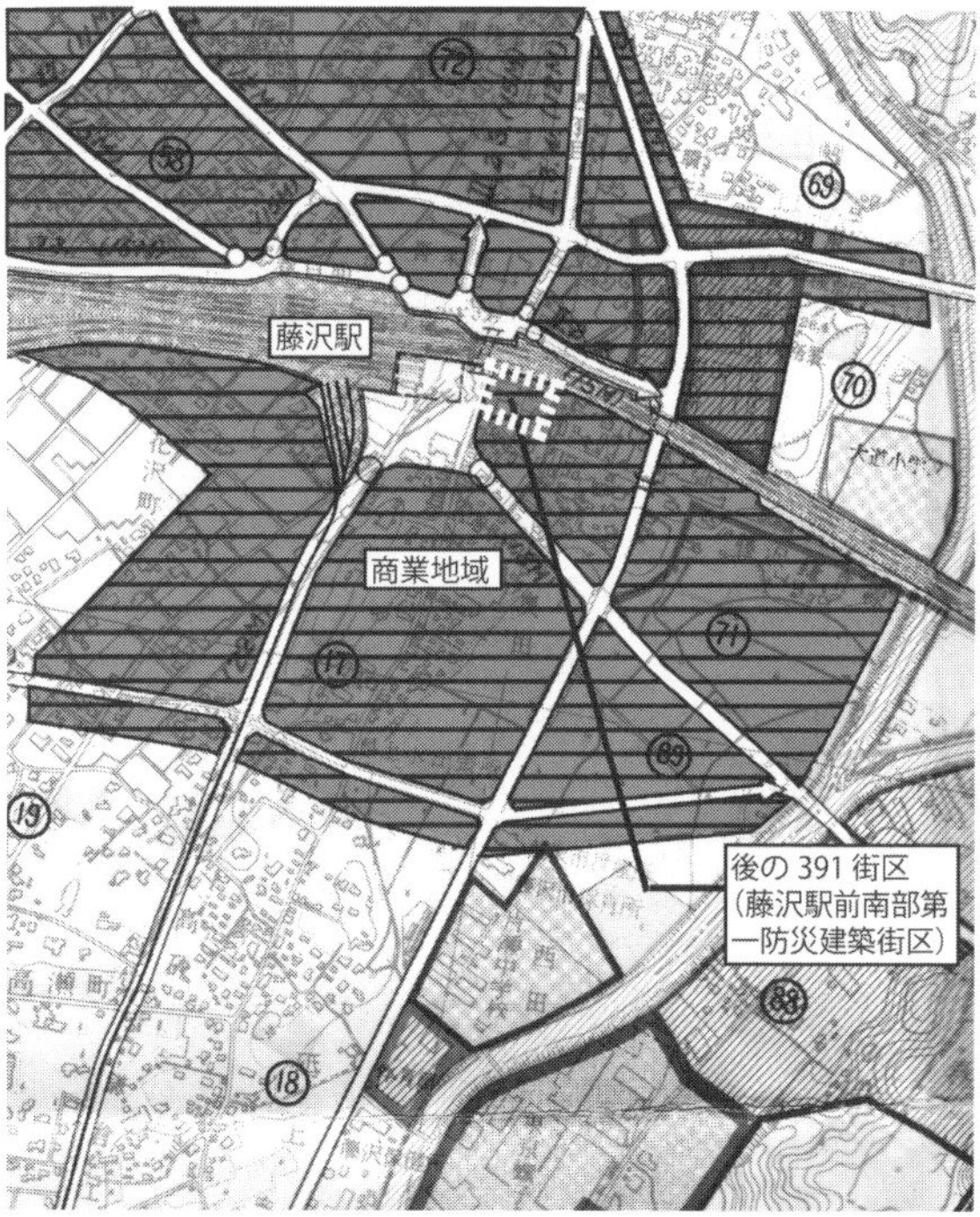

図 5　藤沢総合都市計画（1957 年）における藤沢駅周辺の商業地域指定（筆者所蔵の原図を加工）

市改造事業の解説を寄せている。そこで言及された地区のビジョンは「駅前広場を造成する」ということだけに過ぎない(26)。しかし、この時期、すでに藤沢市は駅前広場造成と連動させた「土地の立体利用」を目的に、商店街に対して、政府資金の融資を前提に中高層建築化を勧める説明会を開催している(27)。

藤沢市では「改造案の策定に当っては万全を期す必要がある」との趣旨で、一九五八年七月には都市計画協会に委託し、専門家八名からなる「藤沢駅前広場並びに周辺市街地改造計画策定委員会」を設置し、検討を進めた(28)。同年一一月にこの委員会が提出した報告書「藤沢駅前並に周辺市街地改造計画」では、区画整理設計の方針として、先に決定済みの藤沢市総合都市計画に基づく区画整理の基本計画を尊重しつつ、「駅前広場に面する地帯は、業務商業地帯として高層建築をも予想して大型区画に大改造を行い」という駅前広場に面する街区のイメージが提示された(29)。委員会の報告を受けて、同年一二月に藤沢市としての最終案がまとめられた。翌一九五九年二月の第三回藤沢市都市計画審議会にて議論に付され、五月には、藤沢市から『藤沢市都市改造事業実施計画説明書』が国に提出された。この説明書に添付された区画整理計画では391街区が初めて登場したが、まだ街区内の街路や広場は明示されていなかった（図6）。

中高層化の早期検討と区画整理に対する反対意見

都市改造区画整理事業の事業計画が徐々に固まりつつある一方、駅前広場に面する街区の中高層化の検討に関しても、藤沢市は具体化へ向けて動き出していた。当時、菅原は週一回のペースで、都市改造事業を所管する建設省計画局区画整理課の課長補佐であった石川允[30]のもとを訪ね、藤沢の都市づくりについて相談を行っていた。石川は、菅原から藤沢駅の南口にビルを建てたいとの相談を受け、以下のようなやりとりを行ったという回想を残している。

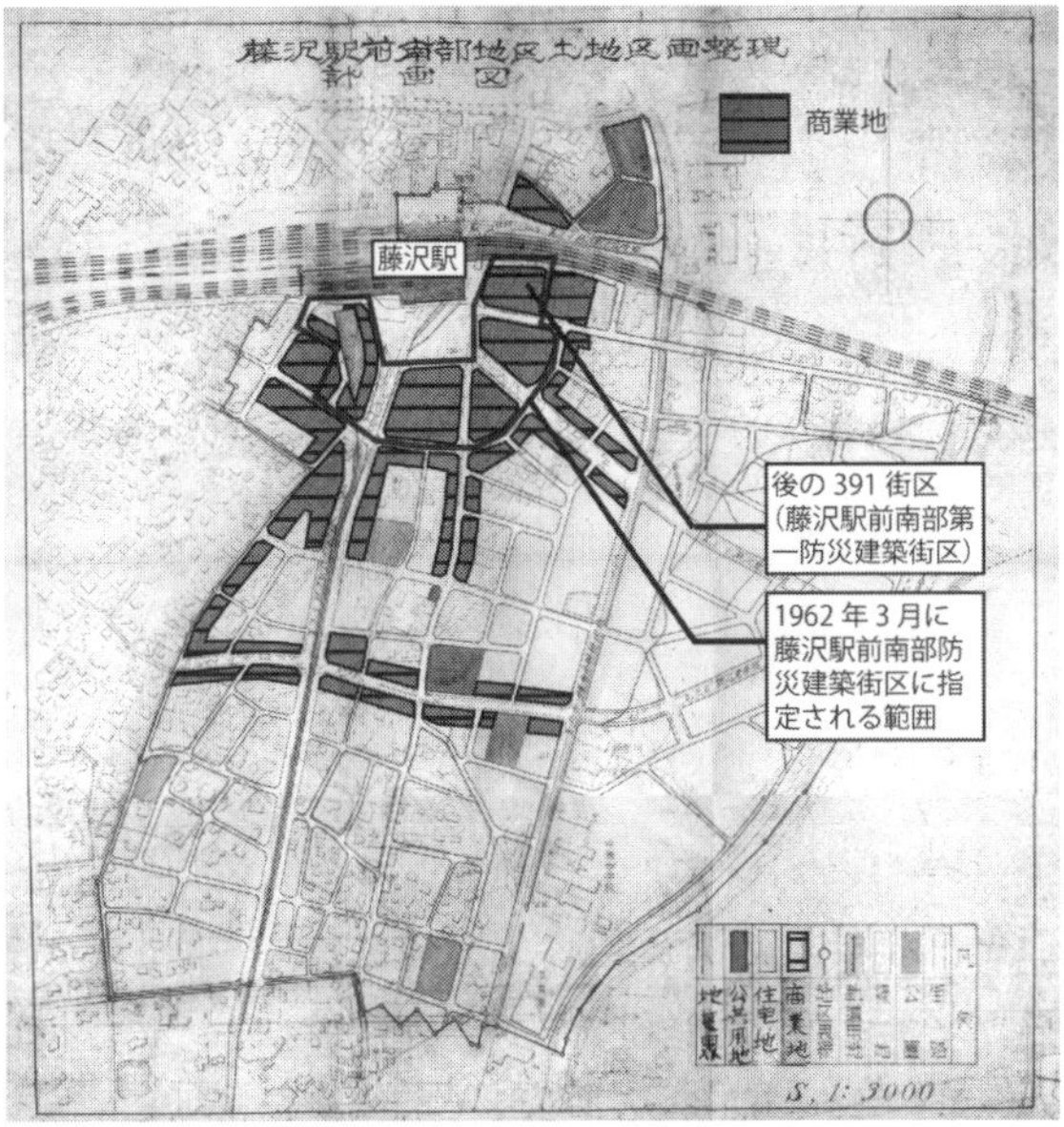

図6　藤沢駅南部地区土地区画整理計画図（1959年）における藤沢駅周辺の商業地と391街区（藤沢市所蔵の原図を加工）

> 「何か、誰も考えないようなことを考えてよ。」これが当時五十才を超えていた菅原文哉老の決まり文句である。
>
> 三十才台の若造の私と、五十老が肩を並べての「ああでもない、こうでもない」の毎日が始まる。
>
> 矢張り青年菅原文哉に戻るのである。
>
> 「ビルの真ん中に広場をとって、商店街のファサードは広場に向けようや。」
>
> 「道路にしりを向けさせて、車と歩行者を分離した街を造ろう。」
>
> 「それに広場の大きさは……」
>
> 「一つ何か現場を見にいこう。」
>
> となって、これもある秋の土曜日の午後、有楽町の数寄屋橋公園を二人で歩いて見ることとなった。
>
> 「人を集めるための広場の空間」ということで、

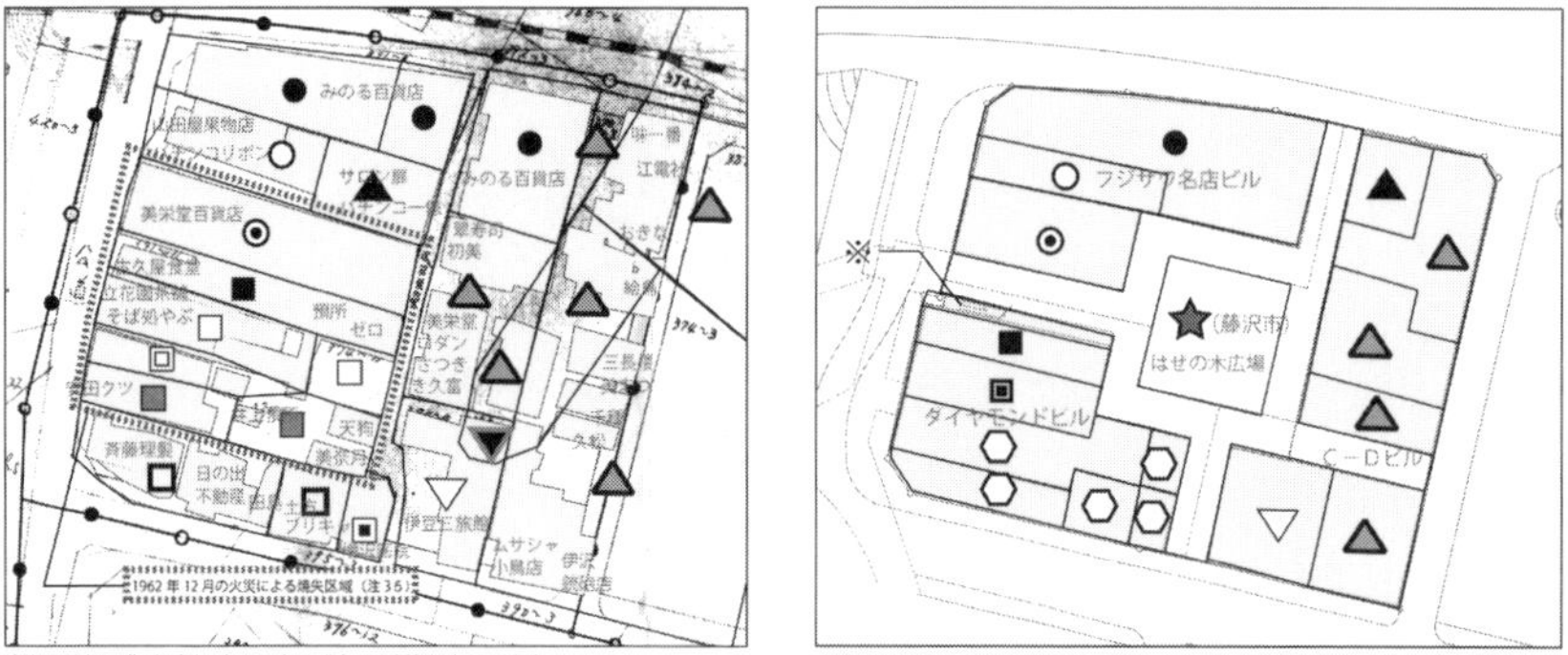

防災建築街区指定時点（1962年3月）の地籍と土地所有者

下図は『藤沢市防災建築街区区域図』（藤沢市所蔵，1962）．
建物は『藤沢都市計画藤沢駅前南部地区土地区画整理事業　土地利用及び建物用途別現況図』（藤沢市所蔵，1960頃）をもとに作成．
店舗名は『明細地図 1962年度版』記載のものを転記．

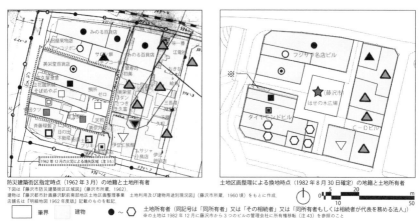

土地区画整理による換地時点（1982年8月30日確定）の地籍と土地所有者

筆界　建物　●～⬡ 土地所有者（同記号は「同所有者」又は「その相続者」又は「同所有者もしくは相続者が代表を務める法人」）
※の土地は1982年12月に藤沢市から3つのビルの管理会社に所有権移転（注43）を参照のこと

図7　藤沢駅前南部第一防災建築街区における防災建築街区指定時点と土地区画整理事業による換地後の地籍・土地所有者の変化

「図面で決める広場の広さはいけない。「広場の立体裁断だ。」ということでの散歩である。

早速藤沢の駅前ビルの中庭に此の「立体裁断」を応用された(31)。

391街区を特徴づけることになる中庭型の街区の構想はすでにこの区画整理の設計を行っている段階から、石川と菅原との間で暖められていたのである。

一方で、当時、後に391街区となる地所は、東海道線の踏切のちょうど手前にあたり、国鉄、小田急、江ノ電の駅も間近で、みのる百貨店、美栄堂百貨店という二つの有力商業店舗が立地し、さらに飲食店や遊戯施設、旅館等が密集していた（図7）。しかし、南口自体はかつての藤沢宿方面にあたる藤沢駅北口の商業集積に比べると店舗数も少なく、少し駅前から離れると人家もまばらな住宅地であった。大型区画といっても、中高層化のニーズは弱く、「市と地元民との間には、まだ相当意見の食い違いがある」状態であった(32)。

都市改造土地区画整理事業の実施計画が固まり、市民に対して情報開示が進むのと同時に、一九五九年三月には「この市の画期的計画に対し、初期の目的達成のため、大同団結し、大きな襟度と雅量を以て、積極的に協力しつつ、お互いの永年に亘る、既得権益を擁護し、永久的安定と発展を期すため」に、「土地区画整理審議会と、密接なる連繫を謀り、以て市の計画の円滑なる進捗に寄与せむが為」、藤沢駅南部地区の有力者が準備委員を務めるかたちで、藤沢駅南部都市計画促進協議会の設立総会がアナウンスされた(33)。一方で、391街区を含む近隣住民および利害関係者らは、委員六〇名、会員九〇〇名からなる藤沢市都市計画整理事業日之出町対策委員会を設立し、一九五九年四月一〇日付で、区画整理についての要望書を提出している。その内容は、踏切の扱いや街路の設定に対する不満と、事業遂行にあたっての地元の負担、損害の大きさを鑑み、区画整理に反対するというものであった(34)。対策委員会の二四名からなる役員の顔ぶれのうち、委員長と副委員長一名、常任委員二名、書記一名、相談役二名は藤沢駅南部都市計画促進協議会の準備委員でもあった。つまり、地区の有力者たちも、藤沢市とともに事業を推進していく立場と住民として事業に反対する立場の間で揺れていたのである。しかし、そうした反対の声にもかかわらず、一九五九年九月七日―二〇日にかけて藤沢駅前南部地区土地区画整理事業の事業計画が縦覧に供され、一九六〇年二月に認可された。

こうしたプロセスの中で、391街区関係者も、日之出町対策委員会の役員を務めた(35)。とりわけ、東海道線踏切に面した土地でみのる百貨店を経営していた山岸実は、藤沢駅南部都市計画促進協議会準備委員会委員、日之出町対策委員会顧問を務め、かつ、自ら土地区画整理法五五条に則り、区画整理事業について独自の意見書を提出するなど、事業への関与を深めていった(36)。山岸は、一九六〇年六月に組織された藤沢駅南部地区土地区画整理審議会でも土地所有者の代表として委員に選出され、九月一〇日に開催された第一回審議会では藤沢市の審議会運営方針を批判したのである(37)。

防災建築街区基本計画の策定と推進

一九六〇年二月に認可された藤沢駅南部地区土地区画整理事業の設計では、391街区内に区画街路と中央の方形の空地が設定されていた。方針では中高層の「主商業地」であったが、後述する防災建築街区基本計画（図8）で四階以上は住宅用途が想定されていたことからもわかるように、この時点では住宅としての利用の際に採光を確保するために、街区を分割する区画街路が必要ということであった(38)。しかし、この区画街路と中央の空地は、必ずしも採光だけを考慮して設計されたわけではなく、先に見た石川允と菅原文哉との間の「ビルの真ん中に広場をとって、商店街のファサード

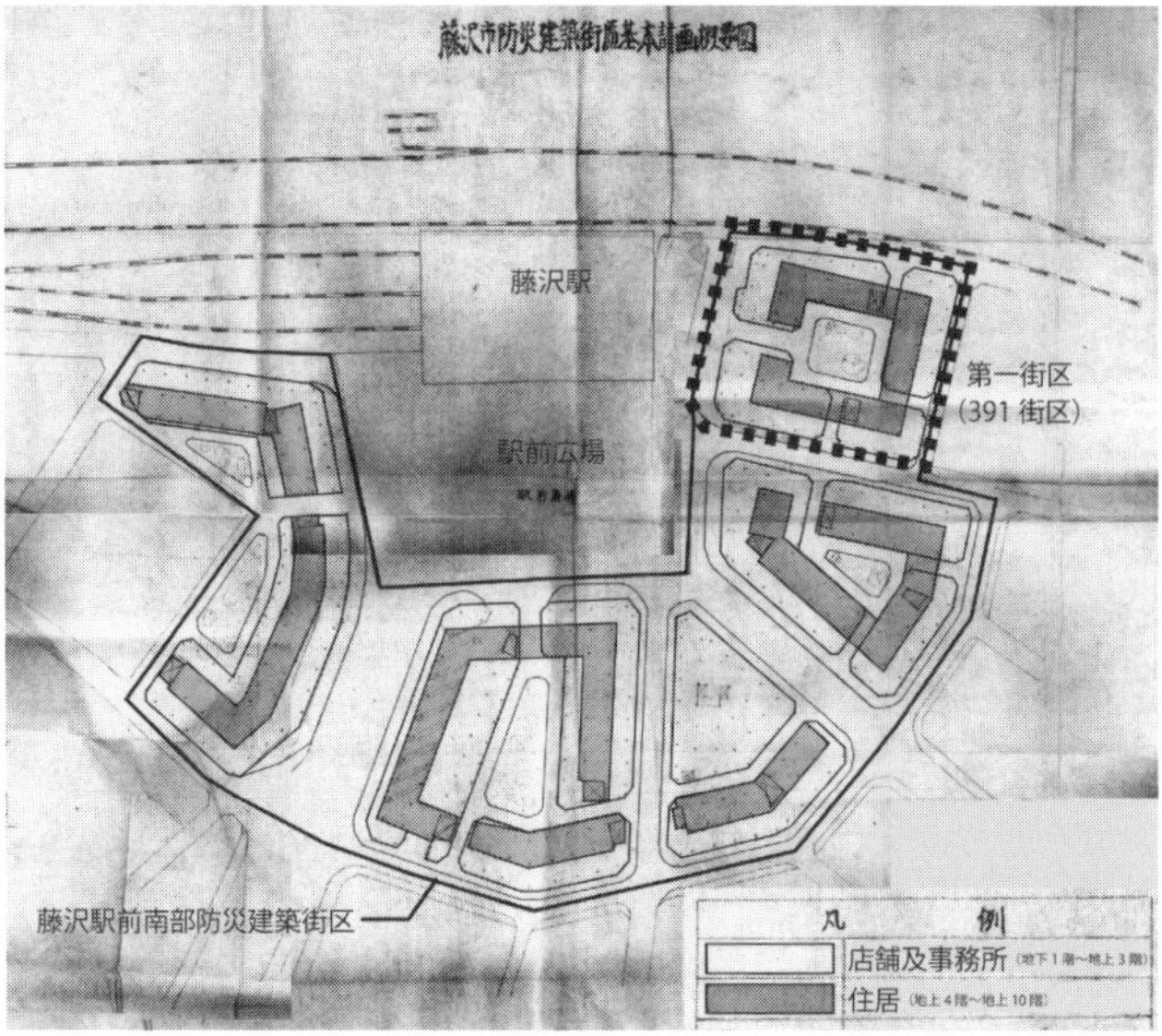

図 8　藤沢駅前南部防災建築街区基本計画（1962 年）（藤沢市所蔵の原図を加工）

は広場に向けようや」といったビジョンを実現させるための措置であったと考えられる。それは、区画街路と空地との関係において、区画街路が中央の空地を貫通することなく、視線が空地で止まるような設計になっていることから理解される。このような設計はレイモンド・アンウィンから石川允の実父である石川栄耀へと引き継がれた広場設計の要諦である Terminal vista の考え方（図 9）を踏襲したものであった(39)。つまり、区画街路と中央の空地によって、まさしく広場を生み出そうという意図があったと推測されるのである。

石川允は、藤沢市が都市改造事業の実施計画を国に提出する前の一九五九年二月一九日付で、建設省計画局区画整理課課長補佐から住宅局宅地課課長補佐に配置換えになった。石川は宅地課（後に宅地開発課）にて、耐火建築促進法の限界を乗り超えるべく新たに立法が進められていた防災建築街区造成法を担当することになった。

防災建築街区造成法案は一九六一年二月に閣議決定され、三月に国会に提出され、五月一六日に最終的に参院を通過・成立し、一九六一年六月一日に施行された。石川はこの法成立直後、『住宅』一九六一年六月号で防災建築街区への最初の取り組み事例を紹介する中で、「藤

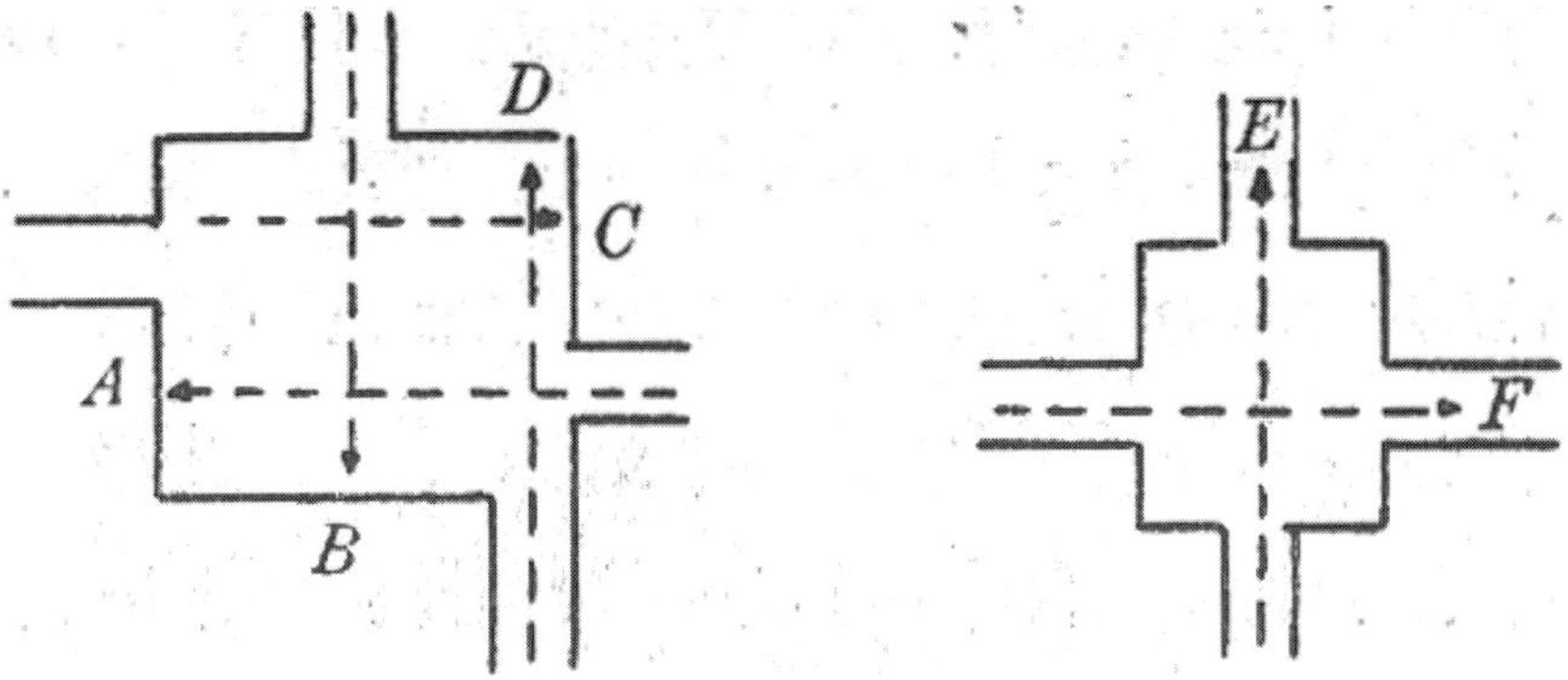

図9　石川栄耀が提唱した「Terminal vista」の考え方
出典：石川栄耀『都市計画及国土計画』工業図書株式会社，1941年，241ページ
左図では各アプローチ街路からの視線は広場を貫通しない。これをTerminal vistaといい，広場設計の要諦であるとした。

沢の駅前は中庭形式をとり、街区の真中の中庭に向って商店が並ぶという特異なものが計画されており」と、自らが菅原と案を練ったであろう391街区を紹介している。[40]区画整理課と宅地課を渡り歩いた石川を通じて、藤沢の土地区画整理事業による広場造成と防災建築街区事業は一連、一体のものとして繋がっていたのである。

藤沢市は早速、防災建築街区造成法の特色の一つである街区基本計画作成費などの間接補助を活用し、一九六一年一〇月に、防火建築帯で実績のある日本不燃建築研究所に「藤沢駅前南部地区防災建築街区（二・九〇ヘクタール）の街区基本計画を作成」を委託し、一九六二年三月、成案を得た（図7）[41]。これに基づいて、区画整理によって造成される予定の駅前広場に面することになる六つの街区を藤沢駅前南部防災建築街区に指定したのである。

基本計画では、391街区以外の他の街区も全て中庭型で描かれ、地下一階から地上三階までが街区囲み型の商業施設、四階から一〇階までが住居という構想であった。中庭にあたる広場と歩行者専用の区画街路によって、大街区のメリットを活かしつつ、スケールダウンさせる設計で、石川と菅原が創案した「車と歩行者を分離した街」という考え方を踏襲したものであった。391街区では、低層部の四つのビルは互いに独立して広場を囲んでおり、その上に乗せられた住居部分は区画街路をまたぐかたちで、一つに繋がっていた。

また、この時期、藤沢市の基本計画を受けて、山岸実は防災建築街区の

図 10　防災建築物建設前の藤沢駅南部第一防災建築街区
出典：渡辺廣氏撮影，鵠沼郷土資料館所蔵
右に美栄堂他の仮設店舗が確認できる

造成について勉強を始めていた。[42]一九六一年四月に名古屋不燃都市建設促進協議会の主催で開催された「第４回全国都市不燃化名古屋大会」には、藤沢市の担当職員、市会議員とともに、山岸を含む391街区の地権者二名も参加している。[43]そうした中、当初は市の区画整理に批判的な意見を述べていた山岸も、市の防災建築街区基本計画に賛同し、「将来の発展を考えると積極的に整理に協力すべきである。駅の周辺はどこでも発展している。その上、政府や県などの補助もある。建築費の負担も長期返済で、心配はいらないと思う」と、事業の推進側に回った。[44]一九六二年一一月には、地方紙『湘南新聞』に「市は区画整理を大いに促進せよ」と題した投稿を行っている。[45]ここで山岸は総合都市計画から区画整理までの市の施策を「賢明の策であった」と評価し、勉強の成果か、各種法制度等に触れつつ、「そして仕上げとしては、前述の諸法律を応用しその街区を不燃繁栄化することである。」と主張したのである。

防災建築街区の完成へ

一九六二年一二月、391街区の駅前広場に面した付近で火災が発生し、美栄堂百貨店他の建物が焼失した（図10）。[46]これを機に、すでに街区の不燃化を新聞紙上で表明していた山岸実が経営するみのる百貨店、隣接する山田果物店と、焼失した美栄堂百貨店の三者は、土地所有と建物所有に関する権利関係が比較的単純だったこともあり、共同の防災建築街区ビルの建設計画を具体化させた。一九六三年五月には土地所有者、建物所有者それぞれ三名からなる藤沢駅前南部第一防災建築街区造成組合の設立が認可された。その後、新しいビルへの入居条件に関する借家権者とのトラブルで一年半の遅れがあったものの、先に街区基本計画作成も担当した日本不燃建築研究所の設計による、藤沢で最初の防災建築物であるフジサワ名店ビルが一九六四年一一月一六日に着工、一九六五年一一月二〇日に竣工したのである。(47)

続いて一九六二年一二月の火災で焼失していたものの、土地所有者一名の強い反対で再建が遅れていた391街区の南西部分でも、その所有者の土地を含めていくつかの土地をまとめた三菱銀行と他の二名の土地所有者との共同事業というかたちで、一九六五年一一月二六日に藤沢駅前第1－B防災建築街区造成組合認可、一二月一五日に着工、そして一九六六年一二月一八日にダイヤモンドビルが竣工した。組合には、三名の土地所有者だけでなく、借地権を有する建物所有者二名、建物のみの所有者一名、賃借人二名も参加し、一つのビルを建設した。

さらにダイヤモンドビルの竣工後、土地所有者は一名の大地主を含む三名であったが、借地、借家、さらに借家権の又貸しが入り乱れていた東側部分で、一九六七年一二月二六日に藤沢駅前防災建築街区造成組合が設立、一九七〇年七月九日に着工、そして、一九七一年一一月一九日にＣ－Ｄビルが竣工した。三名の土地・建物所有者に加えて、この中の一名の土地所有者の土地に借地権を持ち、建物を所有していた五名も借地している土地の四割を土地所有者に返還することで組合への参加資格を得た。借家権は、各建物所有者によって整理された。

この三つの組合設立およびビル建設の過程では、初動において藤沢市が事業を強くし、その後も第三者として計画調整を担当し、組合を支援したが、組合自身も上述した借地権者や借家権者との権利調整や建設資金調達、テナント誘致に苦労を重ねた。(48)さらに、防災建築物の固定資産税の六カ年半額減免措置導入にあたっての市議会議員らの尽力も計画実現に大きく寄与したのである。(49)

そして、これらのビルの竣工に先立って、一九六三年二月二〇日に藤沢駅前南部地区土地区画整理事業仮換地指定が実施された。この仮換地指定に対しては、391街区内の地権者二名の連名で、①仮換地に指定されない土地がある、②仮換地の指定が不公平である、という趣旨の異議申請が出され、一九六四年七月九日付の裁決書で、その異議が認められ

表3　藤沢駅前南部第一防災建築街区に対する評価

<table>
<tr><th colspan="3">雑誌名／巻号／発行者</th><th>年月日</th><th>タイトル</th></tr>
<tr><td>『都市再開発』</td><td>第37号</td><td>全国都市再開発推進連盟</td><td>1966年5月</td><td>防災建築街区めぐり</td></tr>
<tr><td colspan="5">「地方中堅都市の再開発計画の代表的なよい例」
「駅前区画整理の換地計画を防災街区造成事業における街区基本計画に合わせ，その建築計画に合わせた街区内四方よりの道及び中央に広場を設けこれを市有地として配置を行ない換地したものである」
「また，これを機会にいままでの駅の南側と北側を結んでいた踏切りを地下道に変え，これによって，駅の表裏の差をなくして駅の南北の経済格差をうすめしかも，この地下道により，第1街区内のビル群の周囲をとりまく商業道路とも云えるであろう地下歩道に直接客が入れるよう設計されたもの」</td></tr>
<tr><td>『建築と再開発』</td><td>第1巻
第6号</td><td>中高層建築開発協会</td><td>1966年7月</td><td>「中高層NEWS　藤沢駅前防災建築街区　みやまビル」</td></tr>
<tr><td colspan="5">「この事業の特色は，土地区画整理事業との合併施行が非常にうまくいっている点である。つまり，土地区画整理による換地計画をあらかじめ建築物の配置計画に合わせたことである」
「街区内に4棟の建築物を配置する計画とし，中央に市有地を換地し，これを公共広場として整備したことが特色としてあげられる」
「建物の形態については，依然として自分の土地に自分の建物をたてるという風潮が根づよくのこっている現在，オープン形式の寄合百貨店としたことが特色である」
「防災建築街区造成事業の災害の防止（耐火構造建築物），土地の合理的利用（容積率130％が850％に増大．歩道の設置），環境の整備改善（駅前広場および街路の整備，公共広場の設置，駅の南側と北側を連絡する地下道設置）という三つの目的を忠実に達成した好例」</td></tr>
<tr><td>『建築と再開発』</td><td>第2巻
第2号</td><td>中高層建築開発協会</td><td>1967年2月</td><td>「中高層NEWS　藤沢駅前防災建築街区　ダイヤモンド・ビル」</td></tr>
<tr><td colspan="5">「この事業の特色は，組合と銀行が建築計画から完成まで一体となってビルを建設したことである」</td></tr>
<tr><td>『市街地再開発ニュース』</td><td>第27号</td><td>全国市街地再開発協会</td><td>1972年7月</td><td>「防災建築街区・住宅地区改良7団体の事業概要」</td></tr>
<tr><td colspan="5">「駅前広場，街路拡幅を含む土地区画整理事業と併行して駅南口の拠点的な商業施設を整備すべく，3組合が協力して，7ヶ年にわたり，3件の防災建築物を一体の総合的ビルとして完成した。藤沢市における建築の共同化は未開発の分野であったため，不安や複雑な権利調整等の難問をかかえながらも当初の計画どおり実施し，建築物の利用形態，防災・管理体制，経営計画等，商業施設に不可欠な問題を解決しており藤沢市での街区単位の地元住民による大規模な共同建築活動の先鞭をつけるとともに，都市の防災化，都市環境の整備改善の促進に寄与したことは他の模範として表彰に値する」</td></tr>
<tr><td>『市街地再開発ニュース』</td><td>第30号</td><td>全国市街地再開発協会</td><td>1972年10月15日</td><td>「藤沢市・藤沢駅前南部第1防災建築街区造成事業の概要」</td></tr>
<tr><td colspan="5">「土地区画整理事業と同時施行により整備を行うことにより，藤沢駅南口広場の東端に位置することとなるので，藤沢駅の南北を連絡する地下道に接して計画された。又，住宅地としても利用するという目的で採光等を考慮し，幅員の街路を整備し，4つの小街区と街区広場で構成した。」「組合設立及び事業の施行は各小街区ごとに行ない，順次ビルを接続することにより，4小街区が一体として機能する複合商業ビルとなるよう計画した」</td></tr>
</table>

た[50]。特に①の仮換地対象にならなかった土地は、391街区内の区画街路と空地のための土地であり、ここが区画整理の事業計画上、何ら定めがないことが違法とされた[51]。

この裁決を受けて、藤沢市は事業計画の変更を申請し、一九六四年一〇月二七日に認可された。このときの変更によって、ようやく街区内の区画街路が道路指定され、さらに、中央の空地については、「商業地域の中心地で人の集り、商店街の混雑を緩和するため三九一街区に広場（約五六坪）を新設し、街区内の美観と住民の福利に資するよう整備を図る」と明確にその役割が規定された[52]。こうして、藤沢駅前南部第一防災建築街区は完成したのである[53]。

藤沢駅前南部第一防災建築街区に対する評価

藤沢駅前南部第一防災建築街区については、まだ計画段階であった一九六三年一一月に、全国都市再開発促進連盟の機関誌『都市再開発』の特集「目で見る防災街区造成の実施例」で紹介されて以降、三つのビルがそれぞれ竣工するたびに、雑誌に取り上げられている（表3）。評価されたのは、土地区画整理事業と防災建築街区造成事業が密接に連繫して実施された点や、ビルを順次接続し街区を一体として使っている点であり、「地方中堅都市の再開発計画の代表的なよい例[54]」、「防災建築街区造成事業の災害の防止、土地の合理的利用、環境の整備改善という三つの目的を忠実に達成した好例[55]」とされた。街区完成後の一九七二年には「国土建設に貢献した」という趣旨で三つのビルの防災建築街区造成組合が共同で建設大臣表彰を受けた。表彰理由では「藤沢市での街区単位の地元住民による大規模な共同建築活動の先鞭」をつけた点も評価された[56]。実際に、藤沢駅前南部第一防災建築街区に続き、藤沢駅南口に面する残り五つの防災建築街区のうち三つの街区では、街区の多くを占める共同建築の建設が進み、さらに隣駅の辻堂駅前の防災建築街区の造成を促すなど、藤沢市の駅前景観の形成に大きな影響を与えたのである。

また、八年でその役割を都市再開発法に譲った防災建築街区造成事業の集大成として、全国市街地再開発協会が刊行した『図集・市街地再開発』（一九七〇年）では、防災建築街区造成法による再開発ビルの竣工例が平面図つきで一九八例、紹介されているが、その中で、藤沢駅前南部第一防災建築街区のように、一街区の中心に方形広場を配し、それを順次建設された複数のビルで囲むという中庭型商業街区プランは、他には一例も見られない。藤沢駅南口では、街区基本計画において、この391街区以外の防災建築街区に対しても全て広場を囲むプランが描かれていたが、そうしたプランが実際に実現した箇所はない。藤沢駅前南部第一防災建築街区において、区画整理の換地設計を駆使して、街区内の街路と広場を公共用地として確保したという点の特異性は、やはり際立った特徴であるといえよう。

4　藤沢391街区の存在価値

以上、藤沢駅前南部第一防災建築街区造成の都市計画史的意義を考察すべく、その背景となる都市計画との繋がりに主に着目しながら、造成過程と竣工後の評価について明らかにしてきた。最後に得られた事実をまとめると、藤沢駅前南部第一防災建築街区は、①都市全体のマスタープランである藤沢市総合都市計画に基づく藤沢駅前の都市改造構想を踏まえて、都市改造土地区画整理事業と同時並行で検討、実施された事業であること、②中庭型商業街区という新しい都市空間、街並みのビジョンを、都市改造土地区画整理事業の換地設計と連動させることで実現化させたこと、③建設省や藤沢市の都市計画技術者による発案、初動期のイニシアティヴに加えて、地権者のリーダーシップと協働によって推進・実現された、文字通りの官民協働の事業であったことが特徴として指摘できる。藤沢駅前南部第一防災建築街区造成は、非戦災都市の都市計画という面での藤沢市の先進性を具体的に証明したできごとであり、そこに都市計画史上の意義を見出せる。しかし、②については、実現した街区は、中庭にあたる広場に直接面する店舗が少なく、三つの建物を一体として機能させるために二階以上を公道上に張り出すかたちで広場を囲んでいる建物の高さに比して、広場の規模が十分ではないといった空間的課題を抱えており、菅原や石川らが意図した「人を集めるための広場の空間」を持つ街区が実現したかどうかはさらなる批判的な検証を必要とする。391街区は、個別事業の都市全体の計画への接続というわが国の都市計画史を貫く主要な課題の解決を目指した努力の物証であるが、同時に、都市計画における空間ビジョンとそれを具現化する都市空間デザインとの接続というもう一つの都市計画史上の課題の存在を端的に露わにしているともいえるのである。

藤沢駅前南部第一防災建築街区造成事業によって生み出されたビル群は健在であり、その運営も建設当時の地権者たちの相続者が共同であたっている。上記のような空間的課題を抱えつつも、未成熟な制度下での先駆的な官民協働の成果として、この事業以前も以後もほとんど見ることのできない中庭型商業街区という独特な都市空間として、今現在も、存在価値を有している。

注

（1）全国市街地再開発協会の機関誌『市街地再開発』の二〇一〇年五月号（第四八一号）では「老朽再開発ビルの再整備（再々開発等）」特集を組んだ。また、『再開発ビルの再整備事例集』（全国市街地再開発協会市街地再開発技術研究所発行、二〇一二年）では、防災建築街区造成事業による再開発ビル七棟、市街地再開発事業による再開発ビル九棟、優良建築物等整備事業による再開発ビル一軒の合計一七棟の再整備事例が紹介されている。

（2）この街区（藤沢市南藤沢二番一号等）は、かつてその大部分が「藤沢市藤沢391番地」であったことから、このような通称を持っている。三つのビルのテナントが共同で組織する商店会の名称は「391商店会」である。

（3）391街区の地権者たちは、一九九一年七月に「藤沢駅南口391ビル再開発準備組合」を設立し、その後、再開発の勉強会を二五年以上続けている。

（4）千葉宏「防災建築街区造成法と都市再開発」『日本の都市再開発』全国市街地再開発協会、一九九一年、一〇九―一一七ページ

（5）初田香成『都市の戦後――雑踏のなかの都市計画と建築』東京大学出版会、二〇一一年

（6）小俣元美・大村謙二郎・有田智一「都市再開発法制定時前後の高度成長期に取り組まれた再開発ビルの現状と課題」『日本不動産学会誌』第一九巻第一号、二〇〇五年、一一一―一二二ページ

（7）佐藤和哉・中井検裕・中西正彦「初期再開発事業地区における再々開発事業の実現可能性に関する研究」『都市計画論文集』第四二巻第三号、二〇〇七年、七五一―七五六ページ

（8）円満隆平「防災建築街区再生支援制度の研究――富山県氷見市中央町を例として」『アーバンスタディ』第五〇号、二〇一〇

年、二二五―三三五ページ

(9) 藤沢市建設局『藤沢市防災建築街区造成事業』(同発行)。出版年の記載はないが、葉山峻藤沢市長による「発刊にあたって」には「昭和50年度における重要施策の一つである「北口再開発事業」を本格的に進めようとしているこの時期に」とあり、一九七五年度の発行と推定される。

(10) 秋本福雄「戦後の旧都市計画法時代の総合都市計画に関する考察――菅原文哉の業績を中心に」『東海大学紀要工学部』第三八巻第一号、一九九八年、一七三―一七九ページ

(11) 越澤明「我が国における都市計画の理論と実践――1945年から1964年にかけて」『新都市』第五四巻第八号、二〇〇〇年、三―三一ページ

(12) 元藤沢市職員で391街区再開発準備組合のアドバイザーを務める佐藤正徳氏にインタビューを行った(二〇一一年三月八日)。佐藤正徳氏は一九三六年生まれ。一九五五年に上京後、歌舞伎町、恵比寿、東松原、方南町等の組合区画整理に従事。一九五八年に日本大学工学部第二部(土木)卒業後、神奈川県庁に入庁し、大和、平塚の区画整理を担当。一九六一年に藤沢市入庁。日本住宅公団の団地造成を前提とした市施行の第一土地区画整理事業(一九五九―一九六四年)を担当する傍ら、一九六四年一〇月の藤沢駅前南部地区土地区画整理事業の事業計画変更にも携わった。一九六六年からは藤沢駅南部地区土地区画整理事業担当の換地係長。後に藤沢市都市整備部長を経て、湘南都市総合研究所代表。また、山岸実の三男にあたる山岸弘氏をはじめ、391街区の現オーナーにも391街区の歴史についての聞き取り調査を実施した。

(13) 千葉宏「防災建築街区造成法と都市再開発」『日本の都市再開発』全国市街地再開発協会、一九九一年、一〇九―一一七ページ

(14) 井上良蔵「都市の再開発について」『不燃都市』第一四号、一九六二年、二―八ページ

(15) 井上良蔵「防災建築街区造成事業の特色とその問題点」『不燃都市』第一五号、一九六二年、六―一〇ページ

(16) 井上良蔵「防災街区造成事業における街区基本計画の意義」『不燃都市』第一七号、一九六三年、六―八ページ

(17) 初田香成『都市の戦後――雑踏のなかの都市計画と建築』東京大学出版会、二〇一一年

(18) 楠瀬正太郎「都市計画基礎調査について」『新都市』第六巻第五号、一九五二年、一〇―一二ページによれば、調査対象都市は「この調査は応用範囲の広い都市計画標準を求めるため、各種類別毎の代表都市を選んで実施する」ものであり、都市の規模と性格に着目している。また「本調査は更に積極的に調査に基づく計画の策定を付属させている」と説明している。

(19) 越澤明「我が国における都市計画の理論と実践——1945年から1964年にかけて」『新都市』第五四巻第八号、二〇〇〇年、三一—三二ページ

(20) 厚木市では、防災建築街区造成事業は厚木中央通り沿道に路線型に実施された。本厚木駅北口での都市改造土地区画整理事業実施区域とは隣接しているが区域内ではない。蒲郡市では、都市改造事業として三谷北駅前土地区画整理事業が実施されたが、防災建築街区は蒲郡駅前で指定されており、区域が異なっている。なお、越澤明「我が国における都市計画の理論と実践——1945年から1964年にかけて」『新都市』第五四巻第八号、二〇〇〇年において、都市計画マスタープラン策定都市とされている山形市では、都市改造事業として採択された山形駅前土地区画整理事業の仮換地指定の進捗と併せて山形駅前防災建築街区造成事業が実施され、九つのビルが建設されている。

(21) 秋田市総合都市計画については、三浦要一ほか「戦後の秋田市における「秋田市総合都市計画」の樹立とその後の市街地形成」『都市計画論文集』第二五号、一九九〇年、四九九—五〇四ページに詳しい。

(22) 菅原文哉（すがわらぶんや、一九〇六—一九七七年）。宮城県生まれ。一九二七年に攻玉社工学校卒業後、東京府土木部勤務。一九三一年に攻玉社高等工学校土木工学科卒業後、満州国に渡り都市計画に携わる。終戦後、宮城県玉造郡鬼首村北滝開拓協同組合長、新潟県新津市技師を経て、一九五二年に秋田市嘱託、後に都市計画課長。一九五五年に藤沢市建設部計画課長。一九五七年には建設部長に就任。藤沢市総合都市計画の策定の他、藤沢バイパス建設等を手がける。一九六四年、仙台市建設局長。一九六七年、京急興業株式会社常務取締役。一九六九年、日本新都市開発株式会社取締役。

(23) 藤沢町は戦前、一九三四年二月に都市計画法適用都市となり、一九三九年五月に用途地域を指定、一九四一年一二月に都市計画道路を指定している。なお、藤沢駅周辺では、旧東海道藤沢宿と藤沢駅との間の北口一帯が面的に商業地域に指定されたが、南口に関してはわずかに路線型の商業地域が指定されたのみであった。後の391街区にあたる土地は工業地域に指定されており、不二黒鉛合資会社が所有していた。

(24) 藤沢市『藤沢総合都市計画計画篇』一九五七年

(25) 藤沢市『藤沢総合都市計画決定経過概要』一九五九年頃

(26) 菅原文哉「藤沢市」『区画整理』第二巻第九号、一九五八年、三〇—三一ページ

(27)『湘南新聞』第二一九号、一九五七年九月二五日付

(28) 都市計画協会『藤沢駅前並に周辺市街地改造計画説明書』一九五八年。委員長は佐藤昌、委員は五十嵐敬三、秀島乾、格井保

次、幹事は井上孝、今野博、盛平八、依田和夫。佐藤や秀島は、菅原の満州時代の上司と同僚である。
(29) 同右
(30) 石川允（いしかわまこと、一九二三—）。東京生まれ。一九四四年に東京帝国大学第一工学部建築学科卒。海軍、戦災復興院、建設院、建設省、大阪府、首都建設委員会等を経て、一九五五年一一月一日付で建設省計画局区画整理課長補佐、都市改造土地区画整理事業等を担当。その後、一九五九年二月一九日付で住宅局宅地課長補佐、防災建築街区造成事業等を担当。総理府、国土庁への出向を経て、一九七九年に長岡技術科学大学教授。一九八九年同名誉教授。
(31) 菅原文哉回顧録刊行会『菅原文哉回顧録』一九七八年、三九—四〇ページ。なお、石川允は菅原文哉の葬式の日（一九七七年四月）に391街区を訪れている。「この広場を久し振りで訪れて見たら、自転車置場に変ってしまっていた。矢張り、青年菅原文哉は、都市計画の分野でも死んでしまったのだなぁと、深い感慨にふけったものである」（同右、四〇ページ）。
(32)『湘南新聞』第二七一号、一九五九年七月五日付
(33)『藤沢駅南部都市計画促進協議会設立趣意書』一九五九年三月八日、藤沢市所蔵
(34)『湘南新聞』第二七六号、一九五九年九月二五日付
(35) 藤沢市都市計画整理事業日乃出町対策委員会の役員の中には、常任委員三名、会計に一名、そして相談役に一名（山岸実）、391街区の地権者の名を見ることができる（『湘南新聞』第二七一号）。
(36)『湘南新聞』第二七六号、一九五九年九月二五日付。なお、山岸実は長野県出身の弁理士。戦前に藤沢市鵠沼に移住の後、一九五一年に391街区内の土地を取得し、みのる百貨店を開設した。
(37) 第一回藤沢駅前南部地区土地区画整理審議会では、会長および会長職務代理者の選挙、審議会内規の制定が予定されていた。審議会の冒頭で山岸実は、議題を事前に知らされておらず、検討する時間が与えられなかったことに対して疑問を呈し、「委員としての心がまえを無視された様なものであり、今後こういうことのないよう十分注意してほしい」と発言している（藤沢市『第一回藤沢駅南部地区土地区画整理審議会議事録』一九六〇年）。
(38)「藤沢市・藤沢駅前南部第1防災建築街区造成事業の概要」『市街地再開発ニュース』第三〇号、一九七二年、一四—一五ページには、「住宅地として利用するという目的で採光等を考慮し、幅員の街路を整備し、4つの小街区と街区広場で構成した」と記されている。なお、当時の地権者たちを知る佐藤正徳氏によれば、391街区の地権者の多様な出自・職業等を勘案すると、391街区で一つの共同建築を建設する可能性は極めて低いというのが常識的な判断であり、小街区への分割は必然であった。

(39) 石川栄耀はこのTerminal vistaの考え方で、歌舞伎町の広場を設計した（西成典久・斉藤潮「石川栄耀の広場設計思想――新宿コマ劇前広場をめぐって」『都市計画論文集』第三九号、二〇〇四年、四〇三―四〇八ページ）。
(40) 石川允「防災建築街区のことども」『住宅』第九巻第六号、一九六一年、三六―三八ページ
(41)『36年度藤沢駅南部地区防災建築街区及び37年度防災建築街区補助金交付に関する文書』藤沢市所蔵
(42) 山岸実は、一九六〇年九月一〇日に開催された第一回藤沢駅南部地区土地区画整理審議会での先進事例の現地視察先についての議論において、「例えば踏切の問題については、蒲田、立川、八王子等中高層については横須賀の三笠、岐阜など今後当面する問題点を見たいと思います」と発言している（藤沢市『第一回藤沢駅南部地区土地区画整理審議会議事録』一九六〇年）。
(43) 名古屋不燃都市建設促進協議会『第4回全国都市不燃化名古屋大会報告書』一九六一年。なお、注49で後述する相沢清勝市会議員も参加している。
(44)『湘南新聞』第三五九号、一九六二年九月一五日付
(45) 山岸実「市は区画整理を大いに促進せよ」『湘南新聞』第三六四号、一九六二年一一月二五日付
(46) 火災直後の『湘南新聞』一九六二年一二月一五日付で「美栄堂その他は去る四日の火災で焼失」「焼けなかったみのる百貨店」と報道されている。鵠沼郷土資料館所蔵の写真（図10）では、みのる百貨店、山田果物店より南に5棟の仮設店舗が見て取れる。これらに基づいて、焼失範囲を示した。
(47) なお、フジサワ名店ビルの設計の際にはすでに後続の二つのビルとの将来的な接続が予定されていた。佐藤正徳氏によれば、藤沢市による指導とともに、当時の商業軸である391街区の西端に接する街路に直接面しておらず、商業ビルとしては経営の困難が予想された391街区東側の敷地（後のC－Dビル）の地権者たちによる、山岸実ら他の地権者への働きかけもあったという。接続することで、街区全体の商業価値が向上すると考えた。
(48) 藤沢市建設局『藤沢市防災建築街区造成事業』（同発行、一九七五年頃）収録の座談会では、ダイヤモンドビルの地権者の一人は「最初のうちはヤルヤルと言っているのは、市だけですからね。皆な知らん顔でいましたね」、C－Dビルの地権者の一人は「我々の場合何も知らないのに外からヤレヤレと追立てられた」と発言している。同座談会では、組合当事者たちが資金調達やテナント誘致の苦労を語っている。また、全国市街地再開発協会編『図集・市街地再開発』（同発行、一九七〇年）では、三つの組合とも計画調整を藤沢市が行ったことが明記されている。所有者の感想欄の最も苦労した点としては、フジサワ名店ビルは「権利調整、資金調達」、ダイヤモンドビルは「権利調整」、C－Dビル（同書では「藤沢駅前ビル（仮称）」）では「地上権の解決

（借地権）」をあげている。なお、同書には権利関係者数の変動についても整理されているが、『藤沢市防災建築街区造成事業』とは数字に若干の食い違いがある。本論文では藤沢市による公式記録である後者に依拠して記述を行った。

(49) 藤沢市建設局『藤沢市防災建築街区造成事業』（同発行、一九七五年頃）収録の座談会によれば、市議会建設常任委員を務めていた相沢清勝が尽力した。

(50) 『湘南新聞』第四一五号、一九六四年九月一五日付。なお、佐藤正徳氏によれば、この時の仮換地設計のやり直しの原因は、391街区内に公道に面していない区画があるとの指摘であったという。

(51) 391街区中央の空地が藤沢市の所有になった経緯は、佐藤正徳氏によれば次のとおりである。藤沢市は藤沢駅南口駅前広場造成にあたり、藤沢駅前（南西部）に修理工場を構えていた神中自動車工業株式会社と交渉し、工場移転代替地を用意し、飛び地として土地区画整理事業に組み入れ、工場を移転させた。その後、神中自動車工業から交換で入手した土地の換地先として391街区の中央に予定されていた空地が選ばれた。神中自動車工業株式会社から藤沢市への所有者変更の登記は一九六八年一月一三日に行われている。

(52) 『藤沢都市計画藤沢駅前南部地区土地区画整理事業　事業計画変更書』一九六四年（藤沢市役所所蔵）。この事業計画変更に実際に携わった佐藤正徳氏によれば、391街区の中央の空地は後日民間に売却する可能性もあったが、ここで「街区広場」として明確に位置づけられたことで、事実上、公有地として永続的に使われることが決定した。「街区広場」が事業計画に明確に位置づけられ、街区の構成が確定したのを踏まえて、三つの防災建築物を連結させるための通路空間の確保の検討を行った結果、欧州等で見られるアーケードを参考にして、391街区内の街区道路（公道）上の占用許可を得るかたちで、各ビルが二階以上をキャンチレバーで公道上に張り出す現在の平面計画が採用された。なお、後に391街区の広場には自転車が無造作に置かれるようになり、現在は、東半分に駐輪場施設、西半分に屋外テレビ、ベンチが設置され、中央に櫨が植えられている。

現C－Dビルの建設に際しての「昭和44年度防災建築街区造成事業補助金交付申請書」（神奈川県立公文書館所蔵）中の図面では、この広場は地下一階までの吹き抜けとなっており、その中央に地下への階段が描かれている。藤沢駅南口の駅前広場と周辺街区については、現行の二階レベルでのデッキでの接続以外に、当初は江ノ電の地下乗り入れ計画と併せて、地下での接続も考えられていた。『都市再開発』一九六六年五月号に掲載されている「藤沢駅南部地区第1街区計画図」では、391街区から南の第2街区へ延びる地下歩道が描かれている。すなわち、藤沢駅南口では地下を主要動線とする案も検討されており、広場が地下一階まで吹き抜けている案は、地下からのアクセスを重視したものであったと推測される。日本不燃建築研究所が藤沢の防災建築街区より前に設計した高岡駅前の高岡ビル（防火建築帯）では中庭が高岡駅前広場の地下商店街と直接繋がっている。同じく日本不燃建築研究所が手がけた大宮防災建築街区でも駅から地下通路でのアプローチを計画、設計するなど、地下街と関係づけた駅前の防災建築街区は、当時の計画案、実施例の中に他にも見られる。

(53) なお、一九六九年七月二一日に、藤沢駅南部土地区画整理事業の事業計画変更が認可された。その内容は、391街区の区画道路のうち、中央の広場から西、駅方向に延びる街路の幅員を六メートルから四メートルへ縮小するものであった。ここにはすでに公道上のエスカレーターが設置されており、このことについて元土地所有者より意見書が出された。回答では「当該道路は、公共用地の管理上から本事業計画案のとおり、変更することが妥当と認められる」（藤沢市所蔵文書）とされ、結局、三つのビルの運営会社が共有することになった。結果として、駅方向からのエントランスが狭まってしまった。

(54)「防災建築街区めぐりその13　藤沢市」『都市再開発』第三七号、一九六六年、一五―一九ページ

(55)「中高層ＮＥＷＳ　藤沢駅前防災建築街区　みやまビル」『建築と再開発』第一巻第六号、一九六六年、八―九ページ

(56)「防災建築街区　住宅地区改良　7団体の事業概要」『市街地再開発ニュース』第二七号、一九七二年、二―五ページ

25　再開発ビルをストックとして評価する三つの視点

ＪＲと小田急、江ノ電のターミナルである藤沢駅のすぐ傍に、四方をビルに囲まれた中庭型広場がある。広場の角には街角テレビがあり、大相撲中継をぼんやり眺めながら、思い思いに佇んでいる人たちがいる。人懐かしさを感じさせるこの広場を取り囲むのは、防災建築街区造成事業によって生み出された三つの初期再開発ビルである。一九六六年、六七年、七一年と竣工時期はずれているが、二階以上はフロアが連結されており、一体化されている。

私は、中庭型広場と三つのビルからなる「藤沢391街区」と呼ばれるこの再開発街区の歴史的文脈を探り、その文脈を街区の価値の再創造に繋げることを目的とした研究を行ってきた。とりわけ、二〇一三年から三年連続で、研究室の学生たちと『探検！　藤沢391』というイベントを藤沢391街区で開催した。研究成果をパネル展示や写真展、新聞記事展などで伝えるとともに、現在立ち入りができないかつて観覧車のあった屋上空間や、空きフロアとなっているスカイレストラン跡などを、展示空間・ワークショップ空間として開放し、この街区の有する記憶と可能性を地域の方々に直接体感していただく機会を提供した（図１）。そうした研究活動の経験から、再開発ビル、再開発街区をストックとして評価する際に、一般的な見解を覆す三つの重要な視点があると考えるようになった。

1　「再開発は不連続点、断絶点ではない」

旧東海道藤沢宿と江の島とを結ぶ参詣道と、近代藤沢の発展の核となった東海道線との交点にあたる場所に藤沢391街区はある。再開発以前から開かずの踏切の手前で人が溢れ、木造の店舗がマーケット的にひしめき合っていた。藤沢391

図１『探検！　藤沢 391』（2013 年 8 月、慶應義塾大学 SFC 中島直人研究室主催）の会場風景

街区は、この歴史の重要な交点に藤沢市の再開発第一号として建設された。再開発前の店舗の多くが再開発ビルの地下一階で営業を続けるかたちで、マーケット的空間が継承された。地上階も、外観は普通のビル然としているが、実は防災建築街区造成組合を結成した地権者たちの土地所有境界を反映させた分節性を保っており、そのことが迷路的魅力を生んでいる。そして、地権者たちは代が替わっても共同で街区の運営を続けている。近世から現在まで、空間的、社会的文脈は確かに繋がっている。

2　「再開発は民間ビル建設事業ではない」

藤沢391街区は藤沢駅前南部第一防災建築街区として造成されたが、当時の計画ではこの街区のみならず、駅前広場を囲む全六街区で中庭型街区が構想されていた。もとより南口駅前広場はまだ存在しておらず、先行して検討されていた地区全域での都市改造土地区画整理事業によって生み出される予定であった。この区画整理事業は藤沢市で最初のマスタープランである藤沢市総合都市計画（一九五七年）に

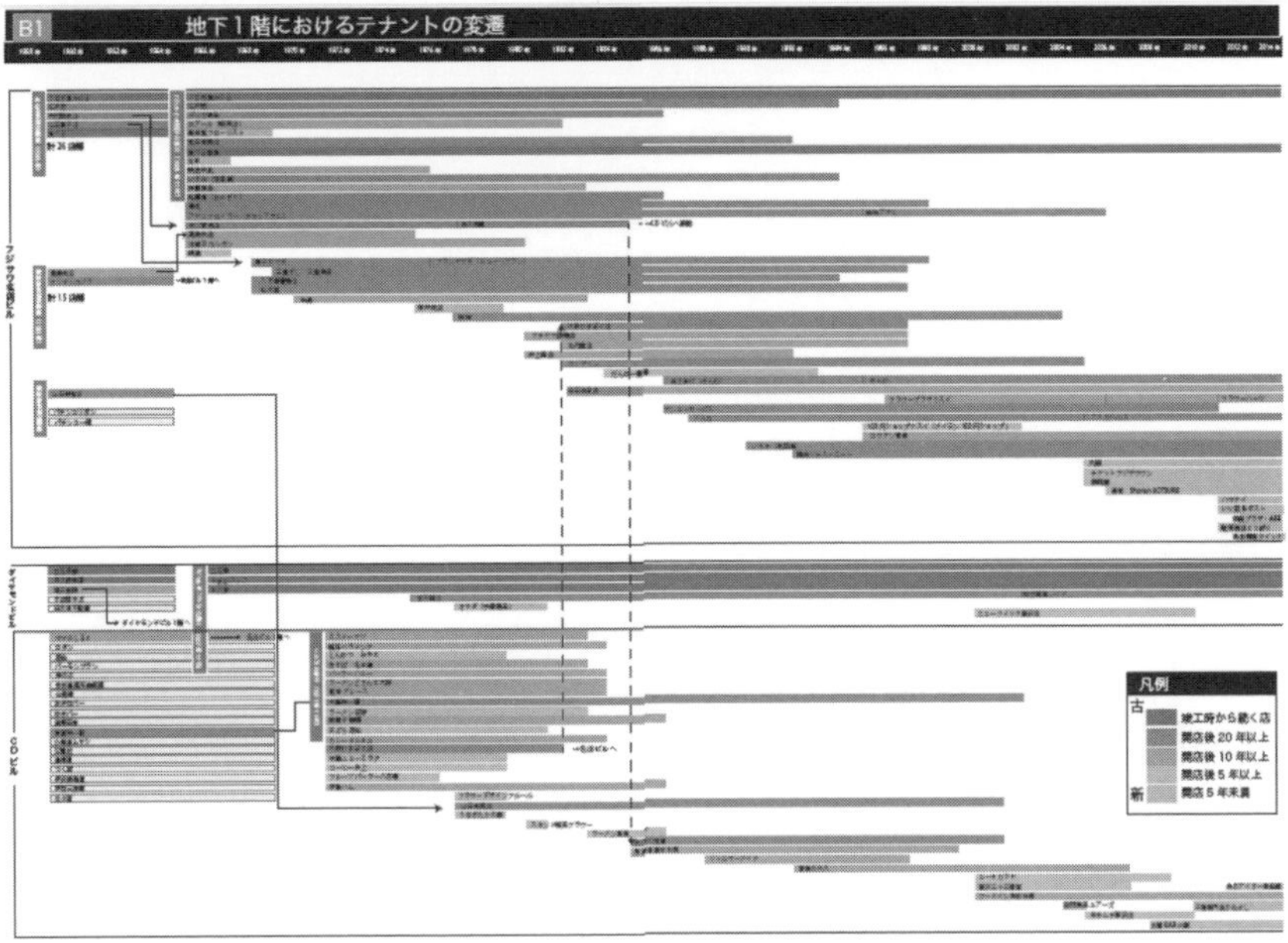

図 2　藤沢 391 街区のテナントの変遷（地下一階）

おける土地利用構想が根拠となっていた。つまり、藤沢391街区の造成は土地所有者たちの自発的な民間事業である一方で、マスタープラン、区画整理事業、防災建築街区事業という一連の流れで、都市計画的な構想を実現させる事業でもあった。「非戦災都市の近代化」という都市のビジョンを背景としていたこの再開発街区は、今後の都市の現代化、ないし成熟化においても鍵を握る存在である。

3　「再開発はビル竣工では終わらない」

藤沢391街区内で行った研究展示や写真展には多くの方々が来場して下さり、様々な思い出を語ってくれた。とりわけテナントの変遷（図2）が、一人ひとりの個人史を掘り起こしていく様が印象的であった。かつて藤沢の住民であった漫画家・松本大洋氏が傑作『鉄コン筋クリート』にこの街区の広場を登場させたことに象徴されるように（図3）、この街区は市民の強固な心象風景となっている。つまり藤沢391街区は再開発事業によって完成したのではない。人々によって生きられた記憶の蓄積によって、日々、その存在は更新されていく。「再開発」

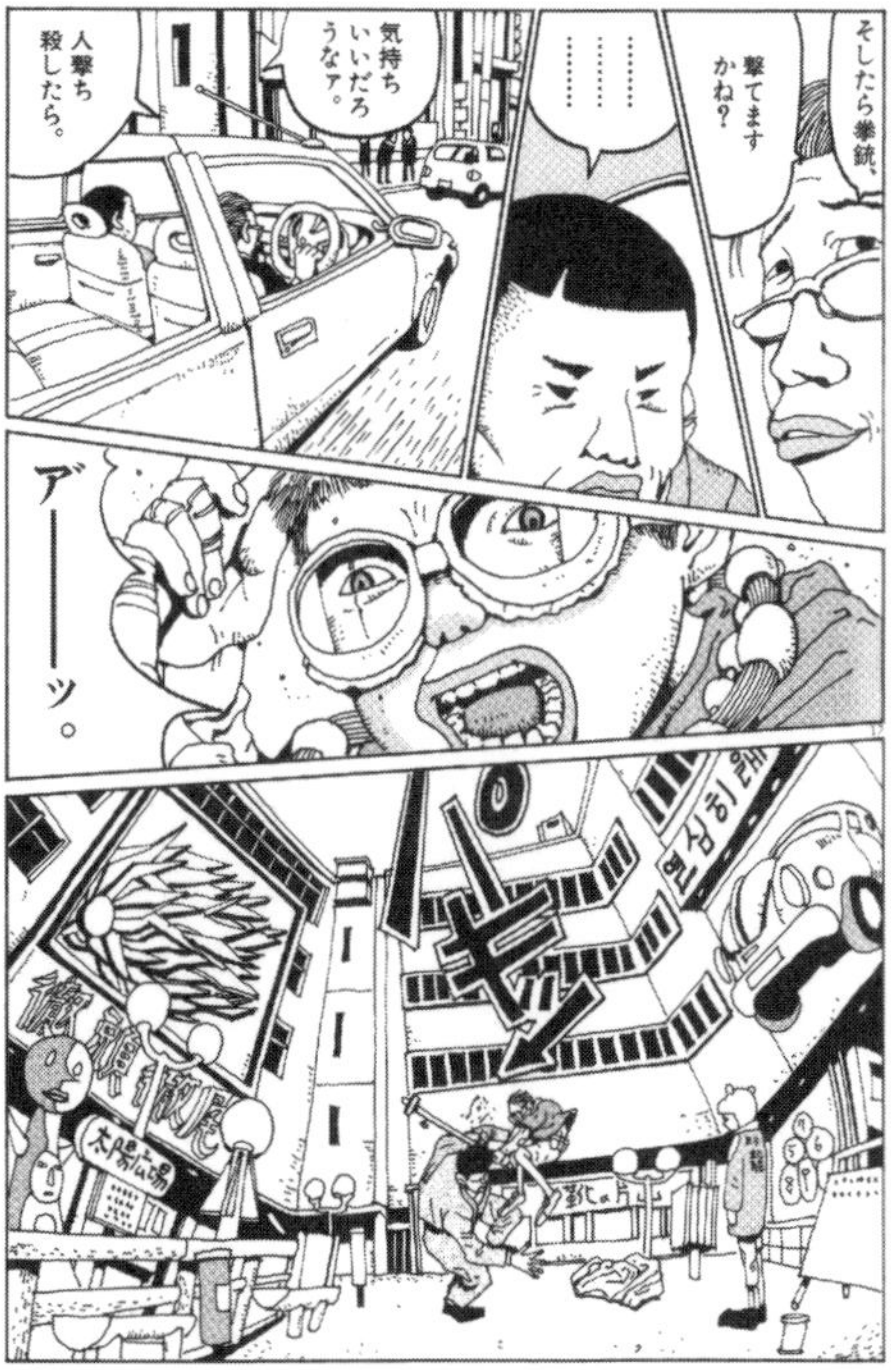

図3　『鉄コン筋クリート』の一コマ
出典：松本大洋『鉄コン筋クリート』第1巻、小学館、1994年、41ページ
奥に見える「靴の片山」は、藤沢391街区を構成するダイヤモンドビルの竣工当時（1967年11月）から、広場に面する一角を占める老舗テナントである

は長い時間をかけて土地のポテンシャルを、意味を、文脈を掘り出し、蓄積し続ける行為であろう。

再々開発の現場は今後ますます増えていく。その際、歴史に目を開き、未来を企てる姿勢が必要である。目の前にある再開発ビルはそれぞれ固有の物語の中にある都市ストックに他ならない。つまり、かけがえのない「場所」である。

結　都市計画史の語り手は誰か？

都市計画史という領野の中心にあるのは、研究者たちの学術論文で明らかにされる歴史的な事実と知見である。公文書館や図書館などにおける史料探索と収集、歴史の当事者や関係者へのヒアリング、現地での遺構や現状の調査などの成果のごく一部が歴史的な記述の対象となり、ある文脈のもとで関係づけられ、実証という手続きを経て公表されている。都市計画史の実質を支えているのは、まぎれもなく研究者たちのこうした日々の営みである。しかし一方で、都市計画史の魅力や可能性は、領野の中心や実質だけでは語りえないということも確かである。都市計画史の省察と展望という意図のもとで、都市計画史の語り手は誰かを、構想的に問い直す必要がある。

1　「私の都市計画史」

二つの「私の都市計画史」がある。

一つは石川栄耀が一九五二年、雑誌『新都市』の四月号、五月号、九月号、一一月号、一二月号の五回に分けて連載した「私の都市計画史」である。東京都建設局長を退任したタイミングで、すでに三十数年を数えていた都市計画家としての遍歴、石川曰く「都市計画生活」「都市計画の道」を回顧した内容である。石川は冒頭で、「「歩いて」好かったと思ってる。何かこの道は人生本道に通じてる様な気がするのである」[1]と自分の歩みを肯定している。石川の盛岡中学の先輩にあたる石川啄木の詩から始まる「私の都市計画史」では、都市計画を志し、都市計画家として縦横に走り抜けた心の機微が石川ならではのユーモアある筆致で描かれている。ただし、「総ては必然の中の泡である。流れは太くよどみなく流れてる。流れの上を輪をかき、線を描き運ばれる泡である。流れの本流に身をまかせれば「楽しさ」以外の何があろう[2]」と総括された石川の都市計画史は、決して一都市計画家の私的な業績録ではない。太い流れ＝都市計画の歴史、都市の歴史を見出すことができる。

もう一つの「私の都市計画史」は、石川の「私の都市計画史」からもちょうど三〇年後の一九八二年に、当時すでに七〇歳を超えていた高山英華が日本都市計画学会の三〇周年記念式典（一九八二年五月二六日）で行った記念講演の学会誌掲載時のタイトルである。もともと告知されていた講演タイトルは「戦後の都市計画の歩み」であった。しかし高山は「私はあまり整理をしないほうですので、文献その他、細かいデータについてのお話はできないかと思います。逆に私の個人的に覚えておることをお話ししたほうがより実際的ではないかと思いまして、「戦後の都市計画」というよりも「私の都市計画史」というふうにしていただいたわけです[3]」とタイトル変更について説明している。戦後の都市計画史のメインストリームを歩いてきたという高山の自負がこのような講演タイトル、内容の変更を可能にしたといえばそれまでであるが、重要なのは、高山は自分の記憶の方が都市計画の正確な記録（データ）よりも実際的であると断じている点である。都市計画史が実際的であるとはどういうことだろうか。記録としての都市計画史に対して、都市計画の歴史とは実際はこうである、本当はこうであると記憶としての都市計画史を語ったのである。

都市計画史の領野には、石川や高山が意識的に取り組んだように、「一人称の都市計画史」がある。都市計画史とは、都市計画法の改正の記録ではないし、都市プランの変遷でもない。都市計画家、ないし都市計画に取り組んできた一人ひとりが蓄積してきた経験や記憶もまた、都市計画史としてかたちをなす。ただし、「一人称の都市計画史」は、都市計画家が自分の業績を誇示するための英雄伝ではない。また、もちろん、他者による人物史研究でもない。都市計画に関する主体的な認識と実践の歴史であり、私的全体性とも呼ぶべき性質を備えたものである。

近年、人間の知の研究分野で一人称研究という新しいパラダイムが提唱されている[4]。従来の科学や研究では、客観性、普遍性、再現性が重んじられてきた。しかし、私たちはそれまでの人生背景、性格、ものの考え方に依存して、知を動的に創成、発揮しているという考えのもと、個別具体性を捨て置かず、一人称視点からの世界の知覚を記述すること、そこから先見的な仮説を立てることに重きを置く研究方法の提唱である。従来の客観性や普遍性を重んじるパラダイムに対して、相補的な役割を担うことが期待されている。

序で述べたように、都市計画史の論述はもともと当事者たちの回顧から始まっている。しかし今、「私の都市計画史」が必要とされるのは、都市計画史研究以前の状況に戻るためではなく、知の研究分野での一人称研究と同じく、従来の都市計画史の相補的パラダイムとしてである。都市計画史をより立体的に、重層的に展開させるためには、都市計画に主体的に取り組んだ人々が描く「一人称の都市計画史」が不可欠であろう。「私は石川や高山ではない。そんな私の都市計画史に何か意味があるのだろうか」という疑問の声が上がるかもしれない。しかし、顕名性という意味で石川や高山である必要は全くない。あえていえば、都市計画の実践家である必要すらない。むしろ、その人がどこまで主体的に都市計画に取り組んだか、向き合ったのか、それが大事なのである。

2　生活者自身による都市計画史

都市計画史の語り手は、「私」としての自我がある都市計画家や研究者に限定されるものではない。

かつて都市計画史家の石田頼房は、神田橋本町のスラムクリアランスを巡る都市計画史研究において、ほぼ同時に建築史家の藤森照信も同様のテーマで同様の史料を閲覧していた事実に触れ、「橋本町を追われた人たちの行方」まで把握したことで都市計画史研究としての面目を保つことができたと記述している(5)。その後、都市計画史研究では、計画する側の思考や行動のみならず、計画される側の思考や動向に踏み込むことで、その領野を広げてきた。例えば、田中傑『帝都復興と生活空間』（二〇〇六年）は帝都復興事業の「公的記録」には残らない一つひとつの民間建築物の再建プロセス、つまり「生活空間」の再生に焦点を合わせた。解明が進む戦後復興期の闇市研究も、従来から都市計画史分野で進められていた戦災復興計画史研究の計画者の視点を完全に反転させたものと位置づけられよう。都市計画史が技術史や思想史を超えて、いわゆる一般都市史へ接近していくためには、生活者の視点を持ち合わせることが必須であることは論を俟たない。

ただし、研究者がある種の超越的視点から計画する側と計画される側、ないしは計画空間と生活空間といった見方で都市計画の歴史を語る以前に、生活者自身による都市計画史の語りというものもあるのではないだろうか。この点に関して、興味深い書籍がある。筑波研究学園都市の生活を記録する会編の『長ぐつと星空』（一九八一年）である。国家プロジェクトとして一九六三年に閣議決定され、そのわずか九年後に最初の新住民の入居が開始されたという促成の筑波研究学園都市の計画、建設プロセスを生活者として経験した人々の記憶、声を集めたものである。本の趣旨は、「各機関が公的な記録を作ることに対して、移住者とそれを受け入れた側がおのおの住民の立場で当時を語ることは、単なる感傷ではなく、将来に対して必要なことである」(6)とある。そして、「限られた記録で、しかも殆どの筆者が主婦である点から、豊富な情報に基づく精密な解析といった要素を期待されても無理であるが、その反面、生活の細部からにじみ出たことがらが相当盛りこまれているといえよう」(7)と、記録としての都市計画との相違点を冷静に指摘している。

一人称の都市計画史にとって、都市計画に対する主体性が大事であると述べた。しかし、その主体性とは、計画する／されるという二分法により峻別された前者にのみ宿るものではない。生活者として計画ないし建設プロセスを切実に生きた、そのことも都市計画に対する主体性といえないだろうか。そして、さらにいえば、同時代的な経験の記憶に限定されず、身近な生活空間の計画史を自ら遡及的に探求していく行為もまた、一人称の都市計画史に準じるものであろう。例えば、首都圏最大のニュータウンとして計画、建設された多摩ニュータウンで二〇〇六年に設立され、現在も精力的な活動を続けている多摩ニュータウン学会は、「ニュータウン開発以前からの歴史・文化を継承し、新たに学び・創る「郷土の学」として、また「地域創造の学」として、多摩ニュータウンを研究する」ことを趣旨とし、「市民の立場で自主的活動として参加する生活者の視点」を大切にしている(8)。そうした視点から生み出される多摩ニュータウンの歴史的知見は、生活者自身による都市計画史である。私たちは地域主導・主体の「まちづくり」の経験から、地域の人々自身による地域の歴史の再発見、再学習が個性を育む「まちづくり」の出発点にあることを学んできたが、都市計画もまた、地域の空間的、社会的履歴として再発見、再学習の対象となり始めているのである。

なお、多摩ニュータウン学会を実際に支えているのは地元の大学（こうした大学自体も首都圏整備計画によって多摩ニュータウン近隣に立地した都市計画史的経緯を持つ）に所属する研究者であろう。それは研究者のふるまい方の一つとして、研究対象と生活空間とを重ねることで、計画する側／される側という二分法を超えて、研究者自身も新たな主体性を獲得するという可能性を垣間見せる。都市計画の「計画」という用語が、どうしても計画する側／される側の二分法を想起させるのだとすれば、むしろ「アーバニズム」という言葉で置き換えて考えてみた方がよいだろう。

この二〇年くらいの間、とりわけ米国を中心に「アーバニズム」という用語が都市計画分野、都市デザイン分野で広く使われるようになっている。もともとはメガロポリスが登場し始めた二〇世紀初頭に、シカゴ派と呼ばれた社会学者らが新たな現象としての都市生活の様式（人口規模、密度、異質性）のことを表現したのが用語の起源であるが、現在の米国では、例えば「ある確立された原理に基づく、理想的な人間の居住地を実現させるためのビジョンと探求(9)」といった意味でも「アーバニズム」が使われている。「アーバニズム」には、もともとの事実概念と近年の規範概念とが融合し、両義的な意味が込められている。このことは、生活者自身の都市計画史のあり方に対しても示唆的である。つまり、こうした両義性を有する「アーバニズム」を実践する者を仮に「アーバニスト」と呼ぶとすれば、生活者自身による都市計画史からは「アーバニスト」としての都市計画史研究者像というものが想定されるのである。

3　都市文化としての都市計画史

高山英華は「私の都市計画史」において、次のように述べている。

敗戦直後の時期の新宿などの飲み屋街の生活も、そういう意味で僕の都市計画の幅を広げるのに役立っているわけです。

新宿駅前の焼跡のバラック街にハーモニカ横丁なる一角があって、中央線の文士の人々などが毎晩カストリを痛飲していた。僕も夜は、そこで人生勉強と学際的人間交流を楽しんでいた。『文芸春秋』の池島信平、中央線沿線の中島健蔵、上林暁、中野好夫、河森好蔵などのみなさんに会って、ぼくの芸域が広がった感がある。（中略）

これらの体験は、僕の都市計画の考え方の上に、いろいろとよい影響をもたらしていると思っている。(10)

高山は一人称の「僕の都市計画」という表現を使っている。そして、その「僕の都市計画」の発展に「飲み屋街の生活」という極めて個人的な、都市的な生活経験が少なからず役立ったという。「アーバニスト」としての都市計画家、研究者像が高山と重なる。ただ、もう一点、ここで大事なのは、高山が「私の都市計画史」の論述対象を「文士の人々」との交流にまで広げたことである。生活者自身による都市計画史は、必然的に、都市計画史を制度史や技術史にとどめておかない。都市計画史は、生活者もその一端を担う都市の技芸、いや都市文化そのものに接近していく。

そのことを強く感じさせる都市がニューヨークである。ニューヨークの都市計画史で最もよく知られている登場人物は、ロバート・モーゼスとジェーン・ジェイコブズの二人である。イエール大学出身、オックスフォード大学への留学経験があり、コロンビア大学で政治学博士号取得というエリートで、一九二〇年代から一九六〇年代にかけて、ニューヨーク州やニューヨーク市の公園や道路、公営住宅などの公共事業関係の各種公社や委員会を掌握するポジションに居続け、ニューヨークのマスタービルダーと呼ばれたモーゼスと、かたやペンシルバニア州の高校卒業後にニューヨーク市グリニッジビレッジに移り住み、ジャーナリストとして少しずつキャリアを重ね、一九六一年に「都市計画家が都市を破壊している」という強烈な宣伝文句で出版広告が打たれた『アメリカ大都市の死と生』で一躍表舞台に出てきたジェイコブズ。トップダウンで都市の改造を試みたモーゼスと、そうした上からの都市改造に対抗し、徹底的な住民運動によって地域の環境を守ったジェイコブズという対立の構図は、ニューヨークのみならず、現代都市計画の起点の一つとして認知されている。

とりわけ二〇〇六年にジェイコブズが逝去した後、二〇一六年のジェイコブズの生誕一〇〇年にかけての一〇年ほどの間に、ジェイコブズの業績を振り返る様々な仕事が、都市計画のみならず、経済学、社会学等の多様な分野で生み出された。一方で、モーゼスについても、ジェイコブズの敵対者ということでの注目だけでなく、モーゼス自身の再評価が進んだ。かつてジャーナリスト、ロバート・カロによるピュリッツァー賞受賞作『パワーブローカー』（原題はThe Power Broker: Robert Moses and the Fall of New York, 1974）によってモーゼスを支えていた利権構造が大々的に告発された。モーゼスが有していた強大な権力に対する反発もあり、以降、その評価は低下したままであった。しかし、二〇〇六年にニューヨーク市博物館で開催された展覧会「ロバート・モーセズと現代都市」（二〇〇六年一二月―二〇〇七年五月）を契機として、ジェイコブズからの痛烈な一撃を受けたそのトップダウン手法が問題をはらんでいたことが確かだとしても、モーゼスが現代ニューヨークの基盤となる様々なインフラストラクチャーをつくり上げたことは決して低く評価されることではない、という理解が広まった。ニューヨークをベースとする都市計画家のアレックス・ガーヴィンは、「ニューヨークの個性的な要素は、ロバート・モーゼスとその同僚たちの企業家精神にあふれた活動の結果である。彼は都市計画ゲームをとても上手に楽しんだ。彼がいなかったら、現在のニューヨークはまったく違ったものになっていただろう。とはいえ、モーゼスや彼の支持者、そして彼の批判者たちはモーゼスの役割を誇張し過ぎた(11)」と指摘している。

そうした注目を受ける中で、思わぬ方角から興味深いニュースが日本にも伝わってきた。二〇一七年にノーベル文学賞を受賞することで話題を振りまくことになるボブ・ディランの幻の歌「Listen, Robert Moses」の歌詞が、ニューヨーク大学図書館で発見されたというものである。ジャーナリストのアンソニー・フリントが二〇一一年に出版したモーゼスとジェイコブズの闘いを描いた著作でも、「まだそれほど有名ではなかったボブ・ディランが、ローワーマンハッタン・エクスプレスウェイへの抗議の歌曲を書き、この地域の美しい調べをもつ街路の名前、ディランシー、ブルーム、マルベリーを挿入してデモ行進で歌えるようにした(12)」と言及されていた。ただし、その曲の詳細、メロディはおろか歌詞も不明で、幻の曲だった。そして、ちょうどジェイコブズ生誕一〇〇年を迎える直前の二〇一六年四月には、ジェイコブズの長男であるジム・ジェイコブズがインタビューに答えて、「自宅にやってきたボブ・ディランに、母がプロテストソングとは何か教えた(13)」と証言し、それもまた記事になった。ディランが数々のプロテストソングでロックの歴史を塗り替え始めるのは、「Listen, Robert Moses」の後のことである。

このニュースは、都市計画界ではなく、ロック音楽やアメリカ文化の世界で話題となった。モーゼスとジェイコブズの対決は、都市計画史の中の話ではなかったのか。いや、ニューヨークでは、都市計画史の領野自体が私たちの知っている都市計画史とは異なっているのではないだろうか。そもそも、ジェイコブズについては若者向けのポップなイラストを挿入した簡易な伝記が出版されているし、モーゼスについても伝記漫画が出版されている。(14) 二人が描き出すニューヨークの都市計画史は、実に幅広い層に向けて発信されている。ディランとの接点もまた、そうした発信の中で注目されたものであろう。

そうした都市計画史の発信対象の広がりの極めつきは、モーゼスとジェイコブズを扱ったオペラ『A Marvelous Order』の上演である。二〇一二年に詩集「Life on Mars」でピュリッツァー賞を受賞したトレイシー・フランケルが脚本を書いた。オペラの主催者たちは、このオペラの意義を次のように語っている。

> 私たちの物語はジェイコブズとモーゼスが中心的な役割を担うオペラです。しかし、オペラの主人公はニューヨーク市それ自身です。本当の真実の物語を語る膨大な歴史を築き上げてきた名もなき人々と、アニメーションに変換され、ニューヨークの変貌に息を吹き込む三次元のセットと合わさって発見される、企図されたイメージのビジュアルなパレットの組み合わせによって表現されます。
> モーゼスとジェイコブズは、彼／彼女の個人的な人生ということではなく、著名な指導者や同時代のエリートたちの闘争の向こうに集団としてあるいは個人として立ち現れる、何百万人ものニューヨーカー一人ひとりの歴史に対して大きなインパクトを与えたという点で最重要なのです。(15)

都市計画史の語り手は誰か。この都市計画史の主人公は、モーゼスやジェイコブズを通じて物語を語っているのは、ニューヨーク市自身であるという。ここでは都市計画史の都市史への接近というよりは、都市計画史の都市文化（カルチャー）への包含といった方がよい。(16) 本書でもすでに述べたように、かつて石川栄耀は「都市は詩情を有つ。むしろ都市の本質はその詩情にある。それを誰が唄うであろうか」[17]と問うた。私たちはもしかしたら、都市計画史によって都市の詩情を唄うことができるかもしれない。都市史としての都市計画史、そして都市詩としての都市計画史へ。都市計画の思想と場所の先に、今はまだ見えていないが、いつかは見てみたい世界がある。

注

(1) 石川栄耀「私の都市計画史」『新都市』第六巻第四号、一九五二年、二五ページ
(2) 石川栄耀「私の都市計画史」『新都市』第六巻第一二号、一九五二年、一一ページ
(3) 高山英華『私の都市工学』東京大学出版会、一九八七年、三一ページ。なお、初出は高山英華「日本都市計画学会30周年記念講演「私の都市計画史」」『都市計画』第一二二号、一九八二年、二一八ページであるが、加筆修正の上、単行本に収録された。
(4) 人工知能学会監修、諏訪正樹・堀浩一編『一人称研究のすすめ——知能研究の新しい潮流』近代科学社、二〇一五年など。
(5) 石田頼房『展望と計画のための都市農村計画史研究』南風舎、二〇〇四年、三〇ページ
(6) 筑波研究学園都市の生活を記録する会編『長ぐつと星空』筑波書林、一九八一年、iページ
(7) 同右、iiiページ
(8) 多摩ニュータウン学会ウェブサイト（http://www.tama-nt.org/）より。
(9) Emily Talen, *New Urbanism & American Planning*, Routledge, 2005, p.2.
(10) 高山英華『私の都市工学』東京大学出版会、一九八七年、四〇ページ。なお、「私の都市計画史」の講演録は『都市計画』第一二二号に掲載された後、高山の単著『私の都市工学』に収録されたが、その際に本引用部が加筆された。
(11) Alexander Garvin, *The Planning Game*, W. W. Norton & CompanyInc., 2013, p.162-163.
(12) アンソニー・フリント『ジェイコブズ対モーゼス——ニューヨーク都市計画をめぐる闘い』渡邉泰彦訳、鹿島出版会、二〇一一年、二四一—二四二ページ
(13) Brad Wheeler, Jim Jacobs on the exhibit about his mom, the activist-author Jane Jacobs, the Insider, Apr. 29, 2016
(14) ジェイコブズの伝記は、グレンナ・ラング、マージョリー・ウンシュ『常識の天才ジェイン・ジェイコブズ——『死と生』まちづくり物語』玉川英則・玉川良重訳、鹿島出版会、二〇一二年（原題はGenius of Common Sense: Jane Jacobs and the Story of the

Death and Life of Great American Cities)。モーゼスについての漫画は Pierre Christin and Olivier Balez, *The Master Builder of New York City*, Nobrow Press, 2014.

（15）『A Marvelous Order』のウェブサイト（http://mosesjacobsopera.com/index.html）より。

（16）米国では、二〇一七年四月よりジェイコブズとモーゼスの闘いに関するドキュメンタリー映画『Citizen Jane:The Battle for the city』が公開された。同映画は日本でも二〇一八年四月に『ジェイン・ジェイコブズ——ニューヨーク都市計画革命』というタイトルで公開された。

（17）石川栄耀「誰か東京を唄う」『東京だより』第二六号、一九五一年、二二ページ

あとがき

恩師の教えの一つに、「一〇年単位で自分の仕事を構想しなさい」というものがある。私の二〇代は、都市工学科進学内定（一九九六年九月）に始まり、博士論文『都市美運動に関する研究』（二〇〇六年九月）で終わった一〇年間だった。何者かになりたくて、都市美にまつわる都市計画史を構想し、史料の発掘と整理に情熱を注いだ。では、その後の私の三〇代の一〇年間の仕事は、どのような構想に導かれていたのだろうか。正直に言えば、三〇代の始め頃に一〇年単位で自分の具体的な仕事を構想できていたわけではなかった。社会的な課題に応えるのは大前提としても、他の誰かがきっと取り組むであろう研究にはなるべく近づかないようにして、直観の領域ではあるが、自分固有の関心、世界観に忠実に、誠実な研究を展開すること、しかし一方で、依頼された仕事は基本的に断らずに、全て引き受けようということだけを決めて過ごした。自分の感性と他者の認識に三〇代の仕事を委ねてみた。私がこの一〇年間をかけて探求していたのが「都市計画の思想と場所」についての問題群であり、クリティカル都市計画史を志向していたことに初めて気づいたのは、本書を編み上げていく過程であった。愚鈍としか言いようがないが、せめて四〇代の始まりのこの時点でそのことに気づくことができたことは、この次の一〇年間の構想にとっては有意義であるだろうと慰めてもみたいものである。そうした気づきのプロセスにお付き合い下さった、同世代の編集者、東京大学出版会の木村素明さんに、心からの感謝をお伝えしたい。

本書の各章の初出は、次のとおりである。各論考とも本書収録の際に、加筆、改稿しているが、もともとの論考一つひとつには、それぞれの文脈があり、思い入れがある。初出情報と合わせて、簡単な覚書を残しておきたい。

序：書き下ろし

二〇一三年五月に中国・平遥で開催された中国城市規画学会城市規画歴史・理論学術委員会の年次大会での講演、二〇一六年七月にオランダ・デルフトで開催された国際都市計画史学会大会での学術発表、そして二〇一六年一〇月に開催された石田頼房先生をしのぶ集いでの発表を通じて、段階的に発展させてきた日本近現代都市計画史論を本書の序に配することを思いついたのは、ある書籍を通じて「パブリック社会学」という概念を知ってからであった。

01：「日本近代都市計画における都市像の探求」『都市計画』第二六二号、二〇〇七年、一一―一六ページ

日本都市計画学会の学会誌に初めて寄稿させていただいた論考。与えられたテーマが大き過ぎて十分に消化できていない。二〇代の頃、都市美運動研究と都市デザイン萌芽期研究とを結びつけた博士論文を書きたいと模索していた時期がある。日の目を見なかったその幻の構想の骨子を、本章に垣間見ることができる。

02：「「中心市街地活性化」のアーバニズム」『10＋1』第四五号、二〇〇六年、七八―八六ページ

都市論に関心のある若者にとって憧れであった『10＋1』への初寄稿。歴史研究ではない、自分自身の都市や都市計画に関する考えを石川栄耀らの力を借りて初めて世に問うた。発表当時、同世代で一足早く活躍していた建築家N氏から共感の言葉をいただいたことが大いに自信になった。この論考の執筆過程で「アーバニズム」という言葉を自分なりに発見した。以降、私の関心の中心に「アーバニズム」があり続けることになった。

03：「盛り場から名都へ――都市計画家石川栄耀による都市探求」『環』第五四号、二〇一三年、二〇四―二〇八ページ

私は石川栄耀から数多くのことを学んだが、本稿はそのエッセンスを提示したものとなっている。私の歴史研究のテーマの中では異例なことに、「石川栄耀」は社会的な需要があり、たびたび原稿依頼をいただく。石川栄耀の残した言葉のストックから原稿の軸、核となるものをどう選び出すかが、原稿執筆の要点である。本稿で冒頭に引用した、石川が学生に語り掛けたセリフは、私のお気に入りの一つである。なお、石川栄耀の年賀状は、とある古書店で入手した私

蔵品である。

04：「「都市計画」と「都市」との縁――石川栄耀に見る都市計画家像」『都市計画』第二九七号、二〇一二年、一四―一七ページ

「都市計画はアートか？」という学会誌特集号への寄稿。二〇一二年六月発行。当時、東日本大震災からの復興に尽力していた国土交通省のS氏がブログで「なぜ、今、この特集なのか、理解に苦しむ」とコメントされていたのを覚えている。私自身、被災地における自分の無力さをひしひしと感じていた時期だったので、そのコメントは心に響いた。ただ、今振り返ってみると、あのタイミングで、都市計画や都市計画家というものを根本的に考え直すことには歴史的な意味があったのではないかと思う。

05：「高山英華による都市計画の学術的探求に関する研究――「都市計画の方法について」の歴史的文脈に着目して」『都市計画論文集』第四三-三号、二〇〇八年、一六九―一七四ページ

高山英華との縁は、彼の蔵書を東京大学都市工学科図書室で高山文庫として受け入れる際、段ボール箱からの開封・陳列という力仕事を担当したことに端を発する。高山英華の愛弟子で、当時、高山英華論の構想を練っていらっしゃった故・石田頼房先生に本論文をお送りした際か、あるいは学術講演会で発表した際に質問・コメントをいただいた記憶があるが、その内容は残念ながら思い出せない。

06：「高山英華の戦時下「東京都改造計画」ノート」『10＋1』第五〇号、二〇〇八年、一〇四―一一三ページ

高山文庫中にあった一冊の自筆ノートとの出会いは衝撃的であった。戦争末期、一九四四年から四五年にかけて、三〇代半ばの高山が直に書き付けた言葉、数字、スケッチ。その高山と、六〇年後にその年齢に達しようとしていた私との、取り巻く社会的な状況の違いに、歴史を語ることの困難さを自覚した。本論考を脱稿したのは、確か結婚式前日の

深夜であった。

07：「日本の都市像のこれまでとこれから」『新建築』二〇一七年一一月号別冊、四二―四五ページ

石川栄耀も高山英華もはじめは食わず嫌い、自分の関心からは外れる人たちだと思っていた。そして「山田天皇」と呼ばれた山田正男についても、アンチにも近い見方をしていたが、山田が残した著作、言葉に触れ、そこに込められた思想に向き合っていくうちに、山田の都市計画観を評価するようになっていた。山田の都市計画観をベースとして、日本設計の五〇年を考えることにした。

08：「郊外の風景――文明・文化の表象としての生活像」、西村幸夫・伊藤毅・中井祐編『風景の思想』学芸出版社、二〇一二年、六六―八五ページ

在外研究でアメリカにいて出席できなかった「風景の思想」シンポジウム（二〇〇九年秋）のために用意した原稿が基になっている。卒論以降、しばらく郊外について考える機会がなかったが、アメリカから帰国して勤め始めた大学がまさに郊外にあったことで、私と郊外との縁が復活した、その頃の思いが記録されている。

09：「昭和初期における日本保勝協会の活動に関する研究」『都市計画論文集』第四一‐三号、二〇〇六年、九〇五―九一〇ページ

古書店で『名勝の日本』全巻揃いを購入して、しばらくしてから書いた論文。『名勝の日本』を全巻揃いで所蔵している公共図書館、大学図書館はない。先に史料ありきで始まった研究とも言えるが、岡澤慶三郎のような忘れられた民間人の業績に光を当てることは、研究者としての本望である。

10：「『復興情報』とその時代――まちづくりへの一つの起点を求めて」『まちづくりとメディア』第一号、二〇〇三年、

一八―二三ページ

二〇〇二年に雑誌『造景』が終刊したのを受けて、饗庭伸、池田聖子、市古太郎、杉崎和久、初田香成、真野洋介、米野史建、笠真希らと都市計画やまちづくりのメディアのあり方についてのシンポジウムを企画した。そのシンポジウムに合わせて作成した自主雑誌に寄稿した論考である。大学の廊下に積んであった某研究室の廃棄書籍の中に、『復興情報』の合本を見出し、抜き取ったところから、この研究が始まった。

11：「都市工学科設立期の都市計画・設計としてのアーバンデザイン」『都市デザイン萌芽期の研究』私家版、二〇〇六年、八一―九一ページ

博士課程に在籍していた二〇〇一年、同期の仲間や後輩たちと「都市工の40年研究会」を組織し、自分たちの学問ないし学科の原点や変遷を把握する共同作業を行った。本論考はその研究会での発表がベースとなっており、本書では最も古いテキストということになる。翌二〇〇二年、東京大学都市デザイン研究室の助手に採用された私は、「都市デザイン」萌芽期研究を開始した。

12：「都市・地域環境の専門家としての大高正人」『「建築と社会を結ぶ　大高正人の方法」図録』文化庁国立近現代建築資料館、二〇一六年、八―九ページ

蓑原敬先生に誘われて、二〇〇八年五月から一一月にかけて、三度にわたって大高正人氏にインタビューを行う機会を得た。大高氏は繰り返し、作品集をつくるつもりはない。作品集では自分のやってきたことは伝わらないとおっしゃっていた。二〇一〇年に大高氏はお亡くなりになった。その後、私は『建築家大高正人の仕事』の出版（二〇一四年二月）、国立近現代建築資料館での『建築と社会を結ぶ　大高正人の方法』展（二〇一六年一〇月二六日―二〇一七年二月五日）を通じて、インタビューで少しだけ心を開いてくださった大高氏の思いを世の中に遺す、伝える仕事に取り組んだ。

13：「「三春町建築賞」による地域の建築文化向上の試み」『建築雑誌』第一三二巻第一六九八号、二〇一七年、三八―三九ページ
国立近現代建築資料館での展示会のあと、今度は大髙氏の故郷・福島県三春町の三春町歴史民俗資料館（大髙正人設計）で、「三春が生んだ建築家　大髙正人」展（二〇一七年四月八日―二〇一七年六月一八日）を開催することになった。その会期直前に「三春町建築賞」に関する原稿依頼を受けて、何度か三春に通った。どっしりした三春のまちの姿が、大髙正人氏に重なって見えた。

14：「東京――多様なアーバニズムのアリーナ」『建築雑誌』第一二六巻第一六一二号、二〇一一年、四六―四九ページ
二〇〇九年の夏から二〇一〇年の春にかけて、イェール大学に客員研究員として在籍する機会を得た。私は建築学科のアラン・プラッタス教授が主宰するイェール・アーバンデザイン・ワークショップ（YUDW）のオフィスに机を得た。そのYUDWの蔵書の中に『Places』という雑誌のバックナンバーがあった。それをパラパラとめくっていて出会ったのが、ハリソン・フレッカーの論説であった。

15：「都市計画事業第一号・浅草田町大火後の復興区画整理に関する一考察――書き換えられた「昭和の地図」を巡って」、田中傑・中島直人・野村悦子・初田香成『「東京地籍図」解説』不二出版、二〇一二年、六八―八四ページ
しばらくの間、浅草寺の裏手、観音裏・象潟界隈（後に「奥浅草」と呼ばれるようになる地域）のまちづくりに学生たちと一緒に関わっていた。本論考はそのときの経験に基づいて、界隈の都市空間の記憶を自分なりに読み解いたものである。まちづくり活動の成果はいとも儚く消えてしまったが、何とかこのテキストは残った。

16：「意見書」、二〇一二年一二月八日

湯立坂沿道のマンション建設を巡る訴訟の弁護団からの依頼を受けて意見書を作成した。豊島区南大塚で暮らした八年半、文京区大塚で暮らした一年半、湯立坂は私にとってとても身近な心地よい都市空間であった。しかし、この坂を上るときはたいがい午前一時過ぎ、深夜の帰り道であった。研究やその他諸々の未来を夢中に考えていた日々のことを思い出す。弁護団の方に「ぜひ、これを論文として発表していただき、景観利益をめぐる議論に一石を投じていただきたい」とおっしゃっていただいたことを思い出して、本書に収録することにした。

17：「都市計画事業家・根岸情治の履歴と業績に関する研究」『都市計画論文集』第四六－三号、二〇一一年、二八三―二八八ページ

石川栄耀の従弟にあたる根岸情治に関心を持つようになったのは、彼の著書『旧婚旅行』を古書店で入手して以降である。池袋ショッピングパークにヒアリングに伺った際、わざわざ金庫の中から取り出して来てくださったのが、㊙の印が押された『池袋風雲録　池袋地下街の出来るまで』と『経緯書（会社設立まで）』であった。そうして得た㊙資料はしばらく寝かせてあったが、土木史研究発表会で石川栄耀関連セッションを企画することになったのを契機に、一気に査読論文として仕上げた。

18：「広場とは何だろうか?――「透明な空間」としての新宿西口広場」『LIXIL eye』第四号、二〇一四年、二二―二三ページ

新宿西口広場の「画期的なソリューション」に関する原稿依頼をいただいた際に、すぐに頭に浮かんだのは、見田宗介の「まなざしの地獄」であった。その結果、思わぬ方向に筆が進んでいくことになった。

19：「東京臨海地域と歴史的・文化的界隈――オリンピック・パラリンピック「東京ベイ・ゾーン」の地域文脈デザイン」『都市計画』第三一九号、二〇一六年、四四―四七ページ

二〇一五年、日本都市計画家協会は『2020年東京オリンピック・パラリンピック　未来へのレガシーとするための7つの提言』をまとめた。私は陣内秀信先生、竹沢えり子さんとともに、「エコロジカルな文化都市としての東京という旧くて新しいビジョン」を担当した。本稿は、その時の議論を出発点としたものである。しかし、あっという間に時が過ぎ、オリンピックが近づいてきている。

20：「岩手の詩人計画者たち」『建築雑誌』第一二七巻第一六二六号、二〇一二年、二五ページ

二〇一二年から二〇一三年にかけて、日本建築学会の学会誌『建築雑誌』の編集委員会（委員長：青井哲人）の委員を務めた。その任期の最初の号に寄稿した短文。岩手の復興や都市計画に情熱を注いだ人々の群像を、小さな紙幅にぎゅっと詰め込んだ。個人的には出来映えに満足している、唯一の論考である。

21：「計画遺産のアーカイビング——三陸地方の復興計画史からの展望」『建築雑誌』第一二六巻一六二四号、二〇一一年、二六—二九ページ

東日本大震災のあと、私は釜石や気仙沼に通った。一方で、震災以前、二〇〇九年三月に津波の記憶と都市空間との関係をテーマに三陸の都市を調査した経験があり、その時に得た知見が復興において何かの役に立つのではないかと考え、積極的に震災復興関連の原稿を書いた。しかし、被災地ではほとんどお役に立てないまま、次第に足が遠のき、また研究としても深掘りしていく動機を失ってしまった。なぜそうなったのか、反省を次に活かしたい。

22：「記憶力豊かな三陸沿岸都市の姿——意図の蓄積としての都市」『東日本大震災と都市・集落の地域文脈——その解読と継承に向けた提言』日本建築学会地域文脈形成・計画史小委員会、二〇一二年

大学院修士課程一年のときに、研究室として釜石市の中心市街地の計画提案に関わった。私は、釜石の都市計画史に興味を持った。今後の釜石のまちづくりを考えるためには都市計画史の知見が必須だと考え、無理を言って報告書に

「釜石中心地区の空間特性　釜石都市計画の歴史をひもといて」と題した論考を収録させてもらった。その論考が本稿の後半の原型である。その上で、東日本大震災以降に被災地を巡って考えたことを素直に書いてみたのである。

23：「「三陸海岸都市の都市計画／復興計画アーカイブ」に学ぶ」『都市計画』第二九九号、二〇一二年、八四—八七ページ

アーカイブ作成の経緯は本稿内に書いたとおりである。東日本大震災直後に、都市計画遺産研究会のメンバー全員で作り上げたものである。ここで提言している全国の都市計画履歴ＧＩＳは、いつか実現に向けて取り組みたいと考えている。

24：「藤沢駅前南部第一防災建築街区造成の都市計画史的意義に関する考察」『日本建築学会計画系論文集』第七八巻第六八八号、日本建築学会、二〇一三年、一三〇一—一三一〇ページ

二〇一〇年春から慶應義塾大学環境情報学部に赴任することが決まり、新居を大学近くの藤沢駅付近で探すことにした。北も南も分からない、土地勘のない藤沢駅に初めて降り立って、とにかくまずは街に出ようと思って歩き出してすぐに迷い込んだのが、四方をビルに囲まれた不思議な広場を有する街区であった。広場の片隅には街頭テレビが置いてあって、大相撲中継が映し出されていた。とても穏やかな風景であったが、同時にその空間に強い計画的意図を感じた。これが藤沢391街区との出会いで、その半年後、押し掛け型での研究プロジェクトを立ち上げた。

25：「再開発ビルをストックとして評価する3つの視点」『再開発コーディネーター』第一八三号、二〇一六年、三二ページ

藤沢391街区の各ビルのオーナーさんたちのご協力をいただき、研究室の学生たちと藤沢391街区を対象としたプロジェクトを展開した。特に二〇一三年から三年連続で開催したイベント「探検！藤沢391」では、藤沢391街区を愛する地元の

方々とお話しする機会を多く生み出すことができ、建物、都市空間と人々の記憶との関係性、つまり場所の理解についての知見が深まった。

結：書き下ろし

いつか見てみたい世界に向かって、都市計画遺産研究会の仲間たちと新しい研究課題「「パブリック都市計画史」の理論的・実践的探求」（科学研究費補助金基盤研究（B）、二〇一八年度―二〇二〇年度）に取り組み始めている。なお、ボブ・ディランがジェーン・ジェイコブズとプロテストソングを共作していたのは、セカンドアルバム『フリーホイーリン・ボブ・ディラン』（一九六三年）からサードアルバム『時代は変わる』（一九六四年）の時期であった。ディランは、アメリカにおける公民権運動の高まりを背景に、グリニッジ・ヴィレッジ、そしてニューヨークを超えて、プロテストソングの旗手として急速に名を成していった。しかし一方で、時代の代弁者に祭り上げられていくことへの違和感から、フォークギターをエレキギターに持ち替え、素朴なプロテストソングの世界を抜け出していく。フォースアルバム『アナザー・サイド・オブ・ボブ・ディラン』（一九六四年）のアルバムジャケットには、長編詩「Some other kinds of songs」が掲載されている。その中に、「I say that every question, if it's a truthful question, can be answered by askin' it.（もしその問いが真理を言い当てるものであれば、問うこと自体が回答となっているのである）」という一節がある。都市計画史研究を通じて、時代に回収されない問いを発することができるかどうか、という地点から、四〇代の仕事を構想していきたい。

二〇一八年七月六日

中島直人

人名索引

た行

な行

は行

ま行

や行

ら行

わ行

事項索引

中島直人（なかじま・なおと）

1976 年生．東京大学大学院工学系研究科准教授．都市計画論・都市計画史・都市デザイン．『都市美運動――シヴィックアートの都市計画史』（東京大学出版会），『都市計画家石川栄耀――都市探求の軌跡』（共著，鹿島出版会），『建築家大髙正人の仕事』（共著，エクスナレッジ），『白熱講義 これからの日本に都市計画は必要ですか』（共著，学芸出版社），『図説 都市空間の構想力』（共著，学芸出版社）など．

都市計画の思想と場所
日本近現代都市計画史ノート

2018 年 8 月 7 日　初　版

［検印廃止］

著　者　中島直人

発行所　一般財団法人　東京大学出版会
代表者　吉見俊哉
153-0041 東京都目黒区駒場4-5-29
http://www.utp.or.jp/
電話 03-6407-1069　Fax 03-6407-1991
振替 00160-6-59964

組　版　有限会社プログレス
印刷所　株式会社ヒライ
製本所　牧製本印刷株式会社

ISBN 978-4-13-061136-7　Printed in Japan